普通高等教育系列教材

Creo 5.0 基础与实例教程

颜兵兵　郭士清　殷宝麟　主　编

黄德臣　刘启生　臧克江　副主编

机 械 工 业 出 版 社

本书基于美国参数技术公司（PTC）推出的 Creo 5.0 中文版进行编写，以二级减速器设计为主线，主要介绍草绘模块、零件设计模块、结构分析模块、装配模块、机构模块、工程图模块和 NC 装配模块等常用模块的基本功能及其建模过程，基本覆盖了机械产品设计与分析的全流程。本书共 8 章，内容全面，讲解循序渐进、由浅入深。本书第 1 章概述了计算机辅助设计技术发展现状，介绍了 Creo 软件概况，后续 7 章分别以二级减速器各零部件为研究对象进行案例讲解，使读者能够快速融入 Creo 软件的学习和运用中，并辅以相关知识梳理与软件实操技能延伸，将知识获取与能力提升有机融合，帮助读者学以致用。

本书配有源文件和习题文件，需要的教师可登录 www.cmpedu.com 免费注册，审核通过后下载，或联系编辑索取（QQ：2850823885，电话：010-88379739）。

图书在版编目（CIP）数据

Creo 5.0 基础与实例教程 / 颜兵兵，郭士清，殷宝麟主编．—北京：机械工业出版社，2019.12（2024.8 重印）
普通高等教育系列教材
ISBN 978-7-111-64315-9

Ⅰ．①C…　Ⅱ．①颜…　②郭…　③殷…　Ⅲ．①计算机辅助设计-应用软件-高等学校-教材　Ⅳ．①TP391.72

中国版本图书馆 CIP 数据核字（2019）第 291850 号

机械工业出版社（北京市百万庄大街 22 号　邮政编码 100037）
策划编辑：胡　静　　责任编辑：胡　静
责任校对：张艳霞　　责任印制：张　博

北京建宏印刷有限公司印刷

2024 年 8 月第 1 版・第 5 次印刷
184mm×260mm・16.25 印张・402 千字
标准书号：ISBN 978-7-111-64315-9
定价：55.00 元

电话服务
客服电话：010-88361066
010-88379833
010-68326294

网络服务
机　工　官　网：www.cmpbook.com
机　工　官　博：weibo.com/cmp1952
金　　书　　网：www.golden-book.com
机工教育服务网：www.cmpedu.com

前 言

本书基于成果导向教育理念，明确教学目标，设计全书结构，优化章节内容，基于美国参数技术公司（PTC）推出的Creo 5.0中文版，以二级减速器设计为主线，主要介绍草绘模块、零件设计模块、结构分析模块、装配模块、机构模块、工程图模块和NC装配模块等常用模块的基本功能及其建模过程，基本覆盖了机械产品设计与分析的全流程。本书共 8 章，内容全面，讲解循序渐进、由浅入深。第 1 章概述了计算机辅助设计技术发展现状，介绍了 Creo 软件概况，后续 7 章分别以二级减速器各零部件为研究对象进行案例讲解，使读者能够快速融入 Creo 软件的学习和运用中，并辅以相关知识梳理与软件实操技能延伸，将知识获取与能力提升有机融合，帮助读者学以致用。

本书为黑龙江省高等教育教学改革研究项目“基于成果导向教育的机械类创新教育课程体系构建方法研究”（SJGY20170588）和黑龙江省教育科研“十二五”规划课题“基于CDIO 模式的卓越工程师培养中机械设计类主干课程改革”（14G134）的阶段性成果，旨在为教师提供适用于知识传授、能力培养、素质提升的全方位教学辅助材料，针对三维建模技术的基本理论和方法，采用多媒体课件，以课堂讲授为主，辅以随堂测试，加强学生课堂学习知识的效果；针对典型机构的建模方法，采用案例分析与实操训练，加强学生对知识的理解及运用知识解决实际工程问题的能力；针对复杂机械产品的设计与研究，采用项目设计与答辩汇报，加强学生运用语言和文字清晰表达设计思想的能力训练，逐步提高自主学习意识与能力。

本书学习目标明确，期望读者通过本书的学习，能够了解计算机辅助设计的基本知识和方法，并能用于机械产品的方案设计，能够理解三维实体建模的基本原理与造型方法；熟悉单一几何特征数字模型的构建方法，具备针对典型零部件的识别与表达能力；能够掌握三维实体建模的基本技能，构建机械产品整体及组成单元的数字模型，并进行有效的模拟与分析，具备初步运用计算机工程设计软件进行复杂产品方案设计的能力；通过阅读、理解并加以实践，且有效地与他人交流与沟通，能够根据机械产品的设计与研究，以语言和文字的方式清晰表达自己的设计思想，提升自主获取知识与技术的技能。

本书第 5、6 章由佳木斯大学颜兵兵负责编写；第 1、2、3 章由佳木斯大学殷宝麟、郭士清负责编写；第 7 章由龙岩学院臧克江、佳木斯大学陈光负责编写；第 8 章由佳木斯大学黄德臣、张宝岩负责编写；第 4 章由佳木斯大学刘启生、苏弘扬负责编写。本书由颜兵兵教授进行统稿。

感谢在本书编写期间，帮助校稿的硕士研究生。还要感谢本部门的同仁，他们在目标设定、结构设计、内容优化等方面提供了多方面的协助。最后，衷心感谢黑龙江省高等教育教学改革研究项目和黑龙江省教育科研规划课题的大力支持。

为方便读者练习，本书提供范例、配置文件、课后练习等随书资源，并按文件类型分类，包括如下内容。

1）“Exercise”文件夹，按章节存放例题与练习内容的准备文件。

2）“Result”文件夹，按章节存放例题与练习结果文件。

本书虽经再三审校对，疏漏之处在所难免，盼各界人士赐予指正，以期待再版时加以更正。

编　者

目　录

第1章 概 述

学习目标

通过本章的学习，读者可从以下几个方面进行自我评价。

- 了解 CAD/CAE/CAM 技术的发展及常见系统。
- 了解 PTC 概况，熟悉 Creo 软件的设计理念及其功能模块。
- 掌握 Creo 软件的安装方法，能够独立完成安装与卸载操作。
- 理解启动目录与工作目录的含义及其使用方法。
- 理解参数化设计的含义。
- 熟悉机械产品设计的一般流程。
- 掌握 Creo 软件配置文件的使用方法。
- 合理规划学习时间，与他人进行有效交流与沟通，独立完成练习，逐步培养自身获取新知识与技能的能力。

1.1 计算机辅助技术简介

1.1.1 CAD/CAE/CAM 技术

产品开发过程大体分为设计、分析和制造 3 个主要环节，提高产品开发效率、缩短开发周期是企业十分关注的问题。其中，设计是对产品的功能、性能和材料等内容进行定义，其主要结果是对产品形状和大小的几何描述。传统设计的几何描述方式是工程视图，载体为图纸。现代设计的几何描述方式主要采用三维几何模型，载体为计算机。分析是对产品的功能和性能进行预测和验证，以保证产品在制造以后能够实现预期功能和满足各种性能指标。分析是保证产品质量的重要环节，是评估设计方案、优化产品结构的重要手段。制造是利用生产系统将设计结果转化为产品实物的过程，主要包括工艺设计、生产调度、加工、装配和检测等环节。

随着计算机科学技术的发展，计算机辅助设计（Computer Aided Design，CAD）、计算机辅助工程（Computer Aided Engineering，CAE）、计算机辅助制造（Computer Aided Manufacturing，CAM）等技术在产品研发过程中得到了广泛应用，使产品的设计、分析和制造整个过程发生了深刻变化，极大地提高了产品质量和研发效率，已成为企业技术创新和开拓市场的重要技术手段。计算机技术在产品开发过程中的应用如图 1-1 所示。

CAD、CAE 和 CAM 是分别支撑设计、分析和制造环节的信息化技术，具有各自独特的功能，且相互内在关联。将 CAD、CAE、CAM 技术有机集成，实现 3 种技术的一体化应用，是进一步提高产品开发效率的有效途径。

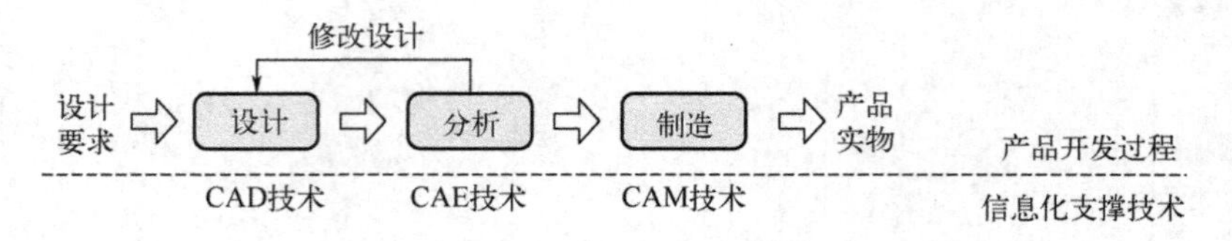

图 1-1　产品开发过程与计算机技术

1．CAD 技术

CAD 技术是指工程技术人员利用计算机从事工程设计（如草图绘制、零件设计和装配设计等）的方法，其实质是将设计意图转化为计算机表示的可视化模型方法，其作用是表达工程产品的外形结构，为产品评估、分析和制造提供依据。

2．CAE 技术

CAE 技术是利用计算机从事工程分析的方法，其实质上是一种数值计算方法，其作用是预测产品性能，为产品结构优化提供依据和手段。工程分析的内容包括产品的运动与动力学特性分析、强度与刚度分析、振动特性分析、热特性分析和电磁屏蔽特性分析等。针对不同的分析内容，CAE 技术有不同的原理和数值方法，因此，广义的 CAE 技术可能包括种类繁多的分析方法。

✉ *有限元法作为一种有效的数值方法，可用于结构、流体、温度和电磁等物理场的分析，已在航空航天、汽车、机械和电子等行业得到广泛应用，成为目前应用最广的一种数值计算方法，因此 CAE 软件被很多人直接认为是有限元分析软件，或将有限元分析软件称为 CAE 软件。*

3．CAM 技术

CAM 技术是利用计算机协助人进行制造活动的一种方法。广义 CAM 技术是指利用计算机所完成的一切与制造过程相关的方法和技术，涵盖工艺设计、生产规划和制造执行等过程。由于这些环节也有专门的技术和方法，如计算机辅助工艺规划（CAPP）、企业资源规划（ERP）和制造执行系统（MES）等，因此目前广泛采用狭义的 CAM 概念。狭义 CAM 技术是指利用计算机辅助完成零件数控加工程序的编制，主要内容包括工艺参数设置、加工方法选择、加工路径定义、加工过程仿真与碰撞检验、加工代码生成与后处理等。

4．CAD/CAE/CAM 的集成与一体化应用

在 CAD、CAE、CAM 三种技术中，CAD 系统提供产品的几何模型（包括零件模型和产品装配模型），CAE 系统基于几何模型定义分析模型（如有限元网格的自动划分），CAM 系统利用几何模型定义刀具路径。因此，几何模型是三者联系的纽带，如图 1-2 所示。

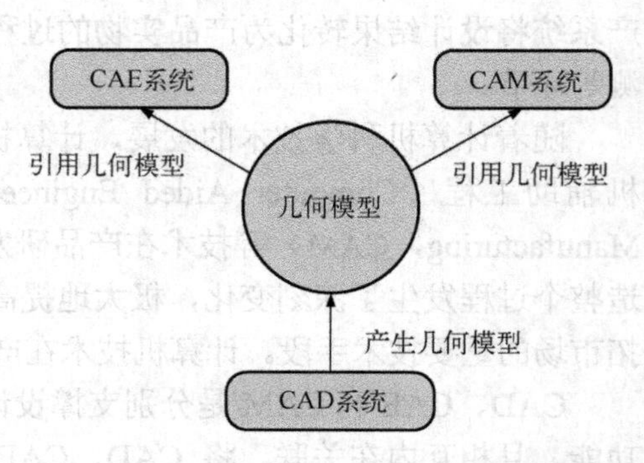

图 1-2　CAD、CAE、CAM 系统的关系

由图 1-2 可知，产品的几何模型是 CAE、CAM 系统工作的基础。如果三种系统彼此孤立（称为自动化孤岛），CAE、CAM 系统在工作之前必须重新建立几何模型，这就会造成大量的重

复工作，从而降低产品的开发效率。因此，CAD 系统产生的几何模型应为 CAE、CAM 系统所重用，即 CAD 系统产生的几何模型应能够自动完整地传送到 CAE、CAM 系统，这种自动传送的机制就是 CAD/CAE/CAM 的集成方法。对于集成的 CAD/CAE/CAM 系统而言，由于几何模型能在 3 种系统之间自动传送和共享，因此设计、分析和制造过程可以有机地联系在一起。CAD 系统的设计结果能得到 CAE、CAM 系统分析和制造工艺的验证，且及时指导设计方案的修改，因此形成了以几何模型为中心的 CAD/CAE/CAM 一体化应用。

目前，商用的 CAD、CAE、CAM 一体化软件有 Creo、I-DEAS、UG 和 CATIA 等，均可在统一的平台下实现设计、分析和制造 3 种功能，且内部统一的数据结构保证了设计数据、分析数据和制造数据的一致性和相关性，从而实现 3 种过程的联动，即设计数据的更改会自动影响分析模型和制造数据；同时，分析、制造环节对设计数据的修改也会自动反映到设计模型中，这种产品数据的全相关性是实现网络环境下并行设计的基础。

5. 常见 CAD/CAE/CAM 软件

随着计算机技术的飞速发展，CAD/CAE/CAM 技术也得到了快速发展。特别是 20 世纪 90 年代以来，三维 CAD 技术、具有自动化分网格功能的有限元分析技术、图形化数控（Numerical Control，NC）编程技术得到了广泛应用，涌现出一批功能强大的 CAD/CAE/CAM 软件，推动了 CAD/CAE/CAM 技术进入一个新的技术水平和应用阶段。

目前全球有很多商业化的 CAD/CAE/CAM 软件，它们具有各自的技术特点和优势，并在不同行业都得到应用。从功能角度来看，这些系统可分为以下两类。

1）以单一功能为主的 CAD、CAE 或 CAM 软件，如 AutoCAD、SolidEdge 等以设计为主要特征，ANSYS、MSC/NASTRAN、ABAQUS 等以有限元分析为主要特征，MasterCAM 则主要面向制造。这类软件的特点是专业化强、功能突出，特别是专业有限元分析软件的网络划分和计算能力很强。

2）集成的 CAD/CAE/CAM 软件，如 Creo、I-DEAS、UG、CATIA、SOLIDWORKS 等，以设计功能为主，集成了部分分析和制造功能。这类软件的特点是几种功能统一在同一软件平台下，各类数据传输方便，功能无缝集成，易于实现设计、分析和制造的并行，但分析和制造功能不及专业软件强。表 1-1 列出了目前市场上常用的 CAD/CAE/CAM 软件。

表 1-1　CAD/CAE/CAM 软件

软件名称	开发公司	类别	特　点
Creo	美国 PTC	集成化应用软件	率先推出参数化设计技术，设计以参数化为特点，基于特征的参数化设计功能大大提高了产品建模效率。兼有有限元分析和 NC 编程功能，但分析能力一般
UG	德国 西门子公司	集成化应用软件	将参数化和变量化技术与实体、线框和表面功能融为一体的复合建模技术，有限元分析功能需借助专业分析软件的求解器，CAM 专用模块的功能强大
CATIA	法国 达索公司	集成化应用软件	率先采用自由曲面建模方法，在三维复杂曲面建模及其加工编程方面极具优势，有限元分析功能需借助专业分析软件的求解器
I-DEAS	美国 SDRC 公司	集成化应用软件	采用业界最具革命性的 VGX 超变量化技术，率先推出主模型技术实现设计、分析与制造环节的无缝集成，在 CAD/CAE/CAM 一体化技术方面一直居于世界榜首

（续）

软件名称	开发公司	类别	特　点
SOLIDWORKS	美国 SOLIDWORKS 公司（已被法国达索公司收购）	集成化应用软件	具有特征建模功能、自上而下和自下而上的多种设计方式；动态模拟装配过程，在装配环境中设计新零件；兼有有限元分析和 NC 功能，但分析和数控加工能力一般
ANSYS	美国 ANSYS 公司	专业有限元分析软件	可进行多场和多场耦合分析，包括结构、电磁、热、声和流体等物理场特性的计算，是目前应用非常广泛的一种通用有限元分析软件
NASTRAN	美国 MSC 公司	专业有限元分析软件	采用模块化组装方式，拥有很强的分析功能，而且具有较好的灵活性，用户可根据自己的工程问题和系统需求，通过模块选择、组合获取最佳的应用系统
ABAQUS	美国 ABAQUS 公司	专业有限元分析软件	广泛应用于非线性及线性结构的数值计算，解题范围广泛而深入；对使用者的理论基础和物理知识要求较高
LS-Dyna	美国 LSTC 公司	专业有限元分析软件	世界上最著名的通用显式动力分析程序，能够模拟各种复杂问题，可求解二维、三维结构的高速碰撞、爆炸和金属成型等非线性动力冲击问题，同时可求解传热、流体及流固耦合问题
ADINA	美国 ADINAR&D 公司	专业有限元分析软件	适用于机械、土木建筑等众多领域，可进行结构强度设计、可靠性分析评定和科学前沿研究，其非线性问题稳定求解、多物理场仿真等功能一直处于全球领先地位
AutoCAD	美国 AutoDesk 公司	CAD 软件	二维绘图功能强大，是业界应用最早的二维 CAD 软件。目前在全球应用非常广泛，在国内拥有巨大的用户群
SolidEdge	德国 西门子公司	专业 CAD 软件	独有的内置 PDM 系统使设计者的工作效率大大提高；拥有目前业界公认的最出色的钣金设计模块和一套优秀高效的完整解决方案；专业化的设计环境，使软件易学易用，且具有简单的动静态分析功能
ADAMS	美国 Mechanical Dynamics 公司（现已并入 MSC 公司）	专业虚拟样机仿真软件	集建模、求解、可视化技术于一体的虚拟样机软件，是目前世界上使用最多的机械系统仿真分析软件。可产生复杂机械系统的虚拟样机，真实仿真其运动过程，并快速分析比较多参数方案，以获得优化的工作性能，从而减少物理样机制造及试验次数，提高产品质量并缩短产品研制周期
MasterCAM	美国 CNC 公司	CAD/CAM 软件	具有强大的曲面粗加工及灵活的曲面精加工功能，适用于造型设计、CNC 铣床、CNC 车床或 CNC 线切割等工程，是中小企业最经济有效的全方位 CAD/CAM 软件

1.1.2　参数化设计

1．参数化设计的本质意义

新产品开发时，零件设计模型的建立速度是决定整个产品开发效率的关键。产品开发初期，零件形状和尺寸存在一定模糊性，需在装配验证、性能分析和数控编程之后才能确定。这就要求零件模型易于修改。参数化设计方法就是将模型中的定量信息变量化，使之成为任意调整的参数。对于变量化参数赋予不同数值，就可得到不同大小和形状的零件模型。

在 CAD 中要实现参数化设计，参数化模型的建立是关键。参数化模型表示了零件图形的几何约束和工程约束。几何约束包括结构约束和尺寸约束。

- 结构约束是指几何元素之间的拓扑约束关系，如平行、垂直、相切和对称等。
- 尺寸约束是通过尺寸标注表示的约束，如距离尺寸、角度尺寸和半径尺寸等。
- 工程约束是指尺寸之间的约束关系，通过定义尺寸变量及其在数值和逻辑上的关系来表示。

在参数化设计系统中，设计人员根据工程关系和几何关系来明确设计要求。要满足这些设计要求，不仅需要考虑尺寸或工程参数的初值，而且要在设计参数改变时仍能维护这些基本关系。将参数分为两类：一类为各种尺寸值，称为可变参数；另一类为几何元素间的各种连续几何信息，称为不变参数。参数化设计的本质是在可变参数的作用下，系统能够自动维护所有的不变参数。因此，参数化模型中建立的各种约束关系，体现了设计人员的设计意图。

参数化设计可以大大提高模型生成和修改的速度，在产品的系列设计、相似设计及专用CAD 系统开发方面都具有较大的应用价值。参数化设计中的参数化建模方法主要有变量几何法和基于结构生成历程的方法，前者主要用于平面模型的建立，而后者更适用于三维实体或曲面模型的建立。

2. 参数化建模方法

（1）利用基本特征进行参数化设计

在进行参数化建模之前，首先要对模型进行形体分析，将其分解为一系列可以通过布尔运算的方式组合在一起的基本几何元素和特征，反之则无法通过基本特征进行参数化建模。在利用基本特征进行参数化建模时，只有长方体、圆柱体、圆锥体和球体等基本几何元素可作为主特征，其他特征均不能作为主特征，只能与其产生依附或参考关系。除主特征之外，其他各类特征如下。

- 基准特征：包括基准面、基准轴和基准坐标系，这些特征只能作为主特征与辅助特征之间的定位基准，在建模过程中这些特征是可以进行参数驱动的。
- 与曲线相关的特征：包括拉伸、旋转、扫描和管体，这些特征必须是对曲线进行操作，可以对实体的边缘进行操作，也可以与草图结合进行参数化建模。
- 附加特征：包括孔、槽和凸台等工程上常见的特征。虽然它们可以通过基本几何元素特征间接生成，但由于在建模过程中经常出现，所以将其进行特征标准化以便简化建模过程，降低出错概率。但是这些特征只能在主特征上进行操作，不能独立进行。
- 曲面相关特征：这类特征可以通过几何对象的抽取、由曲线生成和由边界生成等操作创建，它们与其对应的原始创建对象相互关联。

（2）利用草图进行参数化设计

草图是与实体模型相关联的二维图形。它的方便之处在于：草图平面可以进行尺寸驱动，通过对草图对象添加约束方式或修改约束值来改变设计参数，从而改变对象特征。通过对草图中的截面曲线进行拉伸、旋转和扫描等操作生成参数化实体模型，从而提取模型中的截面曲线参数和拉伸参数来实现整个模型的尺寸驱动。

🖂 *需要注意的是，无论使用哪一种方法进行参数化建模，在建模过程中只能有一个主特征，其他特征都依附于主特征，通过定位主特征基准点等几何元素，可与主特征保持固定的位置关系。*

3. 应用软件

常用的参数化设计 CAD 软件中，主流的应用软件有 Creo（前身是 Pro/Engineer）、UG、CATIA 和 SOLIDWORKS，四大软件各有特点并在不同的领域中分别占据一定的市场份额。Creo 是参数化设计的鼻祖，因其参数化的特点在上市后迅速抢占了传统 CAD 软件巨头 UG 和 CATIA 的部分市场份额，它主要应用于消费电子、小家电和日用品、发动机设计等行业。UG 和 CATIA 两个传统的软件巨头紧随 Creo 之后加入了参数化设计的功能，在传统的制造行业，如汽车、航空航天等行业，这两款软件占据绝对的市场份额。

1.2 Creo 软件简介

1.2.1 PTC 概况

美国参数技术公司（Parametric Technology Corporation，PTC）于 1985 年成立。1989 年上市即引起 CAD/CAM/CAE 业界的极大震动，其销售额及净利润连续 45 个季度递增，股市价值曾突破 70 亿美元，年营业收入超过 10 亿美元，成为 CAID/CAD/CAE/CAM/PDM 领域最具代表性的软件公司。

PTC 以 Creo（整合了 Pro/Engineer、CoCreate 和 ProductView）为代表的软件产品的总体设计思想体现了机械设计自动化（Mechanical Design Automation，MDA）软件的新发展，PTC 也成为全球最大、发展最快的 MDA 厂商之一。PTC 开发、销售和支持的软件整体解决方案，帮助制造企业先于其竞争对手开发出优秀产品，并快速推向市场。同时，PTC 也是经过库道斯软件科技（德国）有限公司高级质量数据交换格式（Advanced Quality Data Exchange Format，AQDEF）资格认证的公司之一。

PTC 提出的单一数据库、参数化、基于特征、全相关性及工程数据再利用等概念改变了传统 MDA 的观念，成为 MDA 领域的新业界标准。基于此概念开发的第三代产品 Pro/Engineer 软件能将从设计到生产的过程集成在一起，让所有的用户同时进行同一产品的设计制造工作，即并行工程。

1.2.2 Creo 设计理念

1．AnyRole APPs

在恰当的时间向正确的用户提供合适的工具，使组织中的所有人都参与到产品开发过程中。最终结果是激发新思路、创造力及提高个人效率。

2．AnyMode Modeling

提供多范型设计平台，使用户能够采用二维、三维直接或三维参数等方式进行设计。在某一个模式下创建的数据能在任何其他模式中访问和重用，每个用户可以在所选择的模式中使用自己或他人的数据。此外，Creo 的 AnyMode 建模将让用户在模式之间进行无缝切换，而不丢失信息或设计思路，从而提高团队效率。

3．AnyData Adoption

用户能够统一使用任何 CAD 系统生成的数据，从而实现多 CAD 设计的效率和价值。参与整个产品开发流程的每一个人都能够获取并重用 Creo 软件所创建的重要信息。此外，Creo 将提高原有系统数据的重用率，降低技术锁定所需的高昂转换成本。

4．AnyBOM Assembly

为团队提供所需的能力和可扩展性，以创建、验证和重用高度可配置产品的信息。利用 BOM 驱动组件及与 PTC Windchill PLM 软件的紧密集成，提高团队的工作效率。

1.2.3 Creo 软件功能模块

Creo 软件是 PTC 于 2010 年 10 月推出的 CAD 设计软件包，其整合了 PTC 三款软件的核心技术（Pro/Engineer 的参数化技术、CoCreate 的直接建模技术和 ProductView 的三维可视化技术），是 PTC 闪电计划所推出的第一个产品。作为 PTC 闪电计划的一员，Creo 软件具备互操作性、开放和易用 3 大特点，旨在解决 CAD 行业中诸如数据难共用、不易操作等问题。

Creo 软件包括 11 个设计模块，分别如下。

1．柔性建模扩展（Flexible Modeling Extension，FMX）

（1）Creo FMX 简介

Creo FMX 是 Creo Parametric 的一款定义行业的附加产品。对于需要借助参数化三维 CAD 解决方案优势及灵活性的设计工程师，Creo FMX 提供了理想的解决方案：一组易用、快速且功能强大的几何编辑工具，可以在完全体现所有设计意图的情况下随心所欲地进行更改。

在产品开发过程中，尤其是在动态的竞争环境中，工程团队需要应对诸多挑战。设计工程师必须迅速响应项目或标书，快速形成设计理念，或者根据客户或供应商的要求对产品进行后期更改。为节约时间，用户可以利用现有三维 CAD 模型并对其进行修改。如果用户不了解模型是如何构建的或模型的设计意图缺失，那么此过程可能会非常耗时，因为用户可能需要重新构建模型。

通过 Creo FMX，设计工程师可以利用方便而快速的直接建模法编辑三维 CAD 数据，同时还能够保留原始设计意图。设计工程师可以与其他工程师更好地合作，更轻松地处理多种 CAD 数据。无论是处于概念化设计的初期阶段，还是处于尝试简化产品几何图形的阶段，Creo FMX 都能为用户提供合适的工具，以最有成效的方式完成任务，从而加速概念设计和详细设计过程。

（2）功能和优势

- 易于使用和学习。与几何图形的直观互动，有助于用户快速、轻松地设计任何三维 CAD 模型。
- 原始设计意图得以保留，并且能捕获用户所做的编辑，将其视为未来可以进一步修改的特征。
- 轻松整合并编辑其他 CAD 系统中的数据，从而提高多 CAD 环境中的工作效率；用户也可以为已导入的数据添加参数化设计意图。
- 更快、更灵活的三维编辑可以提高详细设计和下游产品开发过程的工作效率和生产效率。
- 加速概念设计和标书的制作。采用 Creo FMX 可以更快地编辑和重复利用三维设计概念。
- 更快地处理已导入数据。在 Creo FMX 中，可以利用已导入数据编辑几何图形。
- 应用最新设计变更。Creo FMX 可以提高编辑三维 CAD 模型的灵活性，因此可以更快、更轻松地执行设计更改。

● 简化 CAE 和 CAM 工作流。Creo FMX 可以帮助用户简化或编辑几何图形，以便为设计、优化、下游模拟、NC 和工具设计构建三维 CAD 模型。

2．可配置建模（Options Modeling Extension，OMX）

（1）Creo OMX 简介

Creo OMX 是完全集成的 Creo Parametric 附加产品，适用于需要获得参数化三维 CAD 解决方案的所有功能，同时还要能够创建和验证模块化产品体系结构的用户。

利用 Creo OMX，设计师可以创建模块化产品体系结构及定义产品模块的接合和装配方式，从而快速创建和验证任何特定客户的产品。在与 PTC 的产品生命周期管理软件 Windchill 配合使用时，Creo OMX 能让制造商生成和验证由单个物料清单（BOM）定义的产品的准确三维表示形式。

Creo OMX 与 Creo Parametric 的组合能让设计师检查各个属性（如精确的质量和重心），甚至检查和解决关键区域的问题（如干涉），从而验证设计的产品。

（2）功能和优势

● 在设计阶段的早期，在三维环境下创建和验证产品模块，缩短设计周期。
● 直接重复使用来自 Creo 的三维模型，以及重复使用来自 Windchill 的 BOM 和产品配置业务逻辑，减少过程错误和工程返工。
● 定义公共的体系结构和产品模块自动创建任何产品，并管理这些产品的接合和装配方式。
● 自动完成本来要使用大量人力执行且易于出错的任务，更早地优化产品。
● 更早地共享产品设计方案及获取其他内部团队、供应商和客户的反馈，准确进行沟通。

3．二维概念设计（Layout Extension）

（1）Creo Layout Extension 简介

Creo Layout 提供一个完善的二维环境，其中包含了二维设计师开发概念设计所需的所有工具。Creo Layout 所采用的基础技术与 Creo 系列的其他产品一样，因此，可以无缝地将这些二维设计重复用作三维模型的基础，而无须在三维模型中导入或重新创建数据。此外，可以根据需要保留二维和三维设计之间的相关性，从而确保在后期对二维设计的更改自动反映在三维模型中。

（2）功能和优势

● 利用无约束的绘制功能创建和管理二维设计。使用 Creo Layout 中丰富的草绘和几何形状操控工具创建二维设计；还可以在二维模型设计中添加尺寸、注解、符号、表格和绘图格式，以及使用结构、标记和组来组织设计方案；利用直观的可视化工具轻松浏览大型的二维设计。
● 通过重复使用二维和三维设计缩短工程时间。通过重复使用现有的设计，更快速地开始进行新的二维设计；可以从 Creo Parametric 导入三维模型的横截面，也可以导入各种标准二维格式的现有二维数据；还可以追踪导入的光栅图像以生成草绘。
● 将二维设计与三维模型集成。作为独立的应用程序，Creo Layout 与 Creo Parametric 集成在一起，因此，可以使用在 Creo Layout 中生成的二维设计在 Creo Parametric

中构建三维模型。通过在三维零件和装配中参照部分或全部二维设计，可以缩短设计周期。

4. 高级装配扩展（Advanced Assembly Extension，AAX）

（1）Creo AAX 简介

创新产品的设计通常涉及创建和管理一系列元器件和子装配。Creo AAX 通过设计标准管理、自顶向下的装配设计和装配过程规划等功能，提高了分布式团队的生产效率。

（2）功能和优势

● 使用功能强大的工具支持任何自顶向下的设计过程，便于设计复杂的产品。
● 有计划地创建备用的产品变型，允许快速地进行批量产品自定义。
● 使用关键的工程数据创建文件化和驱动模型配置的布局。
● 为详细的制造说明、修复和维护手册创建装配图和进程计划。
● 有效的装配管理改善了详细设计、变型设计和生成过程。

5. ECAD-MCAD 协作扩展（ECAD-MCAD Collaboration Option）

（1）Creo ECAD-MCAD 简介

即使是最有经验的团队，提供创新的机电设计也是很有挑战性的。在完全不同的电气和机械设计解决方案之间传递设计变更会很烦琐和低效，同时协调职能分散或地理分散的设计工作也更为复杂。PTC Creo ECAD-MCAD Collaboration Extension 可帮助用户克服这些障碍，并改善电气和机械设计师之间的设计协作。ECAD-MCAD 利用了 PTC Creo 和 PTC Creo View，帮助用户改善机电详细设计过程、减少协作错误，以及更快速地将产品投放市场。

（2）功能和优势

● 改进了基于 IDF 的流程，便于识别变更和协同实施增量式变更。
● 使机械和电气工程师能够更快速和更频繁地沟通，减少工作的中断。
● 及早发现并控制跨专业变更的意外后果，以减少后期变更带来的错误。例如，使机械工程师在提出变更建议之前，能够更好地了解该变更对电气设计的影响。
● 利用增量式变更显示和在 MCAD 与 ECAD 模型视图之间交叉突出显示的能力，更快速地传递设计变更。
● 同步或异步地提议、接受或拒绝变更。

6. 钢结构设计专家（Expert Framework Extension，EFX/AFX）

（1）Creo AFX 简介

钢和铝框架作为各种设备的基础构件，在制造相关行业中都得到了广泛应用。Creo AFX（原为 EFX）专为机器设计师和设备制造商量身定制，可简化和加速结构设计。此结构设计软件的智能元件库和自动创建可交付结果使框架设计的速度比标准的设计技术最高快 10 倍。

（2）功能和优势

● 从概念到生产的过程非常简单，便于设计任何包含等剖面轮廓的产品。
● 享受从二维系统到三维 CAD 的高效转变。
● 自动创建完善的文件，包括物料清单和装配图。
● 与标准的 CAD 技术相比，在设计框架时的效率最高可提高 10 倍。

7．塑胶模具专家（Expert Moldbase Extension，EMX）

（1）Creo EMX 简介

许多模具制造者依赖于二维 CAD 方法来设计模架。Creo EMX 提供了一个理想的解决方案。此软件基于过程并且易于学习，使模具制造者能在熟悉的二维环境中工作，同时利用三维模型的强大功能和优点，显著地缩短了生产周期。

（2）功能和优势

● 通过由过程驱动的简单工作流自动完成模架设计和细化，从而加快设计速度。
● 包含 17 种模架/组件（如螺钉、顶杆、滑块和冷却接头）的供应商的库。
● 自动顶杆、水线和接头功能，自动完成流道和水线检查。
● 通过三维环境消除了许多错误，防止了昂贵的返工开销并缩短了生产周期。
● 通过自动更新模具模型、绘图和电极，减少了对重新设计的需求。

8．冲压模具专家（Progressive Die Extension，PDX）

（1）Creo PDX 简介

PDX 是 Creo 的一个扩展模块。Creo PDX 面向过程的工作流程能自动执行级进模的设计和细化工作，从而加快投入生产的速度；包含大型的模具组件和紧固件库，从而加快详细设计的速度；加快展平和识别特征的速度，以便于分段处理，提高了设计灵活性，甚至允许在创建模具后添加新的阶段；通过自动完成重复性任务来提高效率，如创建间隙切口。

（2）功能和优势

● 可以为钣金件快速和方便地设计级进模和单工序模。
● 利用定制的解决方案来开发级进模的模具，从而取得更好的效果。
● 向导可指导用户完成自定义钢带布局定义、冲头模具创建及模具组件的放置和修改。
● 文件、间隙切口和钻孔均会自动创建，能避免手动执行容易出现的错误。

9．自由曲面设计（Interactive Surface Design Extension II，ISDX）

（1）Creo ISDX 简介

利用 Creo ISDX 的自由形状曲面设计功能，设计者和工程师可以快速、轻松地设计极为准确并且具有独特美感的产品。

（2）功能和优势

● 在一个环境中结合自由形状曲面设计和专业曲面设计意味着无须在设计和工程环节之间传输数据。
● 设计精确的曲线和曲面以获得精心研制的可制造产品。
● 在任何时候所做的变更均完全关联，从而可以满怀信心地研究不同的设计。
● 直观的用户界面提供了直接的曲面编辑功能和实时的反馈，使用户能快速设计出极具创意的产品。

10．高级渲染（Advanced Rendering Extension，ARE）

（1）Creo ARE 简介

要使自己的设计方案与竞争对手的截然不同，作品带给人的视觉印象与产品的外形和功能同样重要。利用 Creo ARE，用户可以快速创建出令人印象深刻、逼真的产品图像；还可以制作出更丰富的营销材料，在更短的时间内进行更有吸引力的设计，而无须使用昂贵的物理原型或搭建的背景布景。

（2）功能和优势

- 高端产品渲染功能，包括光线追踪和景深。
- 200 多种类型的材料使设计更逼真。
- 高性能的动态渲染让用户快速获得结果。
- 高级的光照效果，逼真的反射、贴花、纹理和阴影。
- 增强的设计表现力使产品在市场上更受欢迎，使用户在制作昂贵的原型之前做出明智的决策。

11．逆向工程（Reverse Engineering Extension，REX）

（1）Creo REX 简介

Creo REX 允许将现有实物产品变换为数字化模型。它具有一整套自动化功能，并具有实施设计变更的能力，从而有助于改进产品自定义，提高设计重用率。

（2）功能和优势

- 细化点云并迅速填充间隙。
- 根据扫描的点云数据自动创建精确的曲面。
- 使用灵活的小平面建模工具，实施不受限制的设计修改。
- 提高对已停止的或难以找到的设计的利用能力。
- 有效地根据单一设计来进行批量自定义，从而提高市场响应能力。

1.2.4 Creo 软件的安装与卸载

本节介绍 Creo 5.0 软件（中文版）在计算机上的安装过程及其卸载方法。

1．Creo 5.0 的安装过程

Creo 5.0 在各操作系统的安装过程基本相同，本节以 Windows 10 操作系统为例，讲解 Creo 5.0 软件的安装过程。

（1）准备工作

放入 Creo 5.0 安装光盘，尽量关闭计算机正在运行的其他程序，以加速安装过程。

（2）软件安装

1）打开安装包文件夹“PTC.Creo.5.0.F000.Win64”，右击安装程序“setup.exe”文件，在弹出的快捷菜单中选择“以管理员身份运行”，如图 1-3 所示，进入安装初始界面，如图 1-4 所示。

2）在初始界面中单击“下一步”按钮，进入软件许可协议界面，如图 1-5 所示。在软件许可协议界面中选中“我接受软件许可协议”单选按钮，并选中“通过选中此框，我确认该软件的安装和使用符合出口协议。我同意出口协议中的条款以及以上许可证协议中关于出口的条款。”，然后单击“下一步”按钮，进入许可证标识界面，如图 1-6 所示。

3）在“输入销售订单或产品代码”下的文本框中输入相应代码，然后单击“下一步”按钮，进入应用程序选择界面，如图 1-7 所示。在 D 盘创建 Creo 5.0 软件的安装目录，即“D:\Program Files\PTC\Creo 5.0”，然后单击“安装”按钮，进入应用程序安装界面，如图 1-8 所示。

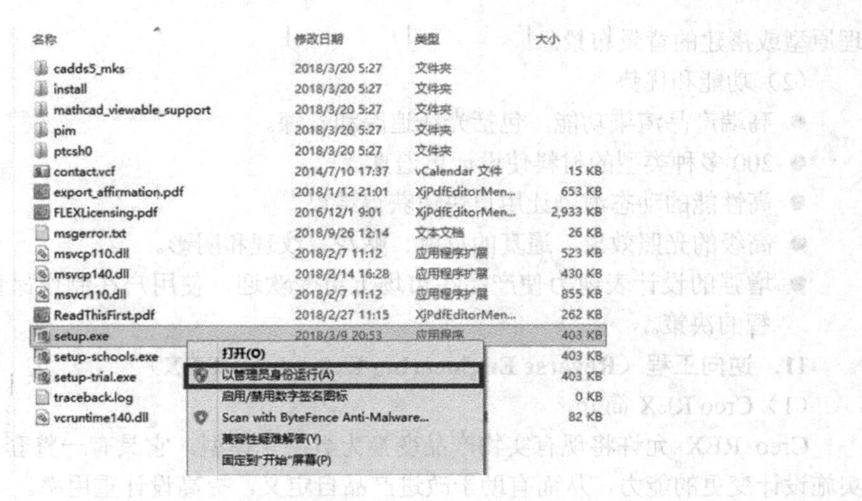

图 1-3　以管理员身份运行安装程序

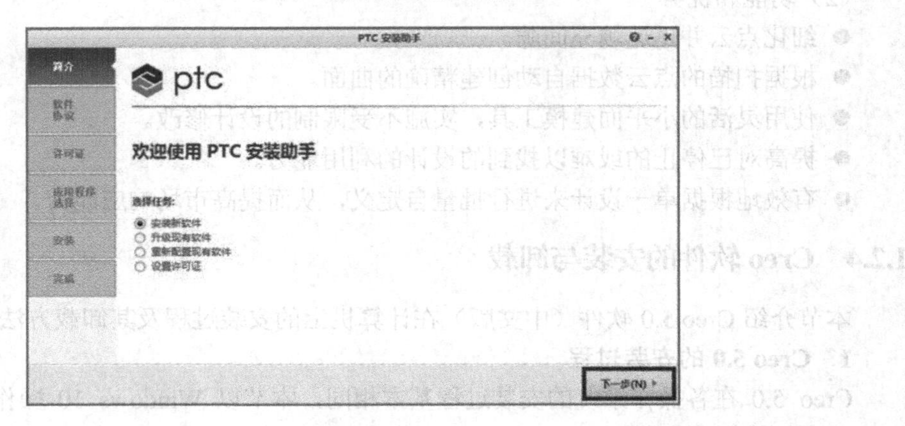

图 1-4　安装初始界面

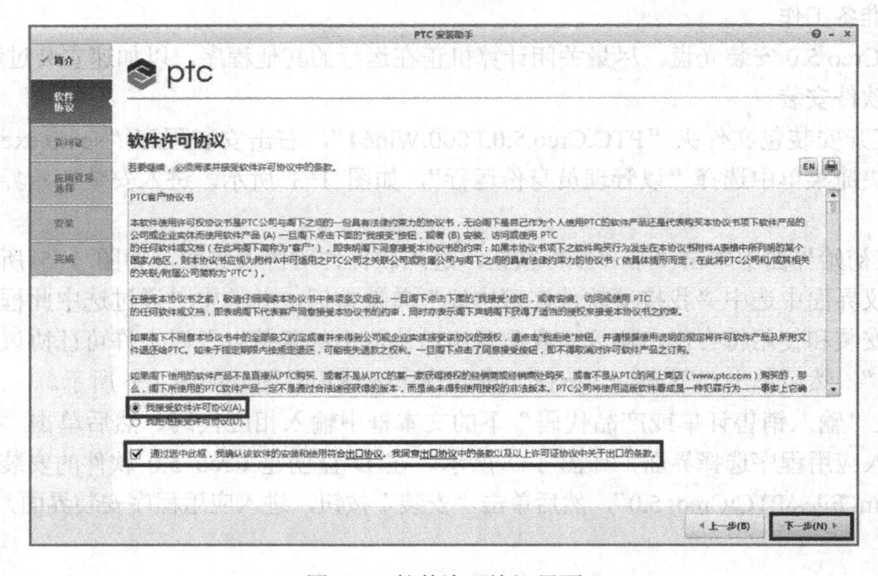

图 1-5　软件许可协议界面

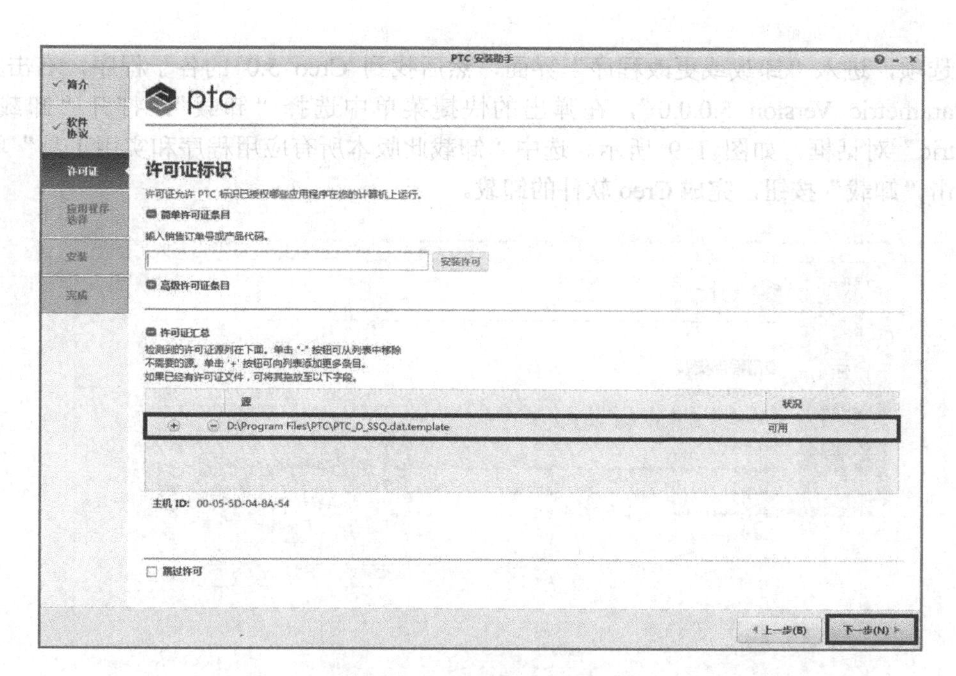

图 1-6　许可证标识界面

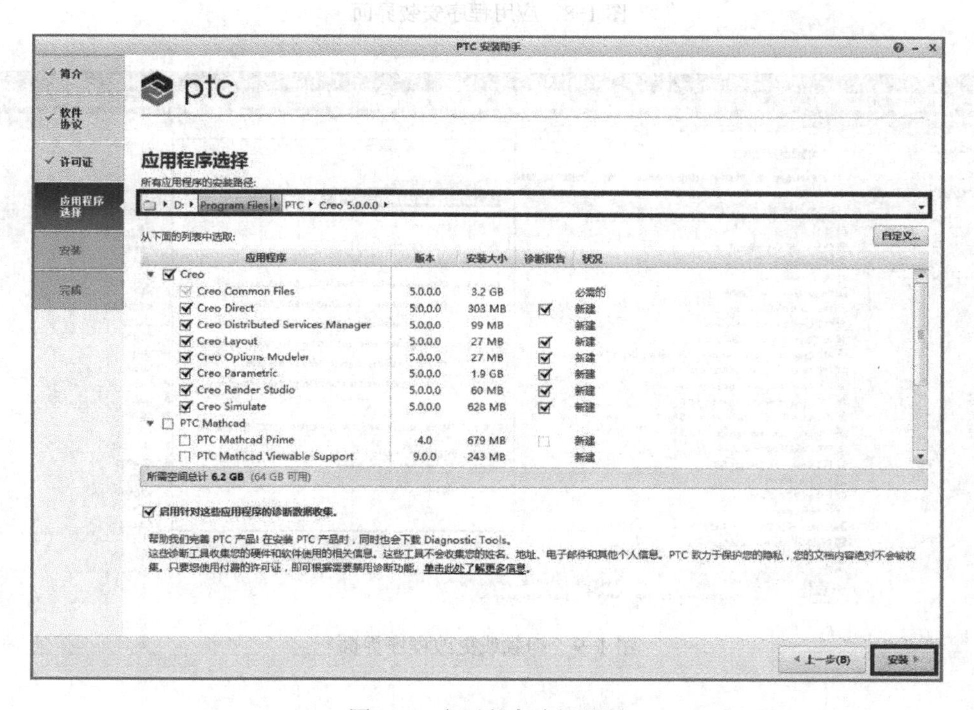

图 1-7　应用程序选择界面

4）等待应用程序自动安装完毕后，单击“完成”按钮，完成 Creo 5.0 软件的安装。

2．Creo 5.0 的卸载方法

Creo 5.0 的卸载方法和其他应用软件类似，即在“控制面板”中选择“程序”→“卸载程序”选项，进入“卸载或更改程序”界面，然后找到 Creo 5.0 的各子程序，右击“PTC Creo Parametric Version 5.0.0.0”，在弹出的快捷菜单中选择“卸载”，打开“卸载 Creo Parametric”对话框，如图 1-9 所示。选中“卸载此版本所有应用程序和实用工具”单选按钮，单击“卸载”按钮，完成 Creo 软件的卸载。

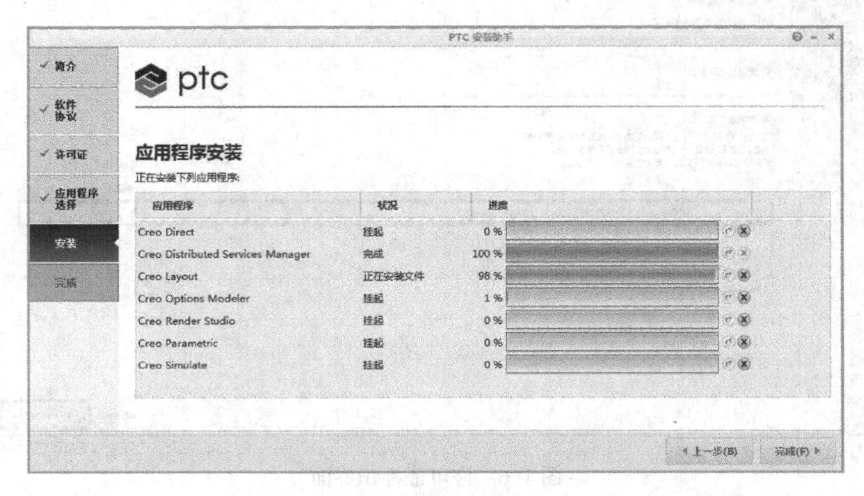

图 1-8　应用程序安装界面

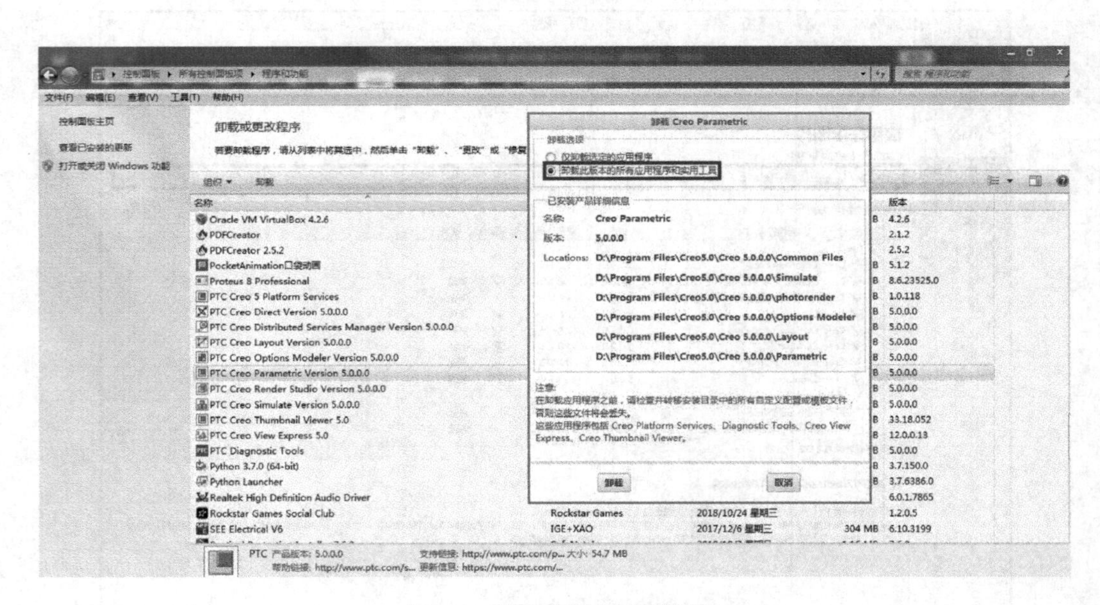

图 1-9　卸载或更改程序界面

1.2.5　Creo 软件工作界面

1. 启动软件

在启动软件之前，需先设定 Creo 5.0 的默认启动目录。

1）右击桌面“Creo Parametric”快捷方式，在弹出的快捷菜单中选择“属性”选项，打开“Creo Parametric 5.0.0.0 属性”对话框，在“起始位置”文本框中输入“D:\Mywork\Creo”，单击“确定”按钮，完成启动目录的设置。

2）双击桌面“Creo Parametric”快捷方式，出现 Creo Parametric 的启动界面（如图 1-10 所示）及初始界面（如图 1-11 所示）。

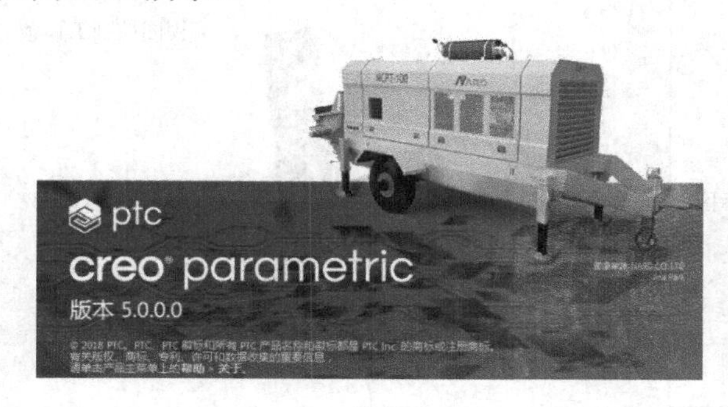

图 1-10　启动界面

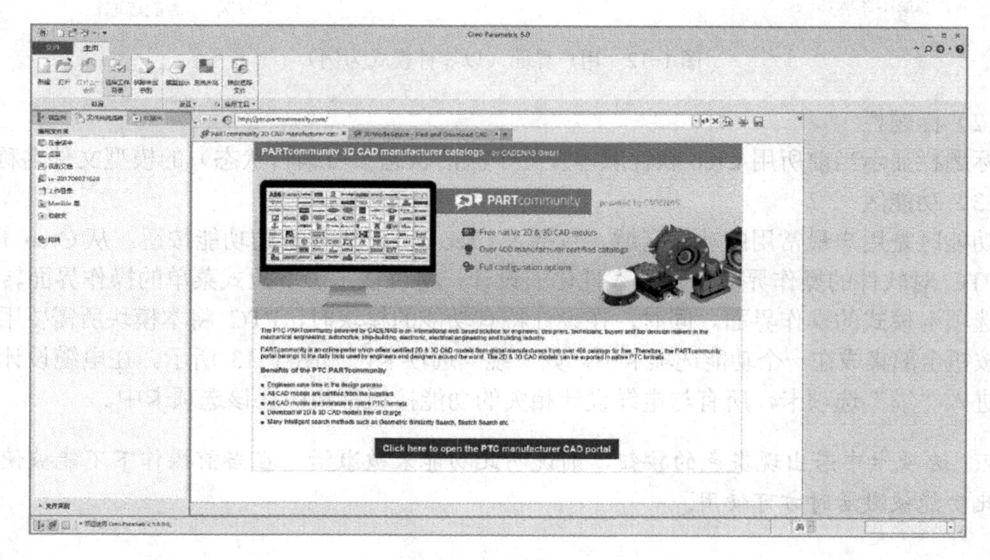

图 1-11　初始界面

✉ *启动目录是 Creo 启动时加载基本配置的目录，一般放置配置文件。启动目录只有一个。可参看 Creo 软件配置文件部分（1.2.7 节）。*

2．工作界面简介

Creo 5.0 用户界面（以零件模式为例）包括“快速访问工具栏”“功能区”“标题栏”“导航选项卡区”“视图控制工具条”“操作区”“显示区域切换”“查找区”“智能选取栏”9 个部分，如图 1-12 所示。

（1）快速访问工具栏

快速访问工具栏包含“新建”“打开”“保存”“撤销”等基本的功能命令，用户也可根据自身需要添加一些特定的功能命令，如“外观库”“重新生成”等。

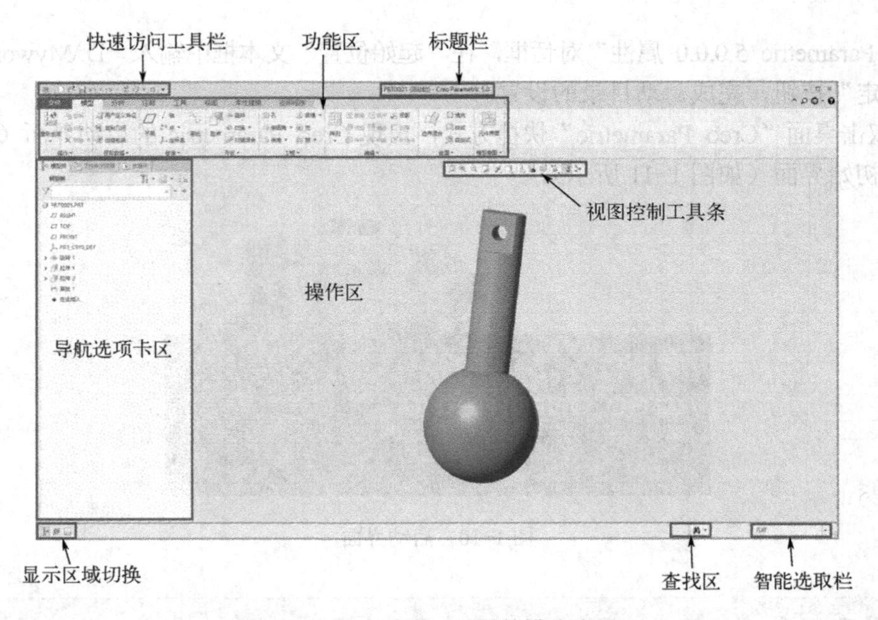

图 1-12　用户界面（以零件模式为例）

（2）标题栏

标题栏显示当前所用 Creo 软件版本及处于激活状态（可编辑状态）的模型文件名称。

（3）功能区

功能区是用户最常用的功能区域，包括了 Creo 5.0 绝大多数的功能按钮。从 Creo 1.0 开始，PTC 对软件的操作界面进行了人性化的设计，将以往基于下拉式菜单的操作界面转换为命令选项卡模式的操作界面。同时，在设计特有功能的模块时，PTC 将本模块所需要用到的功能按钮全部集成在一个功能选项卡中，如“缆”选项卡，如图 1-13 所示。在电缆设计时，用户进入“缆”选项卡，所有与电缆设计相关的功能按钮都集中在该选项卡中。

✉ 选项卡中若出现灰色的按钮，则说明此功能未被激活，在当前操作下不能被使用，仅当此功能被激活时方可使用。

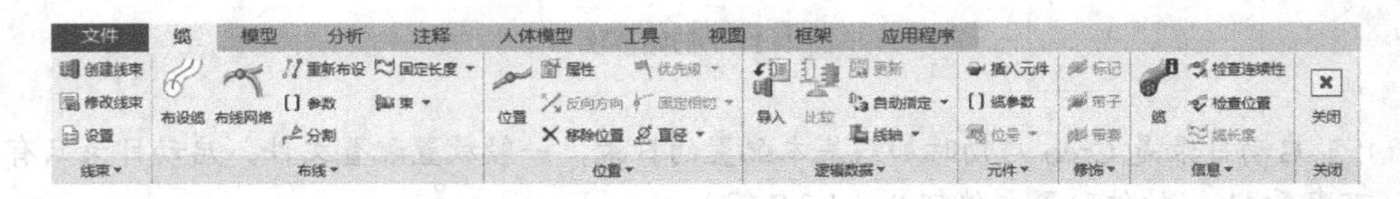

图 1-13　“缆”选项卡

（4）导航选项卡区

导航选项卡区包括 3 个页面选项：“模型树”“文件夹浏览器”“收藏夹”，如图 1-14 所示。

“模型树”以树形分支结构显示模型已进行的各项操作。若用户打开的是一个零件文件，则在“模型树”中显示该零件建模过程中的一系列操作。若用户打开的是一个装配体文件，则在“模型树”中显示构成该装配体的各个零件的名称。同时，通过“设置”按钮可以修改模型树的显示类型；通过“显示”按钮可以进行层和特征的切换。

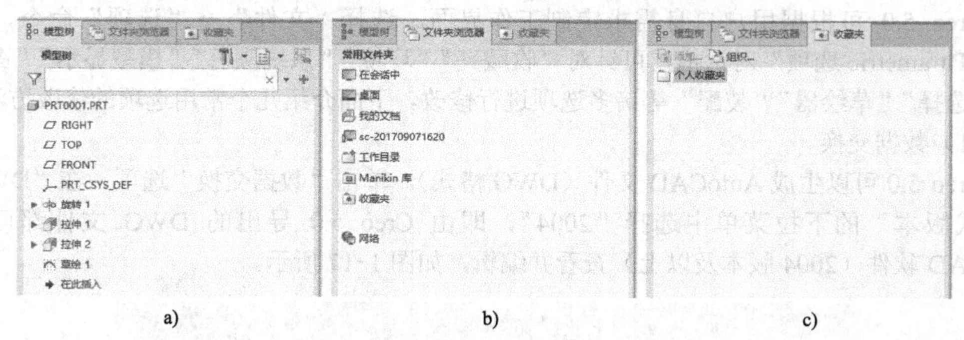

a) b) c)

图 1-14　导航选项卡区

a) 模型树　b) 文件夹浏览器　c) 收藏夹

“文件夹浏览器”类似于资源管理器，在“文件夹浏览器”中可浏览计算机中的文件。

“收藏夹”可以收藏 PTC 网站资源，需要申请注册 PTC 的账号。

（5）视图控制工具条

视图控制工具条紧靠在操作区的上方，是将“视图”选项卡中的部分命令按钮整合在一起的简洁工具条，可节省用户切换工作选项卡的操作步骤，提高工作效率，如图 1-15 所示。

图 1-15　视图控制工具条

（6）操作区

操作区是用户针对所设计的产品模型的操作区域与视图观察区域。

（7）显示区域切换

显示区域切换可用于实现导航选项卡和 Creo Parametric 浏览器的切换。

（8）查找区

查找区可用于零件的查找。

（9）智能选取栏

根据操作区的不同操作，智能选取栏所提供的选项也有所不同。布局、草绘、零件和装配模块的智能选取栏如图 1-16 所示。

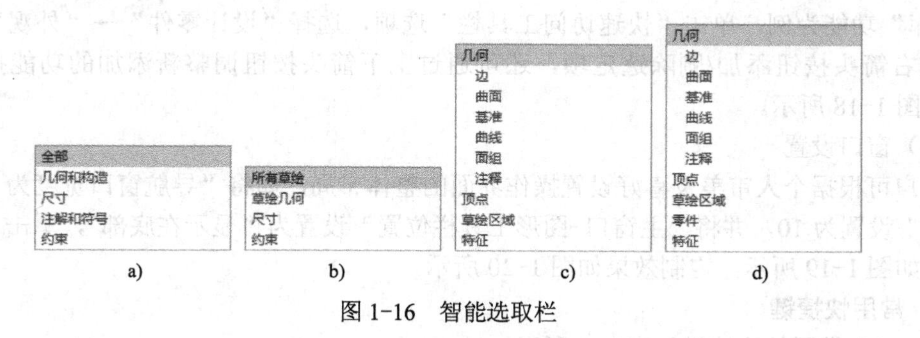

a) b) c) d)

图 1-16　智能选取栏

a) 布局　b) 草绘　c) 零件　d) 装配

3．工作界面定制

Creo 5.0 可根据用户自身需求定制工作界面。选择“文件”→“选项”命令，打开“Creo Parametric 选项”对话框，可针对“收藏夹”“环境”“系统颜色”“模型显示”“图元显示”“选择”“草绘器”“装配”等诸多选项进行修改。下面介绍几个常用选项的修改方法。

（1）数据交换

Creo 5.0 可以生成 AutoCAD 文件（DWG 格式）。单击“数据交换”选项，在“DWG 导出格式版本”的下拉菜单中选择“2004”，即由 Creo 5.0 导出的 DWG 文件都可以用 AutoCAD 软件（2004 版本及以上）查看并编辑，如图 1-17 所示。

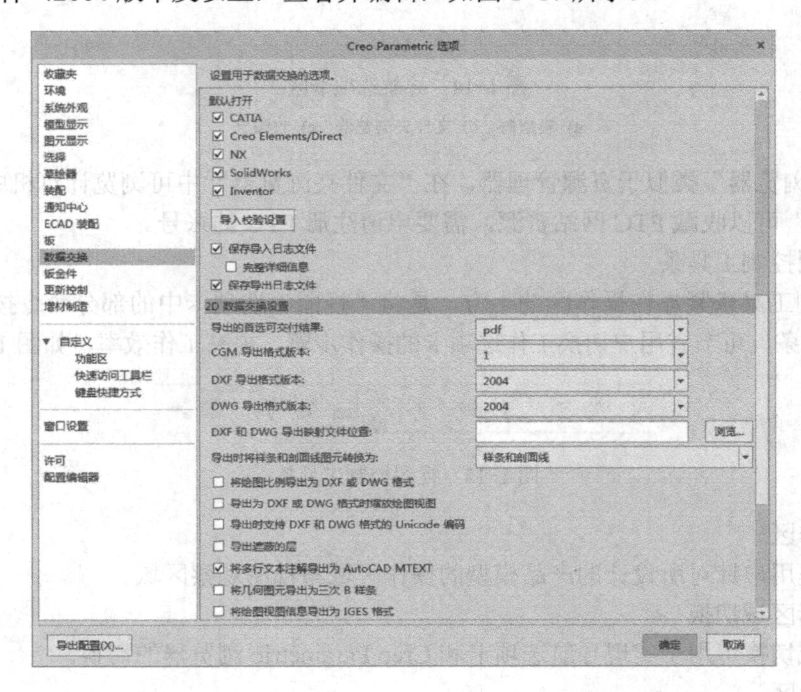

图 1-17 “Creo Parametric 选项”对话框的“数据交换”选项

（2）快速访问工具栏

即便 Creo 5.0 在用户界面上加以改进，进一步提高了工作效率，但仍不能将所有的因素考虑并落实到位。此时，用户可根据自身需要设置快速访问工具栏。以“视图”选项卡中的“外观库”功能为例，单击“快速访问工具栏”选项，选择“设计零件”→“外观”命令，通过左右箭头按钮添加/删除选定项，还可通过上下箭头按钮调整新添加的功能按钮的位置，如图 1-18 所示。

（3）窗口设置

用户可根据个人审美及喜好设置操作界面的整体布局，如将“导航窗口宽度为主窗口的百分比”设置为 10，并将“主窗口-图形工具栏位置”设置为“显示在底部”，单击“确定”按钮，如图 1-19 所示，定制效果如图 1-20 所示。

4．常用快捷键

Creo 5.0 常用的快捷键如表 1-2 所示。

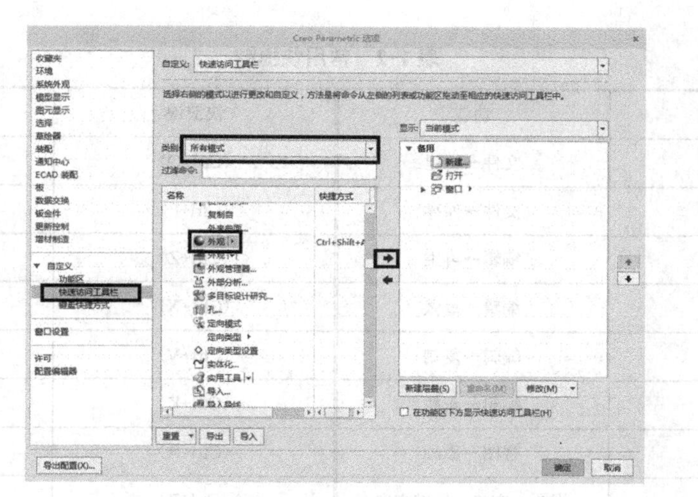

图 1-18 “快速访问工具栏”选项设置

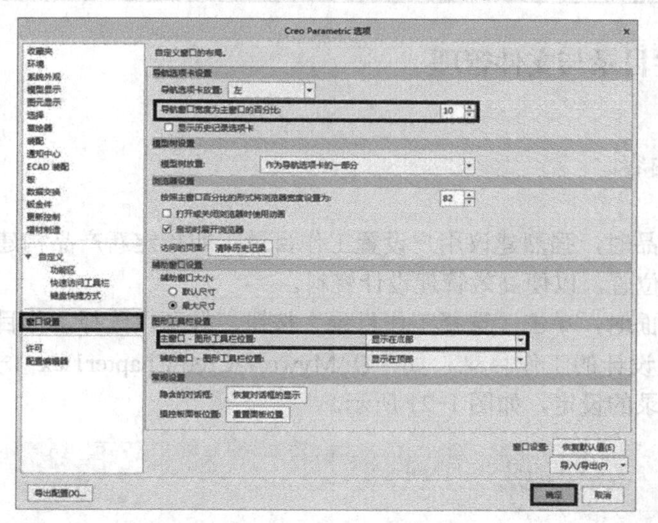

图 1-19 “窗口设置”选项设置

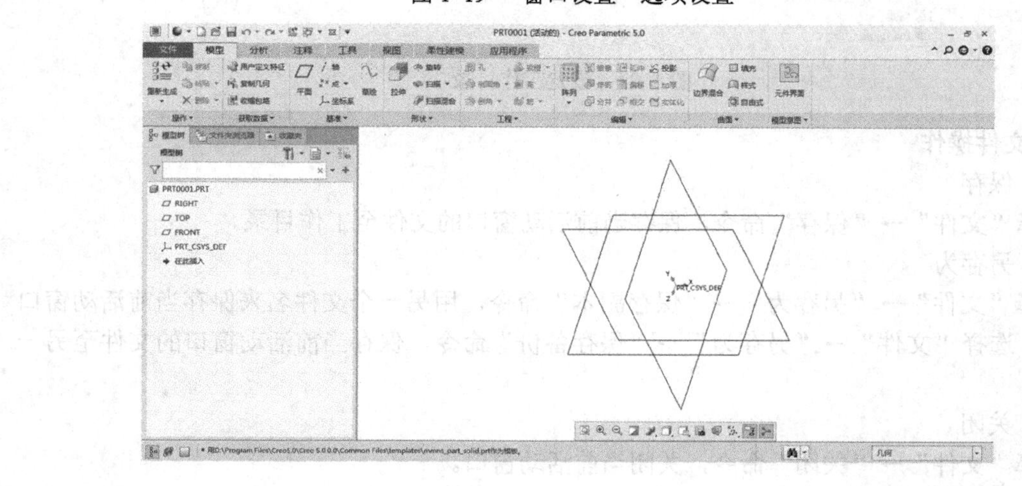

图 1-20 “窗口设置”定制效果

表 1-2　常用快捷键

快捷键	功能	快捷键	功能
〈Ctrl+N〉	文件→新建	〈Ctrl+O〉	文件→打开
〈Ctrl+S〉	文件→保存	〈Ctrl+P〉	文件→打印
〈Ctrl+G〉	编辑→再生	〈Ctrl+Z〉	编辑→撤销
〈Ctrl+Y〉	编辑→重做	〈Ctrl+X〉	编辑→剪切
〈Ctrl+C〉	编辑→复制	〈Ctrl+V〉	编辑→粘贴
〈Ctrl+F〉	编辑→查找	〈Ctrl+K〉	编辑→超级链接
〈Ctrl+R〉	视图→重画	〈Ctrl+A〉	窗口→激活
〈Ctrl+D〉	视图→方向→标准方向	〈Ctrl+B〉	遮蔽→取消遮蔽

1.2.6　Creo 软件目录与文件管理

1．启动目录

详见 1.2.5 节内容。

2．工作目录

在设计新的产品时，强烈建议用户设置工作目录，即指定新产品构建过程中所创建的全部设计文件的存储位置，以便高效管理设计资料。

当进入初始界面时，单击“选择工作目录”按钮，打开“选择工作目录”对话框，选择某文件夹作为本次设计的工作目录，如“D:\Mywork\Creo\Chapter1\ex-1-1”，单击“确定”按钮，完成工作目录的设定，如图 1-21 所示。

图 1-21　设定工作目录

3．文件操作

（1）保存

选择“文件”→“保存”命令，保存当前活动窗口的文件至工作目录。

（2）另存为

选择“文件”→“另存为”→“保存副本”命令，用另一个文件名来保存当前活动窗口的文件；选择“文件”→“另存为”→“保存备份”命令，保存当前活动窗口的文件至另一个目录。

（3）关闭

选择“文件”→“关闭”命令，关闭当前活动窗口。

1.2.7 Creo 软件配置文件

1．配置文件的类型

按文件后缀名来分，Creo 的配置文件主要有两种类型：config.pro 和 config.sup，前者为一般类型的配置文件（以 pro 为后缀名），后者为受保护的系统配置文件（以 sup 为后缀名），也就是强制执行的配置文件。若其他配置文件的配置和系统配置文件相冲突，则以系统配置文件的配置为准。若配置文件如下：

config.sup 文件的配置：save_drawing_picture_file　yes；

config.pro 文件的配置：save_drawing_picture_file　no；

则 Creo 软件最终以 config.sup 文件的配置为准，即在保存绘图时，将绘图文件保存为画面文件。

2．配置文件的读取顺序

1）启动 Creo 时，首先读取 Creo 安装目录下 Text 文件夹内的 config.sup（如“D:\Program Files\PTC\Creo 5.0\Text\config.sup”），也就是系统配置文件，该文件拥有最高权限，一般用于配置企业强制执行的标准，此文件中的设置均不能被其他配置文件的内容覆盖。

2）读取 Creo 安装目录下 Text 文件夹内的 config.pro（如“D:\Program Files\PTC\Creo 5.0\Text\config.pro”），该文件为文本文件，可用于存储 Creo 相关操作的所有设置。

3）读取本地目录下的 config.pro 文件，也就是启动目录的上一级目录，可用于从多个不同的工作目录中启动 Creo 软件。若启动目录为 D:\Mywork\Creo，则本地目录为 D:\Mywork。

4）读取启动目录下的 config.pro 文件，即“D:\Mywork\Creo\config.pro”。由于启动目录下的 config.pro 是最后读取的配置文件，所以该文件的配置会覆盖与其冲突的 config.pro 的配置，但不能覆盖 config.sup 的配置。该目录下的 config.pro 一般用于进行环境变量、映射键等设置。

5）读取系统的默认配置值，也就是上述所有目录下的配置文件均未涉及的配置都需按系统的默认值进行配置。

3．常用配置选项

Creo 常用配置选项如表 1-3 所示。

表 1-3　常用配置选项

选　项	值	说　明
pro_unit_length	unit_mm	长度单位
pro_unit_mass	unit_gram	质量单位
system_colors_file	D:\Mywork\Creo\creosyscol.scl	系统配置颜色
trail_dir	D: \Mywork\Creo\trail	trail 文件放置目录
pro_colormap_path	D: \Mywork\Creo\color.map	颜色文件
template_designasm	D: \Mywork\Creo\creoasm.asm	装配缺省模板
template_solidpart	D:\Mywork\Creo\part_solid.prt	零件缺省模板

1.3　产品设计流程

机械产品的设计流程一般包括 4 个阶段：产品规划、方案设计、结构与技术设计和产品制造，整个流程需要由专业人员精心组织、协同作业，顺次落实需求分析、初步设计、详细设计、样机试制与定型生产等具体任务，完成可行性分析报告、工作任务书、工作原理图、总体方案图、零件图、装配图、设计说明书、使用说明书、试验样机、产品等具体指标与资料文件，如图 1-22 所示。

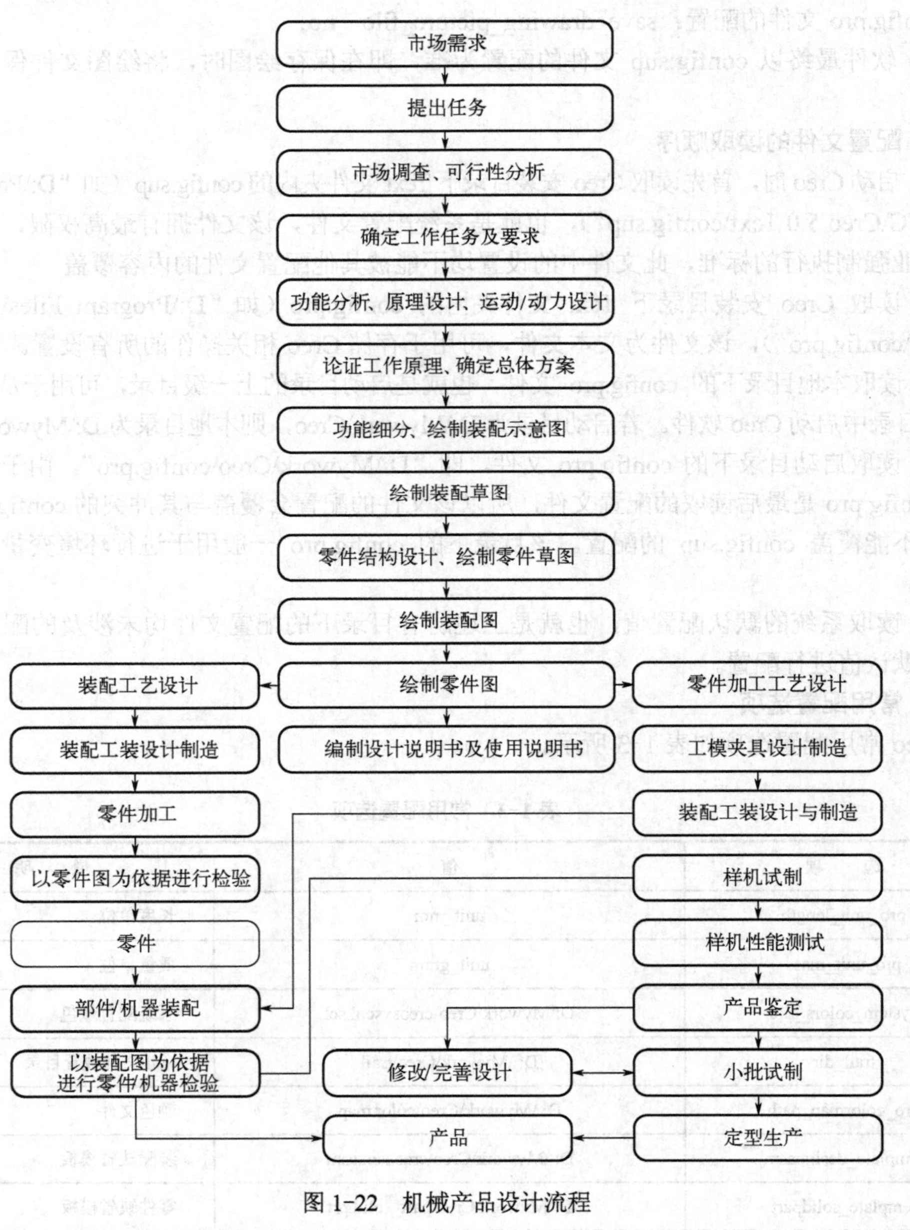

图 1-22　机械产品设计流程

本书以二级减速器为主线，内容涉及方案设计、结构设计阶段中三维实体建模技术，具体为二维图形绘制、零件设计、结构分析及优化设计、装配设计、机构运动仿真、工程图设计和数控加工模拟，相关知识与实操方法将在后续 7 章中顺次展开，如图 1-23 所示。

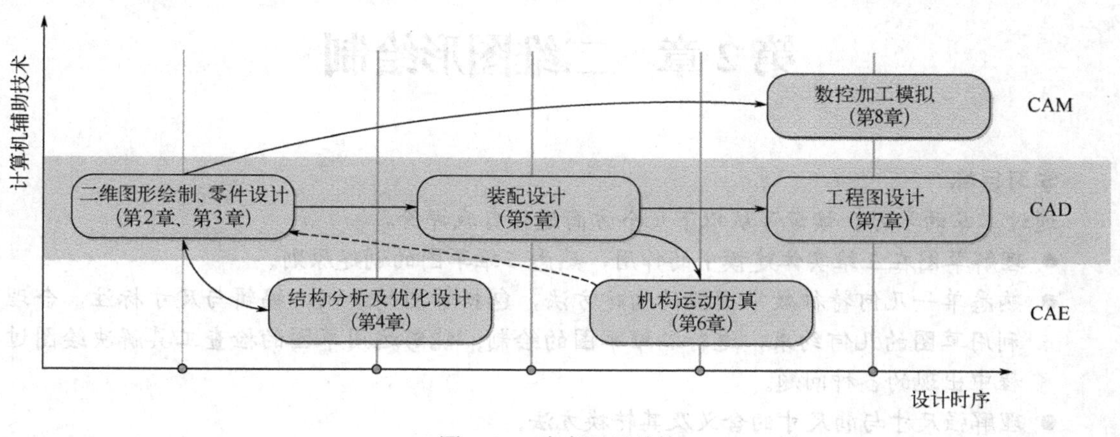

图 1-23　本书目录结构

1.4　练习

1．借助中国知网进行文献检索，熟悉运用 Creo 软件进行产品设计与分析的基本方法。
2．独立完成 Creo 软件的安装。
3．根据自身喜好编写配置文件并使用。

第2章　二维图形绘制

学习目标

通过本章的学习，读者可从以下几个方面进行自我评价。

- 理解草图在三维实体建模中的作用，熟悉二维草图的创建原则。
- 熟悉单一几何特征数字模型的构建方法，包括草图的绘制、编辑与尺寸标注，合理利用草图的几何约束，进行二维草图的绘制；能够运用草图的检查工具解决绘图过程中出现的各种问题。
- 理解强尺寸与弱尺寸的含义及其转换方法。
- 掌握齿轮轮廓线的计算机辅助设计及其数据交换方法。

2.1　草绘模块简介

2.1.1　草绘模块功能说明

机械产品的三维实体模型由一系列的零部件按照一定的关系组合而成，而每一个零部件的实体特征又由一系列的基础特征及相应的修饰特征构成。在创建零件的基础特征时，通常是由二维草图经某轨迹运动形成，如拉伸特征、旋转特征等。因此，掌握二维草图的设计方法与技巧，可提高零件实体特征的设计效率。

2.1.2　草绘模块基础

1．进入草绘模块

选择“文件”→“新建”，打开“新建”对话框，如图2-1所示。在“类型”列表中选中“草绘”单选按钮，在“文件名”文本框中输入文件名，单击“确定”按钮，进入草绘界面，如图2-2所示。

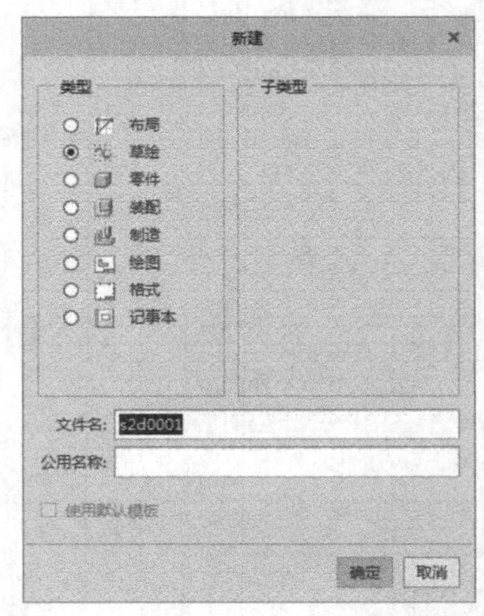

图2-1　“新建”对话框

2．功能区简介

“草绘”选项卡包括9个功能区，如图2-3所示，具体功能如下。

1）设置：设置草绘栅格的属性，图元线条显示样式等。

2）获取数据：导入外部草绘数据。

3）操作：对草图进行复制、粘贴、剪切、删除、替换、切换构造和转换尺寸等操作。

4）基准：绘制基准中心线、基准点及基准坐标系。

5）草绘：绘制直线、圆、矩形等图元，以及构造图元。

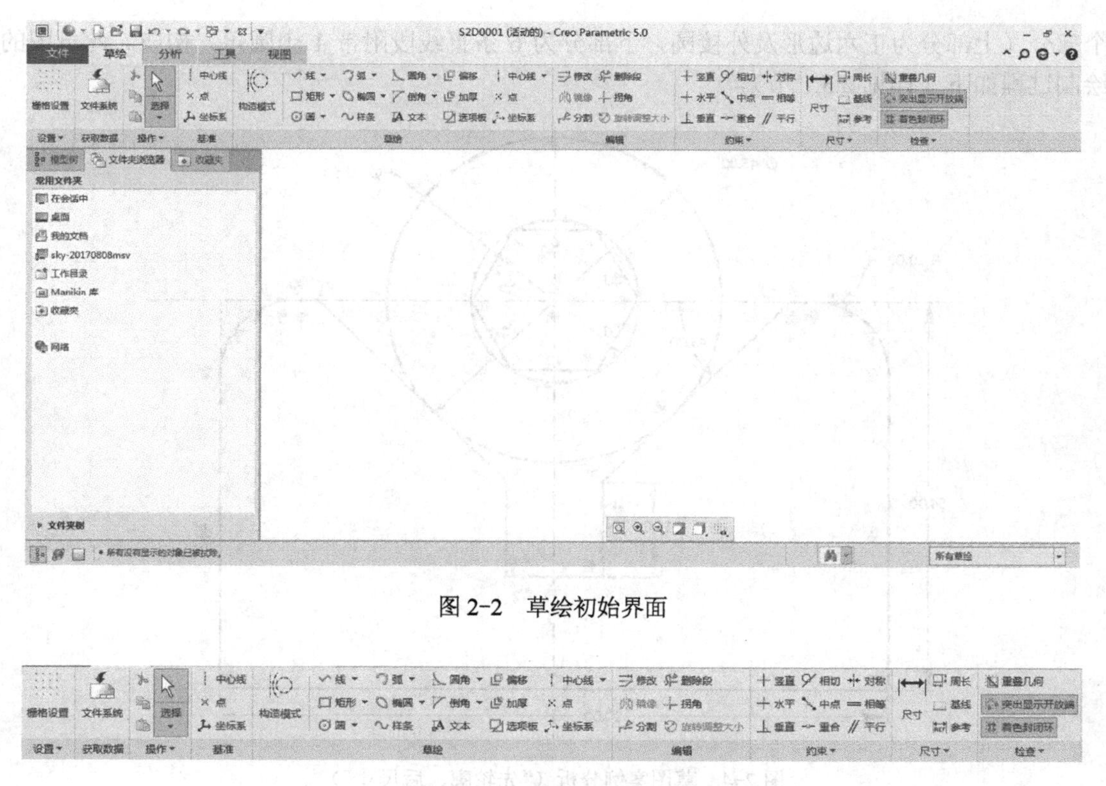

图 2-2　草绘初始界面

图 2-3　“草绘”选项卡功能区

6）编辑：包括修改、镜像、分割、删除段、拐角和旋转调整大小。

7）约束：对草绘图形添加几何约束。

8）尺寸：对草绘图形添加尺寸约束。

9）检查：检查“重叠几何”“突出显示开放端”“着色封闭环”“交点”“相切点”“图元”等。

3．绘制草图的一般流程

草图一般由几何图元、尺寸、几何约束等元素构成。其中，几何图元包括直线、圆/圆弧、矩形、样条曲线和文字等；尺寸包括长度、距离、角度和对称尺寸等；几何约束包括水平、垂直、重合和相切等。上述所有元素的绘制方法详见 2.2 节。创建草图时，一般遵循“先轮廓、后尺寸”的原则，即先绘制几何图元，再标注尺寸，并合理运用几何约束。

🖂 所谓“先轮廓、后尺寸”，就是先绘制二维草图的几何线条，再创建并修改尺寸。在绘制草图时，是先将全部轮廓绘制出来再标注尺寸，还是绘制部分轮廓先行标注尺寸再继续绘制（边绘制轮廓边创建尺寸），这取决于二维草图的复杂程度。

草图的绘制过程并没有严格的标准，凡是能提高工作效率、保证结果正确的绘制方法，就是好的方法。如图 2-4 所示为采用“先轮廓、后尺寸”，即“先绘制几何图元，再标注尺寸，并合理运用几何约束”的方法绘制的草图。

从整体上看，图 2-4 为左右对称图形，可考虑利用镜像工具进行绘制，且可视为上下两个部分（上部分为正六边形及外接圆，下部分为 6 条直线段附带 1 个圆角）构成。此草图的绘制过程如下（详见 2.3.1 节）。

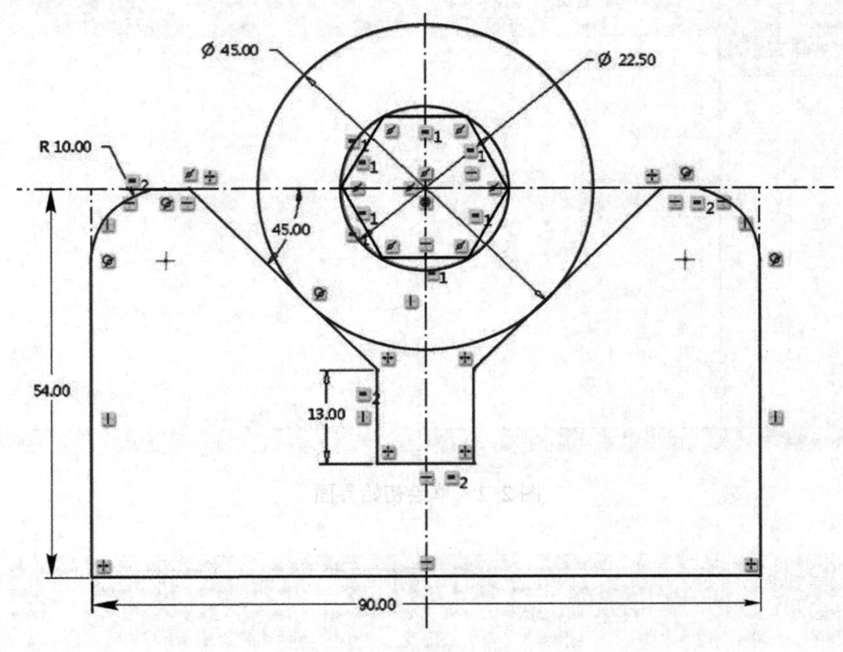

图 2-4　草图案例分析（“先轮廓、后尺寸”）

1）绘制正六边形及外接圆，并标注尺寸（此处应为强尺寸），需确保正六边形的外接圆的圆心与水平/垂直中心线交点重合。

2）绘制 6 条直线段，结合系统“适时自动”添加几何约束的功能，确保相应直线段与已有几何图元的约束关系，即合理运用几何约束，然后绘制圆角。此时不必标注尺寸。

3）将 2）绘制的几何图元镜像到垂直中心线的右侧，先行补充适当的几何约束，再进行尺寸标注，完成草图的绘制。

✉ 请认真体会“先轮廓、后尺寸”的草图绘制原则，并灵活运用，切勿每绘制一个几何图元就随即创建其尺寸。

2.2 创建草图

2.2.1 草图的绘制

1．绘制直线

1）绘制线链。在“草绘”选项卡的“草绘”功能区中单击“线”按钮中的“线链”按钮，启动绘制线链命令，此时鼠标呈现为无尾黑色箭头形状，在操作区内单击以确认线链的第一个端点，移动光标至线链的第二个端点处再次单击，由此完成第一条线链的绘制，如图 2-5 所示。此时，可以参照上述操作方法继续绘制线链，也可以单击鼠标中键结束绘制线链的命令。

2）绘制相切直线。在“草绘”选项卡的“草绘”功能区中单击“线”按钮中的“直线相切”按钮，启动绘制相切直线命令，此时鼠标呈现为有尾黑色箭头形状，在操作区内选择两个图元（圆或圆弧），由此创建一条与两个图元分别相切的直线，如图 2-6 所示。此时，可以参照上述操作方法继续绘制相切直线，也可以单击中键结束绘制相切直线的命令。

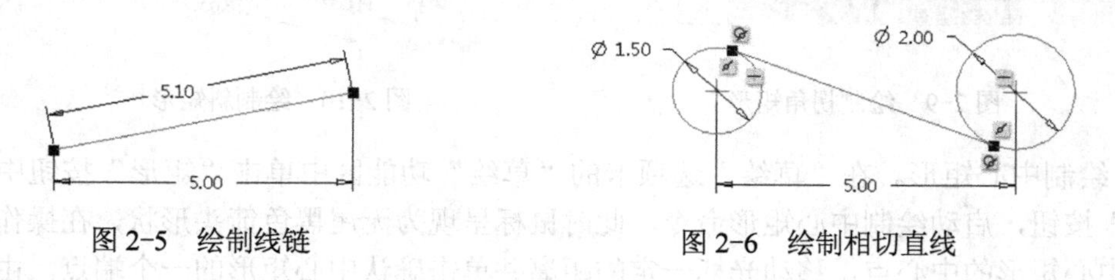

图 2-5 绘制线链　　图 2-6 绘制相切直线

2．绘制中心线

1）绘制中心线。在“草绘”选项卡的“草绘”功能区中单击“中心线”按钮，启动绘制中心线命令，此时鼠标呈现为无尾黑色箭头形状，在操作区内单击确认中心线的第一个端点，移动光标至中心线的第二个端点处再次单击，由此完成第一条中心线的绘制，如图 2-7 所示。此时，可以参照上述操作方法继续绘制中心线，也可以单击中键结束绘制中心线的命令。

2）绘制相切中心线。在“草绘”选项卡的“草绘”功能区中单击“中心线”按钮中的“中心线相切”按钮，启动绘制相切中心线命令，此时鼠标呈现为黑色箭头形状，在操作区内选择两个图元（圆或圆弧），由此创建一条与两个图元分别相切的直线，如图 2-8 所示。此时，可以参照上述操作方法继续绘制相切中心线，也可以单击中键结束绘制相切中心线的命令。

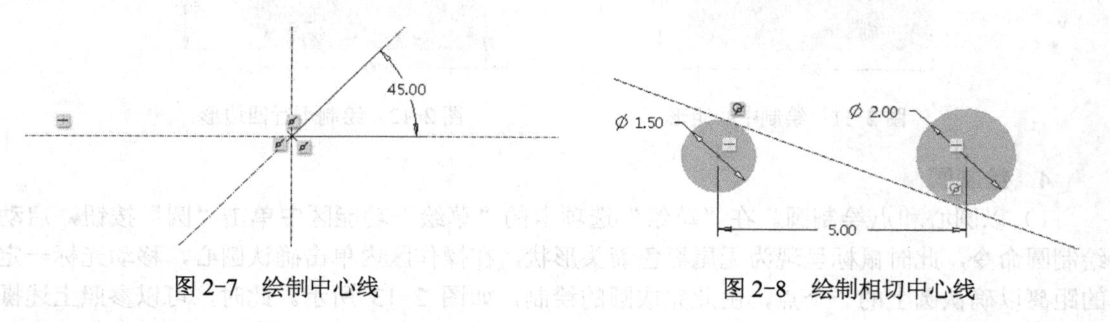

图 2-7 绘制中心线　　图 2-8 绘制相切中心线

3．绘制矩形

1）绘制拐角矩形。在“草绘”选项卡的“草绘”功能区中单击“矩形”按钮中的“拐角矩形”按钮，启动绘制拐角矩形命令，此时鼠标呈现为无尾黑色箭头形状，在操作区内单击确认拐角矩形的第一个角点，移动光标至拐角矩形的第二个角点处再次单击，由此完成第一个拐角矩形的绘制，如图 2-9 所示。此时，可以参照上述操作方法继续绘制拐角矩形，也可以单击中键结束绘制拐角矩形的命令。

2）绘制斜矩形。在“草绘”选项卡的“草绘”功能区中单击“矩形”按钮中的“斜矩形”按钮，启动绘制斜矩形命令，此时鼠标呈现为无尾黑色箭头形状，在操作区内单击确认斜矩形的第一个角点，移动光标一定的距离并单击绘制斜矩形的一条边，再移动光标一定的距离并单击确认斜矩形的高，由此完成第一个斜矩形的绘制，如图 2-10 所示。此时，可以参照上述操作方法继续绘制斜矩形，也可以单击中键结束绘制斜矩形的命令。

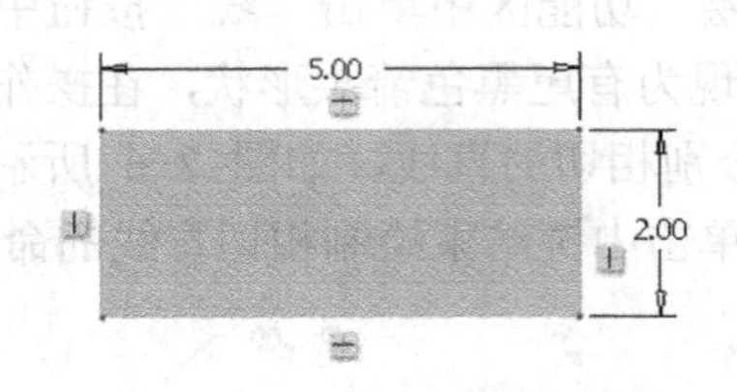

图 2-9　绘制拐角矩形

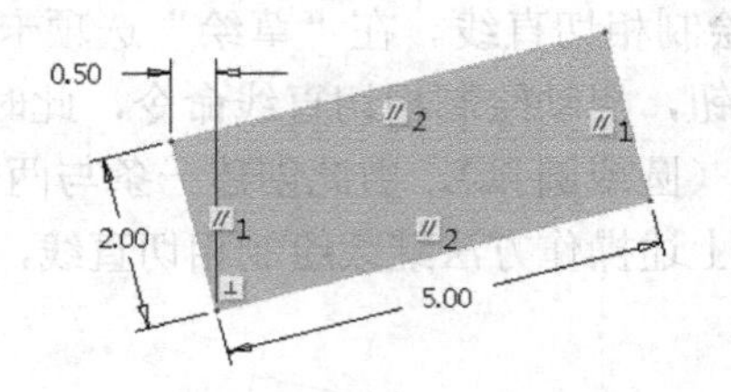

图 2-10　绘制斜矩形

3）绘制中心矩形。在“草绘”选项卡的“草绘”功能区中单击“矩形”按钮中的“中心矩形”按钮，启动绘制中心矩形命令，此时鼠标呈现为无尾黑色箭头形状，在操作区内单击确认中心矩形的中心点，移动光标一定的距离并单击确认中心矩形的一个端点，由此完成第一个中心矩形的绘制，如图 2-11 所示。此时，可以参照上述操作方法继续绘制中心矩形，也可以单击中键结束绘制中心矩形的命令。

4）绘制平行四边形。在“草绘”选项卡的“草绘”功能区中单击“矩形”按钮中的“平行四边形”按钮，启动绘制平行四边形命令，此时鼠标呈现为无尾黑色箭头形状，在操作区内单击确认平行四边形的第一个端点，移动光标一定的距离并单击确认平行四边形一条边的另一个端点，继续移动鼠标一定的距离并单击左键以确认平行四边形的第三个端点，由此完成第一个平行四边形的绘制，如图 2-12 所示。此时，可以参照上述操作方法继续绘制平行四边形，也可以单击中键结束绘制平行四边形的命令。

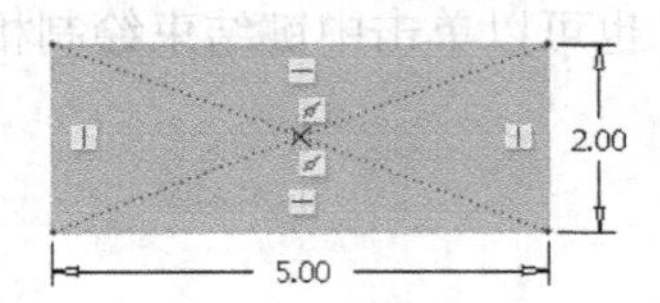

图 2-11　绘制中心矩形

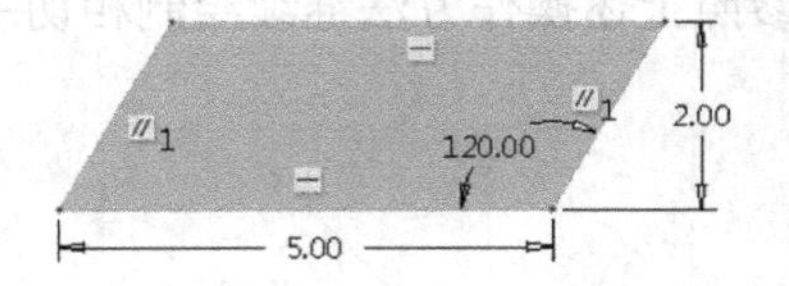

图 2-12　绘制平行四边形

4．绘制圆

1）以圆心和点绘制圆。在“草绘”选项卡的“草绘”功能区中单击“圆”按钮，启动绘制圆命令，此时鼠标呈现为无尾黑色箭头形状，在操作区内单击确认圆心，移动光标一定的距离以确认圆上的一个点，由此完成圆的绘制，如图 2-13 所示。此时，可以参照上述操作方法继续绘制圆，也可以单击中键结束绘制圆的命令。

2）绘制同心圆。在“草绘”选项卡的“草绘”功能区中单击“圆”按钮中的“同心圆”按钮，启动绘制同心圆命令，此时鼠标呈现为无尾黑色箭头形状，在操作区内选择一个图元（圆或圆弧，即以已知圆或圆弧的中心为基准），此时鼠标呈现为有尾黑色箭头形状，移动光标一定的距离以确认圆上的一个点，由此完成同心圆的绘制，如图 2-14 所示。此时，可以参照上述操作方法继续绘制同心圆，也可以单击中键结束绘制同心圆的命令。

3）以 3 点绘制圆。在“草绘”选项卡的“草绘”功能区中单击“圆”按钮中的“3 点”按钮，启动绘制圆命令，此时鼠标呈现为无尾黑色箭头形状，在操作区内单击确认圆上的 3 个点，由此完成圆的绘制，如图 2-15 所示。此时，可以参照上述操作方法继续绘制圆，也可以单击中键结束绘制圆的命令。

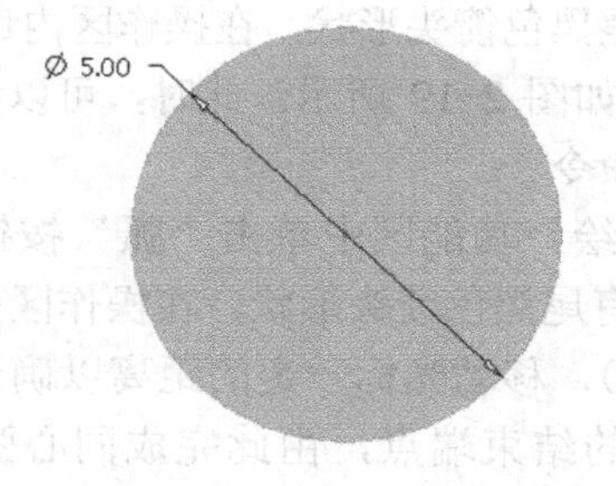

图 2-13　以圆心和点绘制圆

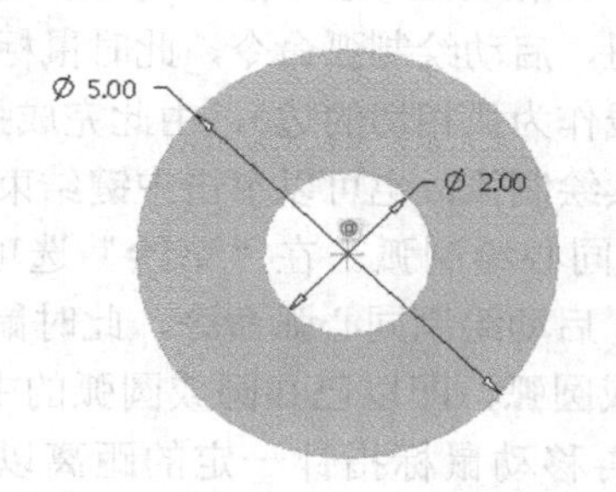

图 2-14　绘制同心圆

4）以 3 相切绘制圆。在“草绘”选项卡的“草绘”功能区中单击“圆”按钮中的“3 相切”按钮，启动绘制圆命令，此时鼠标呈现为有尾黑色箭头形状，在操作区内选择 3 个图元（以直线作为圆相切的边），由此完成圆的绘制，如图 2-16 所示。此时，可以参照上述操作方法继续绘制圆，也可以单击中键结束绘制圆的命令。

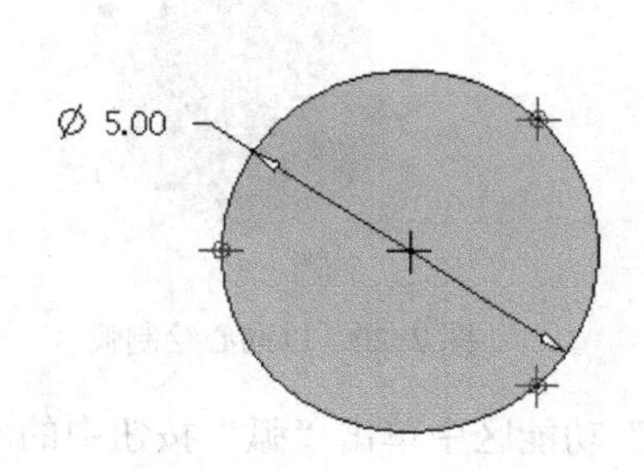

图 2-15　以 3 点绘制圆

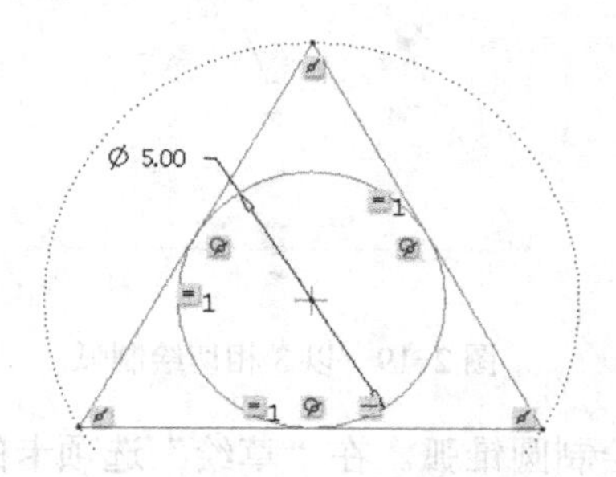

图 2-16　以 3 相切绘制圆

5．绘制弧

1）以 3 点/相切端绘制弧。在“草绘”选项卡的“草绘”功能区中单击“弧”按钮中“3 点/相切端”按钮，启动绘制弧命令，此时鼠标呈现为无尾黑色箭头形状，在操作区内单击确认弧的 2 个端点和弧上的 1 个点，由此完成弧的绘制，如图 2-17 所示。此时，可以参照上述操作方法继续绘制弧，也可以单击中键结束绘制弧的命令。

2）以圆心和端点绘制弧。在“草绘”选项卡的“草绘”功能区中单击“弧”按钮中的“圆心和端点”按钮，启动绘制弧命令，此时鼠标呈现为无尾黑色箭头形状，在操作区内单击确认弧的圆心，移动光标一定的距离以确认弧的起始端点（以此确认弧的半径），继续移动光标至合适位置并单击确认弧的结束端点，由此完成弧的绘制，如图 2-18 所示。此时，可以参照上述操作方法继续绘制弧，也可以单击中键结束绘制弧的命令。

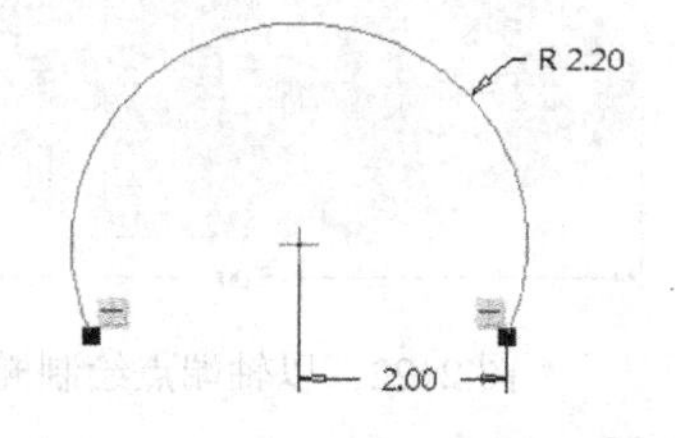

图 2-17　以 3 点/相切端绘制弧

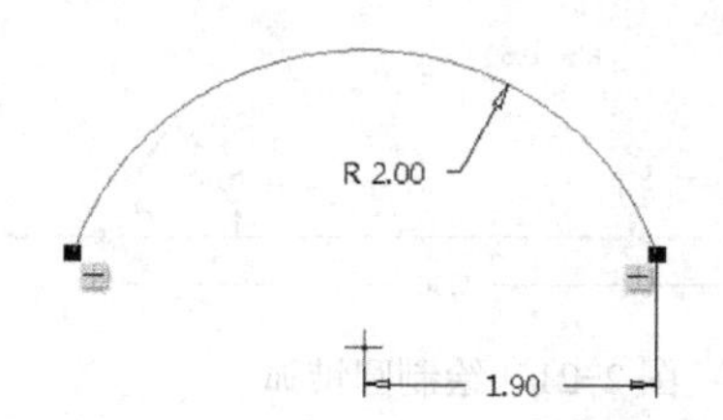

图 2-18　以圆心和端点绘制弧

3）以 3 相切绘制弧。在“草绘”选项卡的“草绘”功能区中单击“弧”按钮中的“3 相切”按钮，启动绘制弧命令，此时鼠标呈现为有尾黑色箭头形状，在操作区内选择 3 个图元（以直线作为弧相切的边），由此完成弧的绘制，如图 2-19 所示。此时，可以参照上述操作方法继续绘制弧，也可以单击中键结束绘制弧的命令。

4）以同心绘制弧。在“草绘”选项卡的“草绘”功能区中单击“弧”按钮中的“同心”按钮，启动绘制同心弧命令，此时鼠标呈现为有尾黑色箭头形状，在操作区内选择一个图元（圆或圆弧，即以已知圆或圆弧的中心为基准），移动光标一定的距离以确认弧上的起始端点，再移动鼠标指针一定的距离以确认弧上的结束端点，由此完成同心弧的绘制，如图 2-20 所示。此时，可以参照上述操作方法继续绘制同心弧，也可以单击中键结束绘制同心弧的命令。

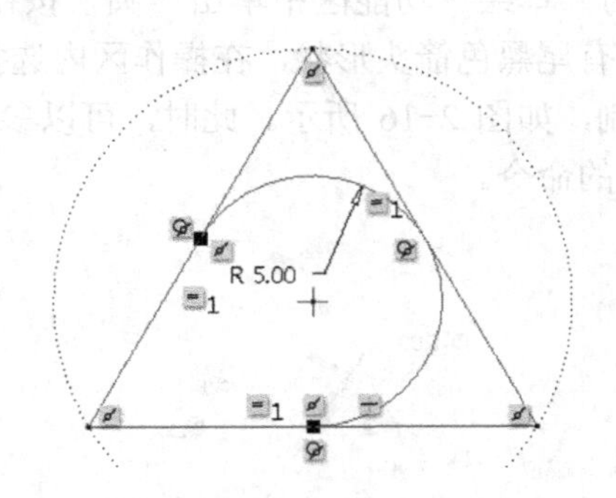

图 2-19　以 3 相切绘制弧

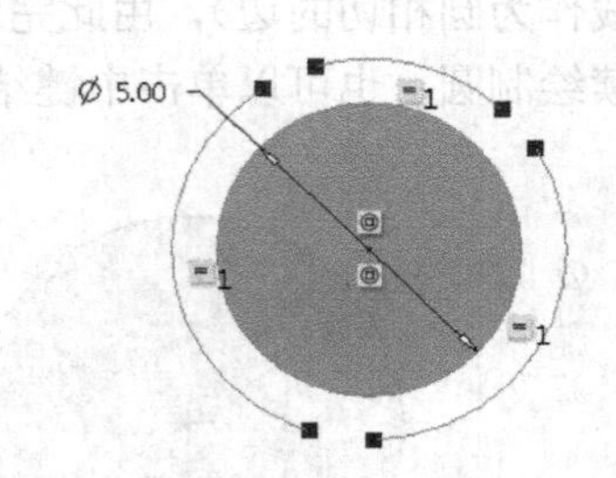

图 2-20　以同心绘制弧

5）绘制圆锥弧。在“草绘”选项卡的“草绘”功能区中单击“弧”按钮中的“圆锥”按钮，启动绘制圆锥弧命令，此时鼠标呈现为无尾黑色箭头形状，在操作区内单击顺次确认圆锥弧的 2 个端点和 1 个“尖点”，由此完成圆锥弧的绘制，如图 2-21 所示。此时，可以参照上述操作方法继续绘制圆锥弧，也可以单击中键结束绘制圆锥弧的命令。

6. 绘制椭圆

1）以轴端点绘制椭圆。在“草绘”选项卡的“草绘”功能区中单击“椭圆”按钮中的“轴端点椭圆”按钮，启动绘制椭圆命令，此时鼠标呈现为无尾黑色箭头形状，在操作区内单击确认椭圆第一条轴线的起始端点，移动光标至合适位置并单击确认椭圆第一条轴线的结束端点，继续移动光标至合适位置单击确认椭圆第二条轴线的一个端点，由此完成椭圆的绘制，如图 2-22 所示。此时，可以参照上述操作方法继续绘制椭圆，也可以单击中键结束绘制椭圆的命令。

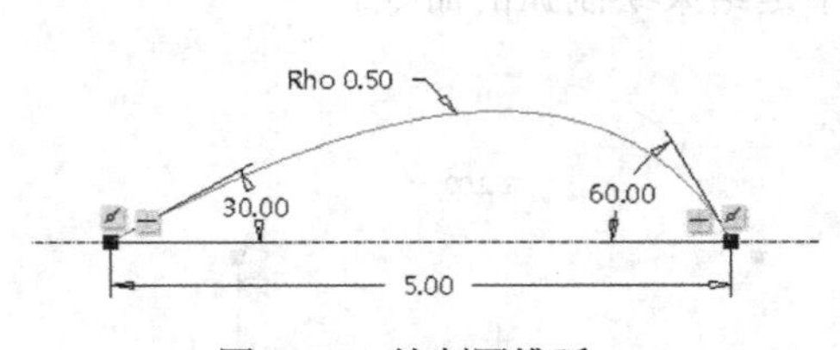

图 2-21　绘制圆锥弧

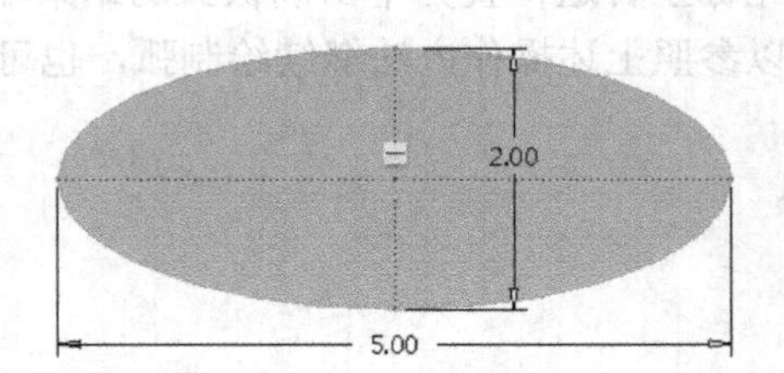

图 2-22　以轴端点绘制椭圆

2）以中心和轴绘制椭圆。在“草绘”选项卡的“草绘”功能区中单击“椭圆”按钮中的“中心和轴椭圆”按钮，启动绘制椭圆命令，此时鼠标呈现为无尾黑色箭头形状，在操作区内单击确认椭圆的中心点，移动光标至合适位置单击确认椭圆第一条轴线的一个端点，继续移动光标至合适位置并单击确认椭圆第二条轴线的一个端点，由此完成椭圆的绘制，如图 2-23 所示。此时，可以参照上述操作方法继续绘制椭圆，也可以单击中键结束绘制椭圆的命令。

7．绘制样条曲线

在“草绘”选项卡的“草绘”功能区中单击“样条”按钮，启动绘制样条曲线命令，此时鼠标呈现为无尾黑色箭头形状，在操作区内连续单击以确认构成样条曲线的数个点，由此完成样条曲线的绘制，如图 2-24 所示。此时，可以参照上述操作方法继续绘制样条曲线，也可以单击中键结束绘制样条曲线的命令。

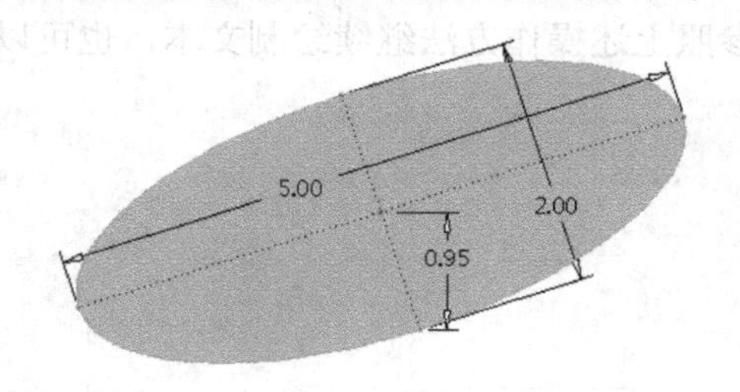

图 2-23　以中心和轴绘制椭圆

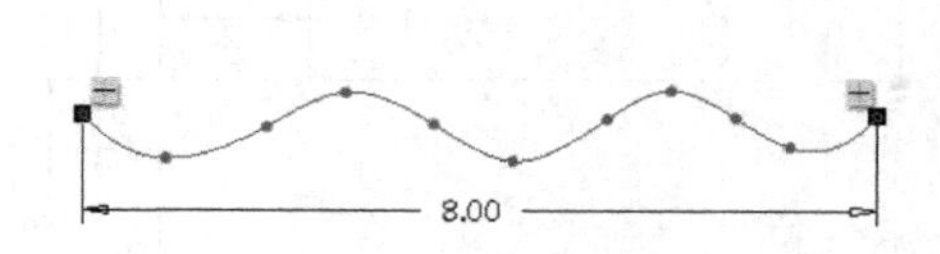

图 2-24　绘制样条曲线

8．绘制圆角

1）绘制圆形圆角。在“草绘”选项卡的“草绘”功能区中单击“圆角”按钮中的“圆形”按钮，启动绘制圆形圆角命令，此时鼠标呈现为有尾黑色箭头形状，在操作区内选择两个图元（两条相交/不相交的直线），由此完成圆形圆角的绘制，如图 2-25 所示。此时，可以参照上述操作方法继续绘制圆形圆角，也可以单击中键结束绘制圆形圆角的命令。圆形修剪圆角的绘制方法和圆形圆角的绘制方法一样，在此不再介绍。

2）绘制椭圆形圆角。在“草绘”选项卡的“草绘”功能区中单击“圆角”按钮中的“椭圆形”按钮，启动绘制椭圆形圆角命令，此时鼠标呈现为有尾黑色箭头形状，在操作区内选择两个图元（两条相交/不相交的直线），由此完成椭圆形圆角的绘制，如图 2-26 所示。此时，可以参照上述操作方法继续绘制椭圆形圆角，也可以单击中键结束绘制椭圆形圆角的命令。椭圆形修剪圆角的绘制方法和椭圆形圆角的绘制方法类似，在此不再介绍。

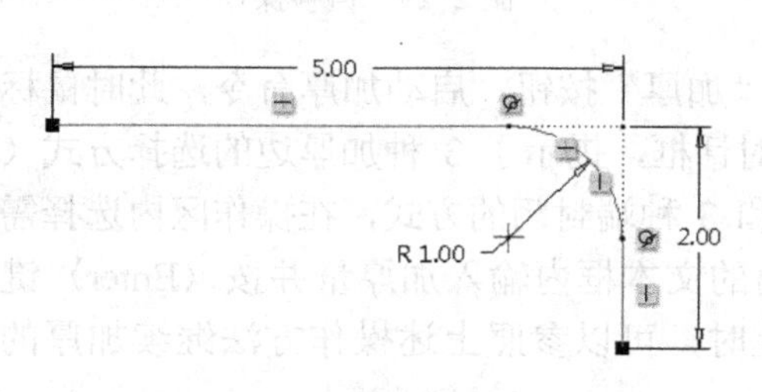

图 2-25　绘制圆形圆角

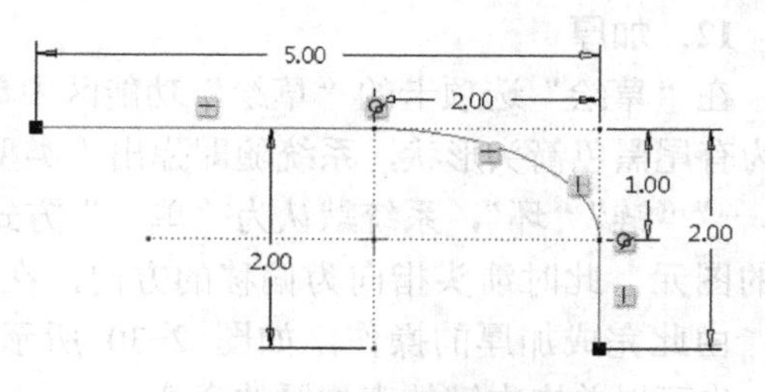

图 2-26　绘制椭圆形圆角

9．绘制倒角

在“草绘”选项卡的“草绘”功能区中单击“倒角”按钮，启动绘制倒角命令，此时鼠标呈现为有尾黑色箭头形状，在操作区内选择两个图元（两条相交/不相交的直线），由此完成倒角的绘制，如图 2-27 所示。此时，可以参照上述操作方法继续绘制倒角，也可以单击中键结束绘制倒角的命令。倒角修剪的绘制方法和倒角的绘制方法类似，在此不再介绍。

10．绘制文本

在“草绘”选项卡的“草绘”功能区中单击“文本”按钮，启动绘制文本命令，此时鼠标呈现为无尾黑色箭头形状，在操作区内绘制一条直线以确认文本的高度（直线起始点顺序影响文字方向），在随后弹出的文本对话框的文本编辑框内输入待绘制的文字内容（如“Creo5.0 基础教程”），可根据需要调整字体、位置和间距等相应设置，单击“确定”按钮，完成文本的绘制，如图 2-28 所示。此时，可以参照上述操作方法继续绘制文本，也可以单击中键结束绘制文本的命令。

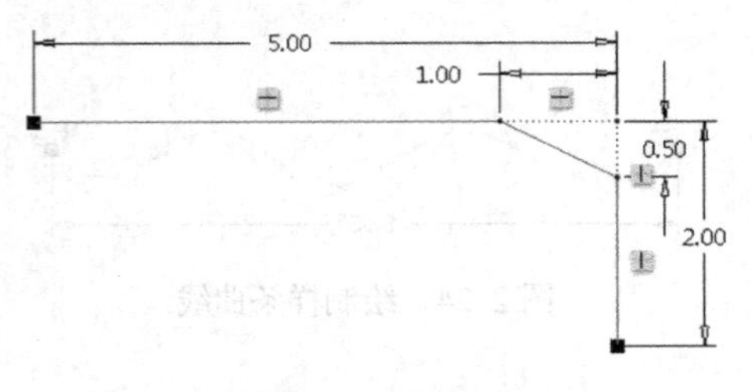

图 2-27　绘制倒角

图 2-28　绘制文本

11．偏移

在“草绘”选项卡的“草绘”功能区中单击“偏移”按钮，启动偏移命令，此时鼠标呈现为有尾黑色箭头形状，系统随即弹出类型对话框，提示了 3 种偏移边的选择方式（即“单一”“链”“环”，系统默认为“单一”方式），在操作区内选择需要偏移的图元，此时可单击箭头改变偏移的方向，在弹出的文本框内输入偏移量并按〈Enter〉键确认，由此完成偏移的操作，如图 2-29 所示。此时，可以参照上述操作方法继续偏移的操作，也可以单击中键结束偏移的命令。

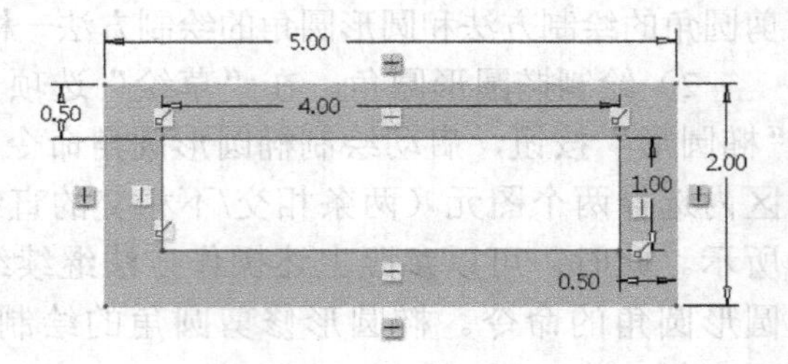

图 2-29　偏移操作

12．加厚

在“草绘”选项卡的“草绘”功能区中单击“加厚”按钮，启动加厚命令，此时鼠标呈现为有尾黑色箭头形状，系统随即弹出“类型”对话框，提示了 3 种加厚边的选择方式（即“单一”“链”“环”，系统默认为“单一”方式）和 3 种端封闭的方式，在操作区内选择需加厚的图元，此时箭头指向为偏移的方向，在弹出的文本框内输入加厚量并按〈Enter〉键确认，由此完成加厚的操作，如图 2-30 所示。此时，可以参照上述操作方法继续加厚的操作，也可以单击中键结束加厚的命令。

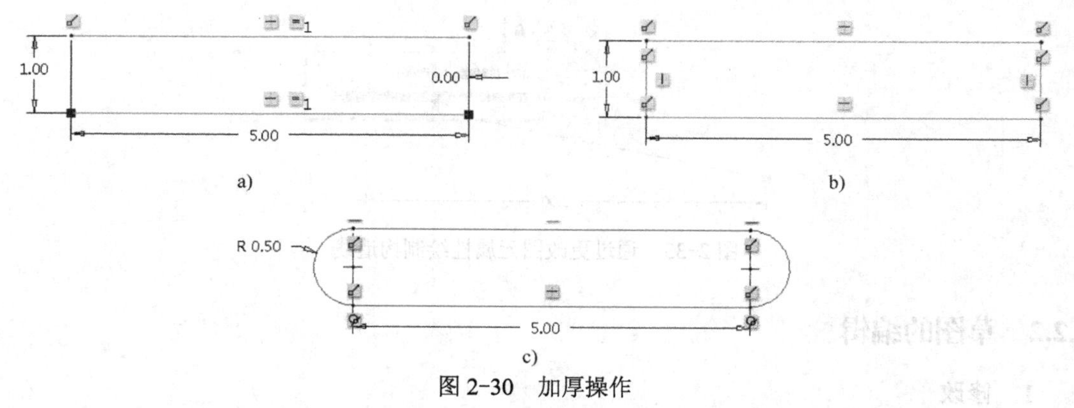

图 2-30　加厚操作

a)“封闭端”为“开放”　b)“封闭端”为“平整”　c)“封闭端”为“圆形”

13．选项板

草绘器选项板类似于一个预定义的图形库，用户可根据需要直接从选项板中调用已有的二维草图，也可以将自定义的二维草图保存至选项板。

在“草绘”选项卡的“草绘”功能区中单击“选项板”按钮，系统弹出“草绘器选项板”对话框，包括 4 个选项卡（即“六边形”“轮廓”“形状”“星形”），双击“多边形”选项卡内的“六边形”（或选择并拖动“六边形”至操作区），在操作区内单击确认图形的放置位置，单击“确定”按钮，由此完成图形的调用操作，如图 2-31 所示。

14．构造模式

构造线通常以辅助线的形式出现在二维草图中，以便提高绘图效率，构造线的绘制有两种方式：在构造模式下直接绘制和通过更改图元属性绘制。

1）在构造模式下直接绘制。在“草绘”选项卡的“草绘”功能区中单击“构造模式”按钮，此时“构造模式”按钮处于激活状态，表示构造模式已启动，随后绘制的几何图元均为构造线，如图 2-32 所示。用户可以再次单击“构造模式”按钮，使“构造模式”按钮处于失效状态，表示构造模式已关闭。

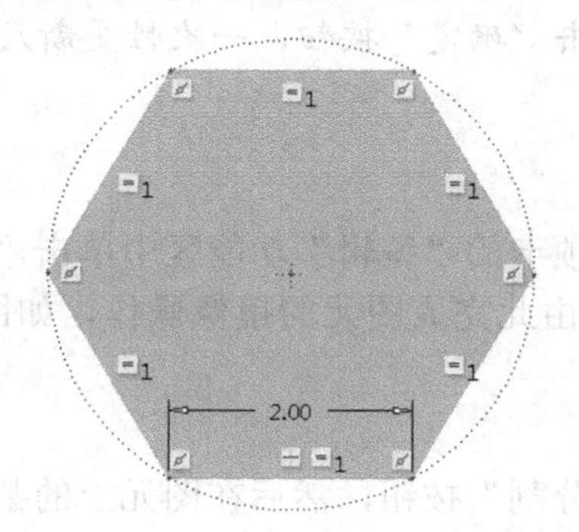

图 2-31　调用选项板中的图形

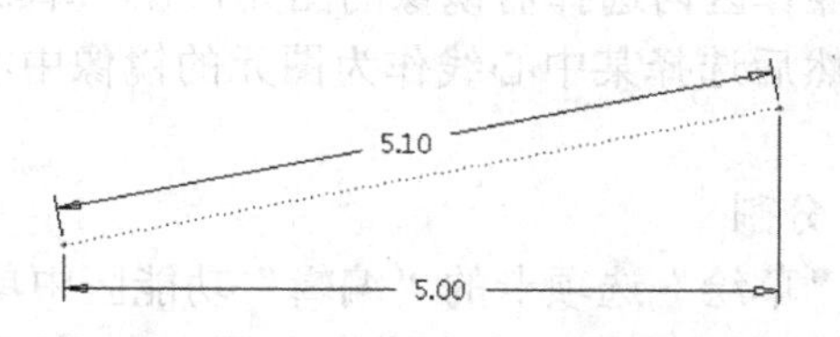

图 2-32　构造模式下绘制的直线

2）通过更改图元属性绘制。非构造模式下，即“构造模式”按钮处于失效状态，在操作区选定某图元（如直线）后右击，在弹出的快捷菜单中选择“构造”命令，此时该图元转换为构造线，如图 2-33 所示。

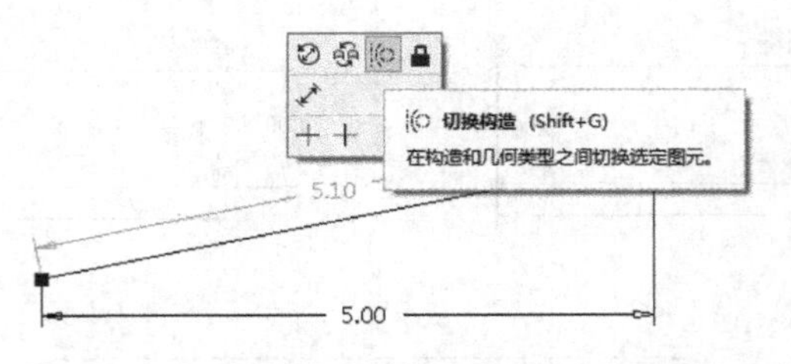

图 2-33　通过更改图元属性绘制构造线

2.2.2　草图的编辑

1．修改

在“草绘”选项卡的“编辑”功能区中单击“修改”工具，在操作区内选择需修改的图元（如样条曲线、尺寸值），系统进入相应的修改环境。若选择的图元为尺寸值，系统会弹出“修改尺寸”对话框，在相应尺寸右侧的文本框中输入新的尺寸值，单击“确定”按钮完成图元尺寸的修改，如图 2-34 所示；若选择的图元为样条曲线，系统会进入该图元的修改环境（类似于双击样条曲线）。

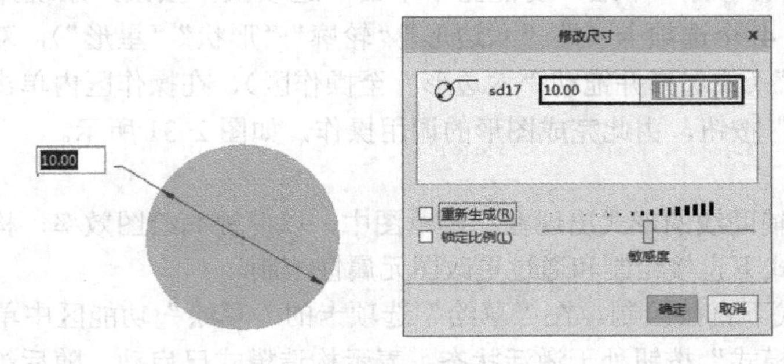

图 2-34　图元尺寸的修改操作

✉ 若“修改尺寸”对话框的列表框中有多个尺寸待修改，则建议先行取消选择“重新生成”复选框，待全部尺寸值设置完成后，再单击“确定”按钮，一次性更新尺寸修改后的结果。

2．镜像

在操作区内选择需镜像的图元，在“草绘”选项卡的“编辑”功能区中单击“镜像”按钮，然后选择某中心线作为图元的镜像中心线，由此完成图元的镜像操作，如图 2-35 所示。

3．分割

在“草绘”选项卡的“编辑”功能区中单击“分割”按钮，然后在图元上的某点处单击，由此完成图元的分割操作，如图 2-36 所示。

4．删除段

在“草绘”选项卡的“编辑”功能区中单击“删除段”按钮，在操作区内单击并拖动鼠标，光标运行轨迹所经过的图元在松开左键的时刻随即删除，由此完成图元的删除操作，如图 2-37 所示。也可先行选择需删除的图元，然后右击，在弹出的快捷菜单中选择“删除”

命令实现图元的删除。图元的删除方法较多，用户可根据自己的操作习惯而定。

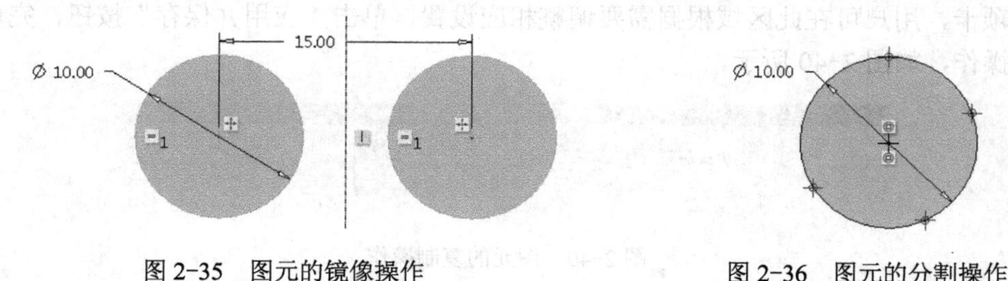

图 2-35　图元的镜像操作　　　图 2-36　图元的分割操作

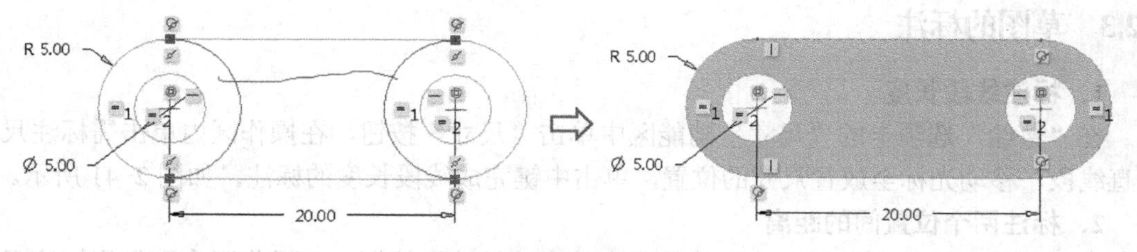

图 2-37　图元的删除操作

5．拐角

在“草绘”选项卡的“编辑”功能区中单击“拐角”按钮，在操作区内选择需创建拐角的图元（如 2 条相交/不相交直线），完成图元的拐角操作，如图 2-38 所示。

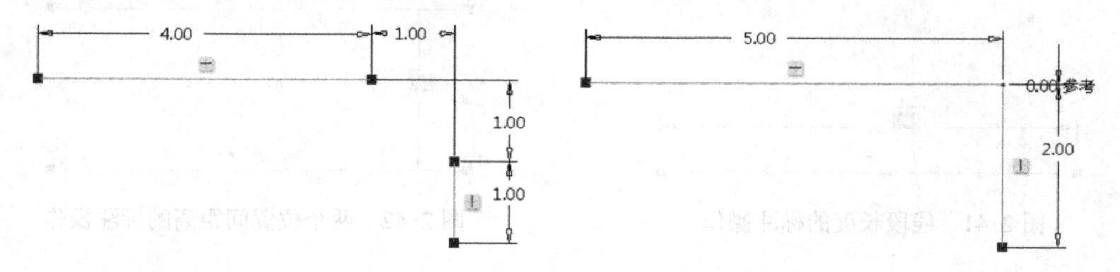

图 2-38　图元的拐角操作

6．旋转调整大小

在操作区内选择需编辑（如平移、旋转、缩放）的图元，在“草绘”选项卡的“编辑”功能区中单击“旋转调整大小”按钮，系统会弹出“旋转调整大小”选项卡，用户可根据需要调整相应设置，单击“应用并保存”按钮，完成图元的平移、旋转或缩放操作，如图 2-39 所示。

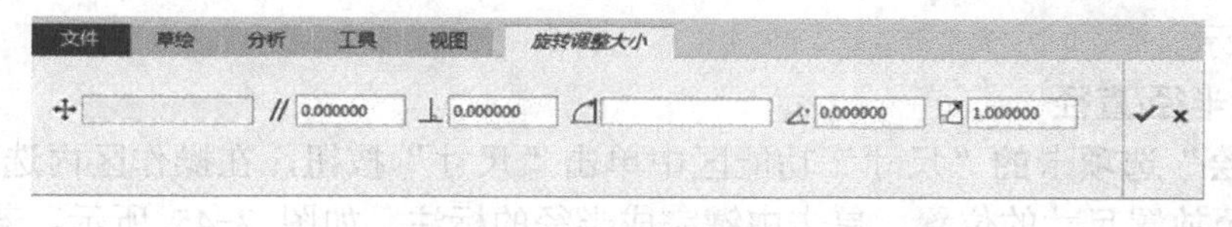

图 2-39　图元的平移、旋转和缩放操作

7．复制

在操作区内选择需复制的图元，在“草绘”选项卡的“操作”功能区中单击“复制”按

钮，再单击“粘贴”按钮，随后在操作区内单击确认复制图形的摆放位置，系统会弹出“粘贴”选项卡，用户可在此区域根据需要调整相应设置，单击“应用并保存”按钮，完成图元的复制操作，如图 2-40 所示。

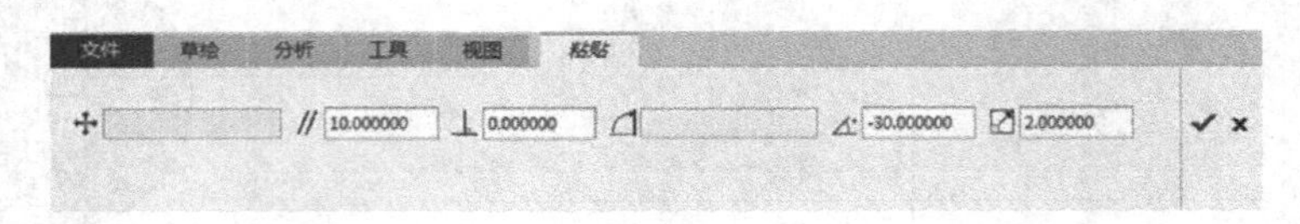

图 2-40　图元的复制操作

2.2.3　草图的标注

1．标注线段长度

在“草绘”选项卡的“尺寸”功能区中单击“尺寸”按钮，在操作区内单击需标注尺寸的直线段，移动光标至放置尺寸的位置，单击中键完成线段长度的标注，如图 2-41 所示。

2．标注两个位置间的距离

在“草绘”选项卡的“尺寸”功能区中单击“尺寸”按钮，在操作区内选择需标注尺寸的图元（直线和直线、点和直线、点和点），移动光标至放置尺寸的位置，单击中键完成两个位置间距离的标注，如图 2-42 所示。

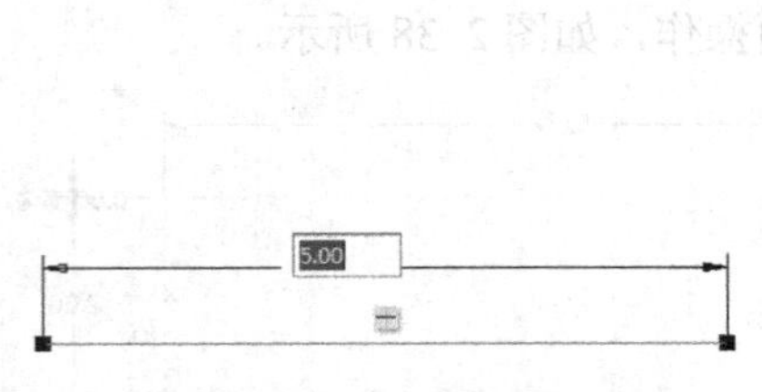

图 2-41　线段长度的标注操作

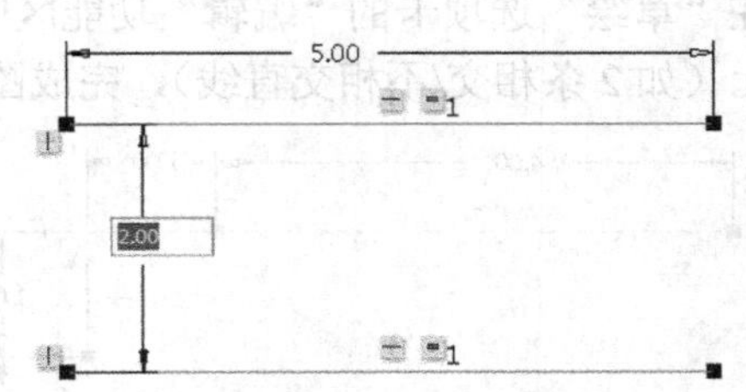

图 2-42　两个位置间距离的标注操作

3．标注对称尺寸

在“草绘”选项卡的“尺寸”功能区中单击“尺寸”按钮，在操作区内依次选择基点（需标注对称图元上的某关键点）、对称中心线、基点，再移动光标至放置尺寸的位置，单击中键完成对称尺寸的标注，如图 2-43 所示。

4．标注角度

在“草绘”选项卡的“尺寸”功能区中单击“尺寸”按钮，在操作区内选择构成夹角的两个图元（如两条相交直线），再移动光标至放置尺寸的位置，单击中键完成角度的标注，如图 2-44 所示。

5．标注半径/直径

在“草绘”选项卡的“尺寸”功能区中单击“尺寸”按钮，在操作区内选择圆/圆弧，再移动光标至放置尺寸的位置，单击中键完成半径的标注，如图 2-45 所示。若要标注直径尺寸，则需在圆/圆弧上单击两次，其他操作不变。

6．标注周长

在“草绘”选项卡的“尺寸”功能区中单击“周长”按钮，在操作区内选择圆，单击中键以确认选定的几何图元，再选择圆的直径作为驱动尺寸完成圆的周长的标注，如图 2-46 所示。若要标注三角形的周长尺寸，则需按住〈Ctrl〉键的同时选择三角形的三条边，单击中键确认选定的几何图元，再选择任意一边作为驱动尺寸完成三角形周长的标注，如图 2-47 所示。

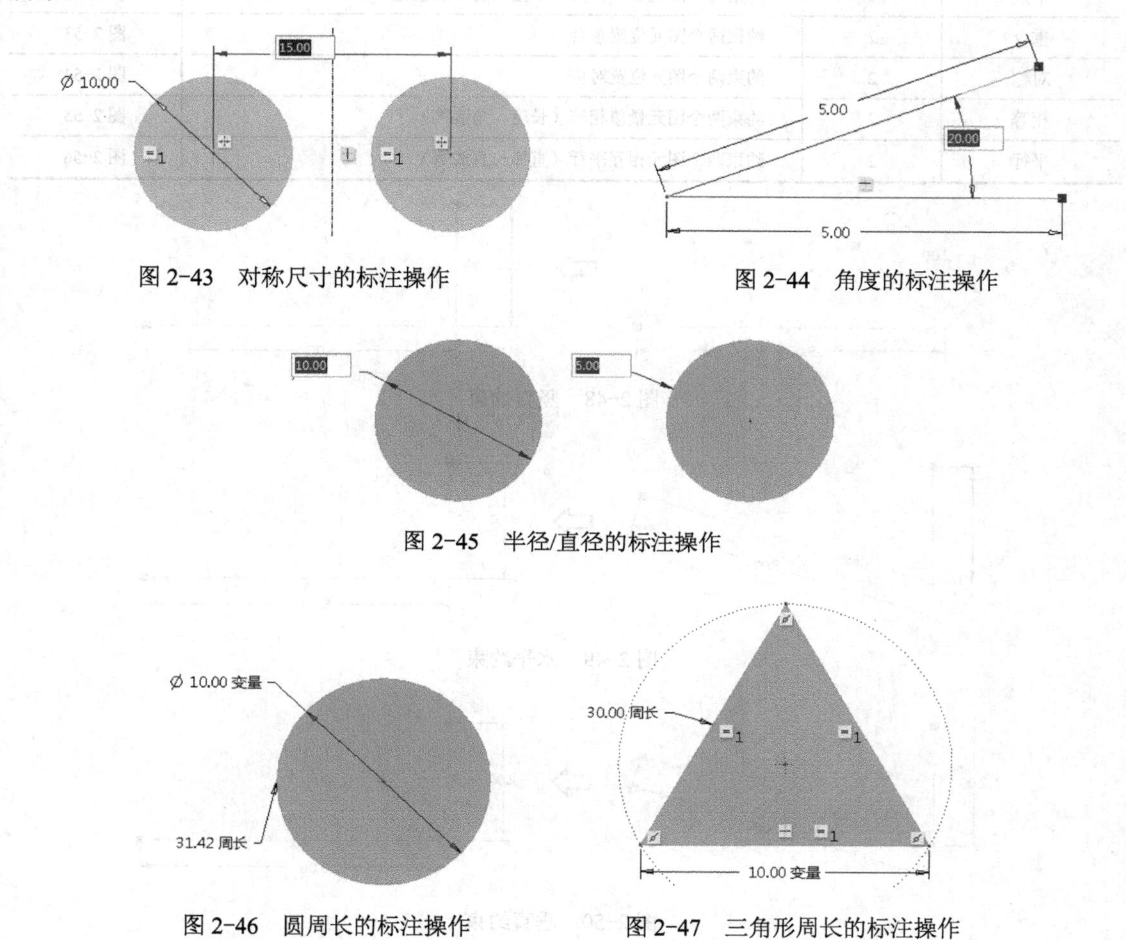

图 2-43　对称尺寸的标注操作

图 2-44　角度的标注操作

图 2-45　半径/直径的标注操作

图 2-46　圆周长的标注操作

图 2-47　三角形周长的标注操作

2.2.4　草图的几何约束

Creo 软件提供了 9 种几何约束：竖直、水平、垂直、相切、中点、重合、对称、相等和平行，旨在约束图元及相互之间的位置关系，该功能常与尺寸标注配合使用，以便快速绘制二维草图，如表 2-1 所示。

表 2-1　几何约束的功用

约束类型	图元数	功用描述	图例
竖直	1	约束某图元竖直放置（直线等）	图 2-48
水平	1	约束某图元水平放置（直线等）	图 2-49
垂直	2	约束两个图元相互垂直（直线与直线、直线与曲线等）	图 2-50

（续）

约束类型	图元数	功用描述	图例
相切	2	约束两个图元相切（直线与曲线等）	图 2-51
中点	2	约束一个图元放置在另一个图元的中点位置	图 2-52
重合	2	约束两个图元位置重合	图 2-53
对称	2	约束两个图元位置对称	图 2-54
相等	2	约束两个图元量值相等（长度、角度等）	图 2-55
平行	2	约束两个图元相互平行（直线与直线等）	图 2-56

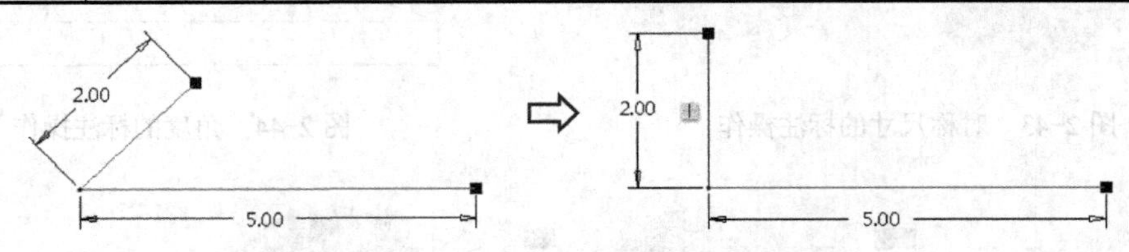

图 2-48　竖直约束

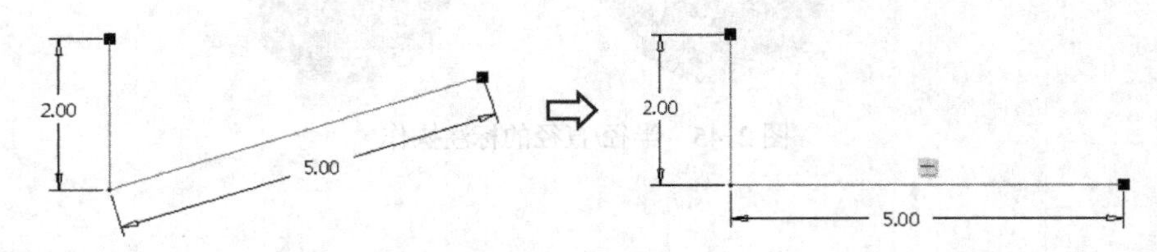

图 2-49　水平约束

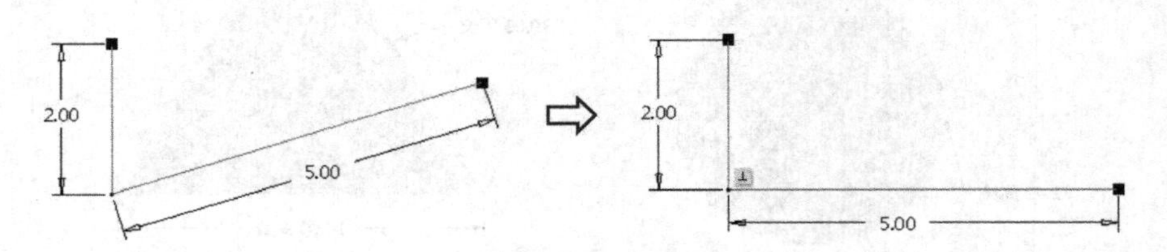

图 2-50　垂直约束

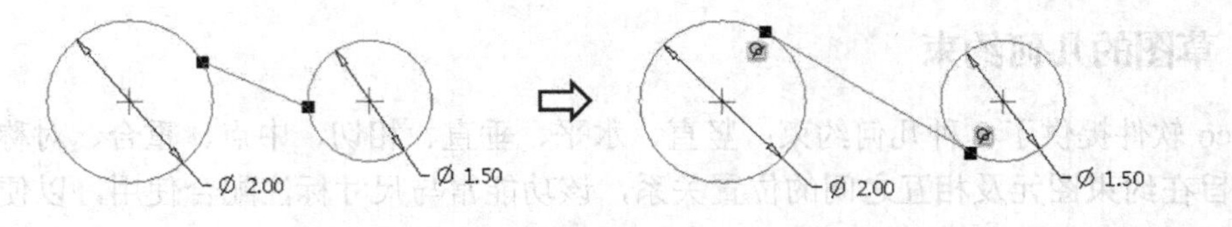

图 2-51　相切约束

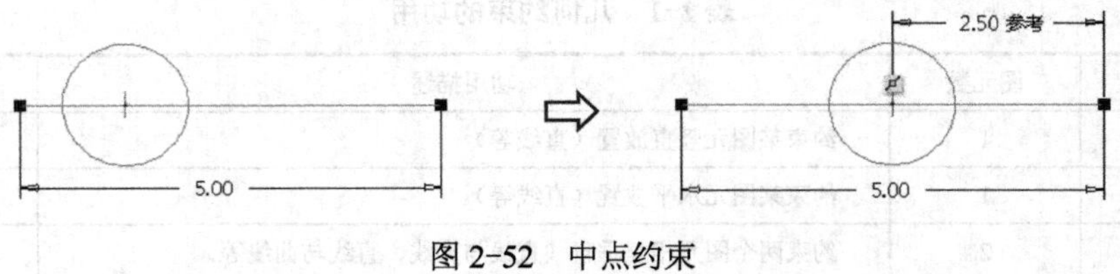

图 2-52　中点约束

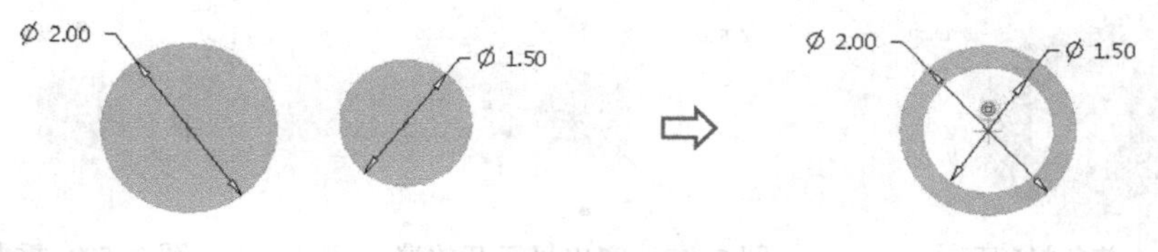

图 2-53　重合约束

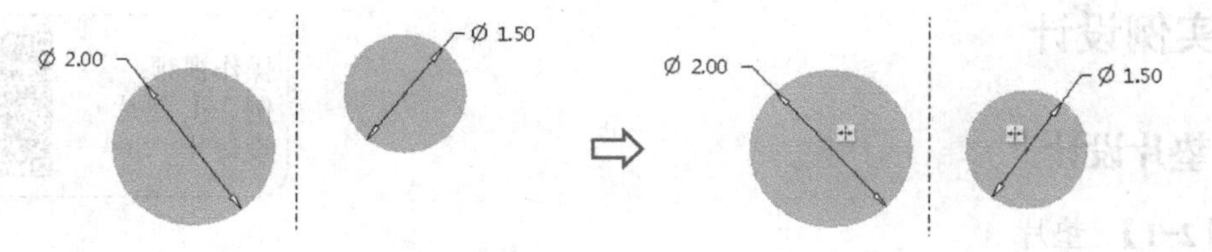

图 2-54　对称约束

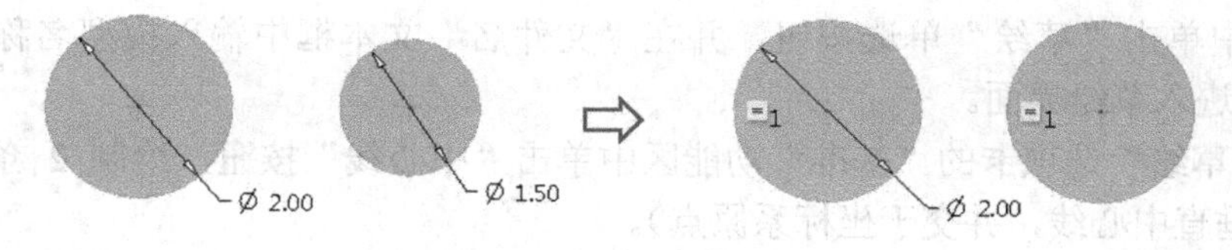

图 2-55　相等约束

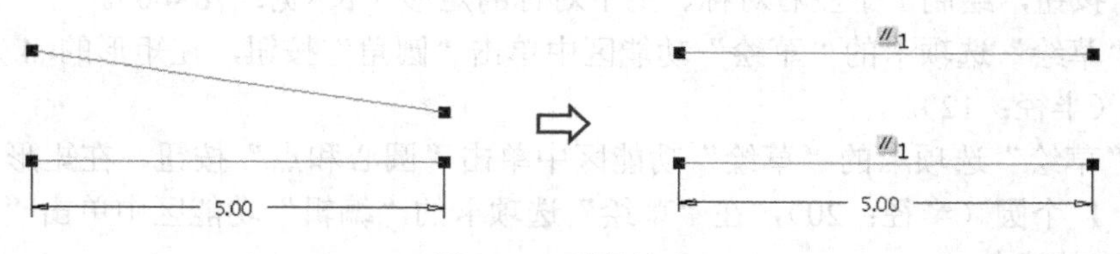

图 2-56　平行约束

2.2.5　草图的检查

在零件三维实体建模过程中，有时会出现特征创建失败的情况，如基于封闭且重叠的二维草图创建拉伸、旋转等基础特征。此时，可利用草图的检查功能进一步排查二维草图中是否存在“重叠几何”“未封闭”等现象。Creo 软件提供了“着色封闭环”“突出显示开放端”和“重叠几何”3 种方式。

1．着色封闭环

“着色封闭环”采用预定义的颜色将图元中封闭的区域进行填充，非封闭区域图元无变化，如图 2-57 所示。

2．突出显示开放端

“突出显示开放端”用于检查图元中所有开放点的端点，并以高亮红色显示出来，如图 2-58 所示。

3．重叠几何

“重叠几何”用于检查图元中所有相互重合的几何，并以高亮红色显示出来，如图 2-59 所示。

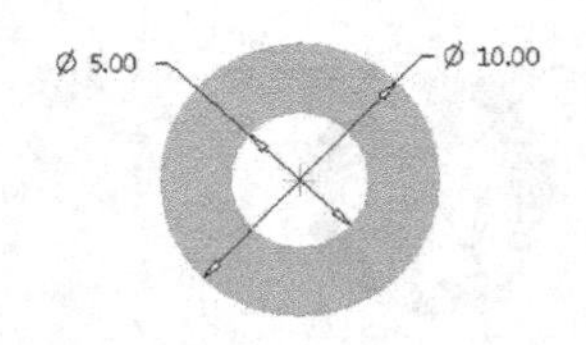

图 2-57　着色封闭环

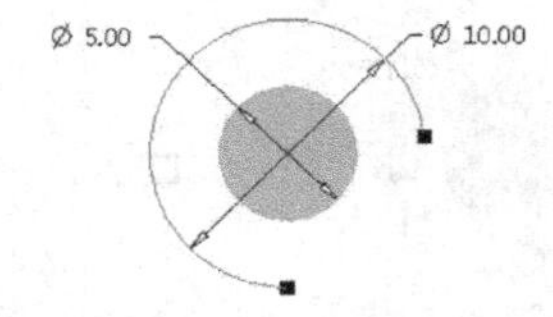

图 2-58　突出显示开放端

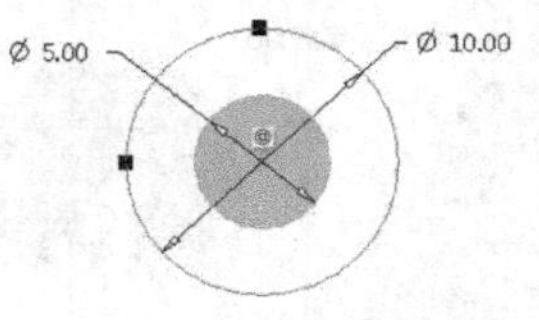

图 2-59　重叠几何

2.3　实例设计

操作视频：
例 2-1 垫片
设计

2.3.1　垫片设计

【例 2-1】 垫片

1．绘制过程

1）启动 Creo 5.0，在打开的界面中单击“新建”按钮，打开“新建”对话框；在“新建”对话框中单击“草绘”单选按钮，并在“文件名”文本框中输入模型名称，最后单击“确定”按钮进入草绘界面。

2）在“草绘”选项卡的“基准”功能区中单击“中心线”按钮，绘制 2 条中心线（水平中心线、垂直中心线，并交于坐标系原点）。

3）以上述 2 条中心线作为对称中心线，在“草绘”选项卡的“草绘”功能区中单击“拐角矩形”按钮，绘制 1 个左右对称、上下对称的矩形（长×宽：78×60）。

4）在“草绘”选项卡的“草绘”功能区中单击“圆角”按钮，在矩形的 4 个拐角处绘制 4 个圆角（半径：12）。

5）在“草绘”选项卡的“草绘”功能区中单击“圆心和点”按钮，在矩形上方边线的中点处绘制 1 个圆（半径：20），在“草绘”选项卡的“编辑”功能区中单击“删除段”按钮，删除多余的线条。

6）在“草绘”选项卡的“草绘”功能区中单击“圆心和点”按钮，在矩形内部左下方绘制 1 个圆（直径：10），在“草绘”选项卡的“编辑”功能区中单击“镜像”按钮，将该圆镜像至垂直中心线的右侧。

最终结果如图 2-60 所示。

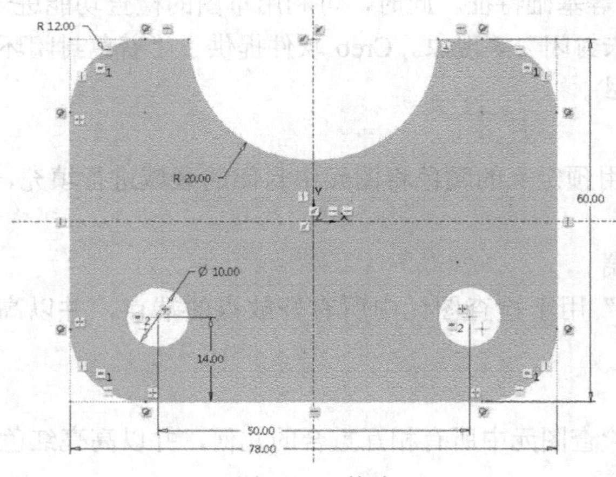

图 2-60　垫片

2．有关尺寸标注和几何约束的说明

（1）强尺寸与弱尺寸

利用“拐角矩形”命令绘制矩形时，系统会为该矩形自动标注尺寸（记为弱尺寸），该尺寸值通常与设计尺寸（长×宽：78×60）不一致，需利用“修改”命令重设尺寸值（记为强尺寸）。也就是说，弱尺寸是由系统自动生成的，经修改后转变成强尺寸。在尺寸标注过程中，强尺寸具有比弱尺寸强的约束力，强尺寸之间不能有冲突，即重复标注。强尺寸能被删除，删除后随即转变为弱尺寸。当尺寸标注过程中出现冲突时，就需要通过删除强尺寸的方式来解决。草图模块常用的配置选项如表 2-2 所示。

表 2-2　草图模块常用配置选项

选项	值	说　明
sketcher_dimension_autolock	yes	自动锁定强草绘参考
sketcher_disp_weak_dimension	yes/no	显示弱尺寸/不显示弱尺寸

（2）几何约束的去留

利用“拐角矩形”命令绘制矩形时，结合系统“适时自动”添加几何约束的功能，可快速绘制左右对称、上下对称的矩形，此时对称约束“附属”在矩形的角点上。当利用“圆角”命令绘制圆角时，矩形的角点被移除，“附属”在角点上的对称约束也随之移除。也就是说，当圆角绘制完成后，矩形的左右对称、上下对称关系已不存在。此时需利用“对称”命令手动添加对称约束，以确保草图最终呈对称图形。

（3）尺寸冲突

若在图 2-60 的基础上继续标注矩形内部右下方圆的半径尺寸，系统会弹出“解决草绘”对话框，即出现尺寸冲突问题，如图 2-61 所示。可以看出，预标注的尺寸（半径：5）与原尺寸（直径：10）和几何约束（相等半径）存在冲突。解决方案有两个：一个是单击“撤销”按钮取消该尺寸（半径：5）的标注；另一个是在列表中选择尺寸（直径：10）并单击“删除”按钮删除原尺寸（直径：10）而保留新尺寸（半径：5）。

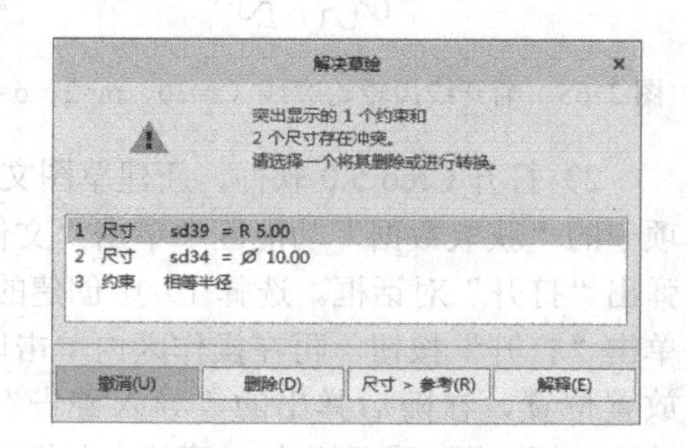

图 2-61　“解决草绘”对话框

2.3.2　齿轮轮廓线设计

操作视频：
例 2-2 渐开线
直齿轮轮廓线

【例 2-2】 渐开线直齿轮轮廓线

1．绘制过程

1）打开 CAXA 电子图版，在“绘图工具Ⅱ”工具栏中单击“齿形”按钮，如图 2-62 所示，系统打开“渐开线齿轮轮齿参数”对话框，在“齿数：z=”文本框中输入 30，确认模数 m=2、压力角 α=20 后，如图 2-63 所示。单击“下一步”按钮，系统打开“渐开线齿轮齿形预显”对话框，选中

图 2-62　“绘图工具Ⅱ”中的“齿形”命令

“有效齿数”复选框，并在文本框中输入 30，如图 2-64 所示。单击“完成”按钮，即可得到如图 2-65 所示的渐开线齿轮。将生成的渐开线齿轮轮廓线保存为“.dwg”格式文件，命名 ex-2-2.dwg，如图 2-66 所示，单击“保存”按钮。

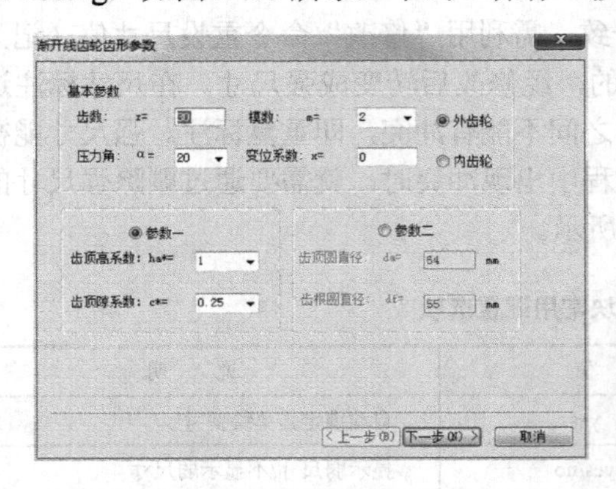

图 2-63 “渐开线齿轮齿形参数”对话框

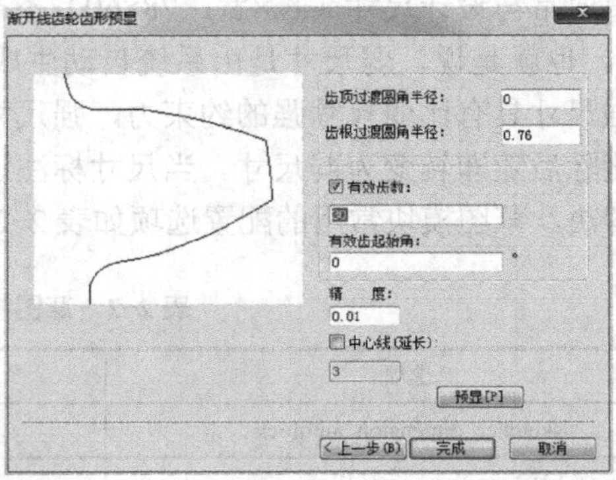

图 2-64 “渐开线齿轮齿形预显”对话框

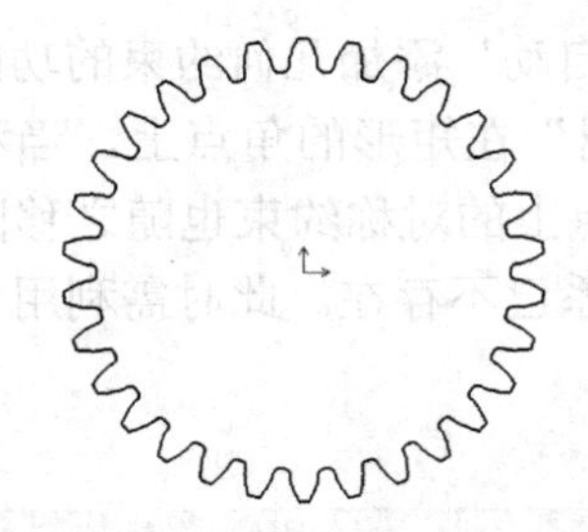

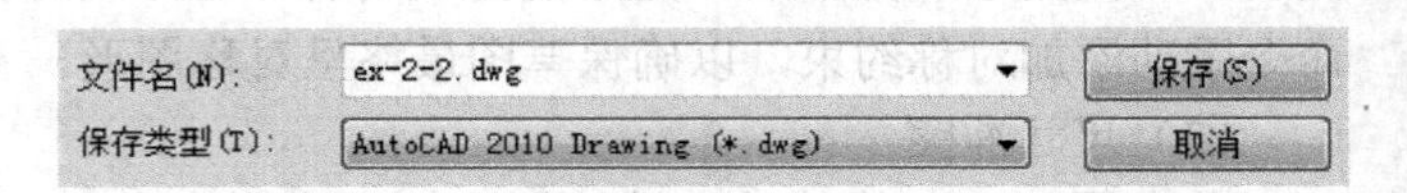

图 2-65 渐开线齿轮轮廓线（z=30、m=2、α=20）

图 2-66 保存齿轮轮廓线文件（ex-2-2.dwg）

2）打开 Creo 5.0 软件，新建草图文件，命名 ex-2-2.sec，进入草绘模式，在“草绘”选项卡的“获取数据”功能区中单击“文件系统”按钮，系统弹出“打开”对话框。选择 1）中创建的 ex-2-2.dwg 文件，单击“打开”按钮，再在操作区内单击以确认齿轮轮廓线的放置位置，在随后弹出的“导入警告”对话框中单击“继续”按钮，即可得到齿轮轮廓线，如图 2-67 所示。

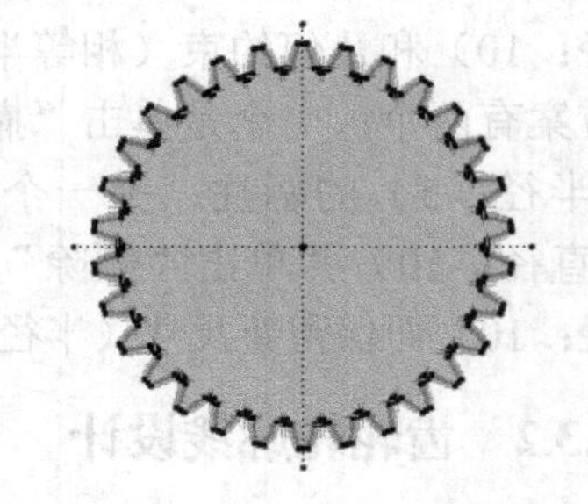

图 2-67 渐开线齿轮轮廓线（ex-2-2.sec）

2．数据共享

在计算机辅助设计与制造领域，CAD/CAM 软件得到广泛应用，软件之间的数据共享尤为重要，需要选用合理的数据转换格式，实现源文件与目标数据文件的无缝衔接。但由于各类 CAD/CAM 软件的开发语言及数据记录与处理方式的不同，软件之间能够实现数据的完整转换与共享成为用户关注的重要问题。例 2-2 呈现了 CAXA 软件向 Creo 软件共享二维草图的实例。用户在产品设计中会遇到许多此类问题，可借助网络资源寻找解决方法。

3．齿轮参数

齿轮参数的相关计算公式如表 2-3 所示，在第 3 章详述齿轮建模过程。

表 2-3　齿轮参数计算公式

名称	代号	计算公式
模数	m	根据设计或测绘确定
齿数	z	根据设计的运动要求确定
分度圆直径	d	$d = mz$
齿顶高	h_a	$h_a = m$
齿根高	h_f	$h_f = 1.25m$
齿高	h	$h = 2.25m$
齿顶圆直径	d_a	$d_a = m(z+2)$
齿根圆直径	d_f	$d_f = m(z-2.5)$
齿距	p	$p = \pi m$

2.4　练习

将配套资源中 Exercise\Chapter2 中的全部文件复制到工作目录中，请读者参照以下练习文件的结果自行练习，如图 2-68～图 2-76 所示。

1．练习一（2-1.sec）

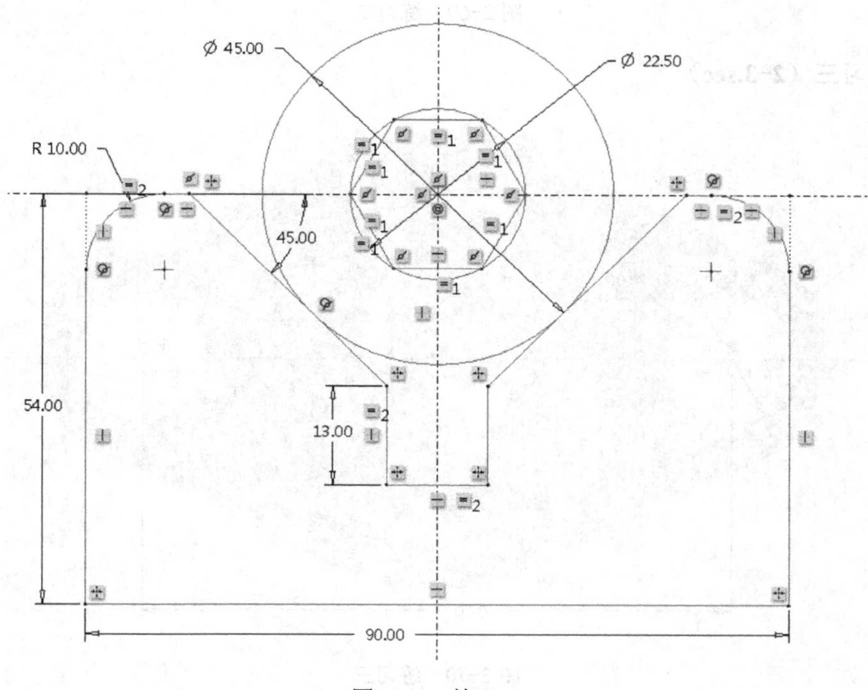

图 2-68　练习一

2. 练习二（2-2.sec）

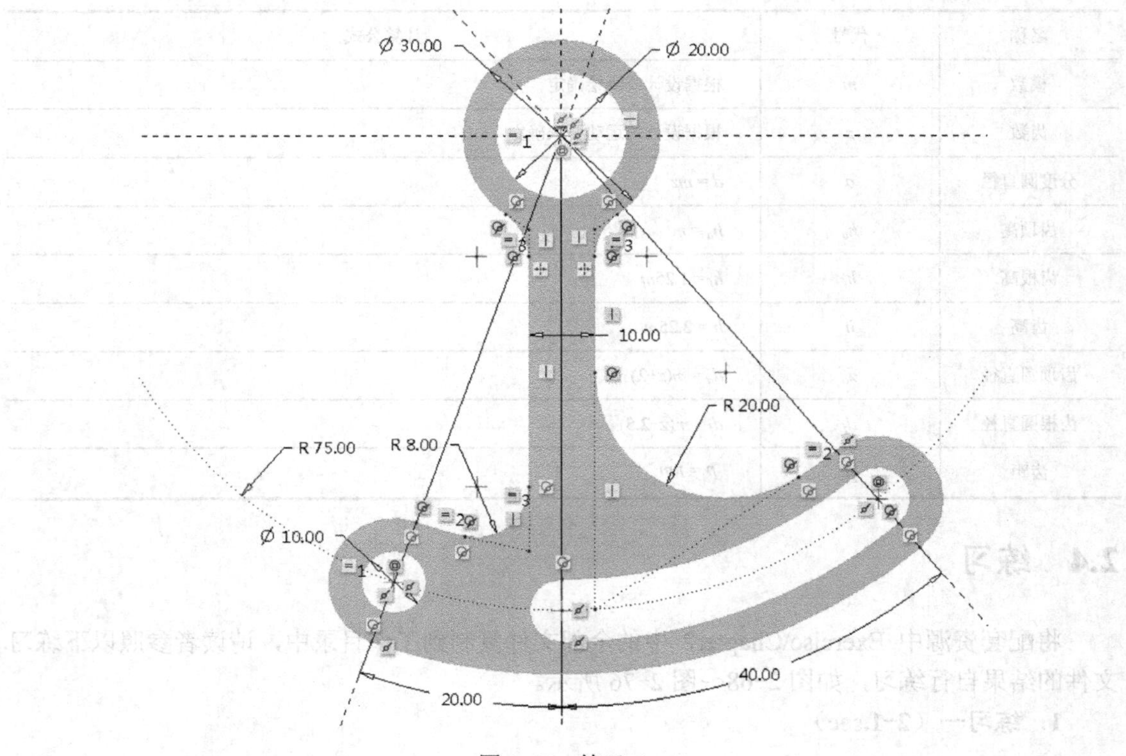

图 2-69　练习二

3. 练习三（2-3.sec）

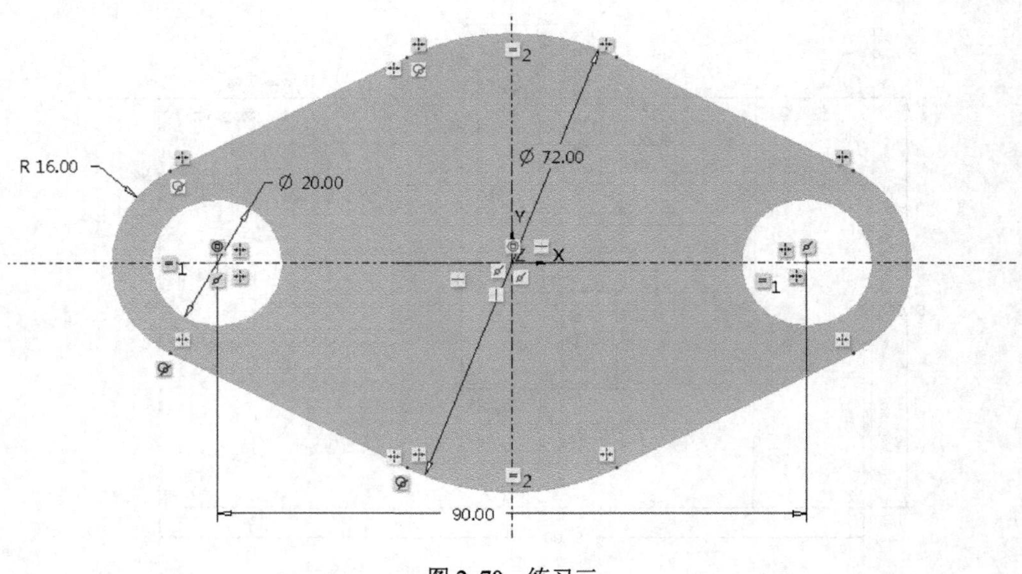

图 2-70　练习三

4．练习四（2-4.sec）

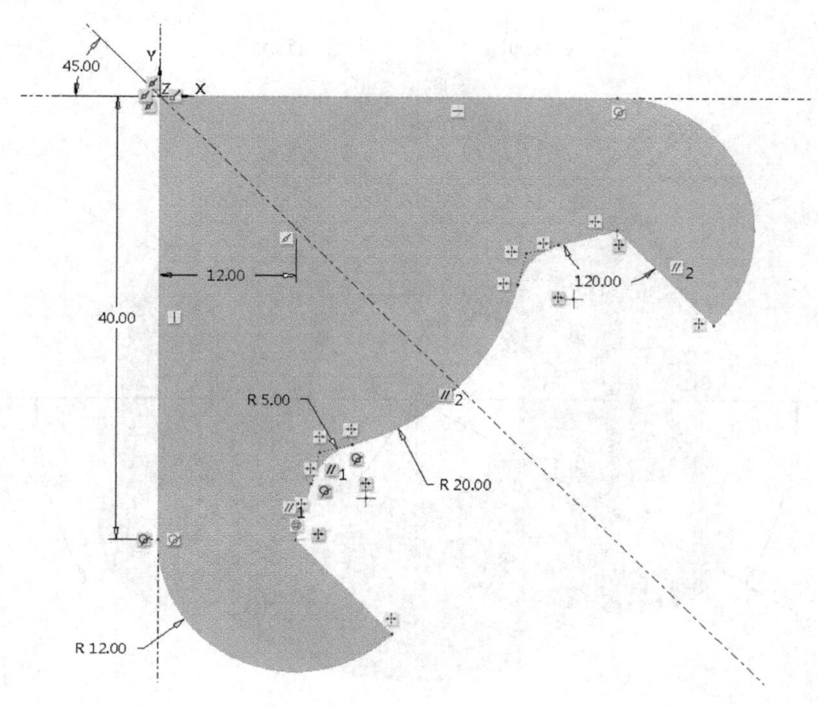

图 2-71　练习四

5．练习五（2-5.sec）

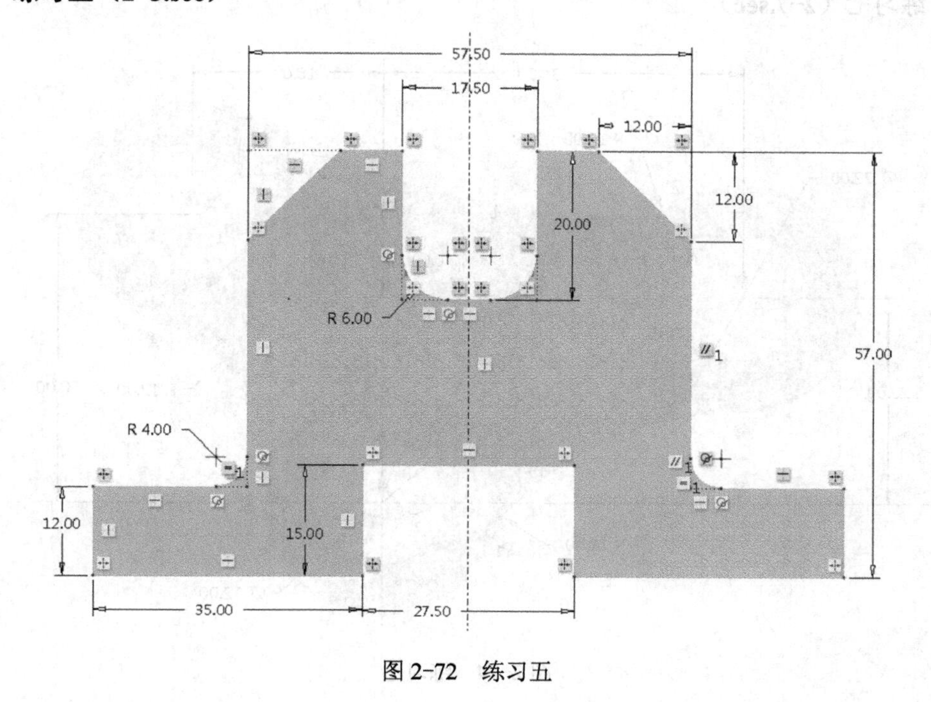

图 2-72　练习五

6．练习六（2-6.sec）

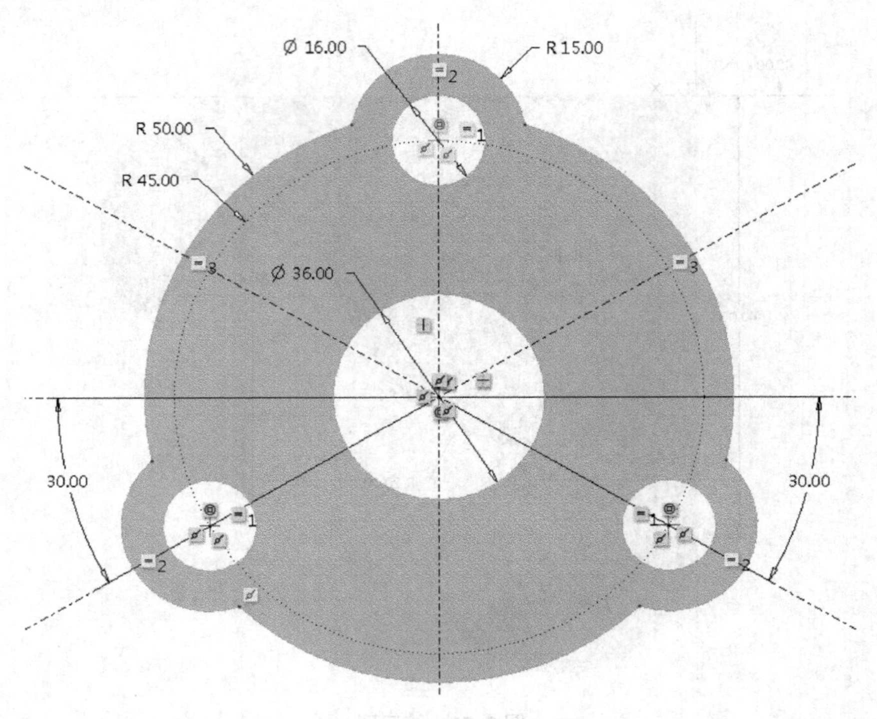

图 2-73　练习六

7．练习七（2-7.sec）

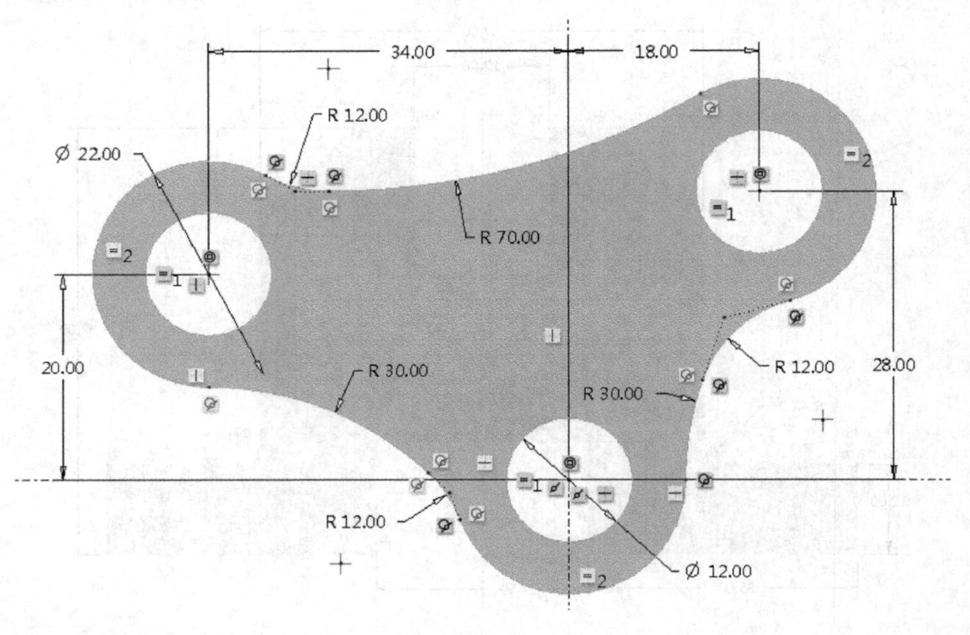

图 2-74　练习七

8．练习八（2-8.sec）

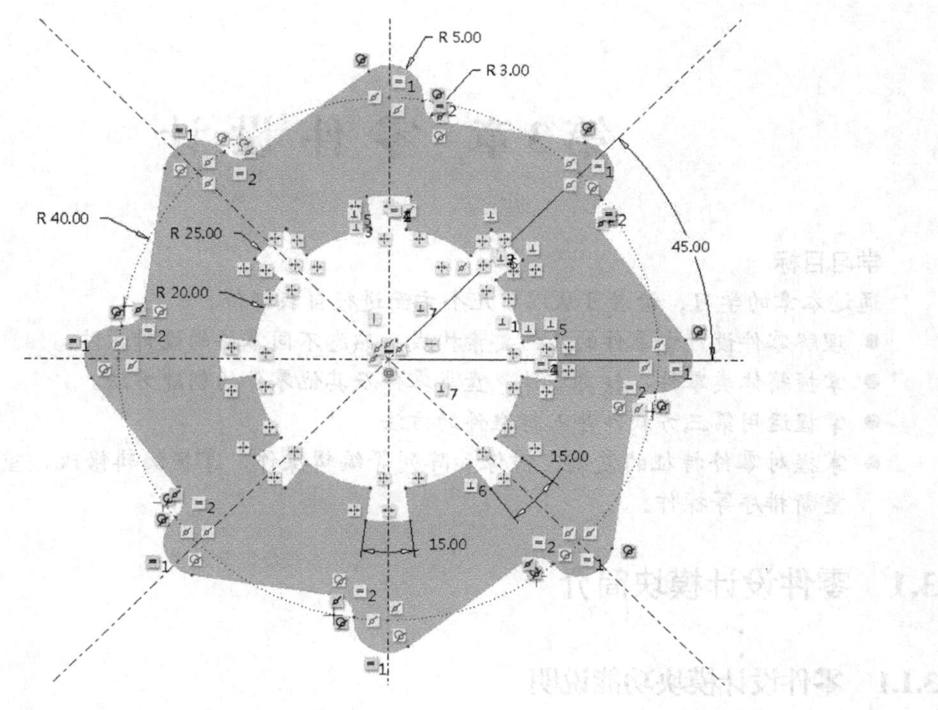

图 2-75　练习八

9．练习九（2-9.sec）

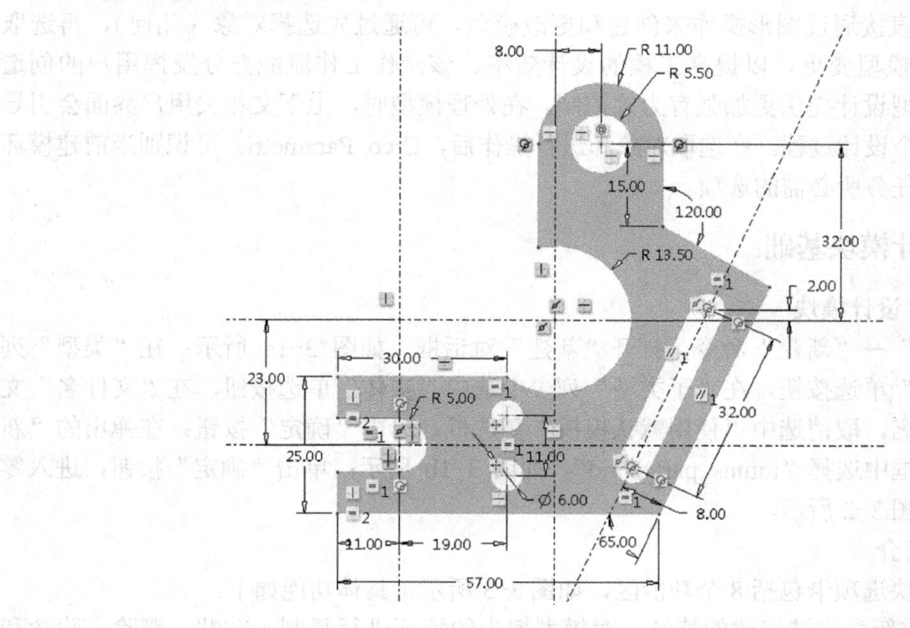

图 2-76　练习九

第3章 零 件 设 计

学习目标

通过本章的学习，读者可从以下几个方面进行自我评价。

- 理解零件设计中零件的几何要素构成，熟悉不同零件的设计方法。
- 掌握箱体类零件、轴类零件、盘类零件及其他零件的创建方法。
- 掌握运用第三方软件导入标准件的方法。
- 掌握对零件特征的复制、镜像和阵列等编辑操作，掌握编辑修改、重定义、插入和重新排序等操作。

3.1 零件设计模块简介

3.1.1 零件设计模块功能说明

Creo Parametric 允许用户在三维建模环境中以实体或曲面形式设计模型。实体模型是具有质量属性（如体积、曲面面积和惯性）的几何模型。Creo Parametric 提供了一个界面良好的环境，用户可直接通过图形操作来创建和更改模型。可通过先选择对象（几何），再选取工具的方式进行模型变更，以提高工程的设计效率。该操作工作流能充分发挥用户的创造性，同时能为模型设计提供更加强有力的控制。在处理模型时，上下文相关用户界面会引导用户逐步完成整个设计过程。在选取对象和进行操作后，Creo Parametric 可识别当前建模环境，并提供完成任务所必需的选项。

3.1.2 零件设计模块基础

1．进入零件设计模块

选择“文件”→“新建”命令，打开“新建”对话框，如图 3-1a 所示；在“类型”列表中选中“零件”单选按钮，在“子类型”列表中选中“实体”单选按钮，在“文件名”文本框中输入文件名，取消选中“使用默认模板”复选框，单击“确定”按钮；在弹出的“新文件选项”对话框中选择“mmns_part_solid”，如图 3-1b 所示；单击“确定”按钮，进入零件设计模块，如图 3-2 所示。

2．功能区简介

零件设计模块选项卡包括 8 个功能区，如图 3-3 所示，具体功能如下。

1）操作：重新生成被修改的特征，对模型树中的特征进行复制、粘贴、删除、隐含和编辑定义等操作。

2）获取数据：进行用户定义特征的导入、复制几何、收缩包络和合并继承等操作。

3）基准：新建平面、轴、点、坐标系、曲线和草绘等。

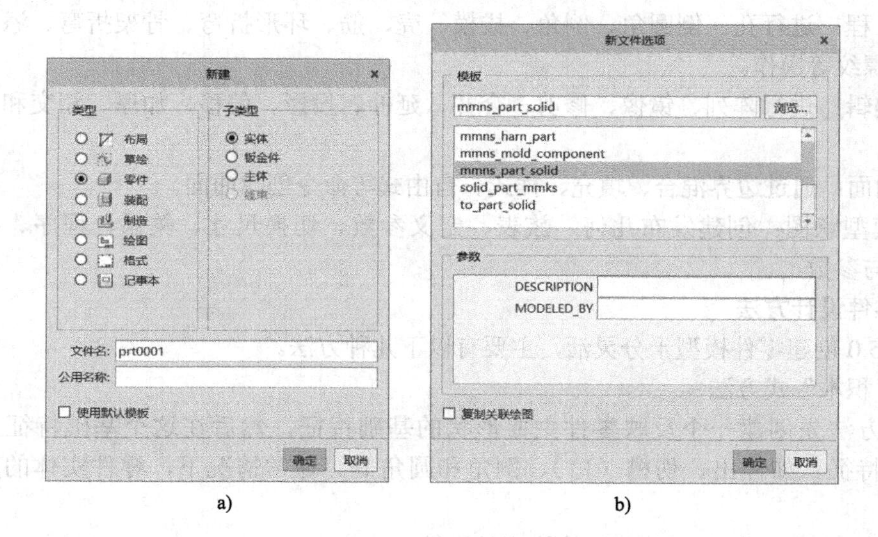

图 3-1　创建新文件

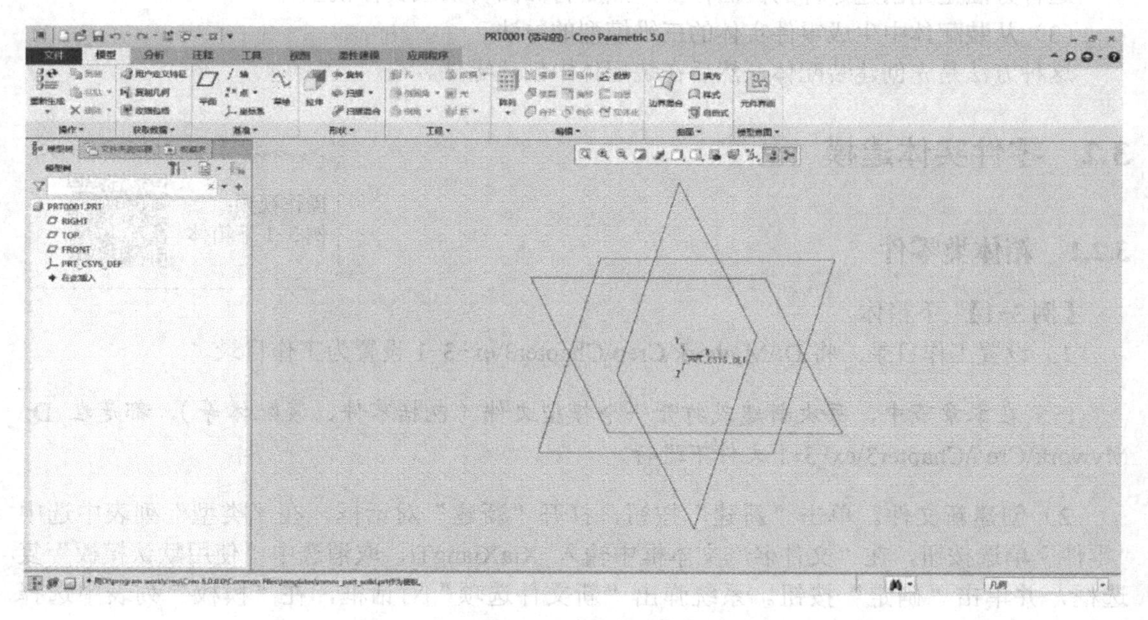

图 3-2　零件设计模块初始界面

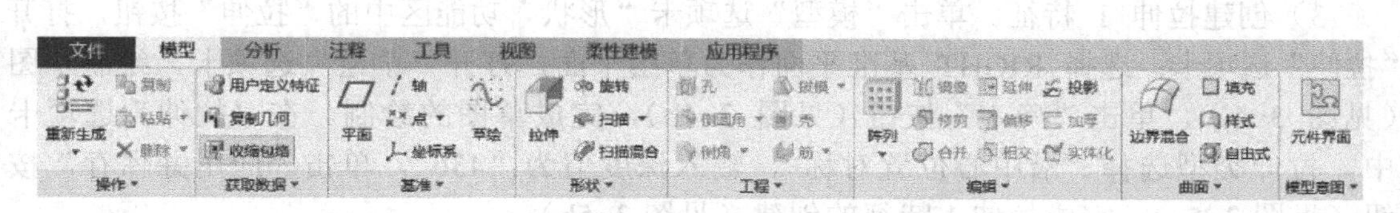

图 3-3　零件设计模块选项卡

4）形状：创建拉伸、旋转、扫描、扫描混合、混合和旋转混合等三维几何。

5）工程：进行孔、倒圆角、倒角、拔模、壳、筋、环形折弯、骨架折弯、添加修饰草绘和修饰螺纹等操作。

6）编辑：进行阵列、镜像、修剪、合并、延伸、投影、偏移、加厚、相交和实体化等操作。

7）曲面：通过边界混合、填充、样式、自由式等命令创建曲面。

8）模型意图：创建发布几何、族表、定义参数、切换尺寸、关系、程序、指定、声明、关系与参数。

3．零件设计方法

Creo 5.0 创建零件模型十分灵活，主要有以下几种方法。

（1）“积木”式方法

这种方法先创建一个反映零件主要形状的基础特征，然后在这个基础特征上添加其他的一些特征，如伸出、切槽（口）、倒角和圆角等。通常情况下，零件实体的建模采用此方法。

（2）由曲面生成零件实体的三维模型的方法

这种方法是先创建零件的曲面特征，然后将曲面转换成实体模型。

（3）从装配体中生成零件实体的三维模型的方法

这种方法是先创建装配体，然后在装配体中创建零件。

3.2 零件实体建模

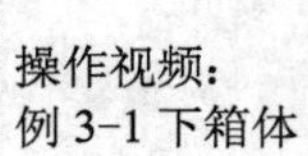

3.2.1 箱体类零件

【例 3-1】 下箱体

1）设置工作目录。将 D:\Mywork\Creo\Chapter3\ex-3-1 设置为工作目录。

在本章节中，每次新建或打开一个模型文件（包括零件、装配体等），都是在 D:\Mywork\Creo\Chapter3\ex-3-1 文件下进行。

2）创建新文件。单击“新建”按钮，打开“新建”对话框，在“类型”列表中选中“零件”单选按钮，在“文件名”文本框中输入 XiaXiangTi，取消选中“使用默认模板”复选框，并单击“确定”按钮。系统弹出“新文件选项”对话框，在“模板”列表中选择“mmns_part_solid”，并单击“确定”按钮，进入零件的创建环境。

3）创建拉伸 1 特征。单击“模型”选项卡“形状”功能区中的“拉伸”按钮，打开“拉伸”选项卡；选择 RIGHT 基准平面作为草绘平面，打开“草绘”选项卡，绘制草图（见图 3-4a），单击“确定”按钮（见图 3-4b），完成草图的绘制。在“拉伸”选项卡中，拉伸类型选择“沿中心位置对称”，输入深度值为“436”，单击“应用并保存”按钮（见图 3-5a），完成拉伸 1 特征的创建（见图 3-5b）。

4）创建拉伸 2 特征。单击“拉伸”按钮，打开“拉伸”选项卡；选择拉伸 1 特征的上表面作为草绘平面，打开“草绘”选项卡，绘制草图，如图 3-6 所示，单击“确定”按钮，完成草图的绘制。在“拉伸”选项卡中，输入深度值“128”，单击“应用并保存”按钮，完成拉伸 2 特征的创建，如图 3-7 所示。

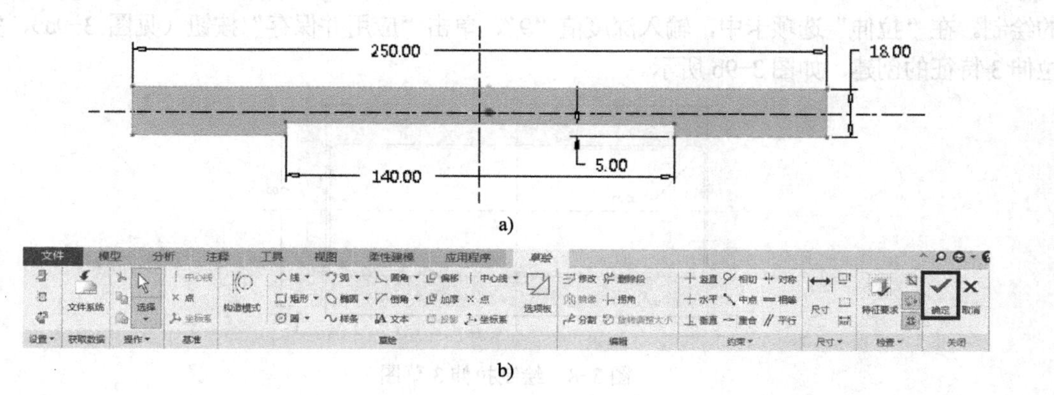

图 3-4　绘制拉伸 1 草图

a) 拉伸草图　b) “草绘”选项卡

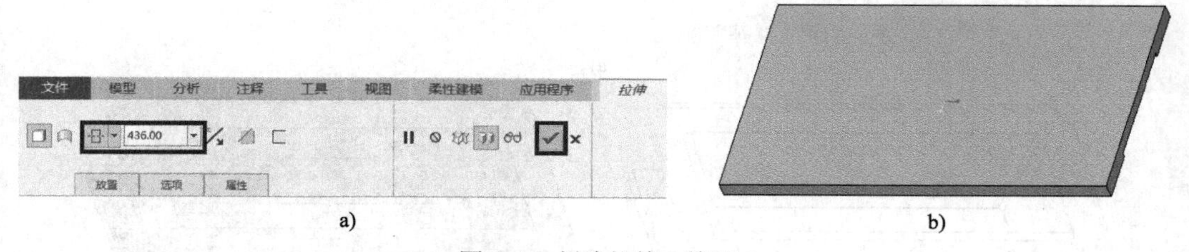

图 3-5　创建拉伸 1 特征

a) “拉伸”选项卡　b) 拉伸 1 特征

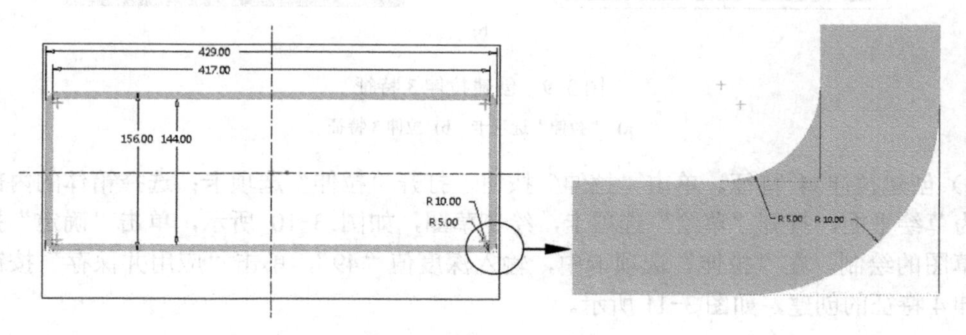

图 3-6　绘制拉伸 2 草图

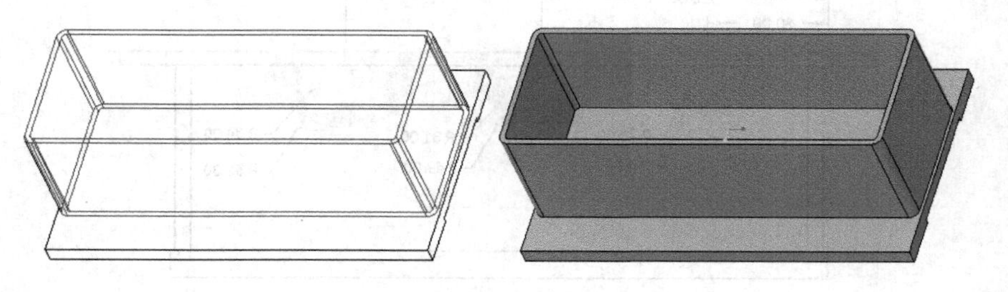

图 3-7　创建拉伸 2 特征

5）创建拉伸 3 特征。单击“拉伸”按钮，打开“拉伸”选项卡；选择特征拉伸 2 的上表面作为草绘平面，打开“草绘”选项卡，绘制草图（见图 3-8），单击“确定”按钮，完成草图的绘制。在“拉伸”选项卡中，输入深度值“9”，单击“应用并保存”按钮（见图 3-9a），完成拉伸 3 特征的创建，如图 3-9b 所示。

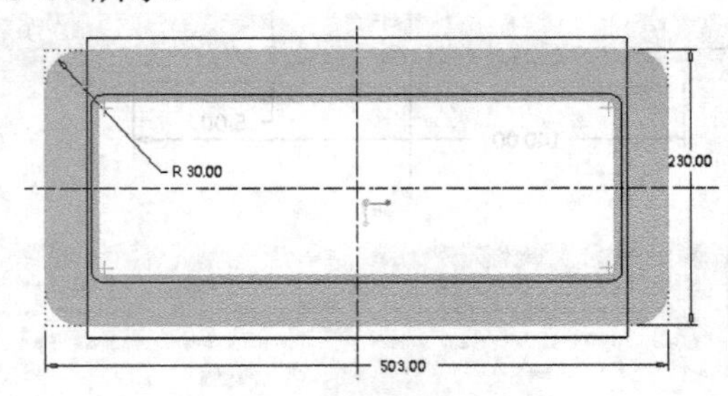

图 3-8　绘制拉伸 3 草图

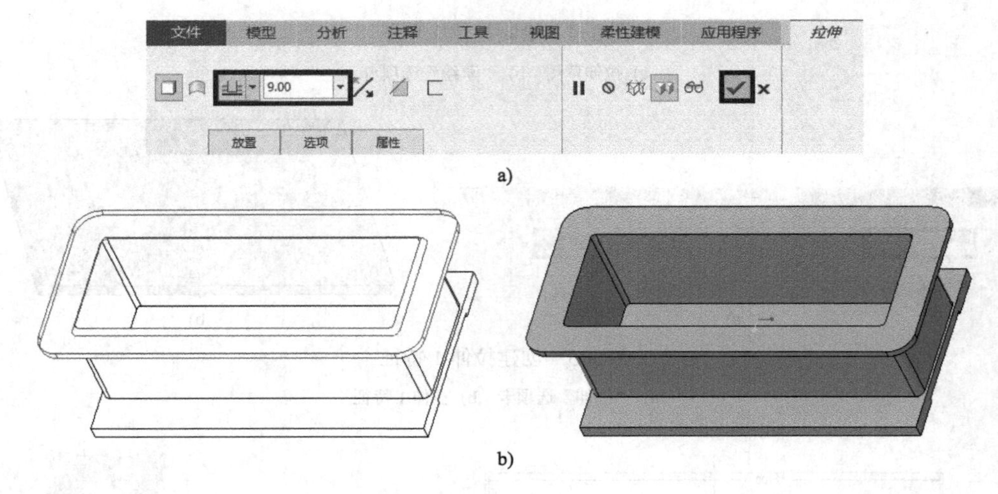

a)

b)

图 3-9　创建拉伸 3 特征

a）“拉伸”选项卡　b）拉伸 3 特征

6）创建拉伸 4 特征。单击“拉伸”按钮，打开“拉伸”选项卡；选择箱体的内部前端面作为草绘平面，打开“草绘”选项卡，绘制草图，如图 3-10 所示，单击“确定”按钮，完成草图的绘制。在“拉伸”选项卡中，输入深度值“49”，单击“应用并保存”按钮，完成拉伸 4 特征的创建，如图 3-11 所示。

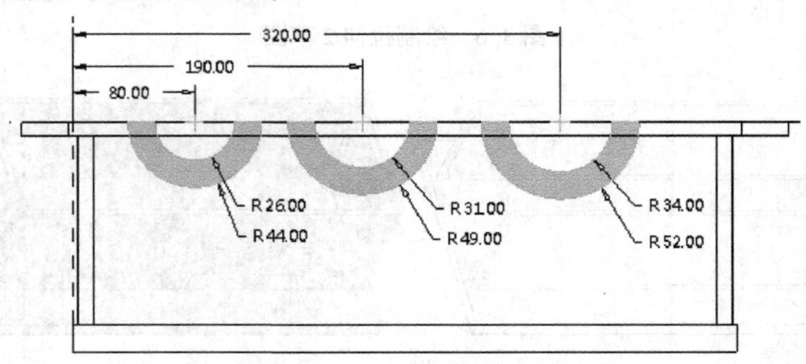

图 3-10　绘制拉伸 4 草图

7）镜像拉伸 4 特征。选择“模型树”选项卡中的“拉伸 4”特征，单击“模型”选项卡“编辑”功能区中的“镜像”按钮，打开“镜像”选项卡，选择 FRONT 基准平面作为镜像平面，单击“应用并保存”按钮（见图 3-12a)，完成“拉伸 4”特征的镜像操作（见图 3-12b)。

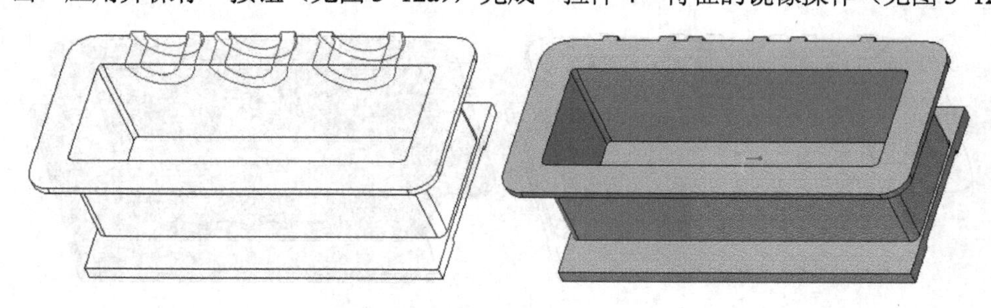

图 3-11　创建拉伸 4 特征

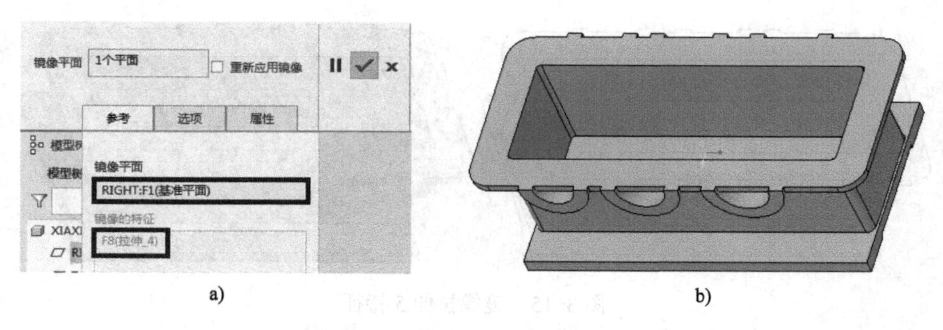

图 3-12　创建拉伸 4 的镜像特征

a）“镜像”选项卡　b）镜像拉伸 4 特征

8）创建拉伸 5 特征。单击“拉伸”按钮，打开“拉伸”选项卡；选择箱体的内部前端面作为草绘平面，打开“草绘”选项卡，绘制草图，如图 3-13 所示，单击“确定”按钮，完成草图绘制。在“拉伸”选项卡中，深度类型选择“到选定项”，选择“拉伸 3”特征的前端面，单击“应用并保存”按钮，完成拉伸 5 特征的创建，如图 3-14 所示。

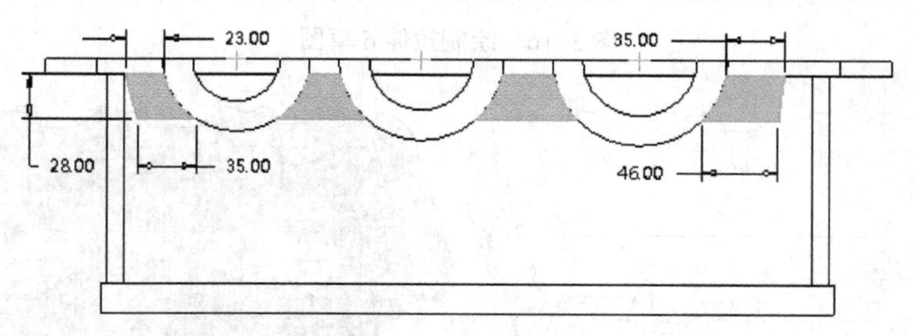

图 3-13　绘制拉伸 5 草图

9）镜像拉伸 5 特征。选择“模型树”选项卡中的“拉伸 5”特征，单击“镜像”按钮，打开“镜像”选项卡，选择 FRONT 基准平面作为镜像平面，单击“镜像”选项卡中的“应用并保存”按钮，完成“拉伸 5”特征的镜像操作，如图 3-15 所示。

10）创建拉伸 6 特征。单击“拉伸”按钮，打开“拉伸”选项卡；选择 FRONT 基准平面作为草绘平面，打开“草绘”选项卡，绘制草图，如图 3-16 所示，单击“确定”按钮，完成草图的绘制。在“拉伸”选项卡中，单击“移除材料”按钮，拉伸类型选择“沿中心位置对称”，输入深度值“230”，单击“应用并保存”按钮，完成拉伸 6 特征的创建，如图 3-17 所示。

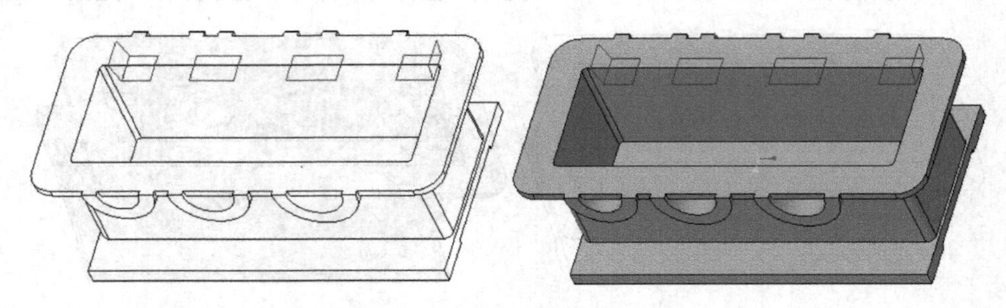

图 3-14　创建拉伸 5 特征

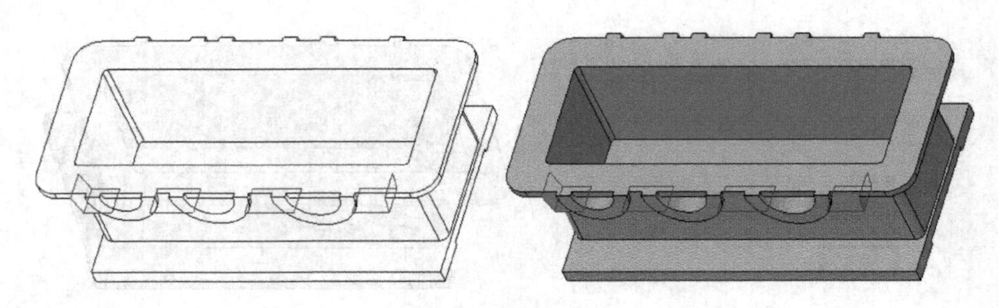

图 3-15　镜像拉伸 5 特征

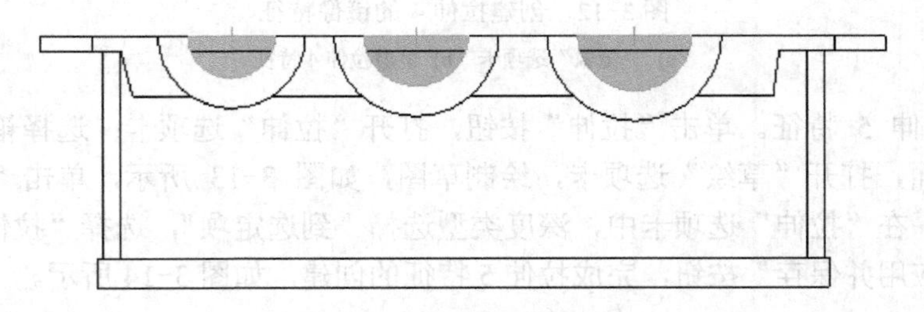

图 3-16　绘制拉伸 6 草图

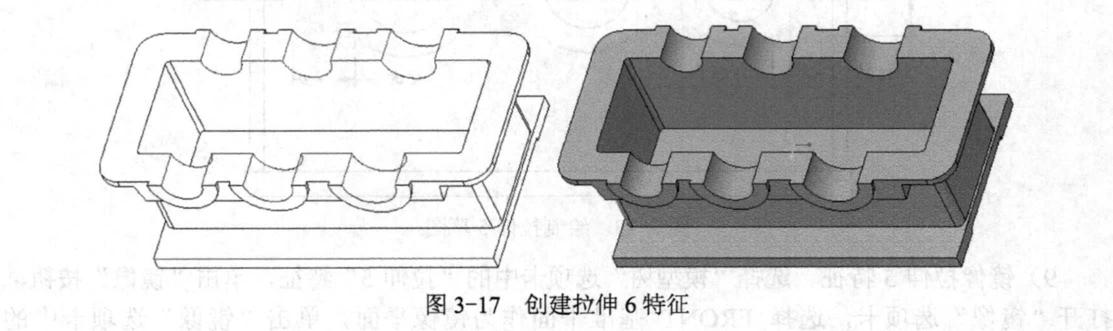

图 3-17　创建拉伸 6 特征

11）创建倒角 1 特征。单击“模型”选项卡“工程”功能区中的“倒角”按钮，在打开的“边倒角”选项卡中，设置倒角的标注模式为“D1×D2”，D1 输入“2”，D2 输入“43”（见图 3-18a），依次选择各条边（见图 3-18b），如图 3-18 所示；单击“应用并保存”按钮，完成倒角 1 特征的创建，如图 3-19 所示。

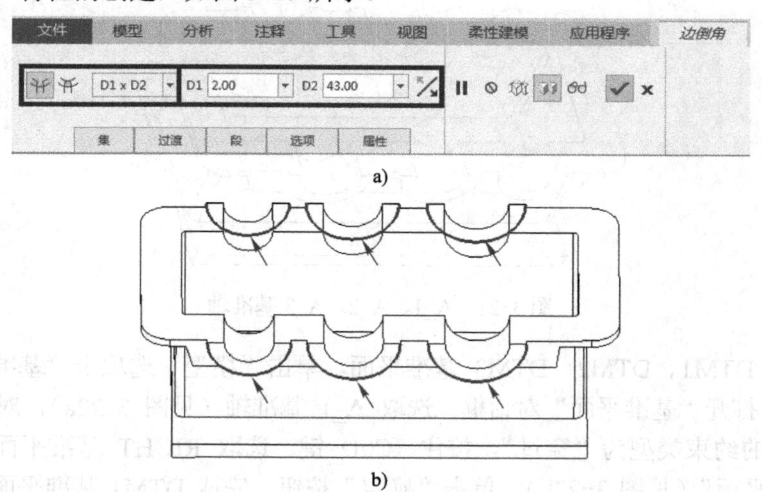

a)

b)

图 3-18　设置倒角 1 特征参数

a）“边倒角”选项卡　b）选择创建倒角所需的边

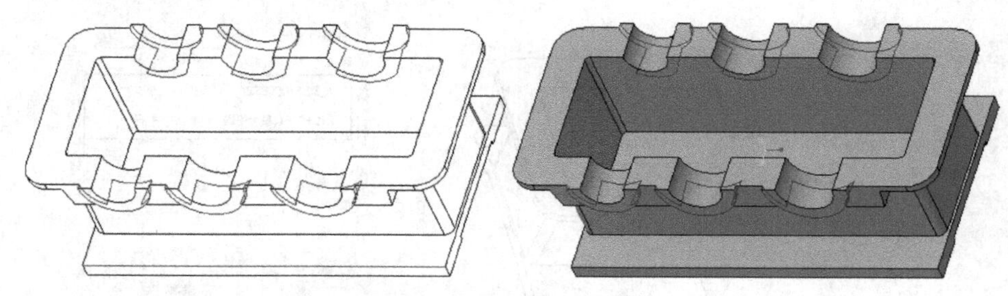

图 3-19　创建倒角 1 特征

12）创建 A_1、A_2、A_3 基准轴。单击“模型”选项卡“基准”功能区中的“轴”按钮，选取一个曲面作为参考面（见图 3-20a），在“基准轴”对话框中的约束类型默认为“穿过”，单击“确定”按钮，完成基准轴的创建（见图 3-20b）。重复上述操作，依次完成 A_1、A_2、A_3 基准轴的创建，如图 3-21 所示。

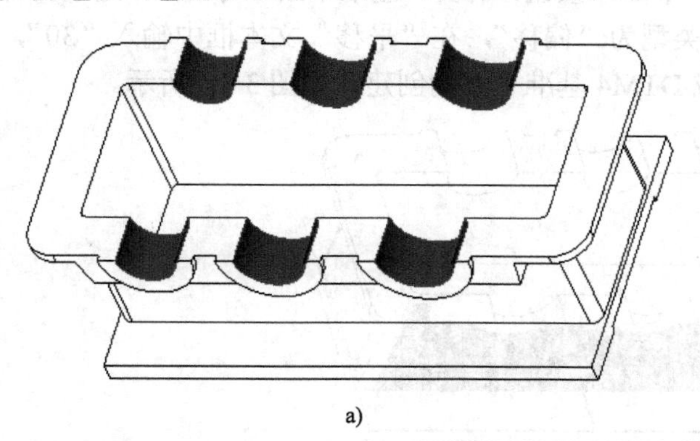

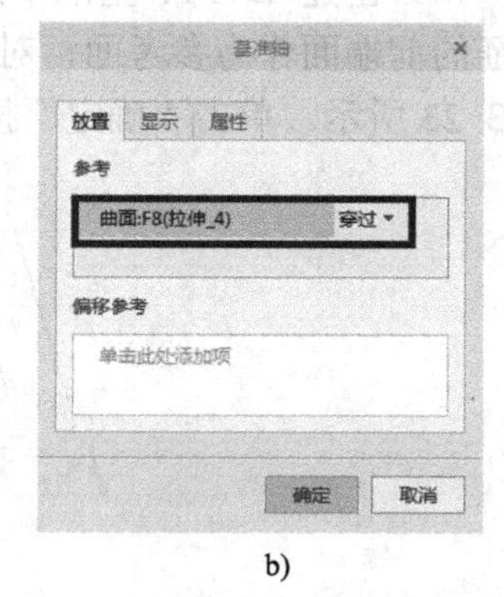

a)　　b)

图 3-20　创建基准轴

a）选取创建基准轴所需参考面　b）“基准轴”对话框

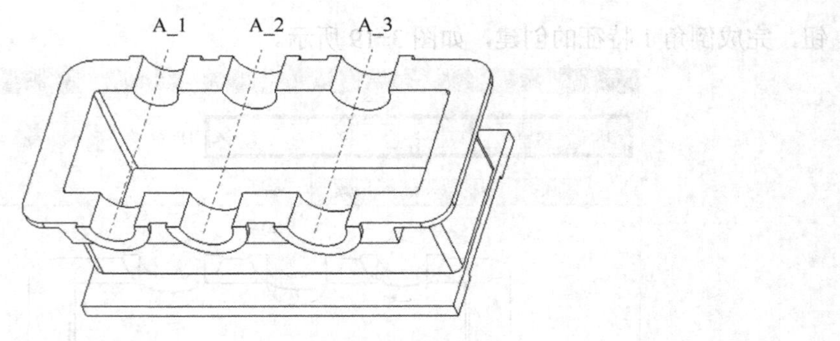

图 3-21　A_1、A_2、A_3 基准轴

13）创建 DTM1、DTM2、DTM3 基准平面。单击“模型”选项卡“基准”功能区中的“平面”按钮，打开“基准平面”对话框；选取 A_1 基准轴（见图 3-22a），对应的“基准平面”对话框中的约束类型为“穿过”，按住〈Ctrl〉键，选取 RIGHT 基准平面，对应的约束类型设置为“平行”（见图 3-22b），单击“确定”按钮，完成 DTM1 基准平面的创建；按照上述操作步骤，完成 DTM2、DTM3 基准平面的创建。

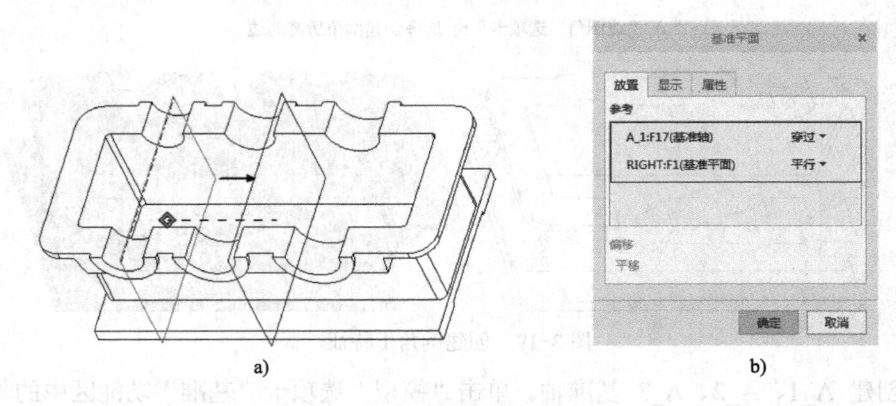

图 3-22　创建 DTM1 基准平面

a) 选取创建 DTM1 所需基准轴和平面　b) “基准平面”对话框

14）创建 DTM4 基准平面。单击“平面”按钮，打开“基准平面”对话框；选取拉伸 2 特征的前端面作为参考面，对应的约束类型为“偏移”，在“平移”文本框中输入“30”，如图 3-23 所示。单击“确定”按钮，完成 DTM4 基准平面的创建，如图 3-24 所示。

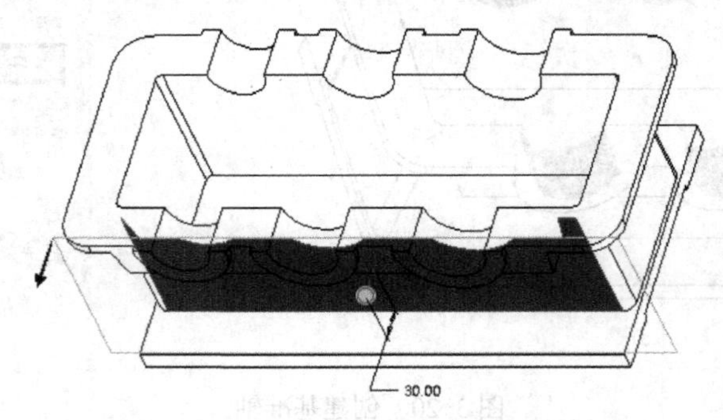

图 3-23　创建 DTM4 基准平面

15）创建 Trajectory Rib 1 特征。单击“模型”选项卡“工程”功能区中的“筋”按钮，打开“轨迹筋”选项卡；单击“放置”选项卡中的“定义”按钮，选取 DTM4 基准平面作为草绘平面，打开“草绘”选项卡，绘制轨迹草图，如图 3-25a 所示，单击“确定”按钮，完成草图的绘制。在“轨迹筋”选项卡中输入筋宽度值“6”，单击“添加拔模”按钮，输入拔模角度值“3”；单击“在暴露边上添加倒圆角”按钮，选中“指定的值”单选按钮，输入圆角半径值“3”，单击“应用并保存”按钮，完成 Trajectory Rib 1 特征的创建，如图 3-26 所示。

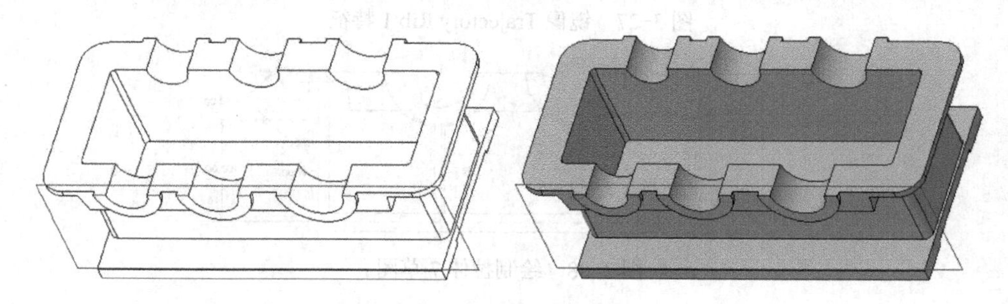

图 3-24　创建 DTM4 基准平面

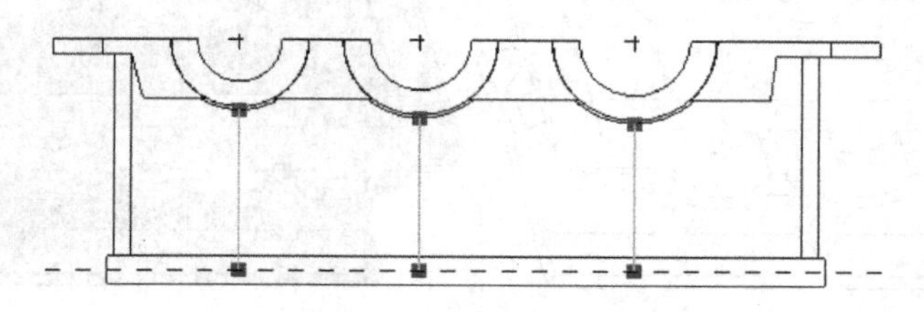

图 3-25　筋轨迹绘制

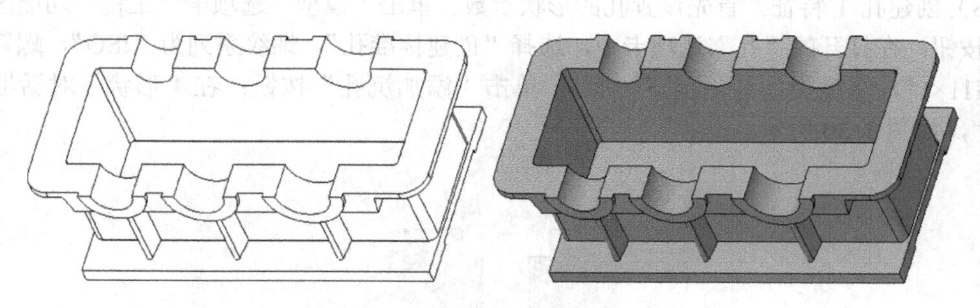

图 3-26　创建 Trajectory Rib 1 特征

16）镜像 Trajectory Rib 1 特征。选择“模型树”选项卡中的 Trajectory Rib 1（轨迹筋 1）特征，单击“镜像”按钮，打开“镜像”选项卡，选择 FRONT 基准平面作为镜像平面，单击“应用并保存”按钮，完成 Trajectory Rib 1 特征的镜像操作，如图 3-27 所示。

17）创建拉伸 7 特征。单击“拉伸”按钮，打开“拉伸”选项卡；选择 FRONT 基准平面作为草绘平面，打开“草绘”选项卡，绘制草图，如图 3-28 所示，单击“确定”按钮，完成草图的绘制。在“拉伸”选项卡中，深度类型选择“对称”，输入深度值“35”，单击“应用并保存”按钮，完成拉伸 7 特征的创建，如图 3-29 所示。

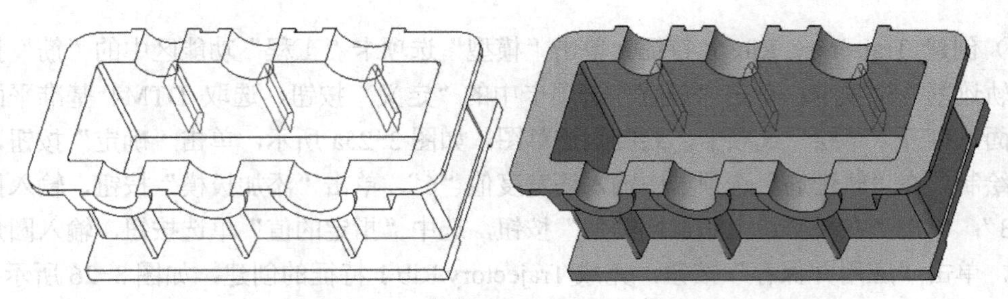

图 3-27　镜像 Trajectory Rib 1 特征

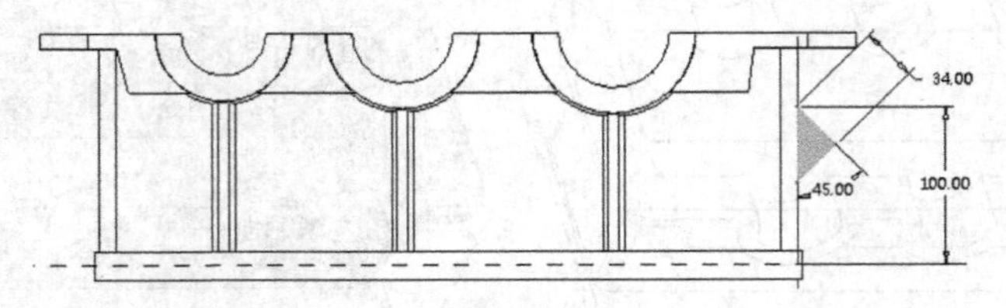

图 3-28　绘制拉伸 7 草图

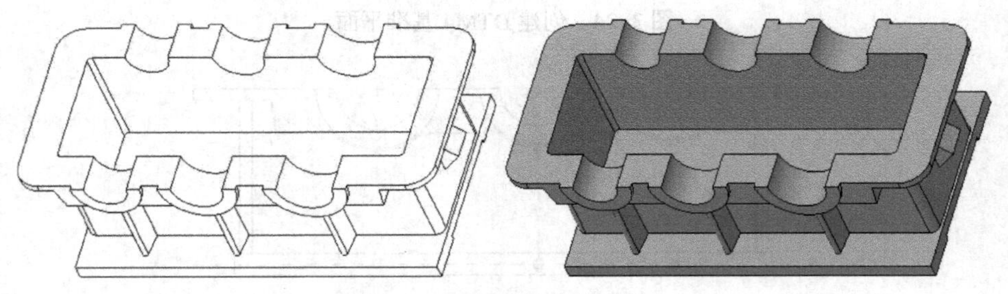

图 3-29　创建拉伸 7 特征

18）创建孔 1 特征。首先设置孔的形状参数。单击“模型”选项卡“工程”功能区中的“孔”按钮，在打开的“孔”选项卡中，选择“创建标准孔”，螺纹系列为“ISO”，螺钉尺寸为“M11×1”，深度类型为“至下一面”，单击“添加沉孔”按钮；在“形状”对话框中修改尺寸，如图 3-30 所示。

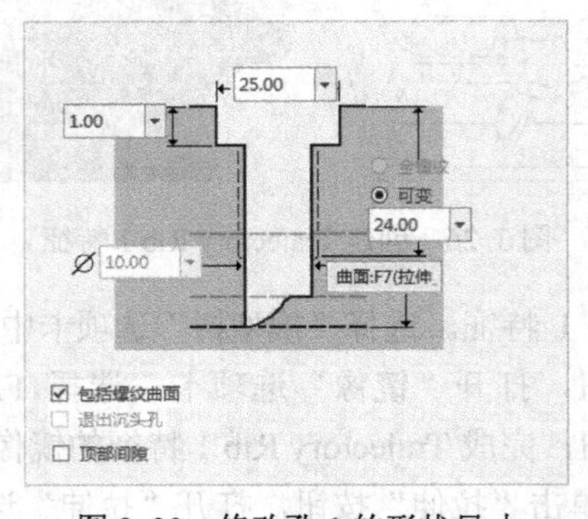

图 3-30　修改孔 1 的形状尺寸

然后设置孔的位置参数。选择拉伸 7 特征的上表面作为孔的放置平面，分别拖动黄色框的角点，选择 FRONT 基准平面，偏移距离为“0”，选择“A 平面”为另一个偏移参考平面，偏移距离为“15”，单击“应用并保存”按钮，完成孔 1 特征的创建，如图 3-31 所示。

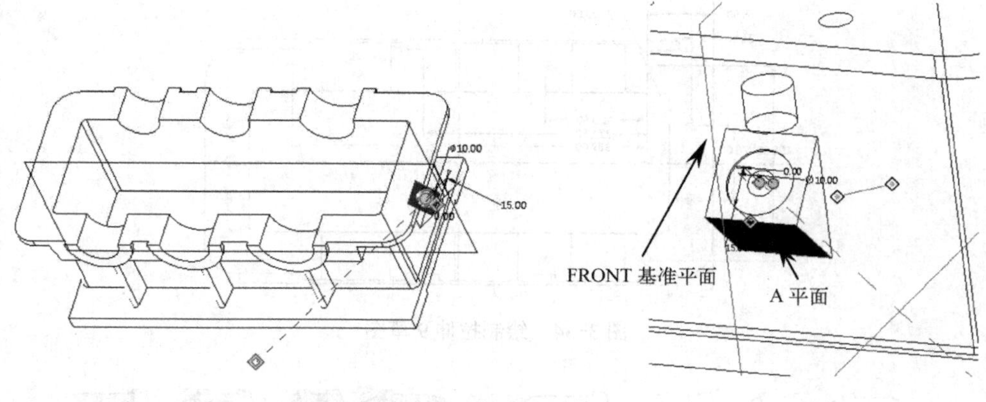

图 3-31 创建孔 1 特征

19）创建拉伸 8 特征。单击“拉伸”按钮，打开“拉伸”选项卡；选择拉伸 2 特征的右侧面作为草绘平面，打开“草绘”选项卡，绘制草图，如图 3-32 所示，单击“确定”按钮，完成草图绘制。在“拉伸”选项卡中，深度类型选择“到选定项”，再选择拉伸 1 特征的右侧面，然后单击“应用并保存”按钮，完成拉伸 8 特征的创建，如图 3-33 所示。

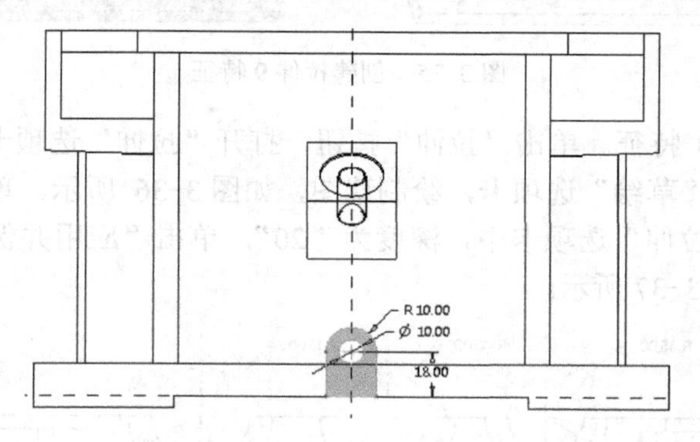

图 3-32 绘制拉伸 8 草图

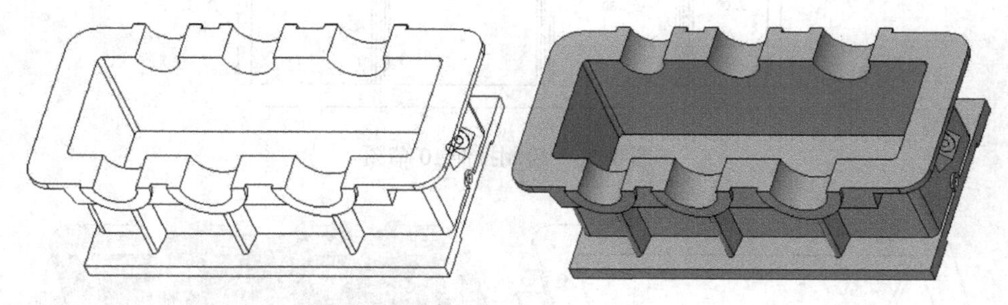
图 3-33 创建拉伸 8 特征

20）创建拉伸 9 特征。单击“拉伸”按钮，打开“拉伸”选项卡；选择箱体的上表面作为草绘平面，打开“草绘”选项卡，绘制草图，如图 3-34 所示，完成草图绘制。在“拉伸”选项卡中，深度类型选择“到下一个”，单击“移除材料”按钮，再单击“应用并保存”按钮，完成拉伸 9 特征的创建，如图 3-35 所示。

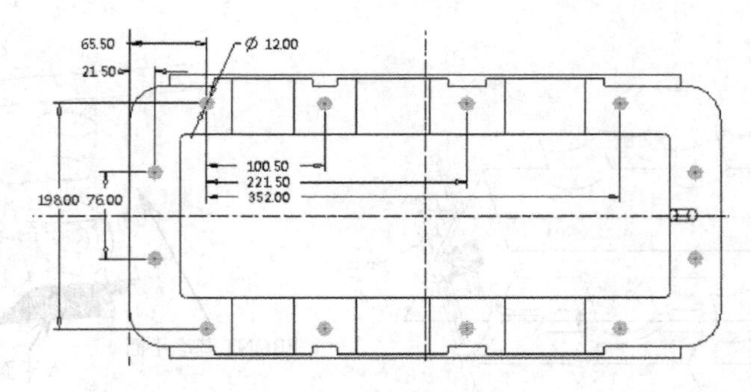

图 3-34　绘制拉伸 9 草图

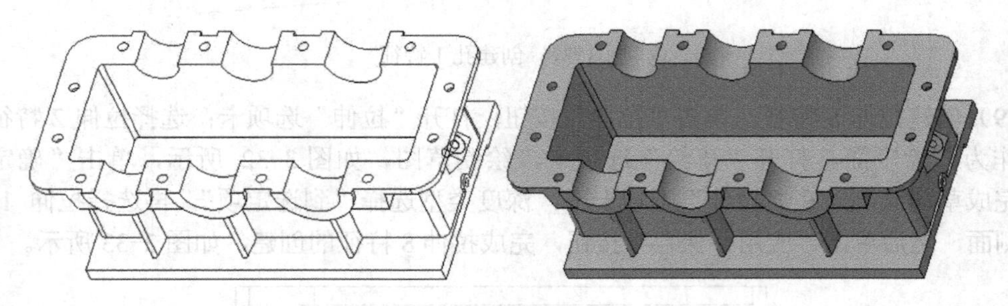

图 3-35　创建拉伸 9 特征

21）创建拉伸 10 特征。单击“拉伸”按钮，打开“拉伸”选项卡；选择箱体的前端面作为草绘平面，打开“草绘”选项卡，绘制草图，如图 3-36 所示，单击“确定”按钮，完成草图的绘制。在“拉伸”选项卡中，深度为“20”，单击“应用并保存”按钮，完成拉伸 10 特征的创建，如图 3-37 所示。

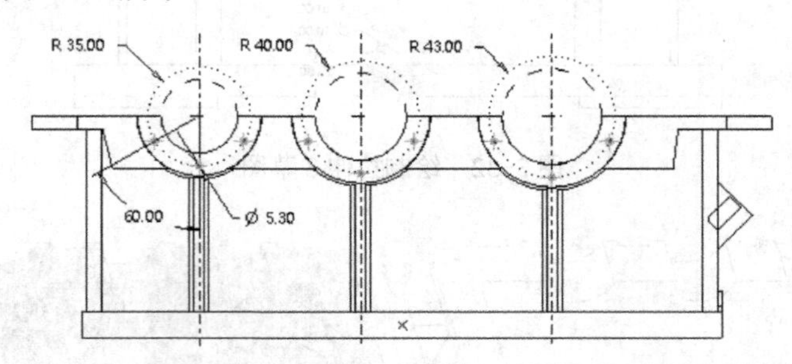

图 3-36　绘制拉伸 10 草图

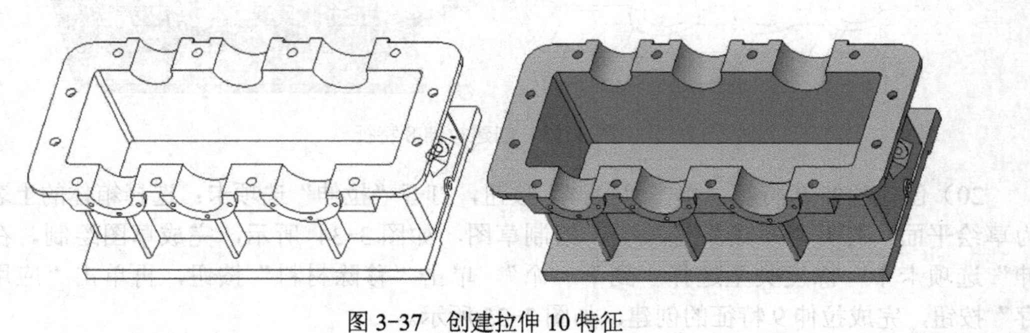

图 3-37　创建拉伸 10 特征

22）镜像拉伸 10 特征。选择“模型树”选项卡中的拉伸 10 特征，单击“镜像”按钮，打开“镜像”选项卡，选择 FRONT 基准平面作为镜像平面，单击“应用并保存”按钮，完成拉伸 10 特征的镜像操作，如图 3-38 所示。

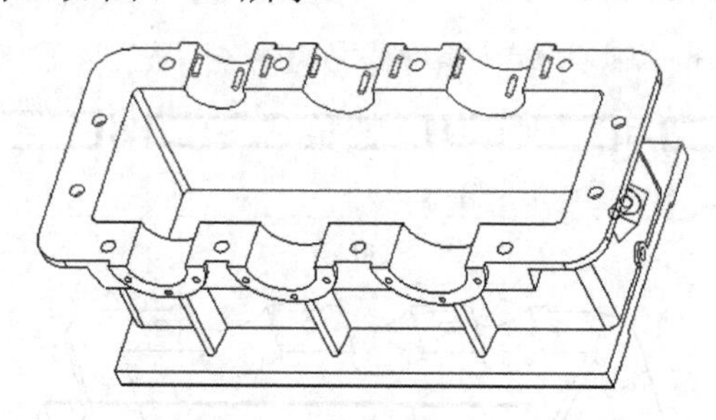

图 3-38　镜像拉伸 10 特征

23）创建孔 2 特征。单击“孔”按钮，在打开的“孔”选项卡中，单击“创建标准孔”按钮，螺纹系列为“ISO”，螺钉尺寸为“M18×2”，深度类型为“至下一面”，单击“添加沉孔”按钮；在“形状”对话框中修改尺寸，如图 3-39 所示。

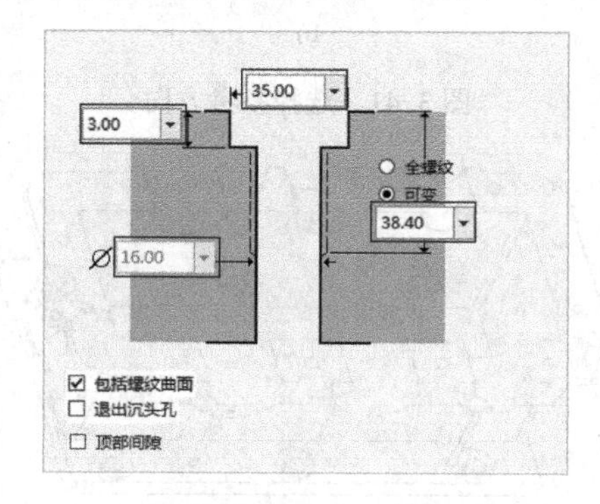

图 3-39　修改孔 2 的形状尺寸

将孔放置在拉伸 1 特征的上表面，偏移参考平面选拉伸 1 特征的右侧面，偏移距离为“44”；另一个偏移参考平面选拉伸 1 特征的后端面，偏移距离为“22”，单击“应用并保存”按钮，完成孔 2 特征的创建，如图 3-40 所示。

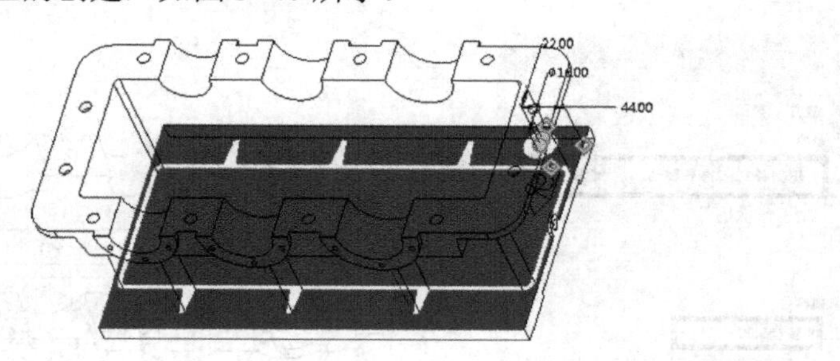

图 3-40　创建孔 2 特征

24）阵列孔 2 特征。选择“模型树”选项卡中的孔 2 特征，单击“模型”选项卡“编辑”功能区中的“阵列”按钮；在打开的“阵列”选项卡中，阵列类型设置为“方向”，选择第一参考方向（向左），阵列数为“3”，阵列间距为“168.5”；选择第二参考方向（向前），阵列数为“2”，阵列间距为“206”，如图 3-41 所示；单击“应用并保存”按钮，完成阵列孔 2 特征的创建，如图 3-42 所示。

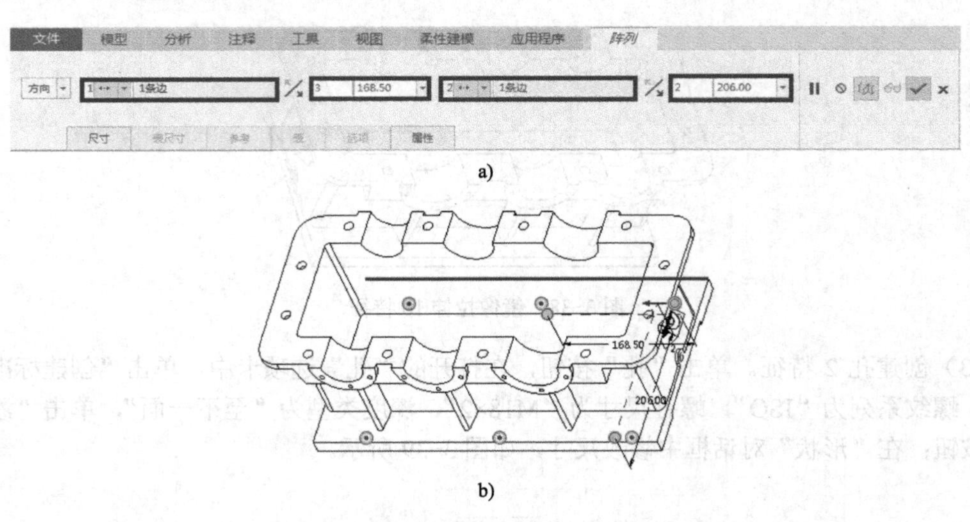

a)

b)

图 3-41 选择参考方向

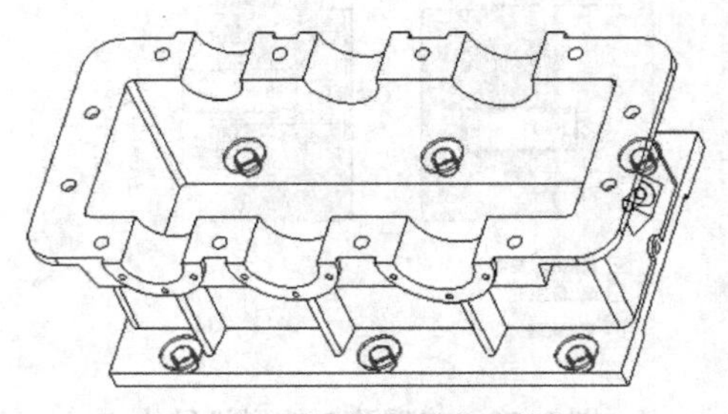

图 3-42 创建阵列孔 2 特征

25）创建 DTM5 基准平面。在“模型”选项卡中单击“平面”按钮，打开“基准平面”对话框，选择 FRONT 基准平面作为参考面，对应的约束类型为“偏移”，偏移距离为“55”，如图 3-43 所示。单击“确定”按钮，完成 DTM5 基准平面的创建，如图 3-44 所示。

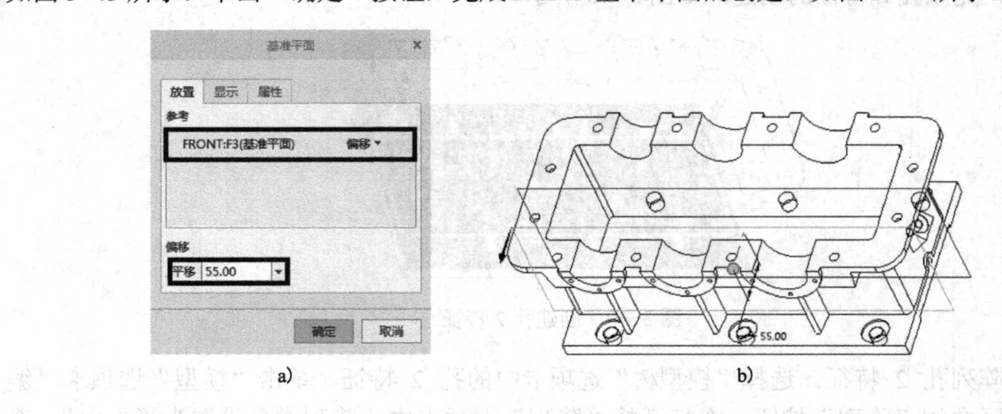

a) b)

图 3-43 创建基准平面

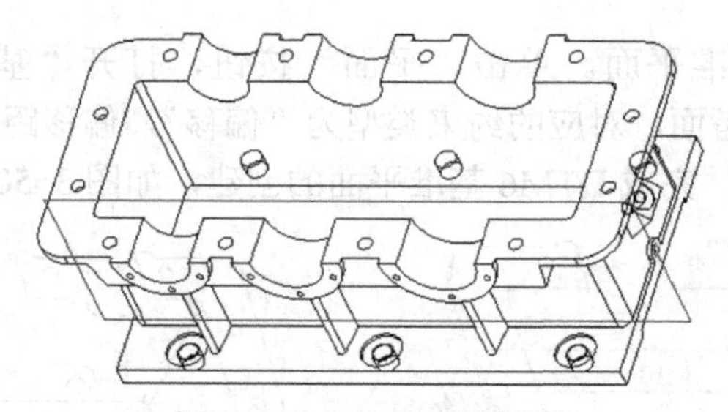

图 3-44　DTM5 基准平面

26）创建拉伸 11 特征。单击“拉伸”按钮，打开“拉伸”选项卡；选择 DTM5 作为草绘平面，打开“草绘”选项卡，绘制草图，如图 3-45 所示，完成草图的绘制。在“拉伸”选项卡中，深度类型选择“对称”，深度值为“12”，单击“应用并保存”按钮，完成拉伸 11 特征的创建，如图 3-46 所示。

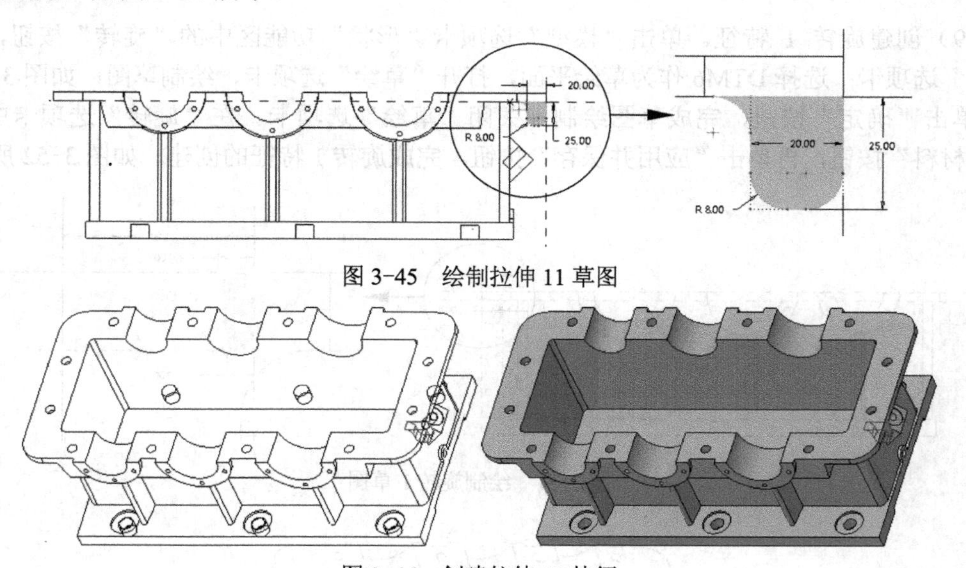

图 3-45　绘制拉伸 11 草图

图 3-46　创建拉伸 11 特征

27）镜像拉伸 11 特征。选择“模型树”选项卡中的拉伸 11 特征，单击“镜像”按钮，打开“镜像”选项卡，选择 FRONT 基准平面作为镜像平面，单击“应用并保存”按钮，完成拉伸 11 特征的镜像操作，如图 3-47 所示。同时选择拉伸 11 特征和镜像 6 特征，单击“镜像”按钮，打开“镜像”选项卡，选择 RIGHT 基准平面作为镜像平面，单击“应用并保存”按钮，完成镜像操作，如图 3-48 所示。

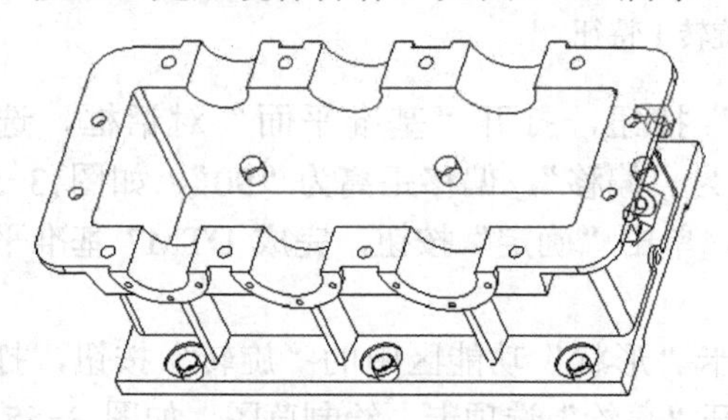

图 3-47　镜像拉伸 11 特征

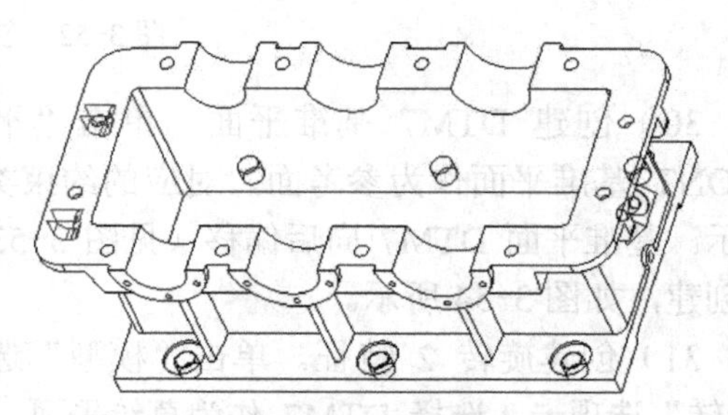

图 3-48　镜像拉伸 11 特征和镜像 6 特征

28）创建 DTM6 基准平面。单击“平面”按钮，打开“基准平面”对话框，选取 FRONT 基准平面作为参考面，对应的约束类型为“偏移”，偏移距离输入“90”，如图 3-49 所示。单击“确定”按钮，完成 DTM6 基准平面的创建，如图 3-50 所示。

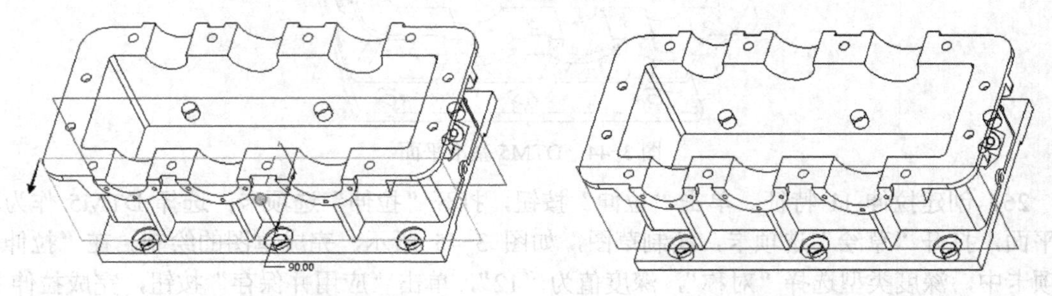

图 3-49　基准平面偏移　　　　图 3-50　创建 DTM6 基准平面

29）创建旋转 1 特征。单击“模型”选项卡“形状”功能区中的“旋转”按钮，打开“旋转”选项卡；选择 DTM6 作为草绘平面，打开“草绘”选项卡，绘制草图，如图 3-51 所示。单击“确定”按钮，完成草图绘制，关闭“草绘”选项卡。在“旋转”选项卡中单击“移除材料”按钮，再单击“应用并保存”按钮，完成旋转 1 特征的创建，如图 3-52 所示。

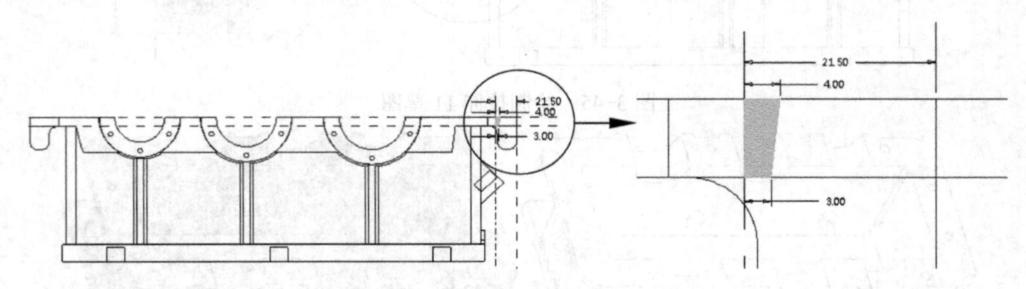

图 3-51　绘制旋转 1 草图

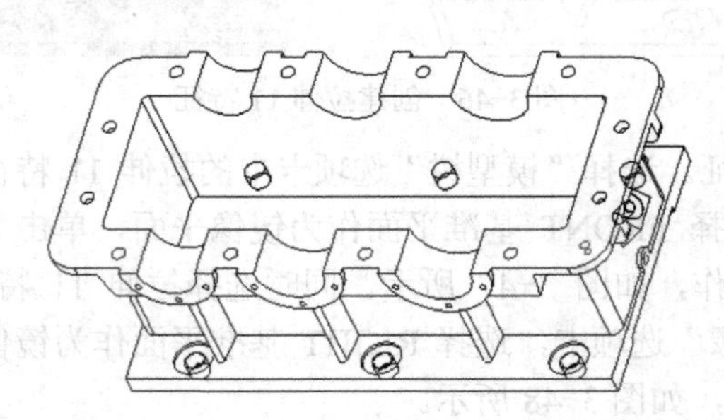

图 3-52　创建旋转 1 特征

30）创建 DTM7 基准平面。单击“平面”按钮，打开“基准平面”对话框，选取 FRONT 基准平面作为参考面，对应的约束类型为“偏移”，偏移距离为“90”，如图 3-53a 所示。基准平面 DTM7 向后偏移（见图 3-53b），单击“确定”按钮，完成 DTM7 基准平面的创建，如图 3-54 所示。

31）创建旋转 2 特征。单击“模型”选项卡“形状”功能区中的“旋转”按钮，打开“旋转”选项卡；选择 DTM7 作为草绘平面，打开“草绘”选项卡，绘制草图，如图 3-55 所示；单击“确定”按钮，完成草图的绘制，关闭“草绘”选项卡。在“旋转”选项卡中，单击“移除材料”按钮，再单击“应用并保存”按钮，完成旋转 2 特征的创建，如图 3-56 所示。

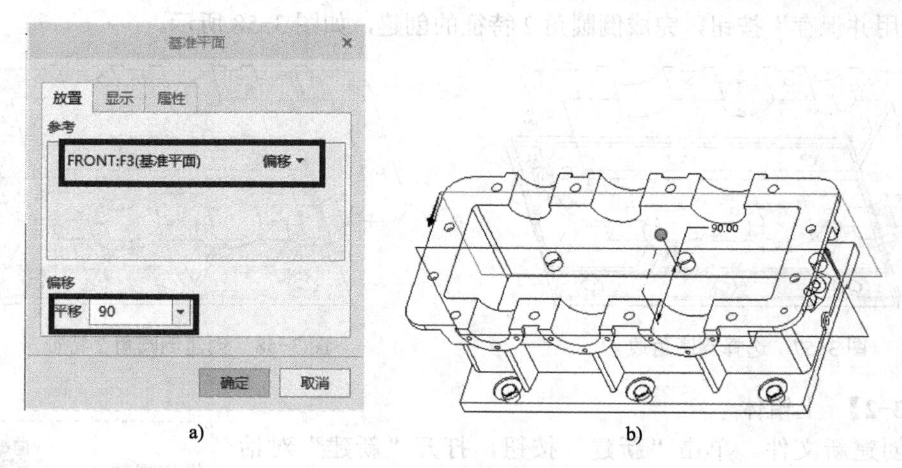

图 3-53 偏移基准平面

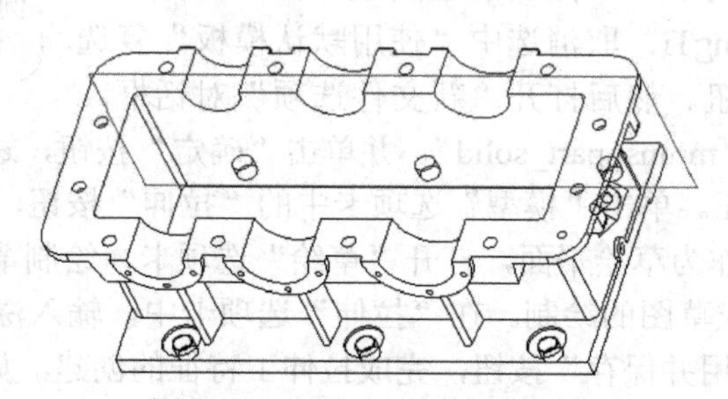

图 3-54 创建 DTM7 基准平面

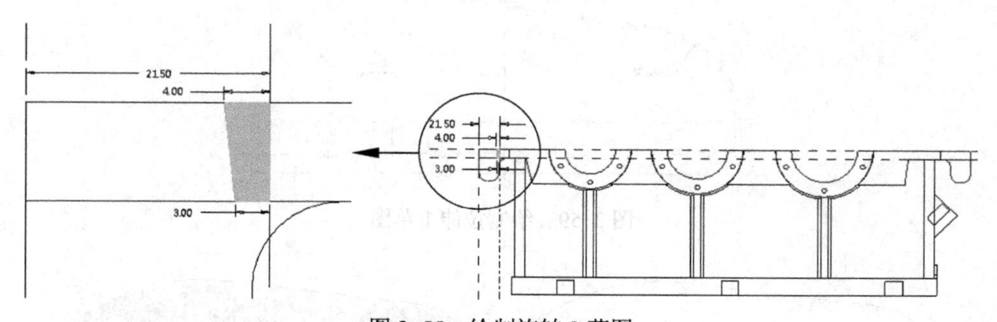

图 3-55 绘制旋转 2 草图

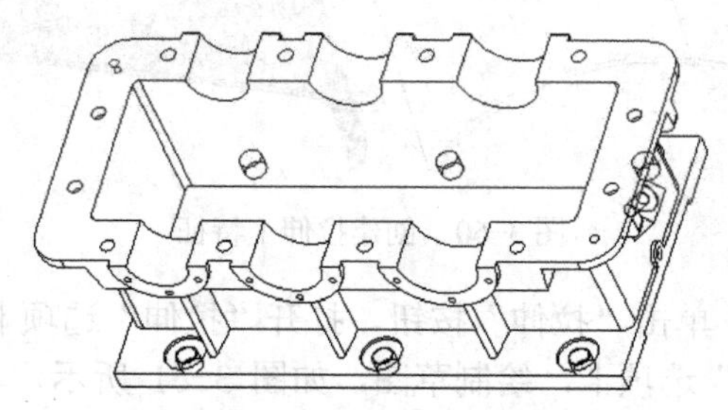

图 3-56 创建旋转 2 特征

32）创建倒圆角 2 特征。单击“模型”选项卡“工程”功能区中的“倒圆角”按钮，打开“倒圆角”选项卡；输入恒定半径倒圆角的值“3”，依次选择各条边，如图 3-57 所示；单击“应用并保存”按钮，完成倒圆角 2 特征的创建，如图 3-58 所示。

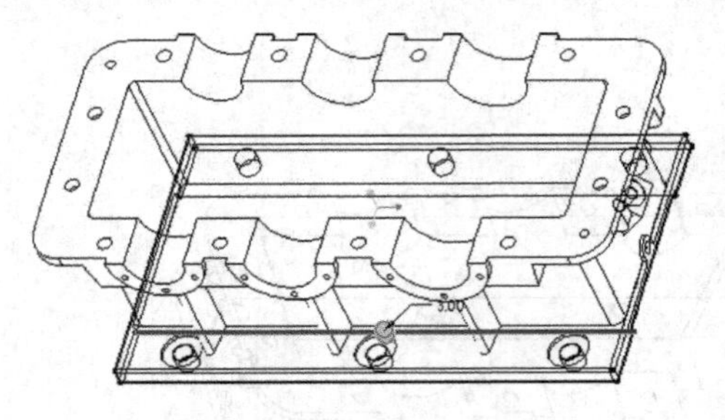

图 3-57　选择倒圆角边

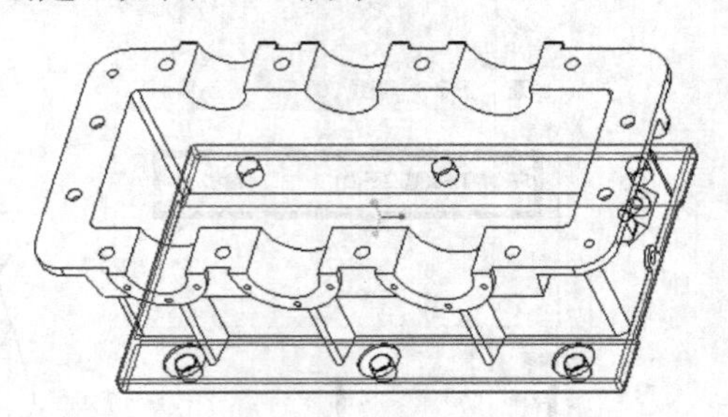

图 3-58　创建倒圆角 2 特征

【例 3-2】 上箱体

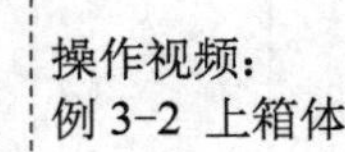

1）创建新文件。单击“新建”按钮，打开“新建”对话框，在“类型”列表中选中“零件”单选按钮，在“文件名”文本框中输入 ShangXiangTi，取消选中“使用默认模板”复选框，并单击“确定”按钮。然后打开“新文件选项”对话框，在“模板”列表中选择“mmns_part_solid”，并单击“确定”按钮，进入零件的创建环境。

2）创建拉伸 1 特征。单击“模型”选项卡中的“拉伸”按钮，打开“拉伸”选项卡；选择 FRONT 基准平面作为草绘平面，打开“草绘”选项卡，绘制草图，如图 3-59 所示，单击“确定”按钮，完成草图的绘制。在“拉伸”选项卡中，输入深度值“144”，拉伸类型选择“对称”，单击“应用并保存”按钮，完成拉伸 1 特征的创建，如图 3-60 所示。

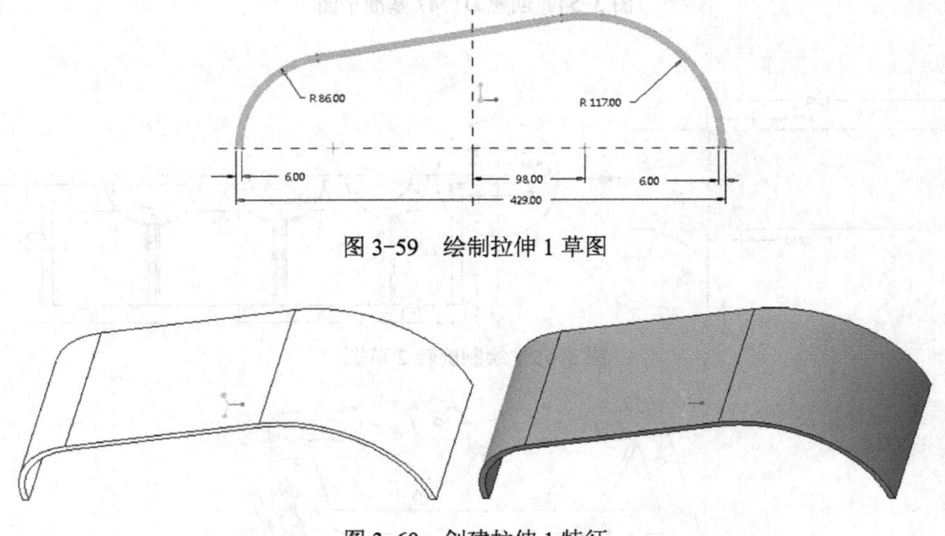

图 3-59　绘制拉伸 1 草图

图 3-60　创建拉伸 1 特征

3）创建拉伸 2 特征。单击“拉伸”按钮，打开“拉伸”选项卡；选择 TOP 基准平面作为草绘平面，打开“草绘”选项卡，绘制草图，如图 3-61 所示，单击“确定”按钮，完成草图的绘制。在“拉伸”选项卡中，输入深度值“6”，拉伸方向向下，单击“应用并保存”

按钮，完成拉伸 2 特征的创建，如图 3-62 所示。

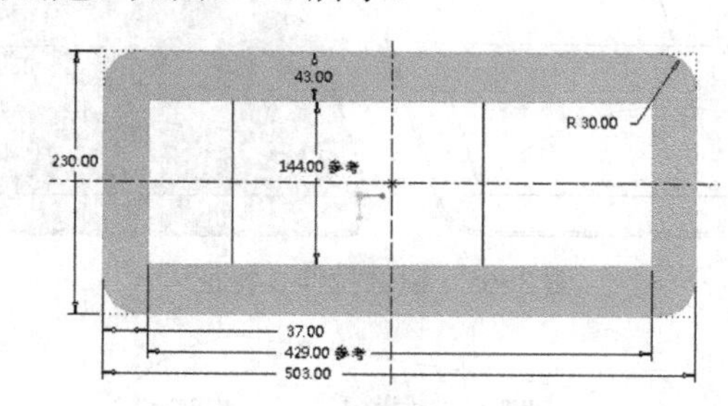

图 3-61　绘制拉伸 2 草图

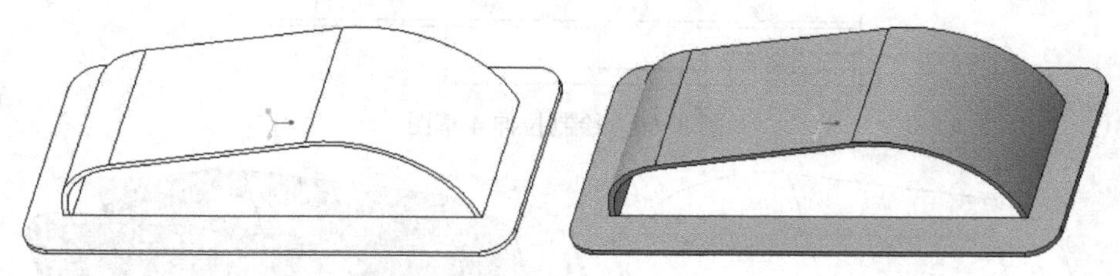

图 3-62　创建拉伸 2 特征

4）创建拉伸 3 特征。单击“拉伸”按钮，打开“拉伸”选项卡；选择拉伸 2 特征的前端面作为草绘平面，打开“草绘”选项卡，绘制草图，如图 3-63 所示。单击“确定”按钮，完成草图的绘制。在“拉伸”选项卡中，输入深度值“6”，单击“应用并保存”按钮，完成拉伸 3 特征的创建，如图 3-64 所示。

图 3-63　绘制拉伸 3 草图

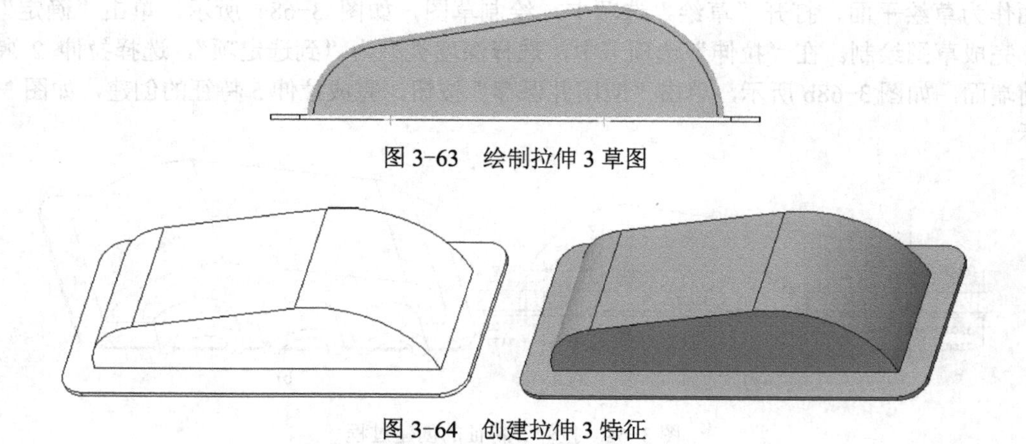

图 3-64　创建拉伸 3 特征

5）镜像拉伸 3 特征。选择“模型树”选项卡中的拉伸 3 特征，单击“镜像”按钮，打开“镜像”选项卡，镜像平面选择 FRONT 基准平面，单击“应用并保存”按钮，完成镜像拉伸 3 特征操作，如图 3-65 所示。

6）创建拉伸 4 特征。单击“拉伸”按钮，打开“拉伸”选项卡；选择拉伸 3 特征的前端面作为草绘平面，打开“草绘”选项卡，绘制草图，如图 3-66 所示，单击“确定”按钮，完成草图的绘制。在“拉伸”选项卡中，输入深度值“49”，单击“应用并保存”按钮，完成拉伸 4 特征的创建，如图 3-67 所示。

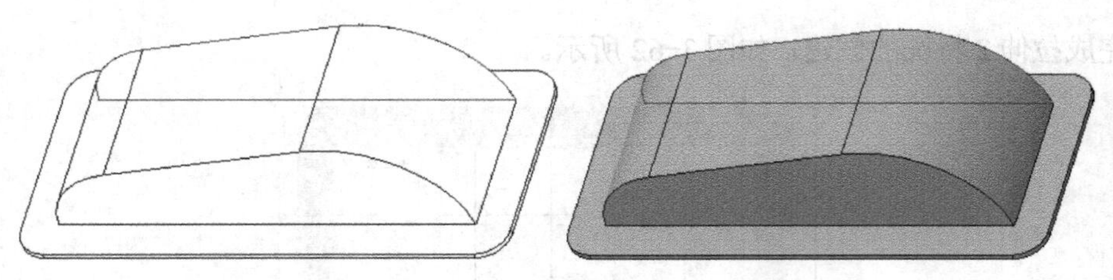

图 3-65　镜像拉伸 3 特征

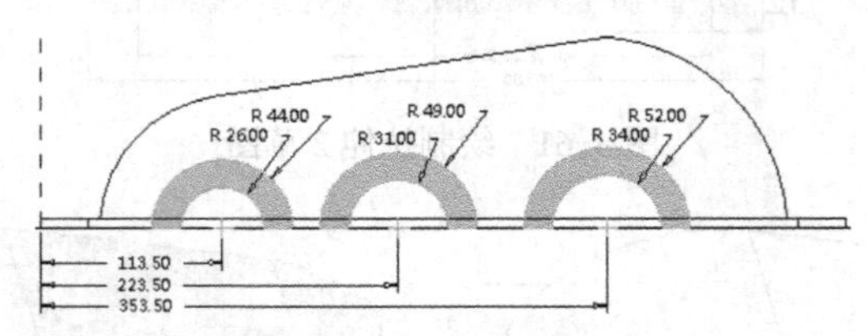

图 3-66　绘制拉伸 4 草图

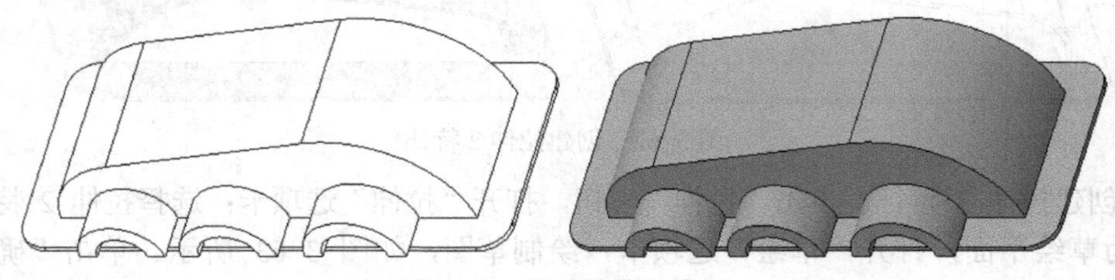

图 3-67　创建拉伸 4 特征

7）创建拉伸 5 特征。单击“拉伸”按钮，打开“拉伸”选项卡；选择拉伸 3 特征的前端面作为草绘平面，打开“草绘”选项卡，绘制草图，如图 3-68a 所示，单击“确定”按钮，完成草图绘制。在“拉伸”选项卡中，选择深度类型为“到选定项”，选择拉伸 2 特征的前端面，如图 3-68b 所示，单击“应用并保存”按钮，完成拉伸 5 特征的创建，如图 3-69 所示。

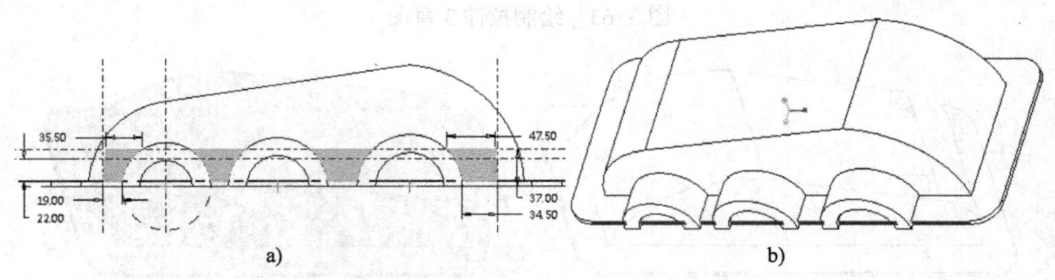

图 3-68　拉伸 5 特征的创建过程

a) 绘制拉伸 5 草图　b) 设置拉伸选项

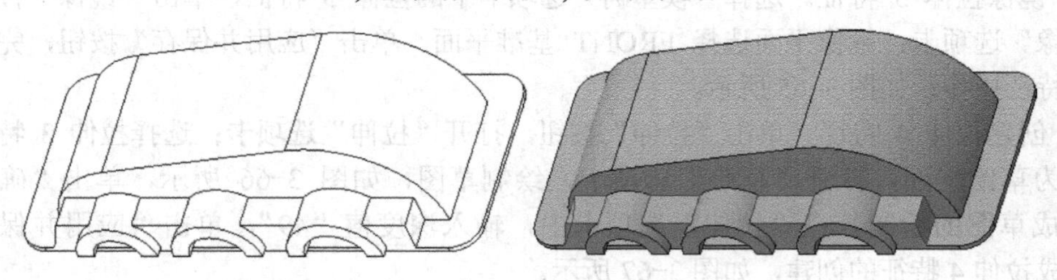

图 3-69　创建拉伸 5 特征

8）创建拉伸6特征。单击“拉伸”按钮，打开“拉伸”选项卡；选择拉伸4特征的前端面作为草绘平面，打开“草绘”选项卡，绘制草图，如图3-70所示，单击“确定”按钮，完成草图的绘制。在“拉伸”选项卡中，单击“移除材料”按钮，输入深度值“20”，单击“应用并保存”按钮，完成拉伸6特征的创建，如图3-71所示。

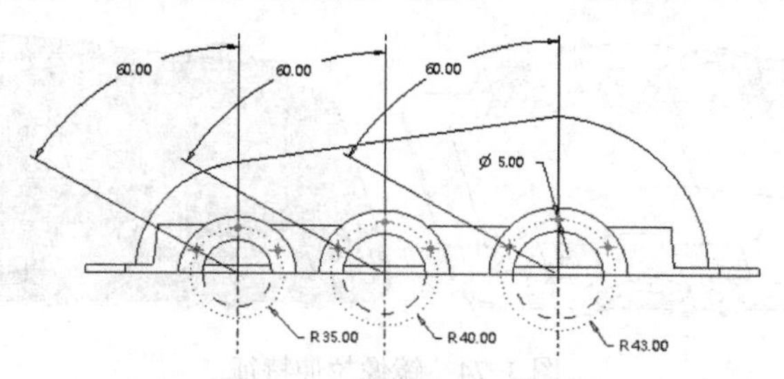

图3-70　绘制拉伸6草图

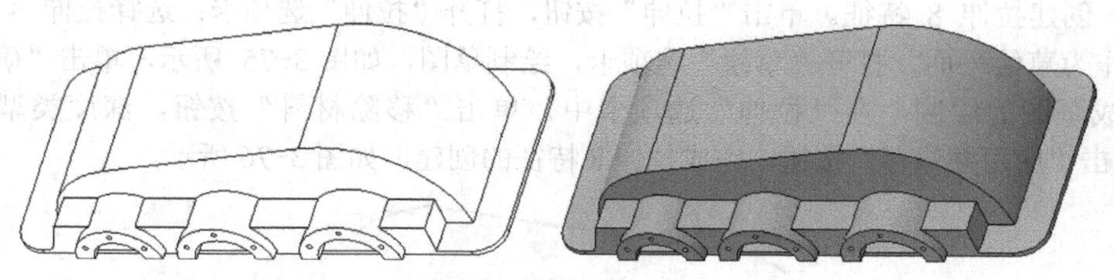
图3-71　创建拉伸6特征

9）创建拉伸7特征。单击“拉伸”按钮，打开“拉伸”选项卡；选择拉伸5特征的上表面作为草绘平面，打开“草绘”选项卡，绘制草图，如图3-72所示，单击“确定”按钮，完成草图的绘制。在“拉伸”选项卡中，单击“移除材料”按钮，深度类型为“穿透”，单击“应用并保存”按钮，完成拉伸7特征的创建，如图3-73所示。

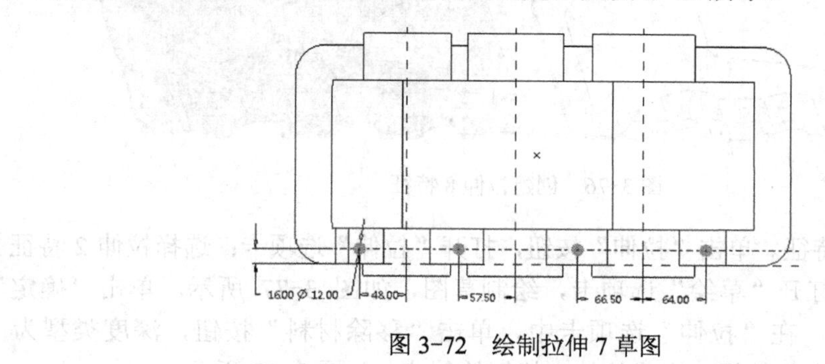

图3-72　绘制拉伸7草图

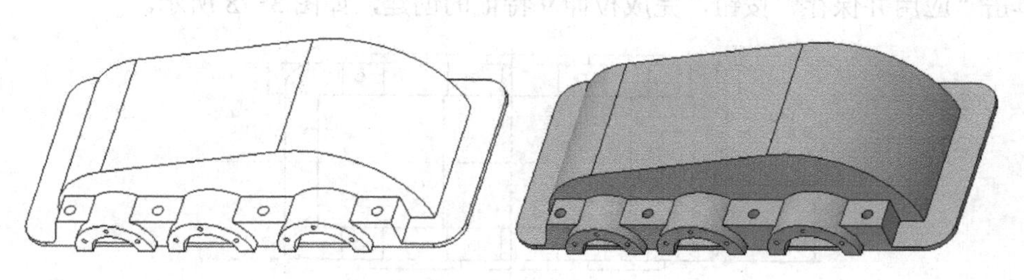
图3-73　创建拉伸7特征

10）镜像拉伸 4、拉伸 5、拉伸 6 和拉伸 7 特征。选择“模型树”选项卡中的拉伸 4、拉伸 5、拉伸 6 和拉伸 7 特征，单击“镜像”按钮，打开“镜像”选项卡，选择 FRONT 基准平面作为镜像平面，单击“应用并保存”按钮，完成拉伸 4、拉伸 5、拉伸 6 和拉伸 7 特征的镜像操作，如图 3-74 所示。

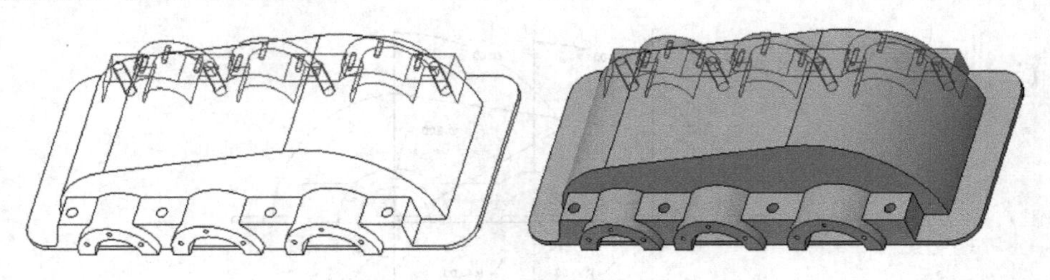

图 3-74　镜像拉伸特征

11）创建拉伸 8 特征。单击“拉伸”按钮，打开“拉伸”选项卡；选择拉伸 4 特征的前端面作为草绘平面，打开“草绘”选项卡，绘制草图，如图 3-75 所示，单击“确定”按钮，完成草图的绘制。在“拉伸”选项卡中，单击“移除材料”按钮，深度类型为“穿透”，单击“应用并保存”按钮，完成拉伸 8 特征的创建，如图 3-76 所示。

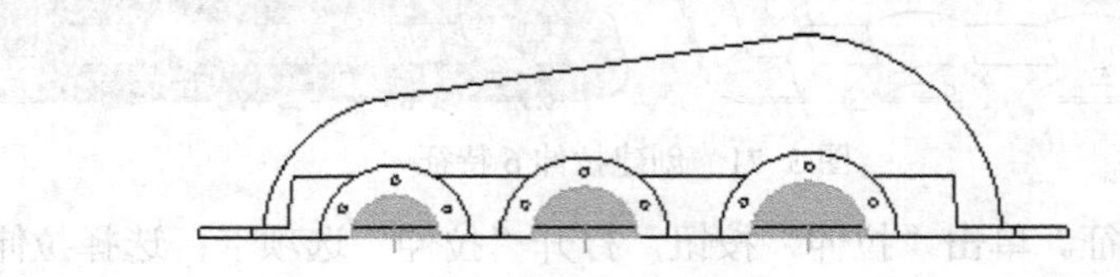

图 3-75　绘制拉伸 8 草图

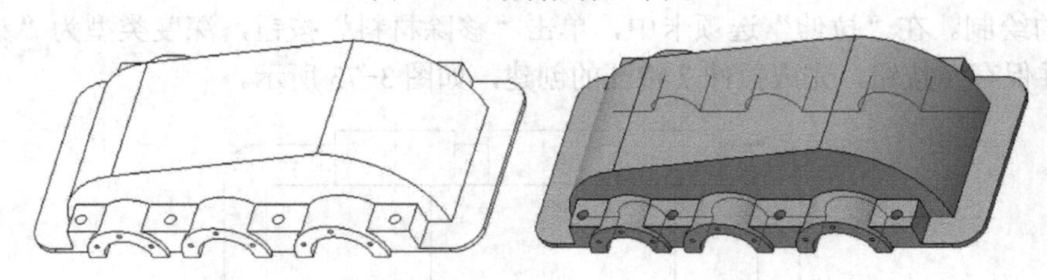

图 3-76　创建拉伸 8 特征

12）创建拉伸 9 特征。单击“拉伸”按钮，打开“拉伸”选项卡；选择拉伸 2 特征的下表面作为草绘平面，打开“草绘”选项卡，绘制草图，如图 3-77 所示。单击“确定”按钮，完成草图的绘制。在“拉伸”选项卡中，单击“移除材料”按钮，深度类型为“穿透”，单击“应用并保存”按钮，完成拉伸 9 特征的创建，如图 3-78 所示。

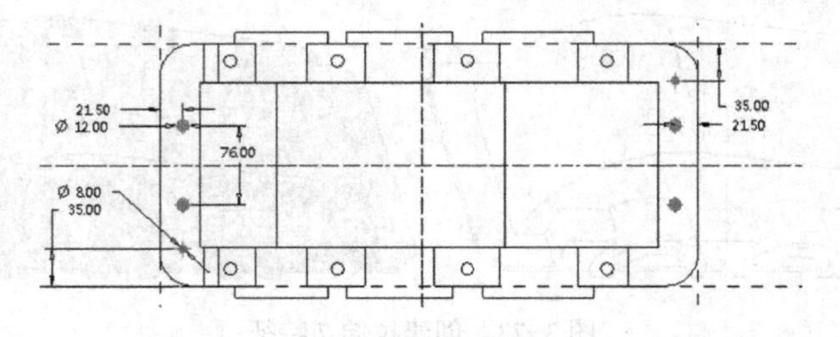

图 3-77　绘制拉伸 9 草图

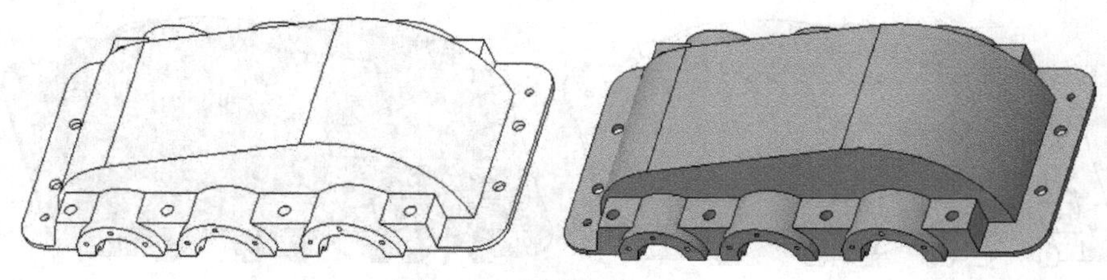

图 3-78　创建拉伸 9 特征

13）创建拉伸 10 特征。单击“拉伸”按钮，打开“拉伸”选项卡；选择拉伸 1 特征的上表面作为草绘平面，打开“草绘”选项卡，绘制草图，如图 3-79 所示，单击“确定”按钮，完成草图的绘制。在“拉伸”选项卡中，输入深度值“5”，单击“应用并保存”按钮，完成拉伸 10 特征的创建，如图 3-80 所示。

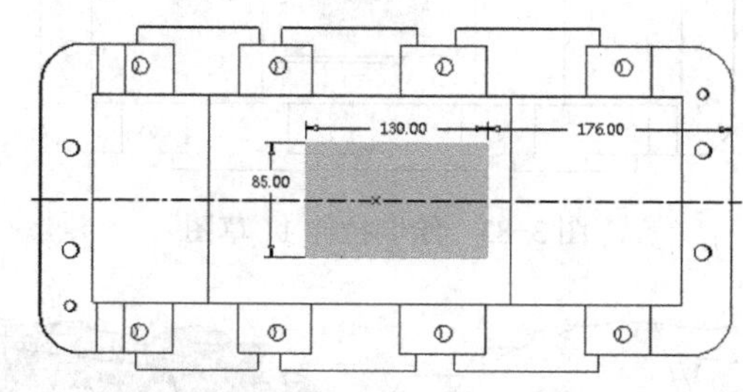

图 3-79　拉伸 10 特征草图

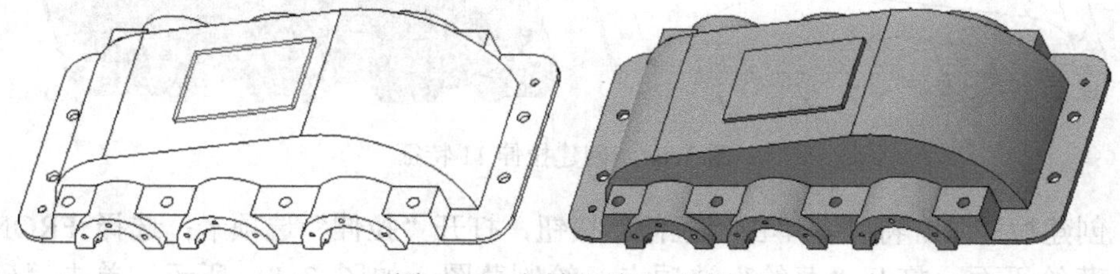

图 3-80　创建拉伸 10 特征

14）创建倒圆角 1 特征。单击“模型”选项卡中的“倒圆角”按钮，选择边，如图 3-81 所示；在打开的“倒圆角”选项卡中，输入倒圆角半径值“5”，单击“应用并保存”按钮，完成倒圆角 1 特征的创建，如图 3-82 所示。

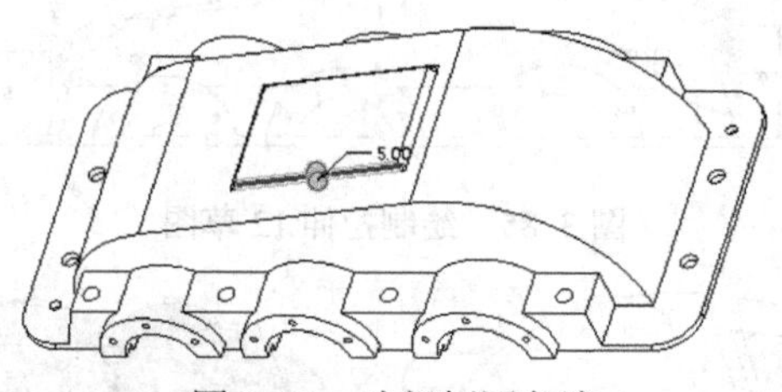

图 3-81　选择倒圆角边

15）创建拉伸 11 特征。单击“拉伸”按钮，打开“拉伸”选项卡；选择拉伸 10 特征的上表面作为草绘平面，打开“草绘”选项卡，绘制草图，如图 3-83 所示，单击“确定”按钮，完成草图的绘制。在“拉伸”选项卡中，单击“移除材料”按钮，输入深度值“11”，单击“应用并保存”按钮，完成拉伸 11 特征的创建，如图 3-84 所示。

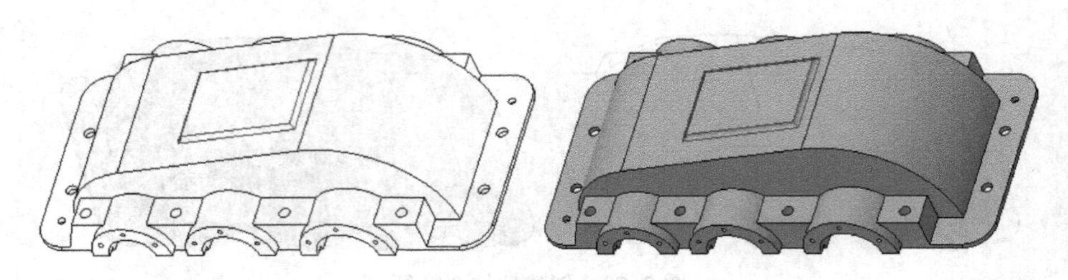

图 3-82　创建倒圆角 1 特征

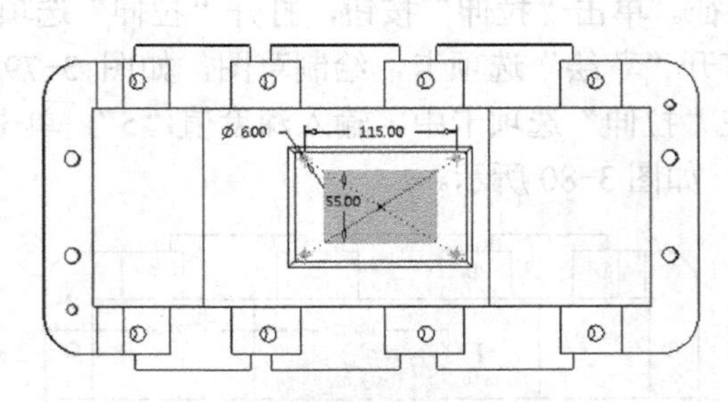

图 3-83　绘制拉伸 11 草图

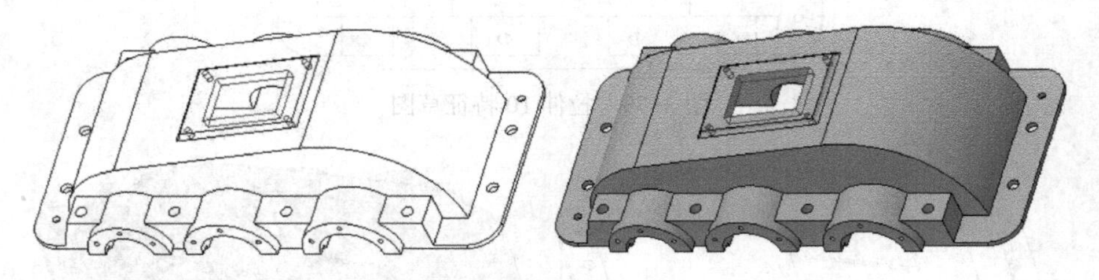

图 3-84　创建拉伸 11 特征

16）创建拉伸 12 特征。单击“拉伸”按钮，打开“拉伸”选项卡；选择 FRONT 基准平面作为草绘平面，打开“草绘”选项卡，绘制草图，如图 3-85 所示，单击“确定”按钮，完成草图绘制。在“拉伸”选项卡中，深度类型选择“对称”，输入深度值“8”，单击“应用并保存”按钮，完成拉伸 12 特征的创建，如图 3-86 所示。

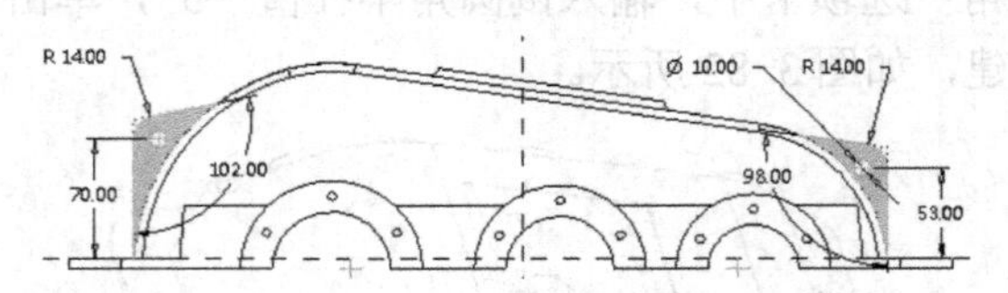

图 3-85　绘制拉伸 12 草图

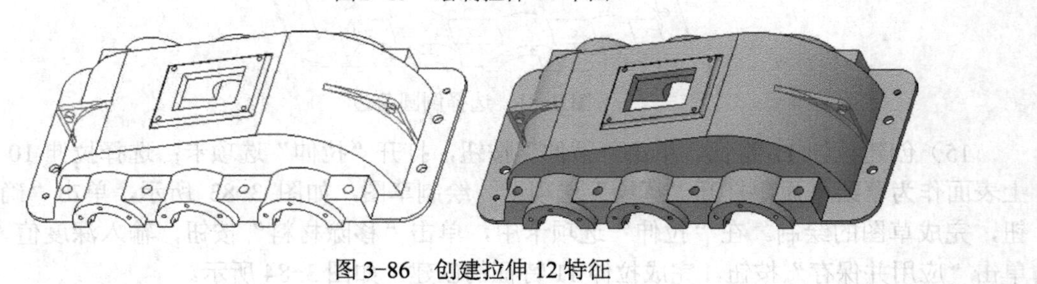

图 3-86　创建拉伸 12 特征

17）创建 DTM1、DTM2 和 DTM3 基准平面。单击“模型”选项卡“基准”功能区中的“平面”按钮，打开“基准平面”对话框，选取 RIGHT 基准平面作为参考面，对应的约束类型为“平行”；选择曲面作为参考面，对应的约束类型设定为“穿过”，如图 3-87 所示。单击“基准平面”对话框中的“确定”按钮，完成 DTM1 基准平面的创建。依照上述方法，完成 DTM2、DTM3 基准平面的创建，如图 3-88 所示。

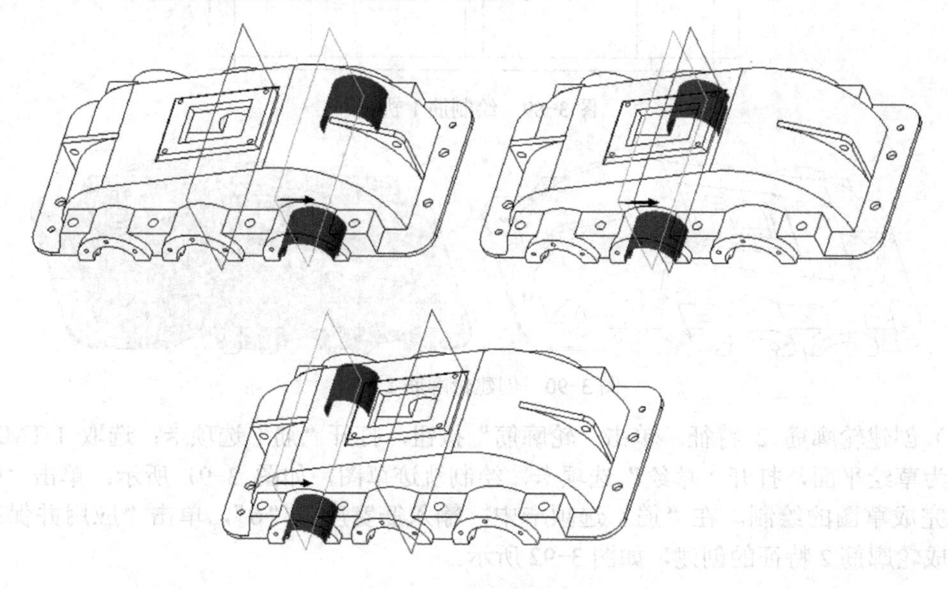

图 3-87　选择约束面

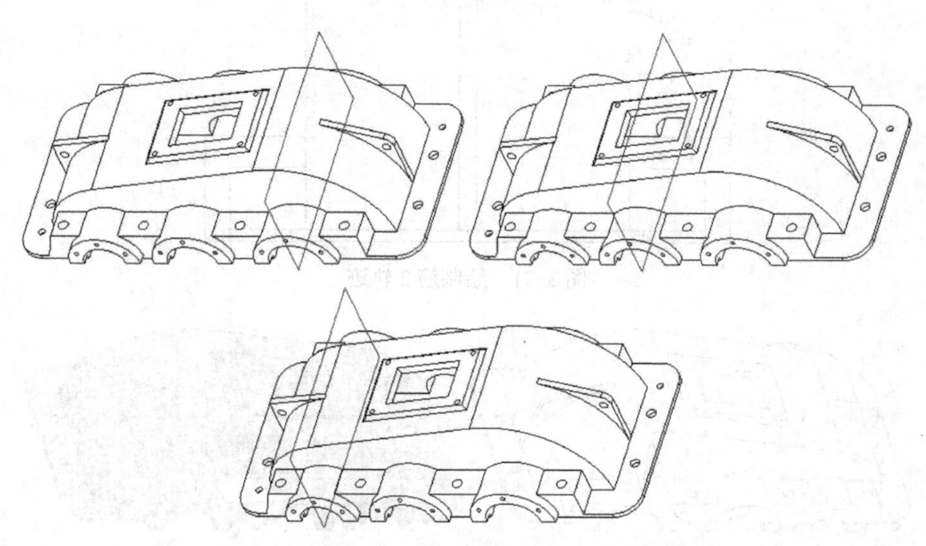

图 3-88　创建 DTM1、DTM2、DTM3 基准平面

18）创建轮廓筋 1 特征。单击“模型”选项卡“工程”功能区中的“轮廓筋”按钮，打开“筋”选项卡；选择 DTM1 基准平面作为草绘平面，打开“草绘”选项卡，绘制轨迹草图，如图 3-89 所示，单击“确定”按钮，完成草图的绘制。在“筋”选项卡中，输入筋宽度值“6”，单击“应用并保存”按钮，完成轮廓筋 1 特征的创建，如图 3-90 所示。

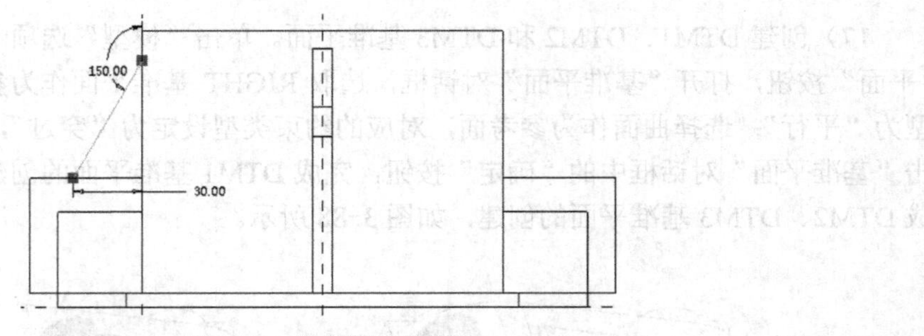

图 3-89　绘制筋 1 轨迹

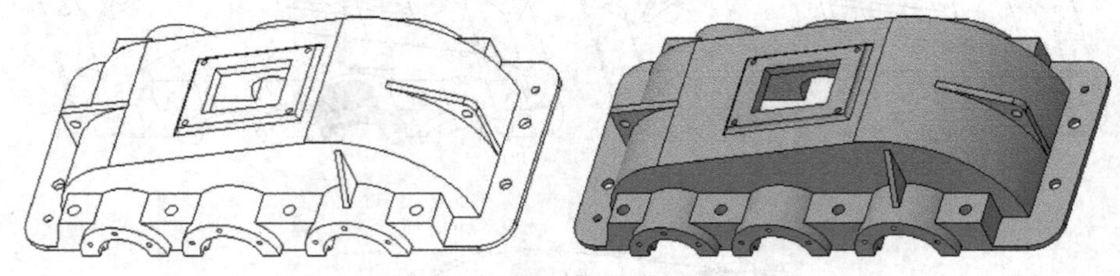

图 3-90　创建轮廓筋 1 特征

19）创建轮廓筋 2 特征。单击“轮廓筋”按钮，打开“筋”选项卡；选取 DTM2 基准平面作为草绘平面，打开“草绘”选项卡，绘制轨迹草图，如图 3-91 所示；单击“确定”按钮，完成草图的绘制。在“筋”选项卡中，输入筋宽度值“6”，单击“应用并保存”按钮，完成轮廓筋 2 特征的创建，如图 3-92 所示。

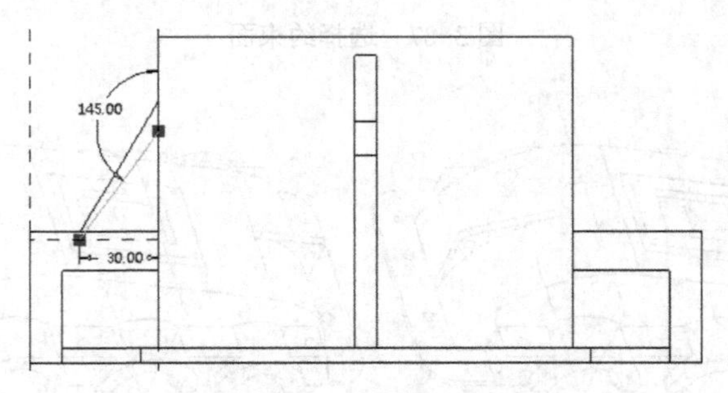

图 3-91　绘制筋 2 轨迹

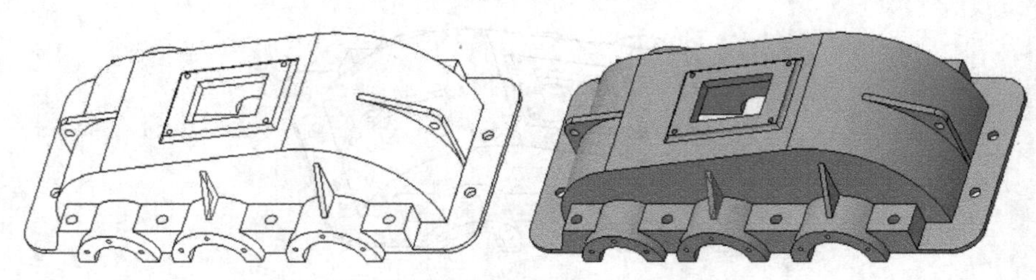

图 3-92　创建轮廓筋 2 特征

20）创建轮廓筋 3 特征。单击“轮廓筋”按钮，打开“筋”选项卡；选取 DTM3 基准平面作为草绘平面，打开“草绘”选项卡，绘制轨迹草图，如图 3-93 所示；单击“确定”按钮，完成草图的绘制。在“筋”选项卡中，输入筋宽度值“6”，单击“应用并保存”按钮，完成轮廓筋 3 特征的创建，如图 3-94 所示。

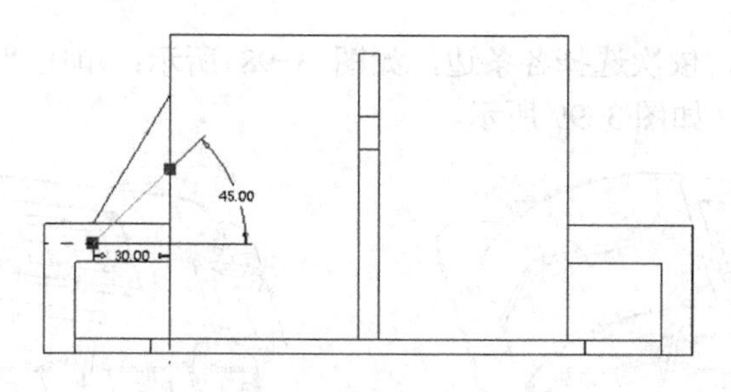

图 3-93　绘制筋 3 轨迹

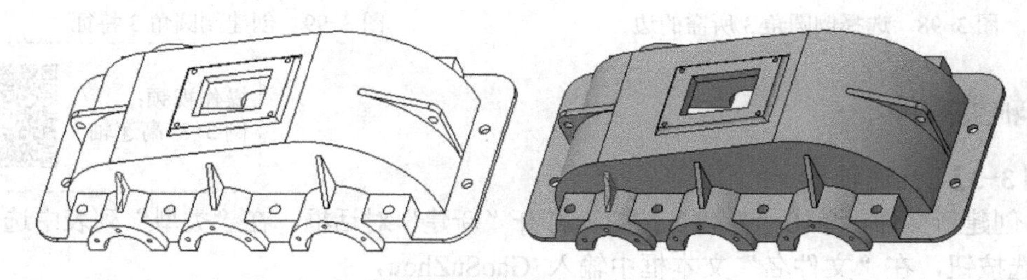
图 3-94　创建轮廓筋 3 特征

21）镜像轮廓筋 1、轮廓筋 2 和轮廓筋 3 特征。按住〈Ctrl〉键，依次选择“模型树”选项卡中的轮廓筋 1、轮廓筋 2 和轮廓筋 3 特征，单击“镜像”按钮，打开“镜像”选项卡，选择 FRONT 基准平面作为镜像平面，单击“应用并保存”按钮，完成轮廓筋 1、轮廓筋 2 和轮廓筋 3 特征的镜像操作，如图 3-95 所示。

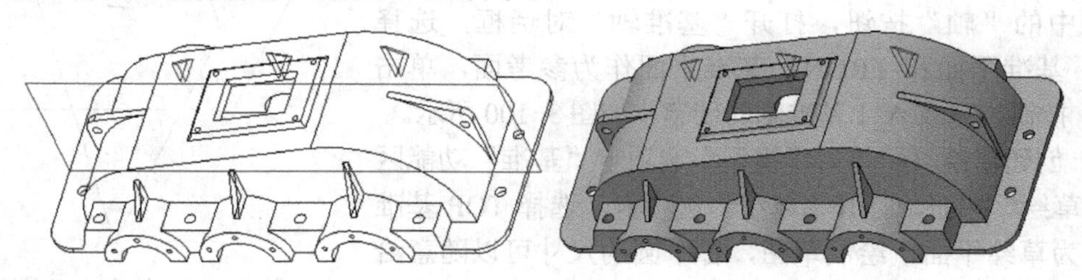
图 3-95　镜像轮廓筋特征

22）创建倒圆角 2 特征。单击“倒圆角”按钮，在打开的“倒圆角”选项卡中，输入恒定半径倒圆角的值“3”，依次选择各条边，如图 3-96 所示；单击“应用并保存”按钮，完成倒圆角 2 特征的创建，如图 3-97 所示。

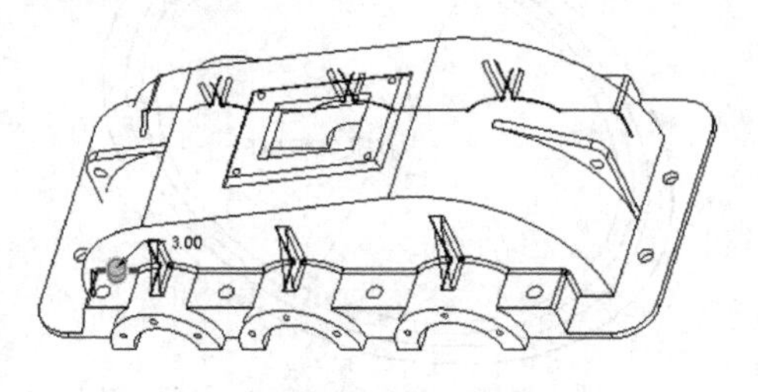

图 3-96　选择倒圆角 2 所需的边

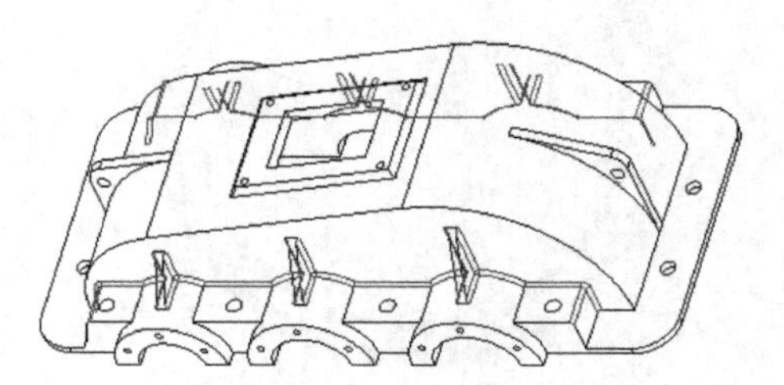
图 3-97　创建倒圆角 2 特征

23）创建倒圆角 3 特征。单击“倒圆角”按钮，在打开的“倒圆角”选项卡中，输入恒定半径倒圆角的值“7”，依次选择各条边，如图 3-98 所示；单击“应用并保存”按钮，完成倒圆角 3 特征的创建，如图 3-99 所示。

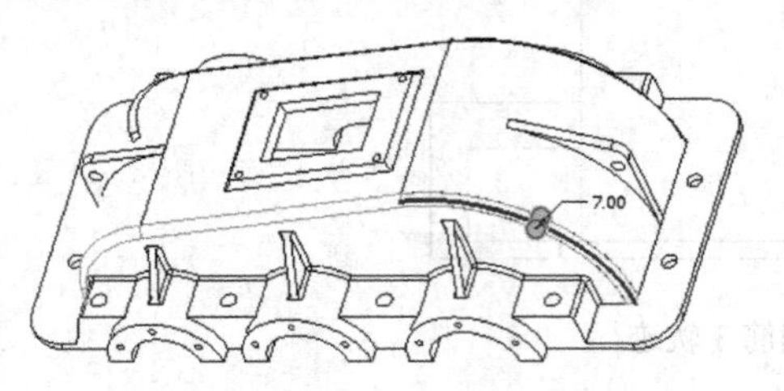

图 3-98　选择倒圆角 3 所需的边

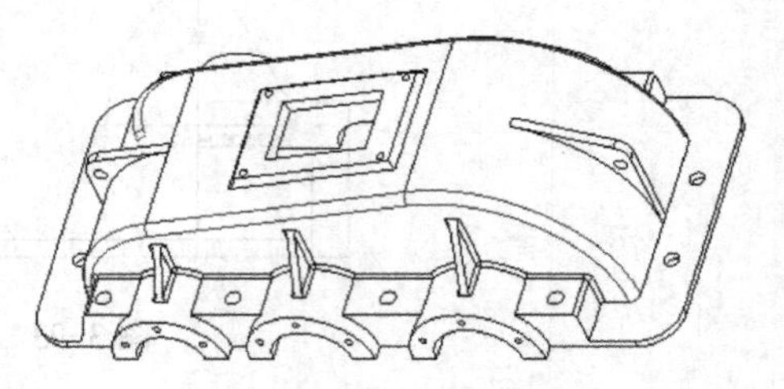

图 3-99　创建倒圆角 3 特征

3.2.2　轴类零件

操作视频：
例 3-3 高速轴

【例 3-3】　高速轴

1）创建新文件。单击“新建”按钮，打开“新建”对话框，在“类型”列表中选中“零件”单选按钮，在“文件名”文本框中输入 GaoSuZhou，取消选中“使用默认模板”复选框，并单击“确定”按钮。然后打开“新文件选项”对话框，在“模板”列表中选择“mmns_part_solid”，并单击“确定”按钮，进入零件的创建环境。

2）创建 A_1 基准轴。单击“模型”选项卡“基准”功能区中的“轴”按钮，打开“基准轴”对话框，选择 RIGHT 基准平面和 FRONT 基准平面作为参考面，单击“确定”按钮，完成 A_1 基准轴的创建，如图 3-100 所示。

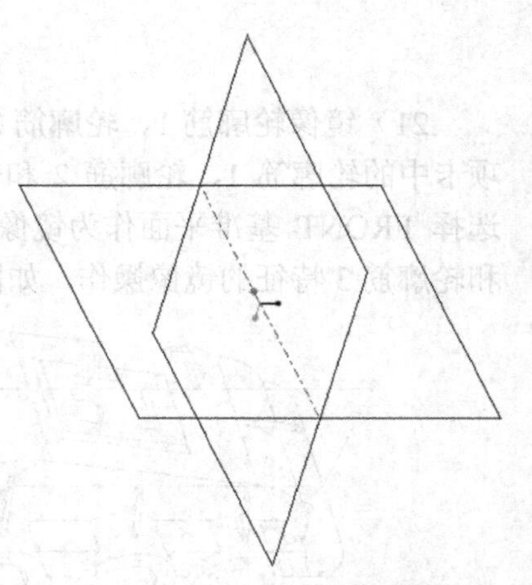

图 3-100　创建 A_1 基准轴

3）创建草绘 1。单击“模型”选项卡“基准”功能区中的“草绘”按钮，打开“草绘”选项卡，选择 TOP 基准平面作为草绘平面，绘制草图，各个圆的尺寸可以随意给定，如图 3-101 所示；单击“确定”按钮，完成草绘 1 的创建，如图 3-102 所示。

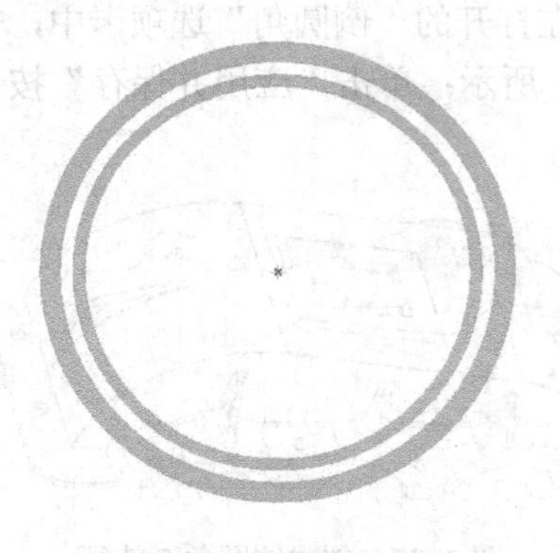

图 3-101　绘制草绘 1 草图

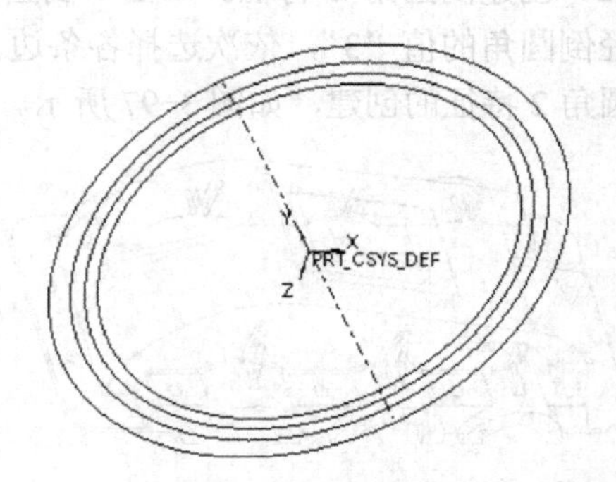

图 3-102　创建草绘 1

4）添加齿轮参数关系。单击“工具”选项卡“模型意图”功能区中的“关系”按钮，弹出“关系”对话框，如图 3-103 所示。

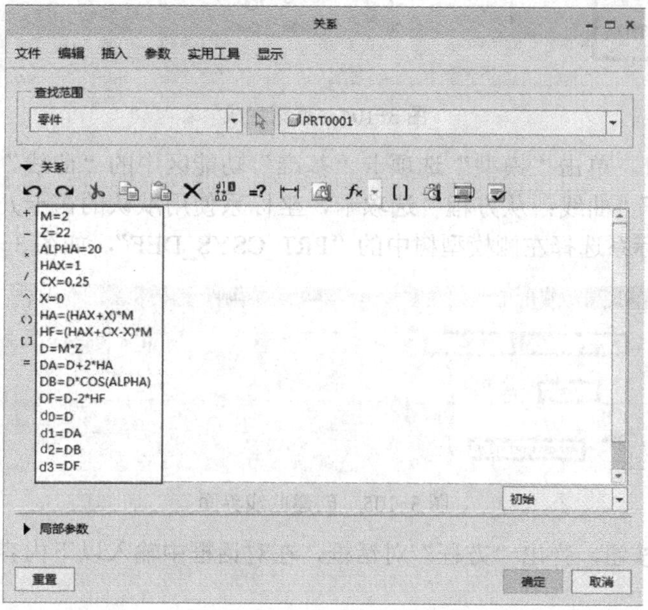

图 3-103　添加齿轮参数关系

在“关系”对话框中输入以下内容。

```
M=2
Z=22
ALPHA=20
HAX=1
CX=0.25
X=0
HA=(HAX+X)*M
HF=(HAX+CX-X)*M
D=M*Z
DA=D+2*HA
DB=D*COS(ALPHA)
DF=D-2*HF
```

单击“模型树”选项卡中的草绘 1，分别选择草绘 1 中 4 个圆的直径，即 d0、d1、d2 和 d3，在“关系”对话框继续输入以下内容。

```
d0=D
d1=DA
d2=DB
d3=DF
```

最后输入内容如图 3-103 所示；单击“确定”按钮，完成齿轮参数关系的创建。单击“模型”选项卡“操作”功能区中的“重新生成”按钮，如图 3-104 所示，更新草绘 1 的图形。

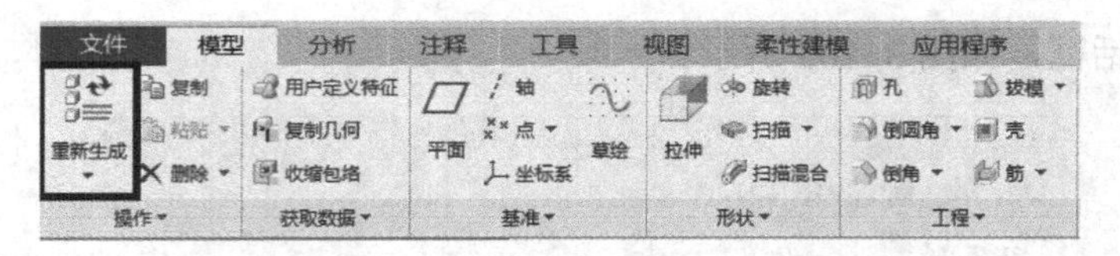

图 3-104 重新生成

5）创建曲线 1。单击“模型”选项卡“基准”功能区中的“曲线”按钮，选择“来自方程的曲线”，打开“曲线：从方程”选项卡，坐标系使用默认的笛卡儿坐标系；单击“参考”按钮，参考坐标系选择左侧模型树中的“PRT_CSYS_DEF”，如图 3-105 所示。

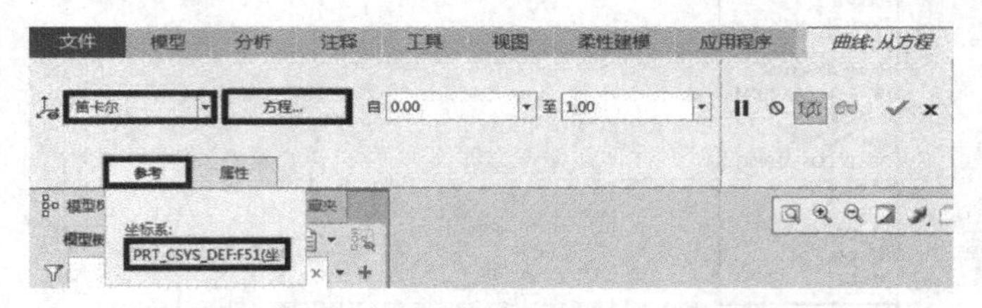

图 3-105 创建曲线界面

单击“方程”按钮，弹出“方程”对话框，在对话框中输入以下内容。

```
r=DB/2
theta=t*45
x=r*cos(theta)+r*sin(theta)*theta*pi/180
z=r*sin(theta)-r*cos(theta)*theta*pi/180
y=0
```

输入完成单击“确定”按钮，如图 3-106 所示。单击“曲线：从方程”选项卡中的“应用并保存”按钮，完成曲线 1 的创建。

6）创建 PNT0 基准点。单击“模型”选项卡“基准”功能区中的“点”按钮，打开“基准点”对话框，按住〈Ctrl〉键的同时选中草绘基圆 D0 和曲线 1，单击“确定”按钮，完成 PNT0 基准点创建，如图 3-107 所示。

7）创建 DTM1 基准平面。单击“模型”选项卡“基准”功能区中的“平面”按钮，打开“基准平面”对话框，选择 A_1 基准轴和 PNT0 基准点，单击“确定”按钮，完成 DTM1 基准平面的创建，如图 3-108 所示。

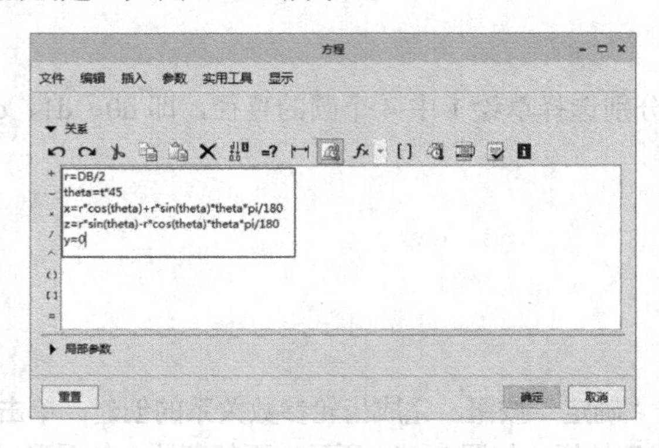

图 3-106 输入曲线方程

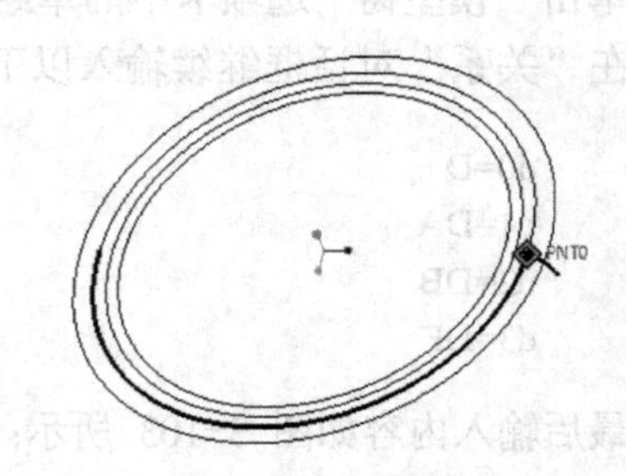

图 3-107 创建 PNT0 基准点

8）创建 DTM2 基准平面。单击“平面”按钮，打开“基准平面”对话框，选择 A_1 基准轴和 DTM1 基准平面；在“基准平面”对话框中，将 DTM1 基准平面对应的约束类型修改为“偏移”，在“平移”文本框中输入“360/(4*Z)”，单击“确定”按钮，完成 DTM2 基准平面的创建，如图 3-109 所示。

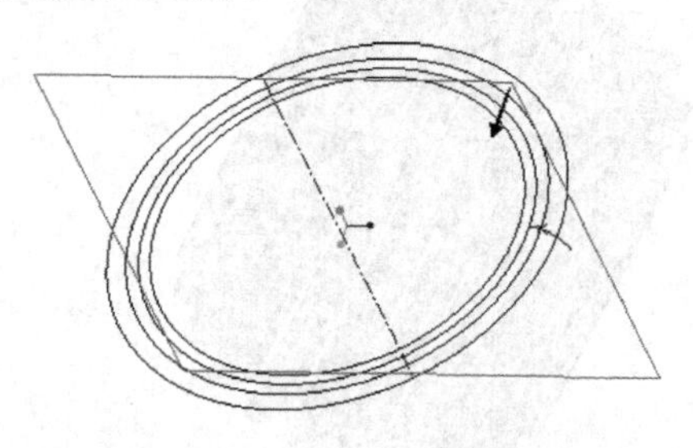

图 3-108　创建 DTM1 基准平面

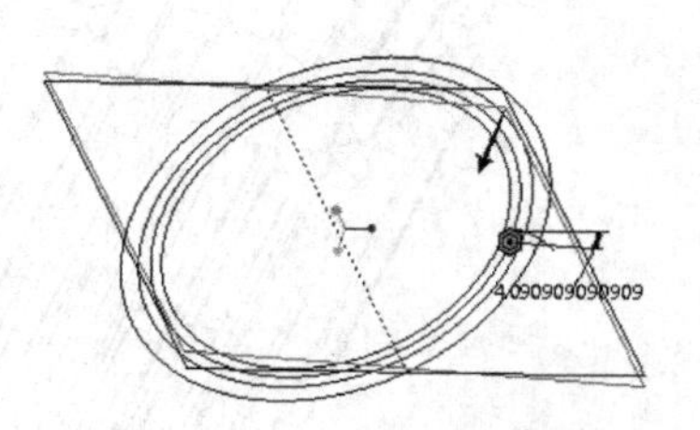

图 3-109　创建 DTM2 基准平面

9）镜像曲线 1。选择“模型树”选项卡中的曲线 1，单击“镜像”按钮，打开“镜像”选项卡，镜像平面选择 DTM2 基准平面，单击“应用并保存”按钮，完成曲线 1 的镜像，如图 3-110 所示。

10）创建拉伸 1 特征。单击“拉伸”按钮，打开“拉伸”选项卡；选择 TOP 基准平面作为草绘平面，打开“草绘”选项卡，绘制草图，如图 3-111 所示，单击“确定”按钮，完成草图的绘制。在“拉伸”选项卡中，选择深度类型为“对称”，输入深度值“49”，单击“应用并保存”按钮，完成拉伸 1 特征的创建，如图 3-112 所示。

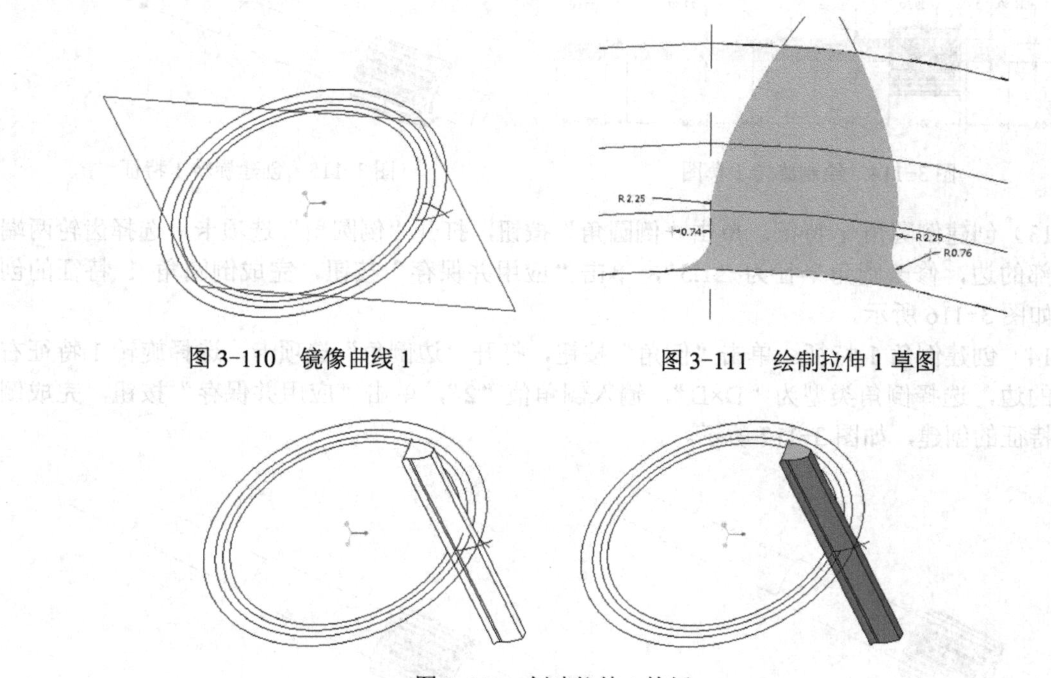

图 3-110　镜像曲线 1

图 3-111　绘制拉伸 1 草图

图 3-112　创建拉伸 1 特征

11）阵列拉伸 1 特征。选择拉伸 1 特征，单击“阵列”按钮，在打开的“阵列”选项卡中，选择阵列类型为“轴”，选择 A_1 基准轴，阵列数为“22”，阵列角度为“360/22”，单击“应用并保存”按钮，完成拉伸 1 特征的阵列，如图 3-113 所示。

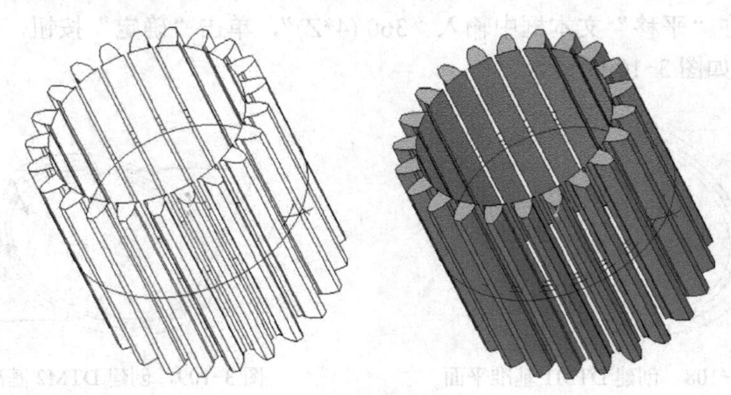

图 3-113　阵列拉伸 1 特征

12）创建旋转 1 特征。单击“旋转”按钮，打开“旋转”选项卡，选择 RIGHT 基准平面作为草绘平面，打开“草绘”选项卡，绘制草图，如图 3-114 所示，单击“确定”按钮，完成草图的绘制。在“旋转”选项卡中，单击“应用并保存”按钮，完成旋转 1 特征的创建，如图 3-115 所示。

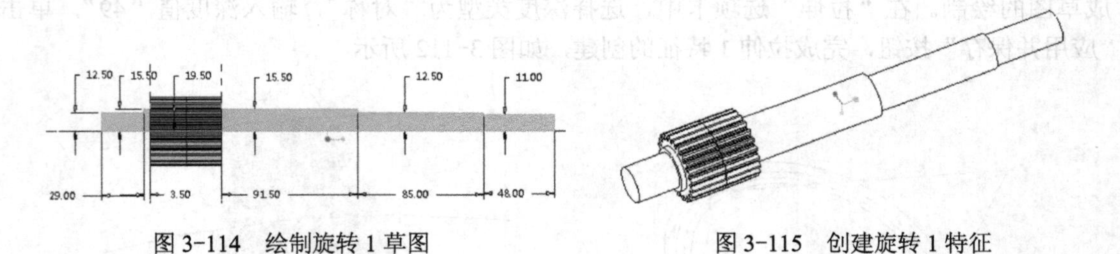

图 3-114　绘制旋转 1 草图　　　　图 3-115　创建旋转 1 特征

13）创建倒圆角 1 特征。单击“倒圆角”按钮，打开“倒圆角”选项卡，选择齿轮两端面根部的边，修改圆角半径为“1.5”，单击“应用并保存”按钮，完成倒圆角 1 特征的创建，如图 3-116 所示。

14）创建倒角 1 特征。单击“倒角”按钮，打开“边倒角”选项卡，选择旋转 1 特征右侧面的边，选择倒角类型为“D×D”，输入倒角值“2”，单击“应用并保存”按钮，完成倒角 1 特征的创建，如图 3-117 所示。

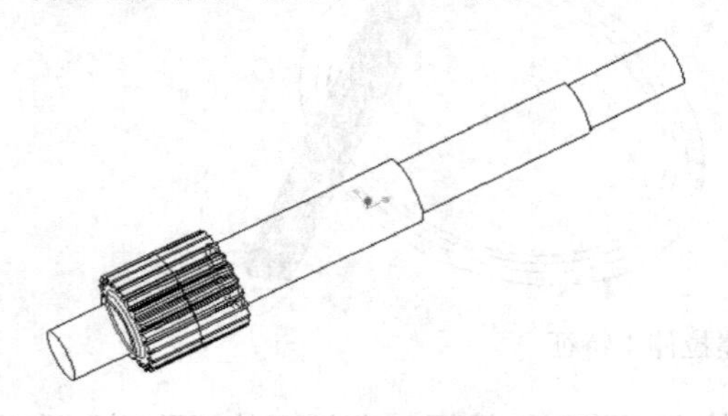

图 3-116　创建倒圆角 1 特征

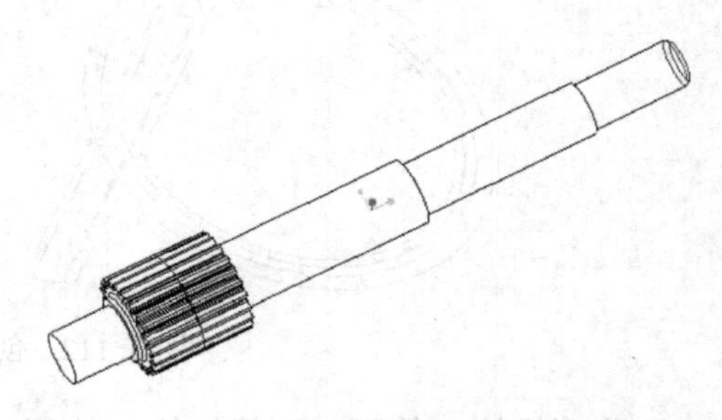

图 3-117　创建倒角 1 特征

15）创建 DTM3 基准平面。单击“平面”按钮，打开“基准平面”对话框，选择 FRONT 基准平面，对应的约束类型修改为“偏移”，在“平移”文本框中输入“11”，单击“确定”按钮，完成 DTM3 基准平面的创建，如图 3-118 所示。

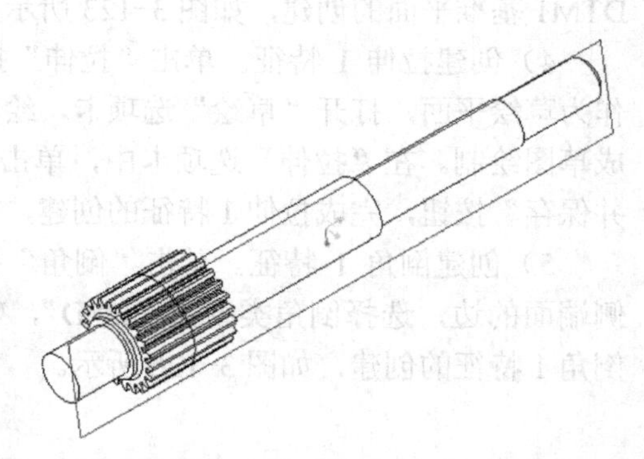

图 3-118　创建 DTM3 基准平面

16）创建拉伸 2 特征。单击“拉伸”按钮，打开“拉伸”选项卡；选择 DTM3 基准平面作为草绘平面，打开“草绘”选项卡，绘制草图，如图 3-119 所示，单击“确定”按钮，完成草图绘制。在“拉伸”选项卡中，单击“移除材料”按钮，输入深度值“4”，单击“应用并保存”按钮，完成拉伸 2 特征的创建，如图 3-120 所示。

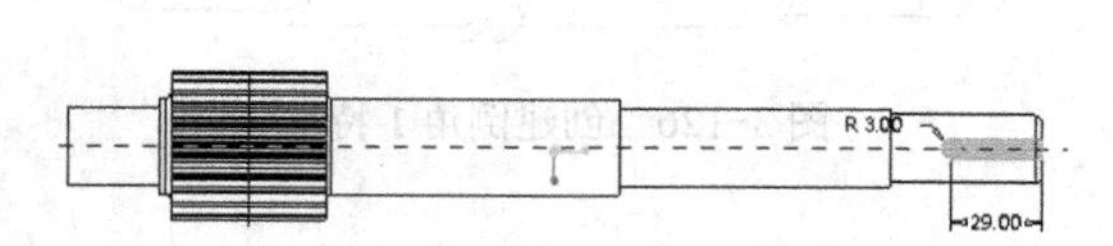

图 3-119　拉伸 2 特征草图

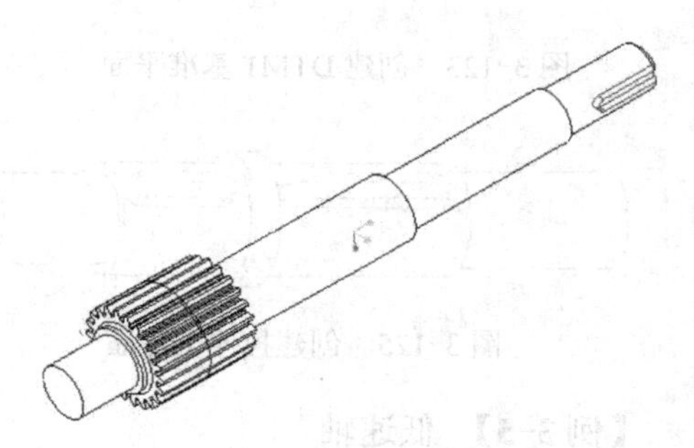

图 3-120　创建拉伸 2 特征

【例 3-4】　中速轴

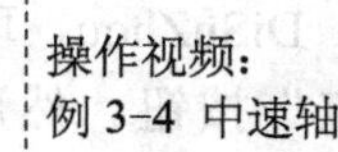

1）创建新文件。单击“新建”按钮，打开“新建”对话框，在“类型”列表中选中“零件”单选按钮，在“文件名”文本框中输入 ZhongSuZhou，取消选中“使用默认模板”复选框，并单击“确定”按钮。然后打开“新文件选项”对话框，在“模板”列表中选择“mmns_part_solid”，并单击“确定”按钮，进入零件的创建环境。

2）创建旋转 1 特征。单击“旋转”按钮，打开“旋转”选项卡，选择 TOP 基准平面作为草绘平面，打开“草绘”选项卡，绘制草图，如图 3-121 所示；单击 “确定”按钮，完成草图绘制。单击“旋转”选项卡中的“应用并保存”按钮，完成旋转 1 特征的创建，如图 3-122 所示。

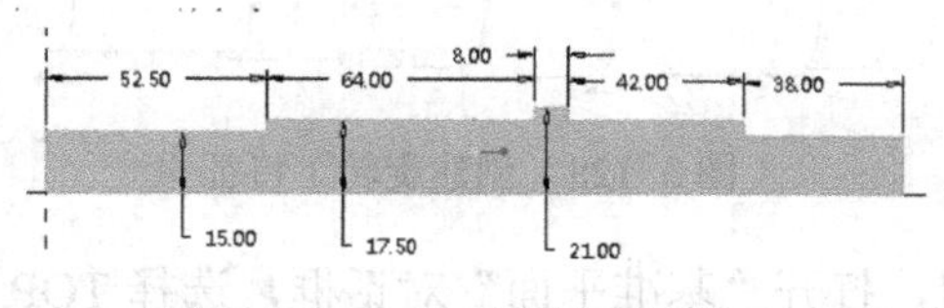

图 3-121　绘制旋转 1 草图

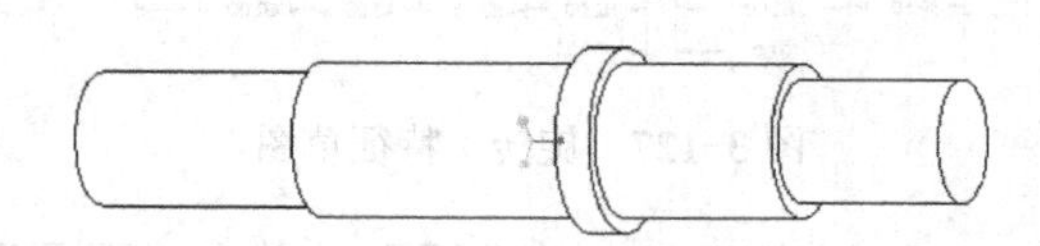

图 3-122　创建旋转 1 特征

3）创建 DTM1 基准平面。单击“平面”按钮，打开“基准平面”对话框，选择 TOP 基准平面，对应的约束类型修改为“偏移”，偏移距离为“12.3”，单击“确定”按钮，完成

DTM1 基准平面的创建，如图 3-123 所示。

4）创建拉伸 1 特征。单击“拉伸”按钮，打开“拉伸”选项卡；选择 DTM1 基准平面作为草绘平面，打开“草绘”选项卡，绘制草图，如图 3-124 所示，单击“确定”按钮，完成草图绘制。在“拉伸”选项卡中，单击“移除材料”按钮，输入深度值“8”，单击“应用并保存”按钮，完成拉伸 1 特征的创建，如图 3-125 所示。

5）创建倒角 1 特征。单击“倒角”按钮，打开“边倒角”选项卡，选择拉伸 1 特征两侧端面的边，选择倒角类型为“D×D”，输入倒角值“2”，单击“应用并保存”按钮，完成倒角 1 特征的创建，如图 3-126 所示。

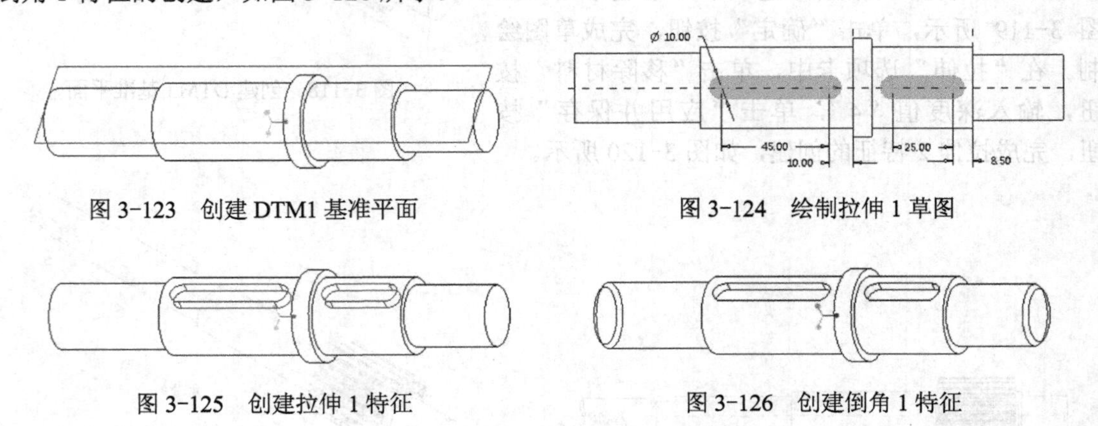

图 3-123　创建 DTM1 基准平面　　图 3-124　绘制拉伸 1 草图

图 3-125　创建拉伸 1 特征　　图 3-126　创建倒角 1 特征

【例 3-5】 低速轴

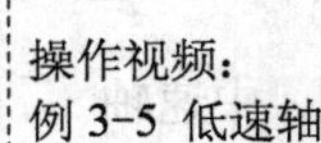

1）创建新文件。单击“新建”按钮，打开“新建”对话框，在“类型”列表中选中“零件”单选按钮，在“文件名”文本框中输入 DiSuZhou，取消选中“使用默认模板”复选框，并单击“确定”按钮。然后打开“新文件选项”对话框，在“模板”列表中选择“mmns_part_solid”，并单击“确定”按钮，进入零件的创建环境。

2）创建旋转 1 特征。单击“旋转”按钮，打开“旋转”选项卡；选择 TOP 基准平面作为草绘平面，打开“草绘”选项卡，绘制草图，如图 3-127 所示，单击“确定”按钮，完成草图绘制。单击“旋转”选项卡中的“应用并保存”按钮，完成旋转 1 特征的创建，如图 3-128 所示。

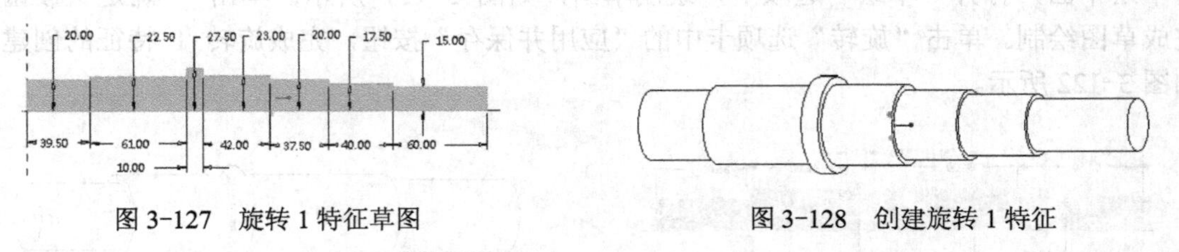

图 3-127　旋转 1 特征草图　　图 3-128　创建旋转 1 特征

3）创建 DTM1 基准平面。单击“平面”按钮，打开“基准平面”对话框，选择 TOP 基准平面，对应的约束类型修改为“偏移”，在“平移”文本框中输入“18”，单击“确定”按钮，完成 DTM1 基准平面的创建，如图 3-129 所示。

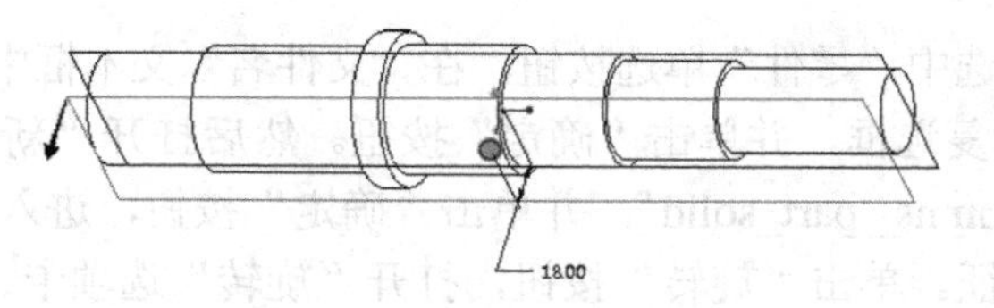

图 3-129　创建 DTM1 基准平面

4）创建拉伸 1 特征。单击“拉伸”按钮，打开“拉伸”选项卡；选择 DTM1 基准平面作为草绘平面，打开“草绘”选项卡，绘制草图，如图 3-130 所示，单击“确定”按钮，完成草图绘制。在“拉伸”选项卡中，单击“移除材料”按钮，输入深度值“6”，单击“应用并保存”按钮，完成拉伸 1 特征的创建，如图 3-131 所示。

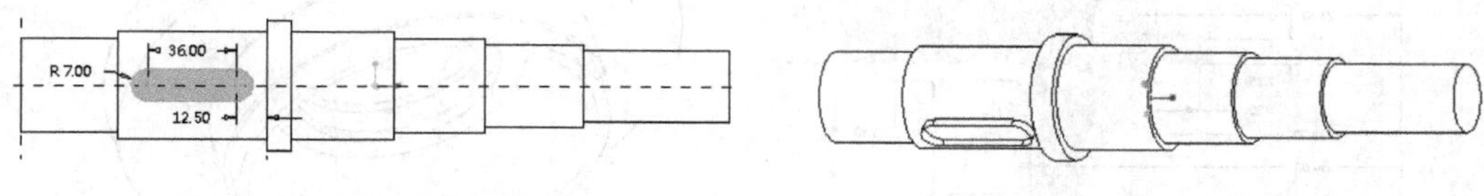

图 3-130　拉伸 1 特征草图　　　图 3-131　创建拉伸 1 特征

5）创建 DTM2 基准平面。单击“平面”按钮，打开“基准平面”选项卡，选择 FRONT 基准平面，对应的约束类型修改为“偏移”，在“平移”文本框中输入“12”，单击“确定”按钮，完成 DTM2 基准平面的创建，如图 3-132 所示。

6）创建拉伸 2 特征。单击“拉伸”按钮，打开“拉伸”选项卡；选择 DTM2 基准平面作为草绘平面，打开“草绘”选项卡，绘制草图，如图 3-133 所示，单击“确定”按钮，完成草图绘制。在“拉伸”选项卡中，单击“移除材料”按钮，输入深度值“7”，单击“应用并保存”按钮，完成拉伸 2 特征的创建，如图 3-134 所示。

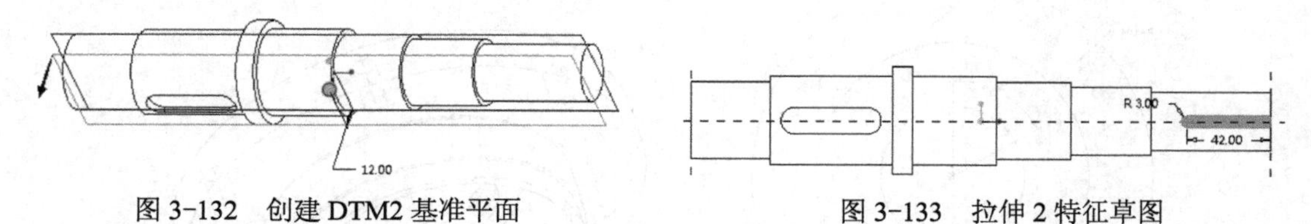

图 3-132　创建 DTM2 基准平面　　　图 3-133　拉伸 2 特征草图

7）创建倒角 1 特征。单击“倒角”按钮，打开“边倒角”选项卡，选择轴两端面的边，选择倒角类型为“D×D”，输入倒角值“2”，单击“应用并保存”按钮，完成倒角 1 特征的创建，如图 3-135 所示。

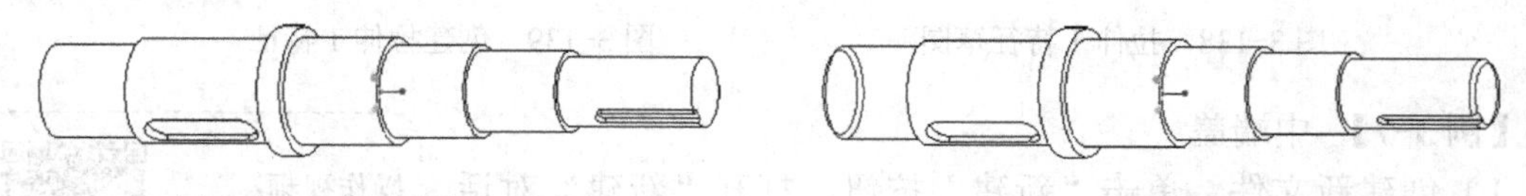

图 3-134　创建拉伸 2 特征　　　图 3-135　创建倒角 1 特征

3.2.3　盘类零件

操作视频：
例 3-6 大端盖

【例 3-6】 大端盖

1）创建新文件。单击“新建”按钮，打开“新建”对话框，在“类型”列表中选中“零件”单选按钮，在“文件名”文本框中输入 DaDuanGai，取消选中“使用默认模板”复选框，并单击“确定”按钮。然后打开“新文件选项”对话框，在“模板”列表中选择“mmns_ part_solid”，并单击“确定”按钮，进入零件的创建环境。

2）创建旋转 1 特征。单击“旋转”按钮，打开“旋转”选项卡；选择 TOP 基准平面作为草绘平面，打开“草绘”选项卡，绘制草图，如图 3-136 所示；单击“确定”按钮，完成草图绘制。在“旋转”选项卡中，单击“应用并保存”按钮，完成旋转 1 特征的创建，如图 3-137 所示。

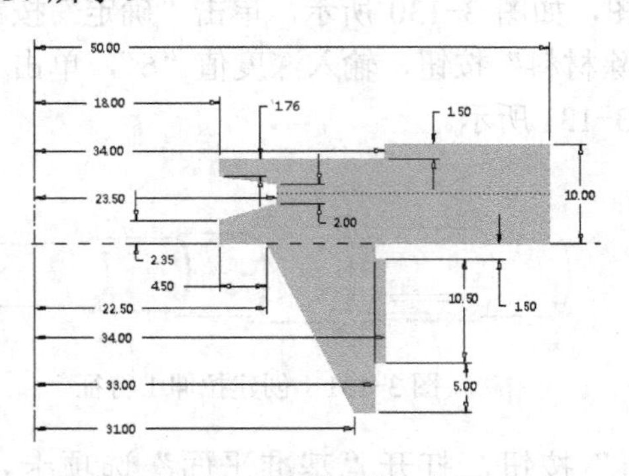

图 3-136　绘制旋转 1 草图

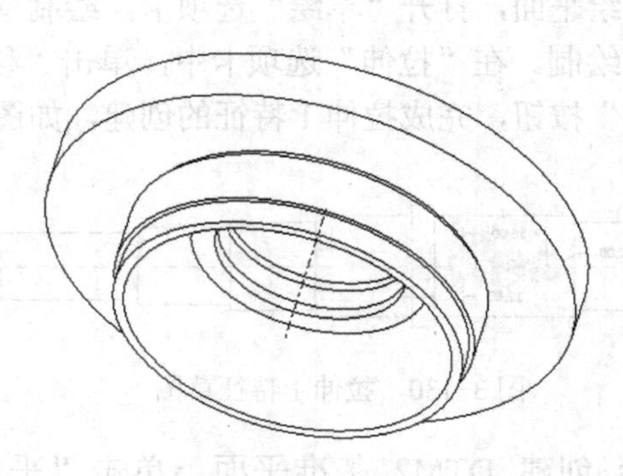

图 3-137　创建旋转 1 特征

3）创建拉伸 1 特征。单击“拉伸”按钮，打开“拉伸”选项卡；选择旋转 1 特征的后端面作为草绘平面，打开“草绘”选项卡，绘制草图，如图 3-138 所示；单击“确定”按钮，完成草图绘制。在“拉伸”选项卡中，单击“移除材料”按钮，选择深度类型为“贯穿”，单击“应用并保存”按钮，完成拉伸 1 特征的创建，如图 3-139 所示。

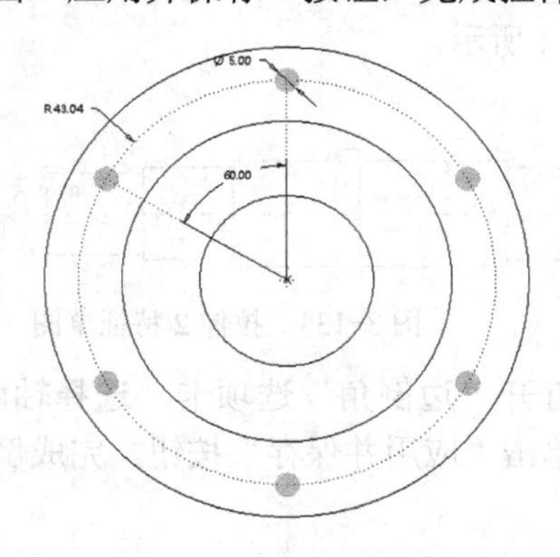

图 3-138　拉伸 1 特征草图

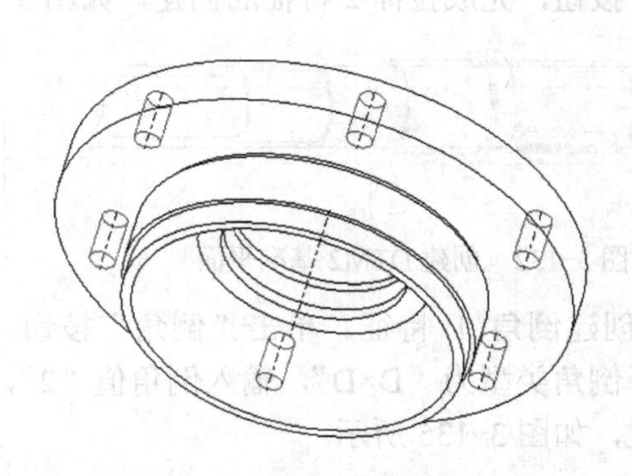

图 3-139　创建拉伸 1 特征

【例 3-7】 中端盖

操作视频：
例 3-7 中端盖

1）创建新文件。单击“新建”按钮，打开“新建”对话框，在“类型”列表中选中“零件”单选按钮，在“文件名”文本框中输入 ZhongDuanGai，取消选中“使用默认模板”复选框，并单击“确定”按钮。然后打开“新文件选项”对话框，在“模板”列表中选择“mmns_part_solid”，并单击“确定”按钮，进入零件的创建环境。

2）创建旋转 1 特征。单击“旋转”按钮，打开“旋转”选项卡；选择 TOP 基准平面作为草绘平面，打开“草绘”选项卡，绘制草图，如图 3-140 所示；单击“确定”按钮，完成草图绘制。在“旋转”选项卡中，单击“应用并保存”按钮，完成旋转 1 特征的创建，如图 3-141 所示。

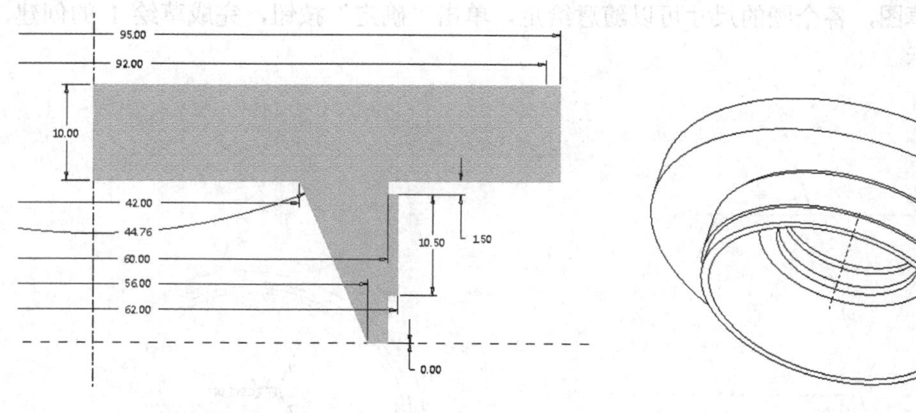

图 3-140　旋转 1 特征草图　　　　图 3-141　创建旋转 1 特征

3）创建拉伸 1 特征。单击“拉伸”按钮，打开“拉伸”选项卡；选择旋转 1 特征的后端面作为草绘平面，打开“草绘”选项卡，绘制草图，如图 3-142 所示；单击“确定”按钮，完成草图绘制。在“拉伸”选项卡中，单击“移除材料”按钮，深度类型为“贯穿”，单击“应用并保存”按钮，完成拉伸 1 特征的创建，如图 3-143 所示。

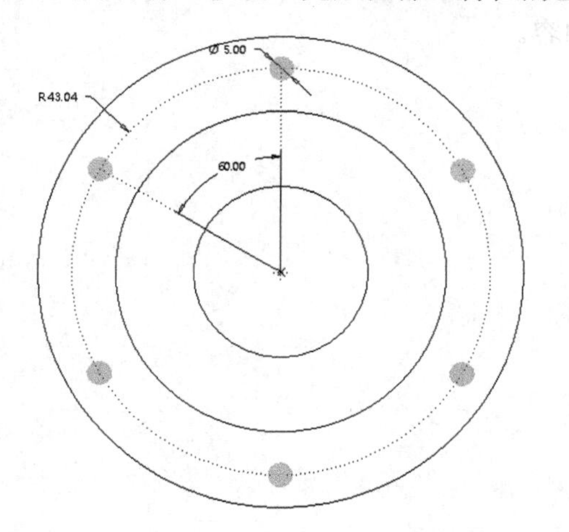

图 3-142　拉伸 1 特征草图

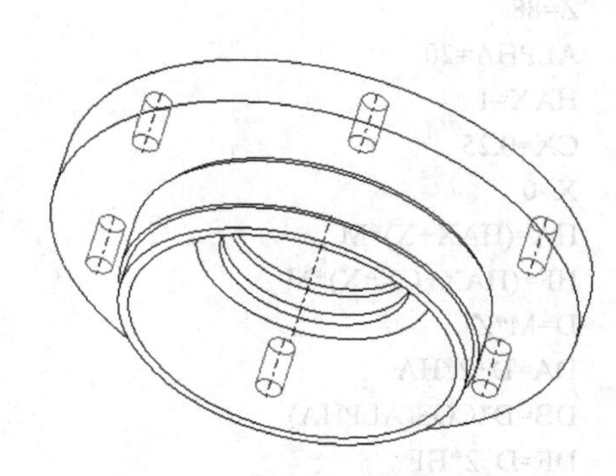

图 3-143　创建拉伸 1 特征

【例 3-8】 中间大齿轮

操作视频：例 3-8 中间大齿轮

1）创建新文件。单击“新建”按钮，打开“新建”对话框，在“类型”列表中选中“零件”单选按钮，在“文件名”文本框中输入 ZhongJianDaChiLun，取消选中“使用默认模板”复选框，并单击“确定”按钮。然后打开“新文件选项”对话框，在“模板”列表中选择“mmns_part_solid”，并单击“确定”按钮，进入零件的创建环境。

2）创建 A_1 基准轴。单击“轴”按钮，打开“基准轴”对话框，选择 RIGHT 基准平面和 FRONT 基准平面作为约束面，单击“确定”按钮，完成 A_1 基准轴的创建，如图 3-144 所示。

3）创建草绘 1。单击“草绘”按钮，打开“草绘”选项卡，选择 TOP 基准平面作为草绘平面，绘制草图，各个圆的尺寸可以随意给定，单击“确定”按钮，完成草绘 1 的创建，如图 3-145 所示。

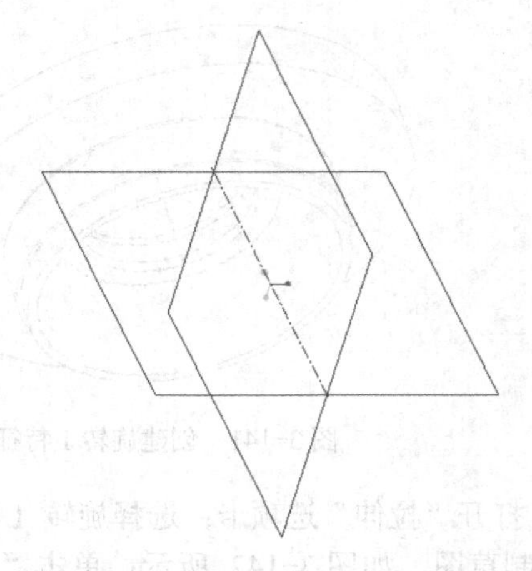

图 3-144 创建 A_1 基准轴

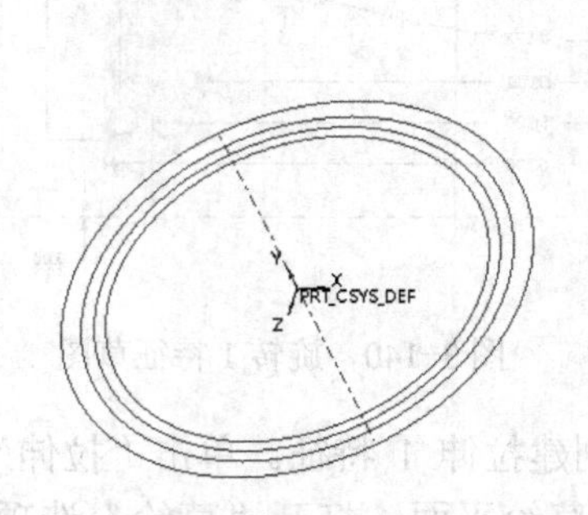

图 3-145 创建草绘 1

4）添加齿轮参数关系。单击“工具”选项卡“模型意图”功能区中的“关系”按钮，弹出“关系”对话框，在对话框里输入以下内容。

```
M=2
Z=88
ALPHA=20
HAX=1
CX=0.25
X=0
HA=(HAX+X)*M
HF=(HAX+CX-X)*M
D=M*Z
DA=D+2*HA
DB=D*COS(ALPHA)
DF=D-2*HF
```

单击“模型树”选项卡中的草绘 1，依次选择草绘 1 中 4 个圆的直径，分别为 d0、d1、d2 和 d3，在“关系”对话框继续输入以下内容。

```
d0=DA
d1=DB
d2=D
d3=DF
```

单击“关系”对话框中的“确定”按钮，完成齿轮参数关系的创建，如图 3-146 所示。单击“模型”选项卡“操作”功能区中的“重新生成”按钮，更新草绘 1 的图形。

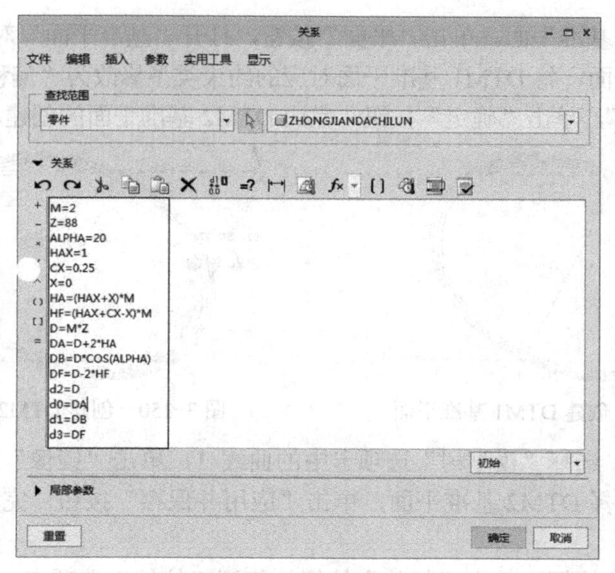

图 3-146　添加齿轮参数关系

5）创建曲线 1。单击“曲线”按钮，选择“来自方程的曲线”，打开“曲线：从方程”选项卡，选择参考坐标系为“PRT_CSYS_DEF”，单击“方程”按钮，弹出“方程”对话框，在对话框中输入以下内容。

```
r=DB/2
theta=t*45
x=r*cos(theta)+r*sin(theta)*theta*pi/180
z=r*sin(theta)-r*cos(theta)*theta*pi/180
y=0
```

单击“方程”对话框中的“确定”按钮，再单击“曲线：从方程”选项卡中的“应用并保存”按钮，完成曲线 1 的创建，如图 3-147 所示。

6）创建 PNT0 基准点。单击“模型”选项卡“基准”功能区中的“点”按钮，打开“基准点”对话框，选择草绘 1 的基圆 D2 和曲线 1，单击“确定”按钮，完成 PNT0 基准点的创建，如图 3-148 所示。

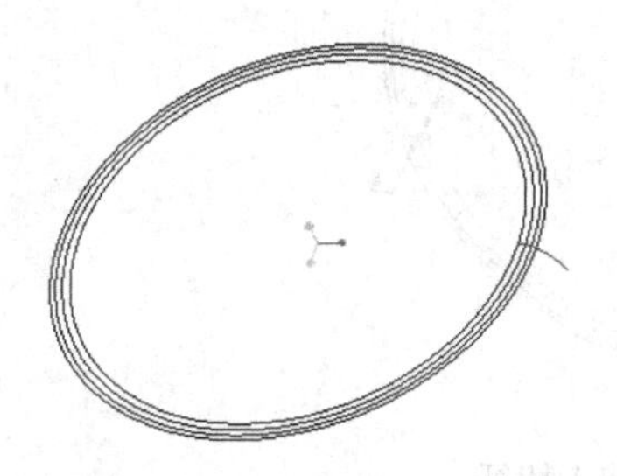

图 3-147　创建曲线 1

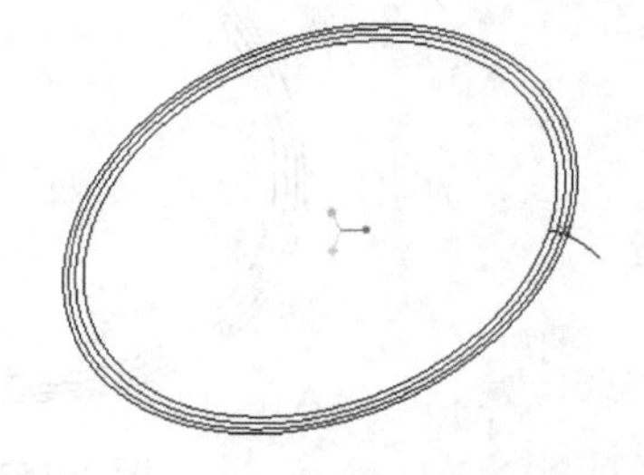

图 3-148　创建 PNT0 基准点

7）创建 DTM1 基准平面。单击“平面”按钮，打开“基准平面”对话框，选择 A_1 基准轴和 PNT0 基准点，单击“确定”按钮，完成 DTM1 基准平面的创建，如图 3-149 所示。

8）创建 DTM2 基准平面。单击“平面”按钮，打开“基准平面”对话框，选择 A_1 基准轴和 DTM1 基准平面，将 DTM1 基准平面对应的约束类型修改为“偏移”，在“平移”文本框中输入“360/(4*Z)”，单击“确定”按钮，完成 DTM2 基准平面的创建，如图 3-150 所示。

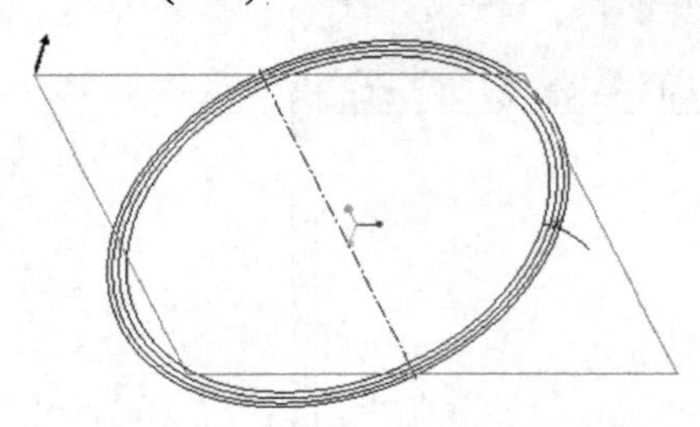

图 3-149　创建 DTM1 基准平面

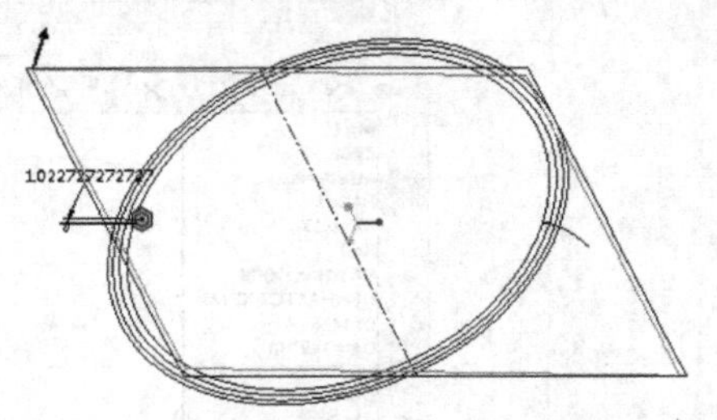

图 3-150　创建 DTM2 基准平面

9）镜像曲线 1。选择“模型树”选项卡中的曲线 1，单击“镜像”按钮，打开“镜像”选项卡，镜像平面选择 DTM2 基准平面，单击“应用并保存”按钮，完成曲线 1 的镜像，如图 3-151 所示。

10）创建拉伸 1 特征。单击“拉伸”按钮，打开“拉伸”选项卡；选择 TOP 基准平面作为草绘平面，打开“草绘”选项卡，绘制草图，如图 3-152 所示；单击“确定”按钮，完成草图的绘制。在“拉伸”选项卡中，选择深度类型为“对称”，输入深度值“44”，单击“应用并保存”按钮，完成拉伸 1 特征的创建，如图 3-153 所示。

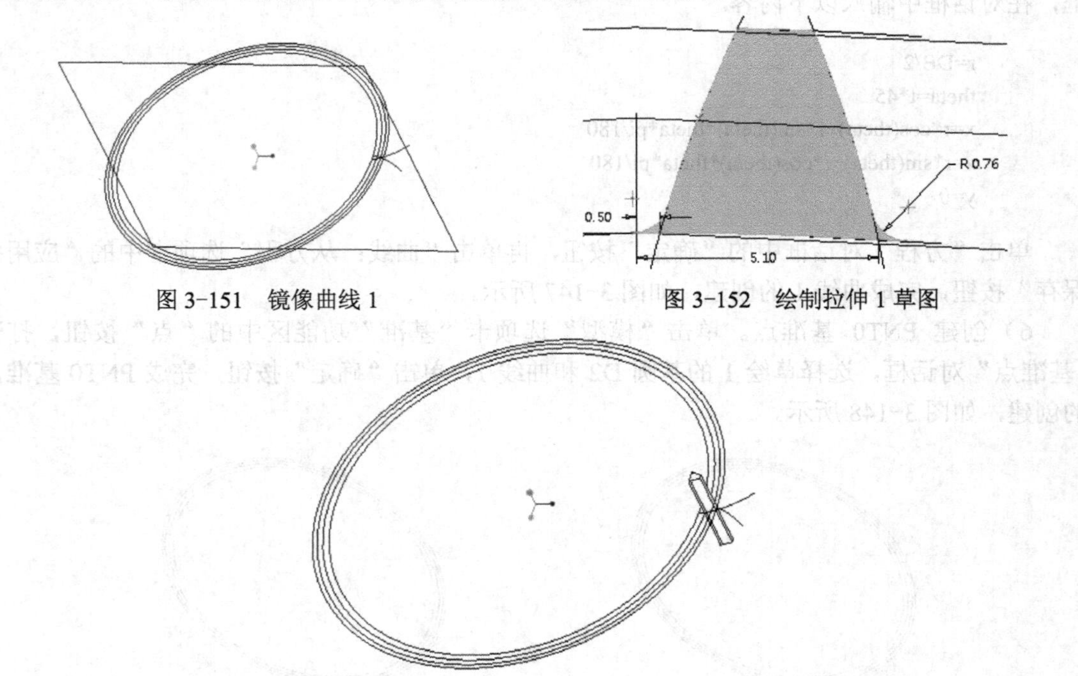

图 3-151　镜像曲线 1

图 3-152　绘制拉伸 1 草图

图 3-153　创建拉伸 1 特征

11）阵列拉伸 1 特征。选择拉伸 1 特征，单击“阵列”按钮，在打开的“阵列”选项卡中，选择阵列类型为“轴”，选择 A_1 基准轴，输入阵列数“88”，阵列角度为“360/88”，单击“应用并保存”按钮，完成拉伸 1 特征的阵列，如图 3-154 所示。

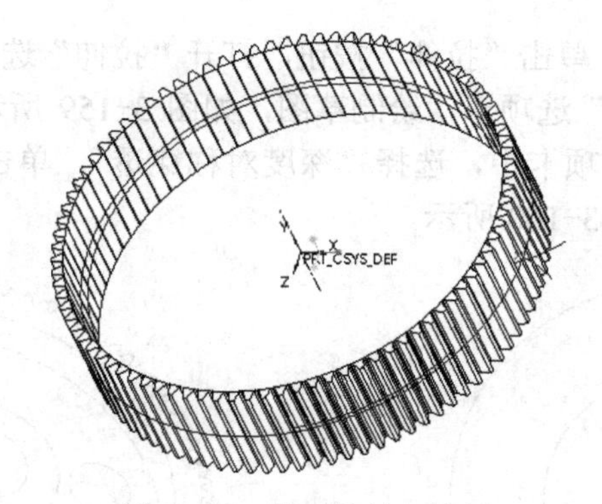

图 3-154　阵列拉伸 1 特征

12）创建旋转 1 特征。单击“旋转”按钮，打开“旋转”选项卡；选择 RIGHT 基准平面作为草绘平面，打开“草绘”选项卡，绘制草图，如图 3-155 所示；单击“确定”按钮，完成草图的绘制。单击“旋转”选项卡中的“应用并保存”按钮，完成旋转 1 特征的创建，如图 3-156 所示。

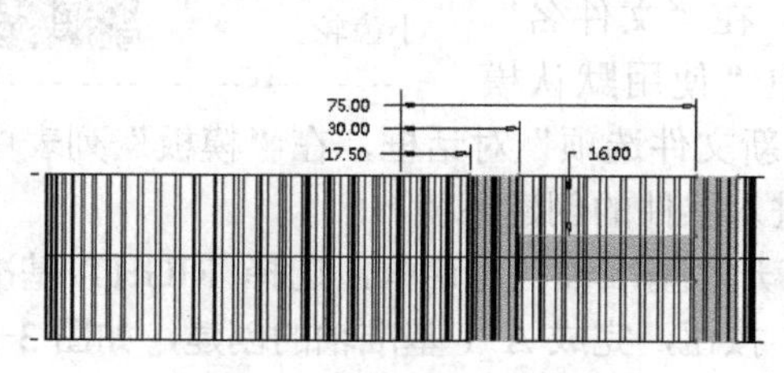

图 3-155　绘制旋转 1 特征草图

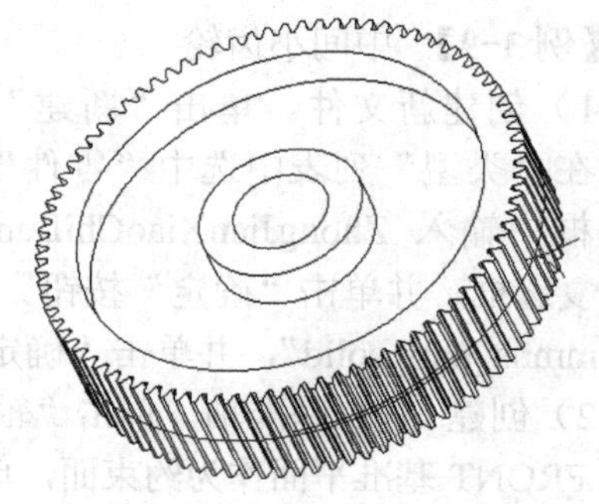

图 3-156　创建旋转 1 特征

13）创建拉伸 2 特征。单击“拉伸”按钮，打开“拉伸”选项卡；选择 TOP 基准平面作为草绘平面，打开“草绘”选项卡，绘制草图，如图 3-157 所示；单击“确定”按钮，完成草图的绘制。在“拉伸”选项卡中，选择“深度对称穿透”，单击“应用并保存”按钮，完成拉伸 2 特征的创建，如图 3-158 所示。

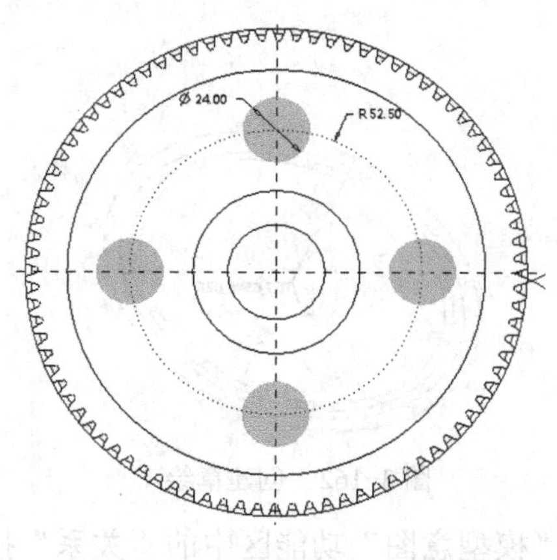

图 3-157　绘制拉伸 2 特征草图

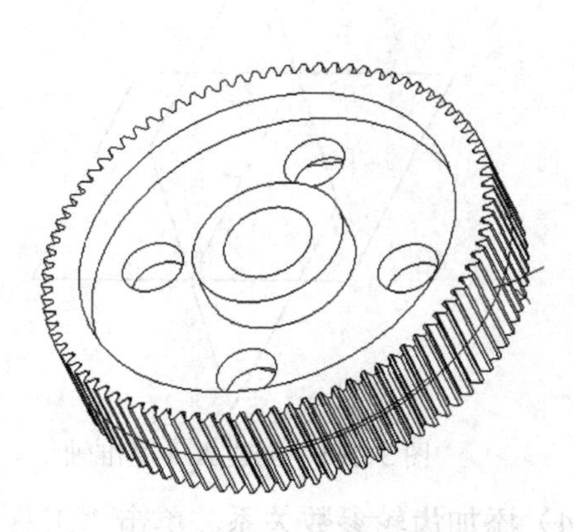

图 3-158　创建拉伸 2 特征

14）创建拉伸 3 特征。单击“拉伸”按钮，打开“拉伸”选项卡；选择 TOP 基准平面作为草绘平面，打开“草绘”选项卡，绘制草图，如图 3-159 所示。单击“确定”按钮，完成草图绘制。在“拉伸”选项卡中，选择“深度对称穿透”，单击“应用并保存”按钮，完成拉伸 3 特征的创建，如图 3-160 所示。

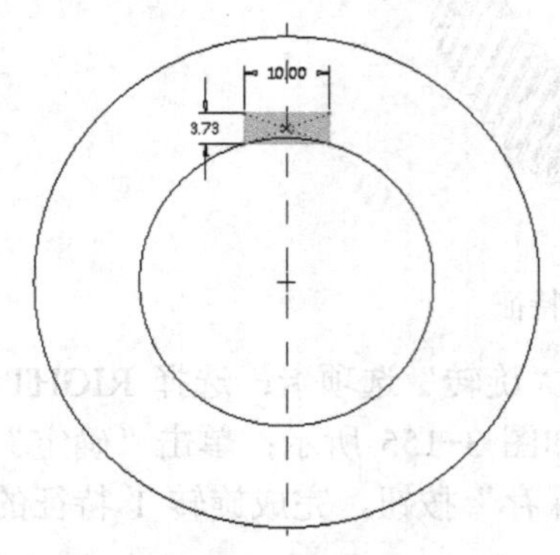

图 3-159　绘制拉伸 3 草图

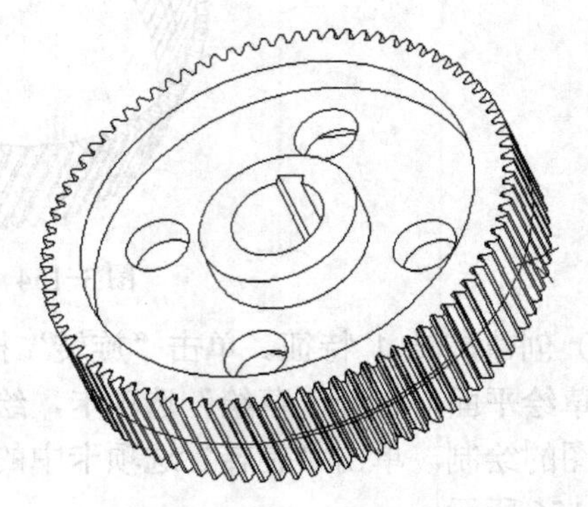

图 3-160　创建拉伸 3 特征

【例 3-9】　中间小齿轮

操作视频：例 3-9 中间小齿轮

1）创建新文件。单击“新建”按钮，打开“新建”对话框，在“类型”列表中选中“零件”单选按钮，在“文件名”文本框中输入 ZhongJianXiaoChiLun，取消选中“使用默认模板”复选框，并单击“确定”按钮。然后打开“新文件选项”对话框，在“模板”列表中选择“mmns_part_solid”，并单击“确定”按钮，进入零件的创建环境。

2）创建 A_1 基准轴。单击“轴”按钮，打开“基准轴”对话框，选择 RIGHT 基准平面和 FRONT 基准平面作为约束面，单击“确定”按钮，完成 A_1 基准轴的创建，如图 3-161 所示。

3）创建草绘 1。单击“草绘”按钮，打开“草绘”选项卡，选择 TOP 基准平面作为草绘平面，绘制草图，各个圆的尺寸可以随意给定，单击“确定”按钮，完成草绘 1 的创建，如图 3-162 所示。

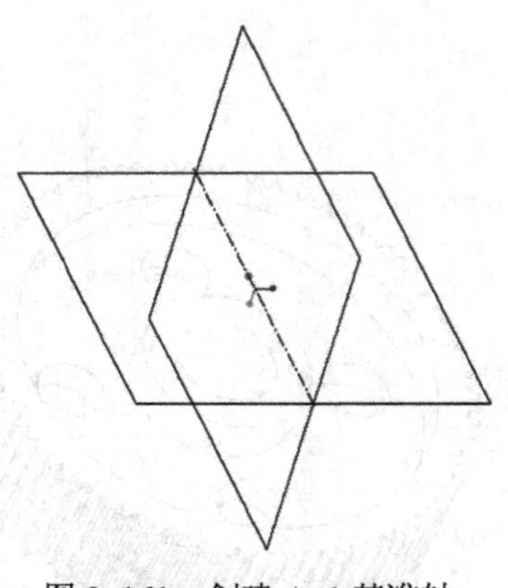

图 3-161　创建 A_1 基准轴

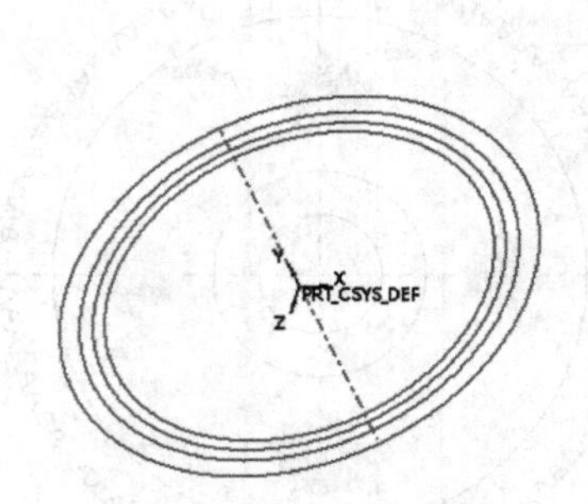

图 3-162　创建草绘 1

4）添加齿轮参数关系。单击“工具”选项卡“模型意图”功能区中的“关系”按钮，弹出“关系”对话框，在对话框中输入以下内容。

```
M=2.5
Z=26
ALPHA=20
HAX=1
CX=0.25
X=0
HA=(HAX+X)*M
HF=(HAX+CX-X)*M
D=M*Z
DA=D+2*HA
DB=D*COS(ALPHA)
DF=D-2*HF
```

单击“模型树”选项卡中的草绘 1，分别选择草绘 1 中的 4 个圆的直径，分别为 d0、d1、d2 和 d3，在“关系”对话框中继续输入以下内容。如图 3-163 所示；单击“确定”按钮，完成齿轮参数关系的创建。

```
d0=DA
d1=DB
d2=D
d3=DF
```

单击“模型”选项卡“操作”功能区中的“重新生成”按钮，更新草绘 1 的图形。

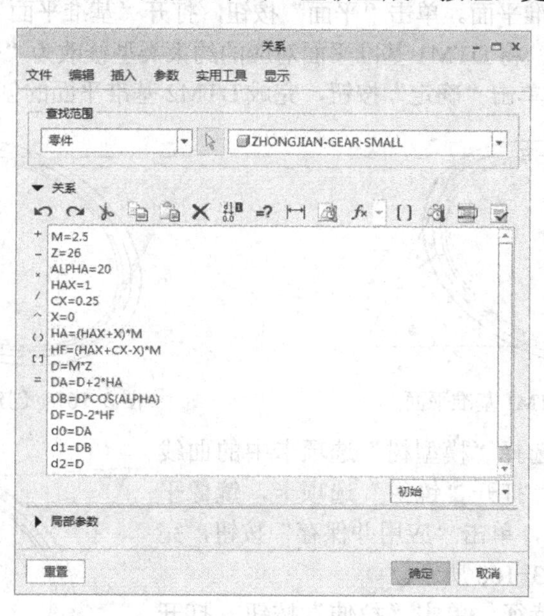

图 3-163 添加齿轮参数关系

5）创建曲线 1。单击“曲线”按钮，选择“来自方程的曲线”，打开“曲线：从方程”选项卡，选择参考坐标系为“PRT_CSYS_DEF”，单击“方程”按钮，弹出“方程”对话框，在对话框中输入以下内容。

```
r=DB/2
theta=t*45
x=r*cos(theta)+r*sin(theta)*theta*pi/180
z=r*sin(theta)-r*cos(theta)*theta*pi/180
y=0
```

单击“方程”对话框中的“确定”按钮，再单击“曲线：从方程”选项卡中的“应用并保存”按钮，完成曲线 1 的创建，如图 3-164 所示。

6）创建 PNT0 基准点。单击“点”按钮，打开“基准点”对话框，选择草绘 1 的基圆 D2 和曲线 1，单击“确定”按钮，完成 PNT0 基准点的创建，如图 3-165 所示。

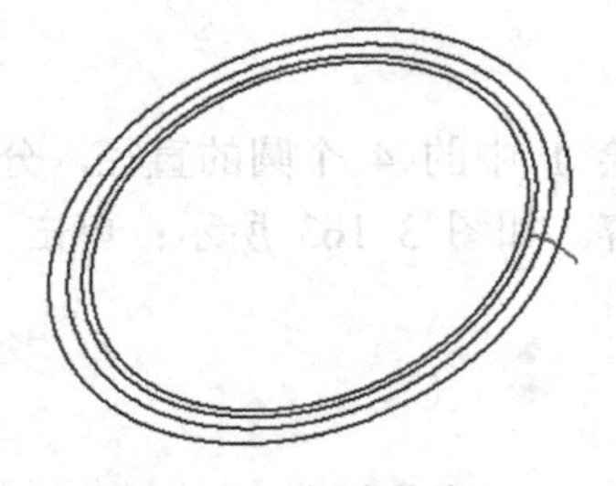

图 3-164　创建曲线 1

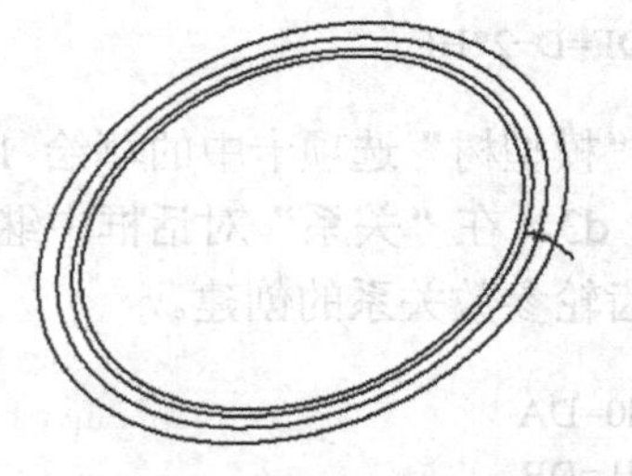

图 3-165　创建 PNT0 基准点

7）创建 DTM1 基准平面。单击“平面”按钮，打开“基准平面”对话框，选择 A_1 基准轴和 PNT0 基准点，单击“确定”按钮，完成 DTM1 基准平面的创建，如图 3-166 所示。

8）创建 DTM2 基准平面。单击“平面”按钮，打开“基准平面”对话框，选择 A_1 基准轴和 DTM1 基准平面，将 DTM1 基准平面对应的约束类型修改为“偏移”，在“平移”文本框中输入“360/(4*Z)”，单击“确定”按钮，完成 DTM2 基准平面的创建，如图 3-167 所示。

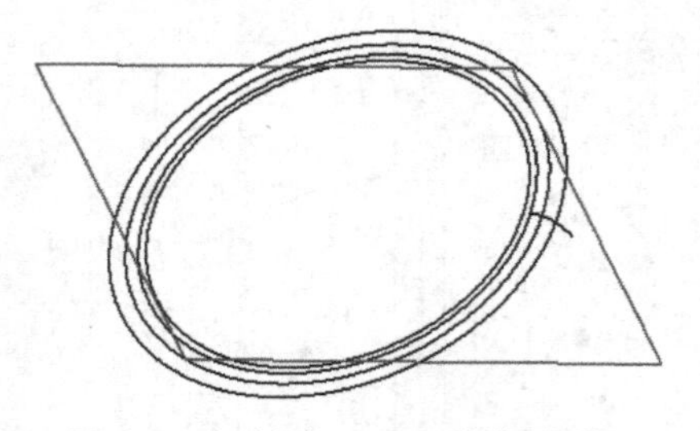

图 3-166　创建 DTM1 基准平面

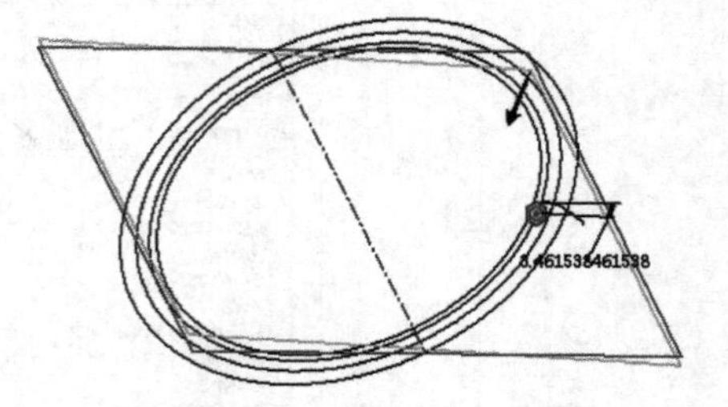

图 3-167　创建 DTM2 基准平面

9）镜像曲线 1。选择“模型树”选项卡中的曲线 1，单击“镜像”按钮，打开“镜像”选项卡，镜像平面选择 DTM2 基准平面，单击“应用并保存”按钮，完成曲线 1 的镜像，如图 3-168 所示。

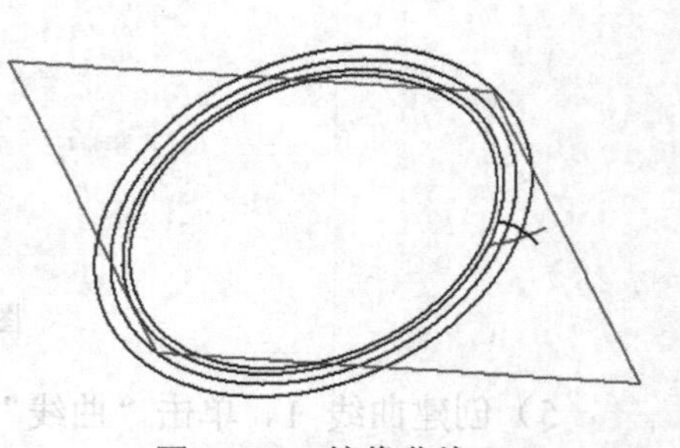

图 3-168　镜像曲线 1

10）创建拉伸 1 特征。单击“拉伸”按钮，打开“拉伸”选项卡；选择 TOP 基准平面作为草绘平面，打开“草绘”选项卡，绘制草图，如图 3-169 所示；单击“确定”按钮，完成草图的绘制。在“拉伸”选项卡中，选择深度类型为“对称”，输入深度值“66”，单击“应用并保存”按钮，完成拉伸 1 特征的创建，如图 3-170 所示。

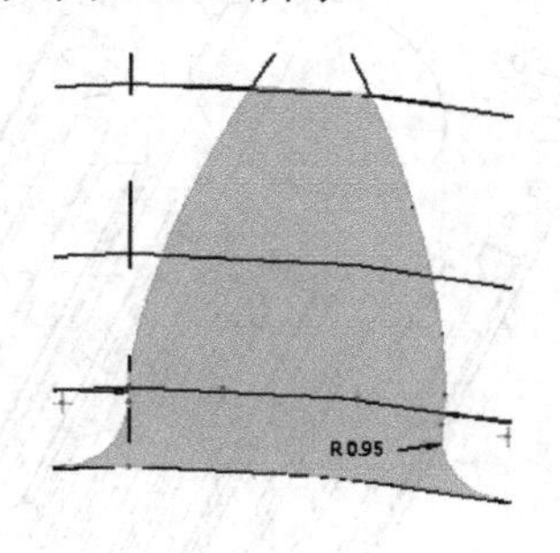

图 3-169　绘制拉伸 1 草图

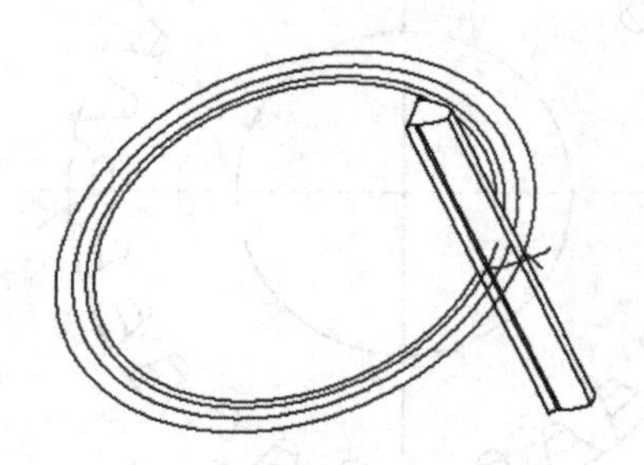

图 3-170　创建拉伸 1 特征

11）阵列拉伸 1 特征。选择拉伸 1 特征，单击“阵列”按钮，打开“阵列”选项卡，阵列类型选择“轴”，选择 A_1 基准轴，阵列数为“26”，阵列角度为“360/26”，单击“应用并保存”按钮，完成拉伸 1 特征的阵列，如图 3-171 所示。

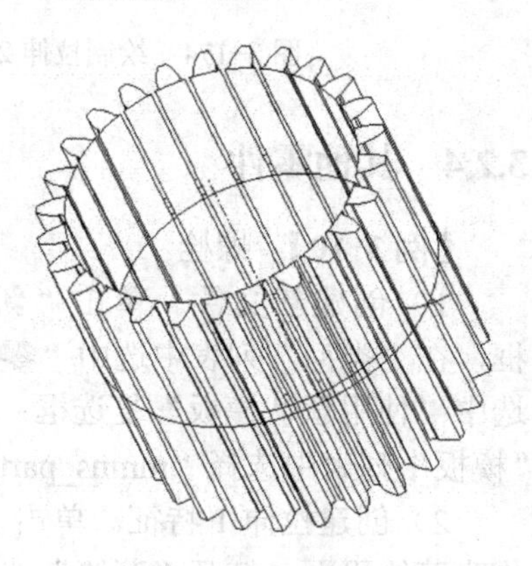

图 3-171　阵列拉伸 1 特征

12）创建旋转 1 特征。单击“旋转”按钮，打开“旋转”选项卡；选择 RIGHT 基准平面作为草绘平面，打开“草绘”选项卡，绘制草图，如图 3-172 所示；单击“确定”按钮，完成草图的绘制。在“旋转”选项卡中，单击“应用并保存”按钮，完成旋转 1 特征的创建，如图 3-173 所示。

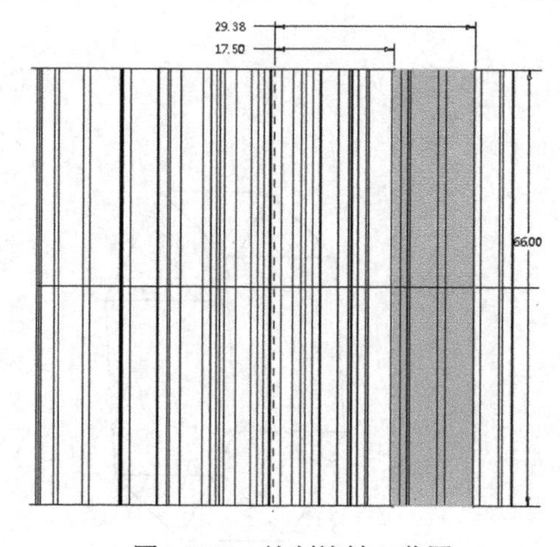

图 3-172　绘制旋转 1 草图

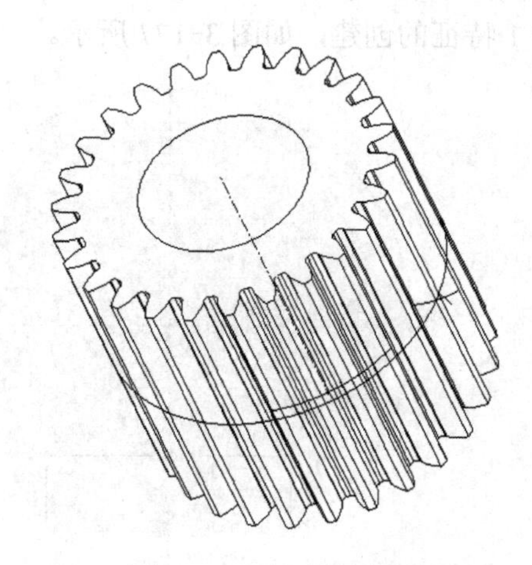

图 3-173　创建旋转 1 特征

13）创建拉伸 2 特征。单击“拉伸”按钮，打开“拉伸”选项卡；选择 TOP 基准平面作为草绘平面，打开“草绘”选项卡，绘制草图，如图 3-174 所示；单击“确定”按钮，完成草图的绘制。在“拉伸”选项卡中，选择“深度对称穿透”，单击“应用并保存”按钮，完成拉伸 2 特征的创建，如图 3-175 所示。

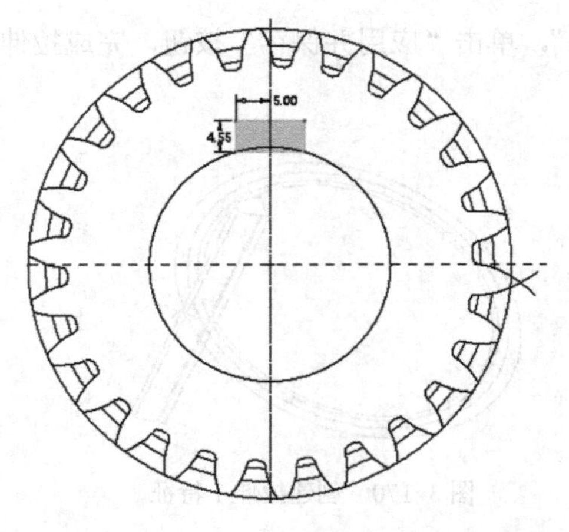

图 3-174　绘制拉伸 2 草图

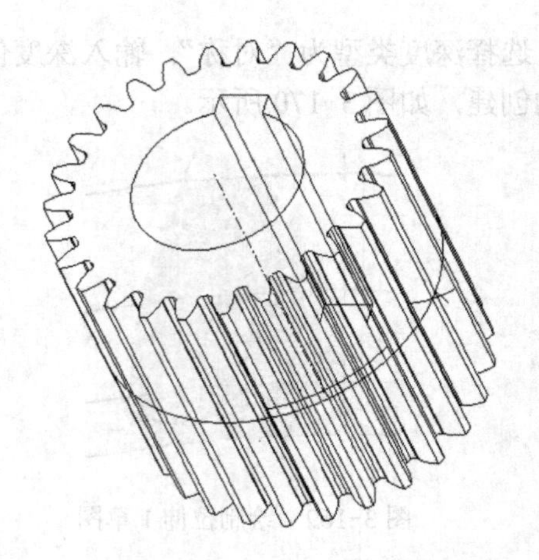

图 3-175　创建拉伸 2 特征

3.2.4　其他零件

【例 3-10】 螺栓

1）创建新文件。单击“新建”按钮，打开“新建”对话框，在“类型”列表中选中“零件”单选按钮，在“文件名”文本框中输入 M16-100，取消选中“使用默认模板”复选框，并单击“确定”按钮。然后打开“新文件选项”对话框，在“模板”列表中选择“mmns_part_solid”，单击“确定”按钮，进入零件的创建环境。

2）创建拉伸 1 特征。单击“拉伸”按钮，打开“拉伸”选项卡；选择 RIGHT 基准平面作为草绘平面，打开“草绘”选项卡，绘制草图，如图 3-176 所示；单击“确定”按钮，完成草图的绘制。在“拉伸”选项卡中，输入深度值“9.2”，单击“应用并保存”按钮，完成拉伸 1 特征的创建，如图 3-177 所示。

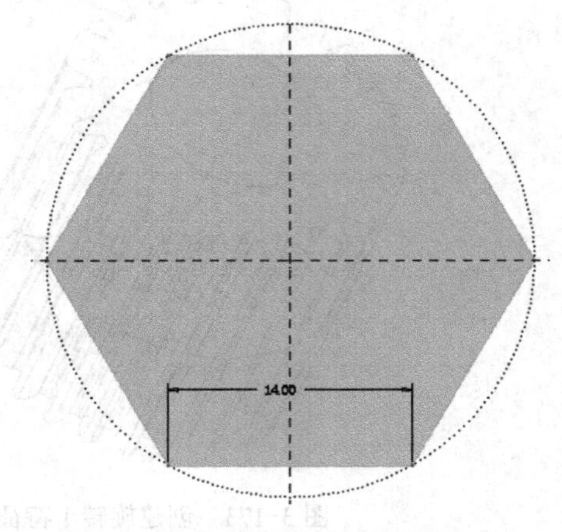

图 3-176　绘制拉伸 1 特征草图

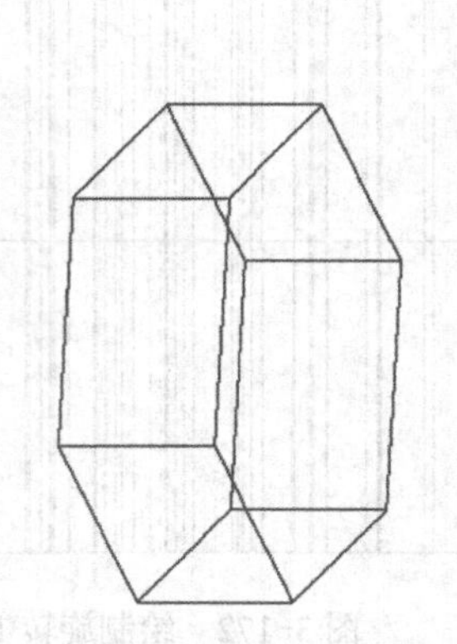

图 3-177　创建拉伸 1 特征

3）创建旋转 1 特征。单击“旋转”按钮，打开“旋转”选项卡；选择 TOP 基准平面作为草绘平面，打开“草绘”选项卡，绘制草图，如图 3-178 所示；单击“确定”按钮，完成草图的绘制。单击“旋转”选项卡中的“应用并保存”按钮，完成旋转 1 特征的创建，如图 3-179 所示。

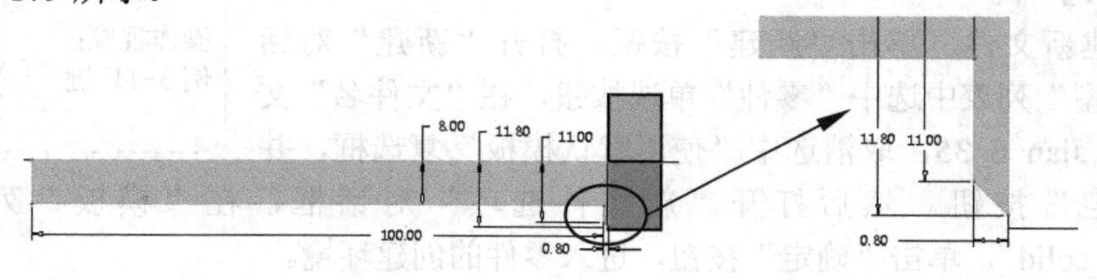

图 3-178　绘制旋转 1 特征草图

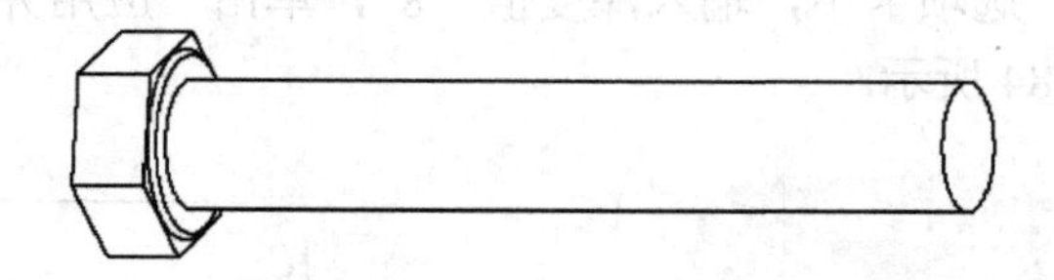

图 3-179　创建旋转 1 特征

4）创建螺纹修饰特征。单击“模型”选项卡“工程”功能区中的“修饰螺纹”按钮，打开“螺纹”选项卡，单击圆柱面，“螺纹起始自”选择圆柱底面，输入螺纹长度“80”，其他采用默认值，单击“应用并保存”按钮，完成螺纹修饰的创建，如图 3-180 所示。

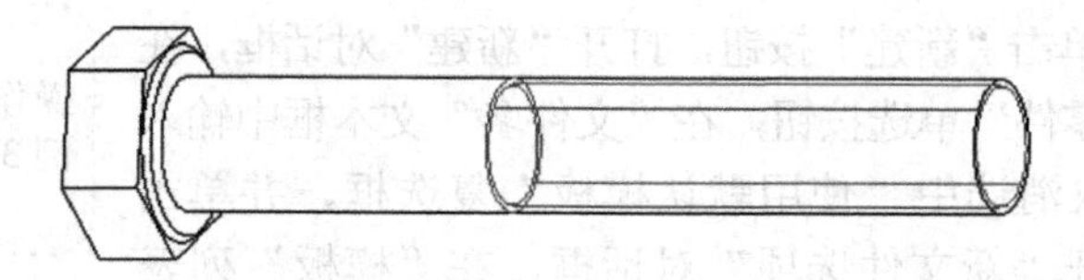

图 3-180　创建螺纹修饰特征

5）创建旋转 2 特征。单击“旋转”按钮，打开“旋转”选项卡；选择 TOP 基准平面作为草绘平面，打开“草绘”选项卡，绘制草图，如图 3-181 所示；单击“确定”按钮，完成草图的绘制。单击“旋转”选项卡中的“应用并保存”按钮，完成旋转 2 特征的创建，如图 3-182 所示。

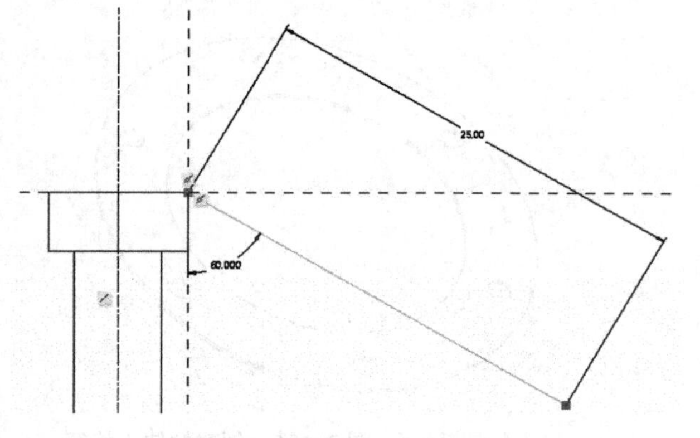

图 3-181　绘制旋转 2 草图

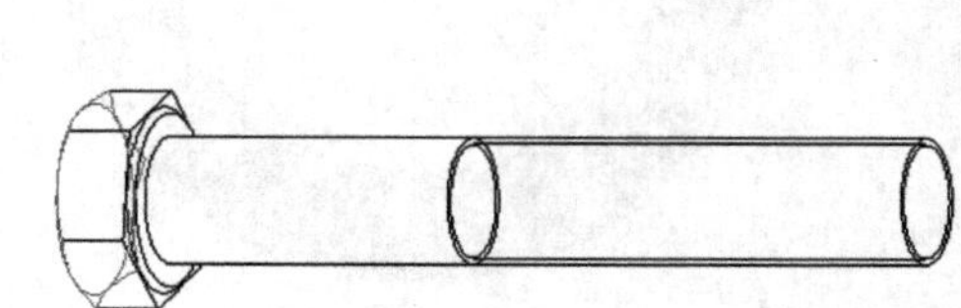

图 3-182　创建旋转 2 特征

【例 3-11】 键

1）创建新文件。单击“新建”按钮，打开“新建”对话框，在“类型”列表中选中“零件”单选按钮，在“文件名”文本框中输入 Jian-6-35，取消选中“使用默认模板”复选框，并单击“确定”按钮。然后打开“新文件选项”对话框，在“模板”列表中选择“mmns_part_solid”，单击“确定”按钮，进入零件的创建环境。

2）创建拉伸 1 特征。单击“拉伸”按钮，打开“拉伸”选项卡；选择 TOP 基准平面作为草绘平面，打开“草绘”选项卡，绘制草图，如图 3-183 所示；单击“确定”按钮，完成草图的绘制。在“拉伸”选项卡中，输入深度值“8”，单击“应用并保存”按钮，完成拉伸 1 特征的创建，如图 3-184 所示。

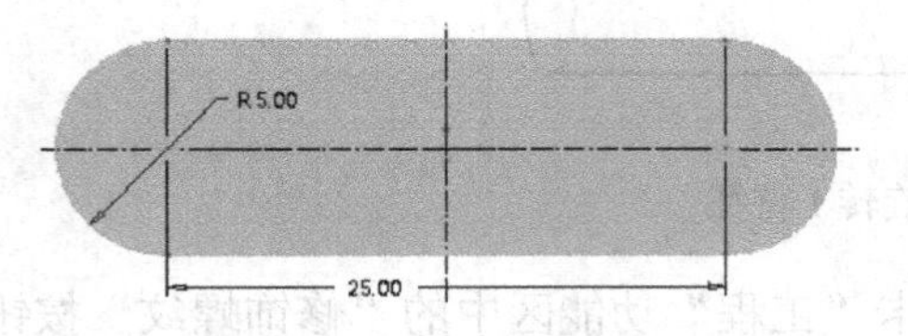

图 3-183　绘制拉伸 1 特征草图

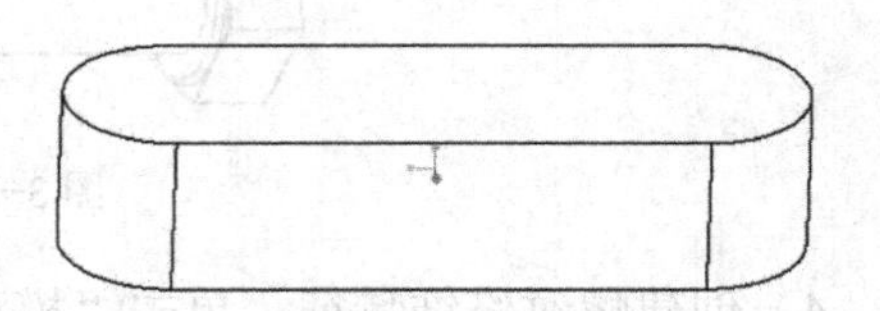

图 3-184　创建拉伸 1 特征

【例 3-12】 垫片

1）创建新文件。单击“新建”按钮，打开“新建”对话框，在“类型”列表中选中“零件”单选按钮，在“文件名”文本框中输入 DaDuanGaiDianPian，取消选中“使用默认模板”复选框，并单击“确定”按钮。然后打开“新文件选项”对话框，在“模板”列表中选择“mmns_part_solid”，并单击“确定”按钮，进入零件的创建环境。

2）创建拉伸 1 特征。单击“拉伸”按钮，打开“拉伸”选项卡；选择 TOP 基准平面作为草绘平面，打开“草绘”选项卡，绘制草图，如图 3-185 所示；单击“确定”按钮，完成草图绘制。在“拉伸”选项卡中，输入深度值“1”，单击“应用并保存”按钮，完成拉伸 1 特征的创建，如图 3-186 所示。

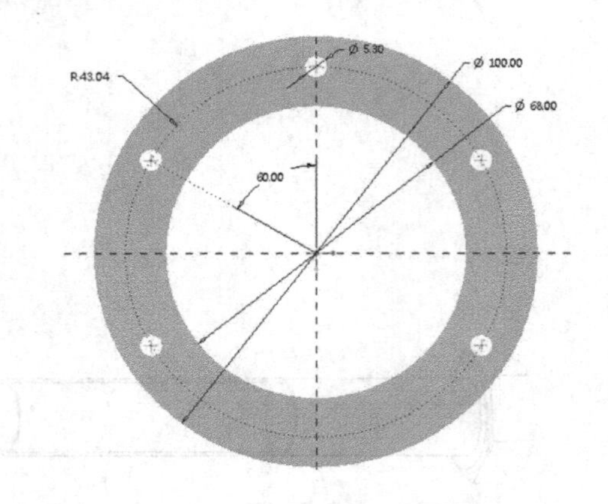

图 3-185　拉伸 1 特征草图

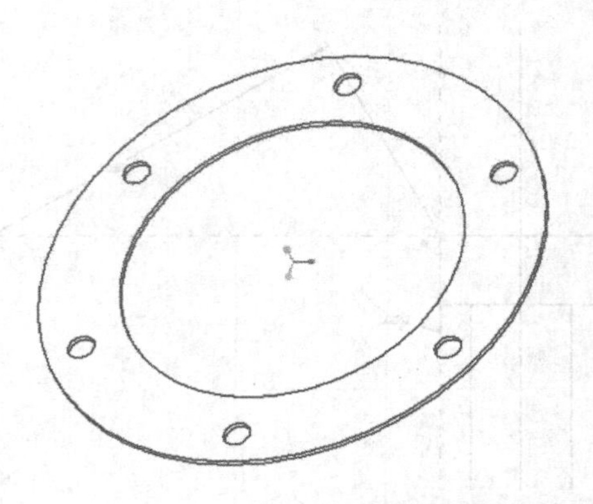

图 3-186　创建拉伸 1 特征

3.3 其他操作

3.3.1 标准件的调用

操作视频：
例 3-13 标准件的调用

【例 3-13】 标准件的调用

Creo 5.0 调用标准件的方法有很多，在这里只讲述一种调用标准件的方法，其他方法读者可以自行研究。

下面介绍使用外挂软件迈迪设计宝来调用标准件。先使用该软件生成 Creo 能识别的标准件格式，再使用 Creo 进一步处理。

1）下载软件。打开迈迪官网，下载迈迪设计宝并安装。

2）注册登录。打开软件，按照步骤注册账号，完成后登录软件，如图 3-187 所示。

图 3-187 迈迪设计宝登录界面

3）登录后进入设计宝在线界面，在左侧有标准件库，包括国家标准（GB）、机械行业标准（JB）、化工行业标准（HG）、船舶行业标准（CB）、航空行业标准（HB）、汽车行业标准（QC）和能源行业标准（NB），可选择各标准件库或在搜索框内搜索想要的标准件，如图 3-188 所示。

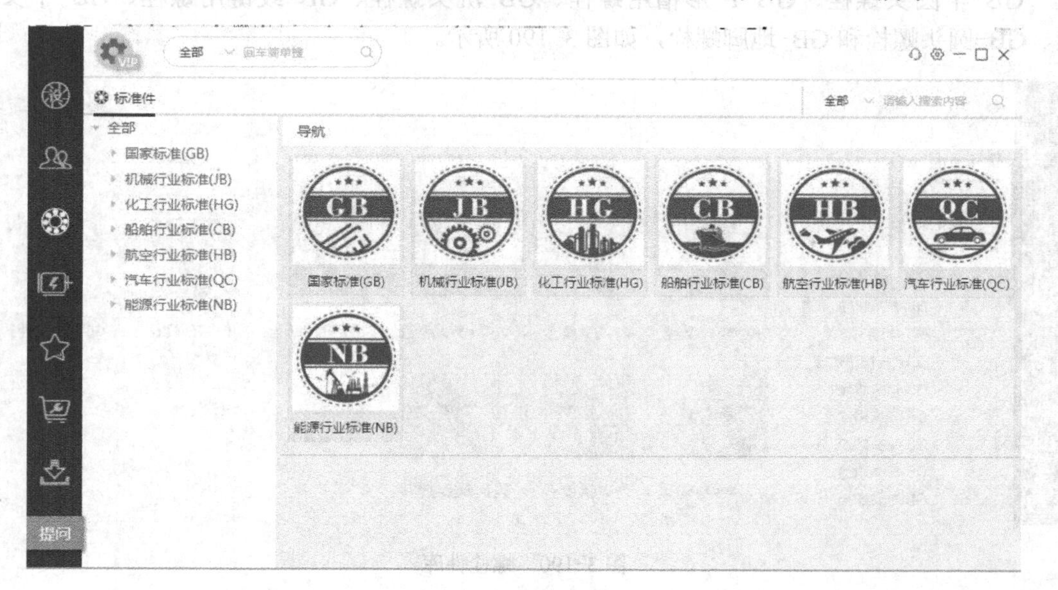

图 3-188 标准件库

4）搜索标准件。在此以螺栓 M12-100（螺纹规格为 12mm，公称长度为 100mm）为例，单击“国家标准（GB）”，进入国家标准库，包括螺栓、螺母、螺钉、螺柱、键、垫圈、挡圈、销、密封圈、铆钉、型材、操作件、轴承、法兰、管件、管接头、封头和模具，如

图 3-189 所示。

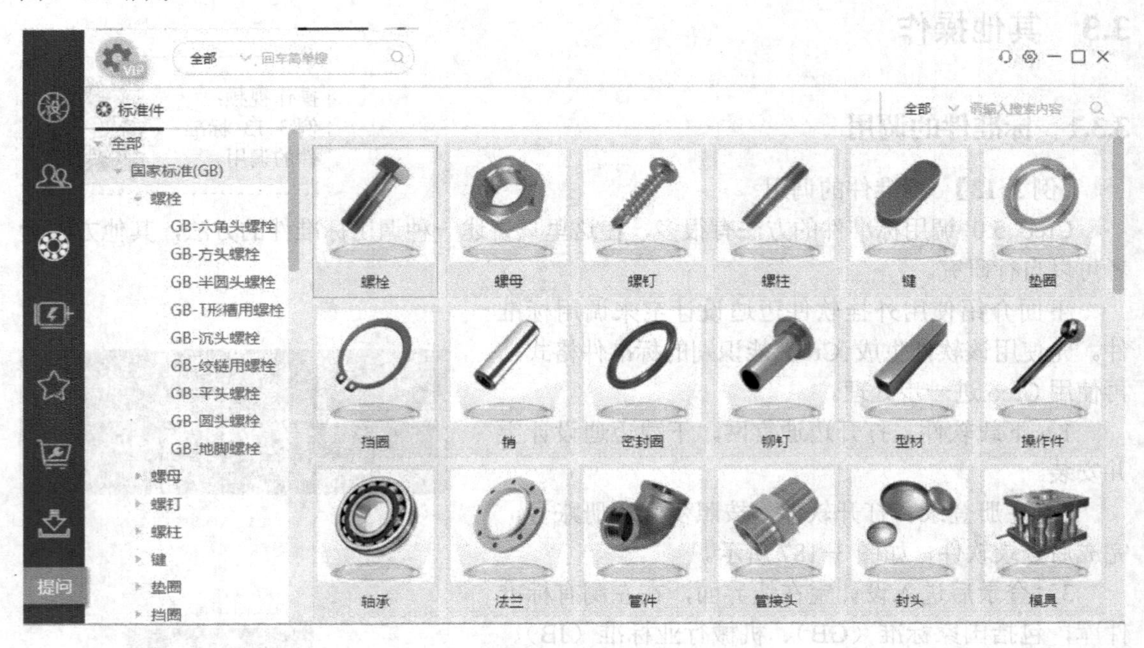

图 3-189　国家标准件库

5）搜索螺栓。单击“螺栓”进入螺栓件库，其中包括 GB-六角头螺栓、GB-方头螺栓、GB-半圆头螺栓、GB-T 形槽用螺栓、GB-沉头螺栓、GB-绞链用螺栓、GB-平头螺栓、GB-圆头螺栓和 GB-地脚螺栓，如图 3-190 所示。

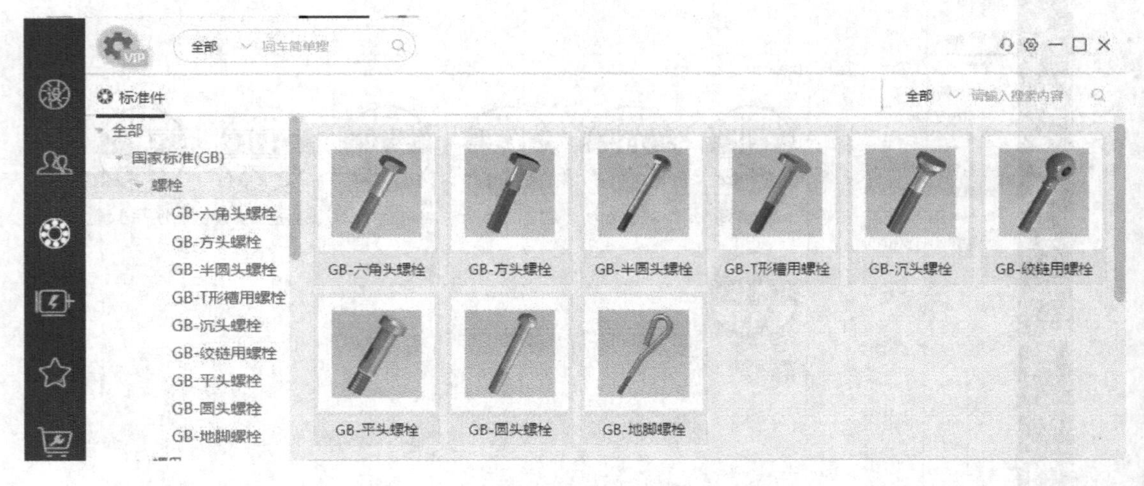

图 3-190　螺栓件库

6）搜索 GB-六角头螺栓。单击“GB-六角头螺栓”，进入 GB-六角头螺栓库，共有 21 种 GB-六角头螺栓，如图 3-191 所示。

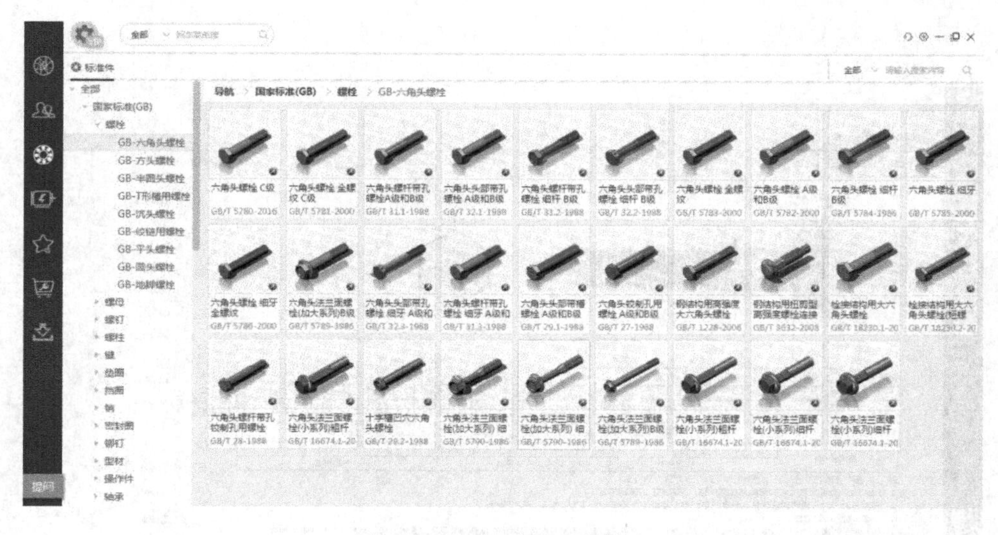

图 3-191　GB-六角头螺栓库

7）搜索六角头螺栓 C 级。单击“六角头螺栓 C 级”，进入六角头螺栓设计界面，界面内有尺寸/样式图，如图 3-192 所示。

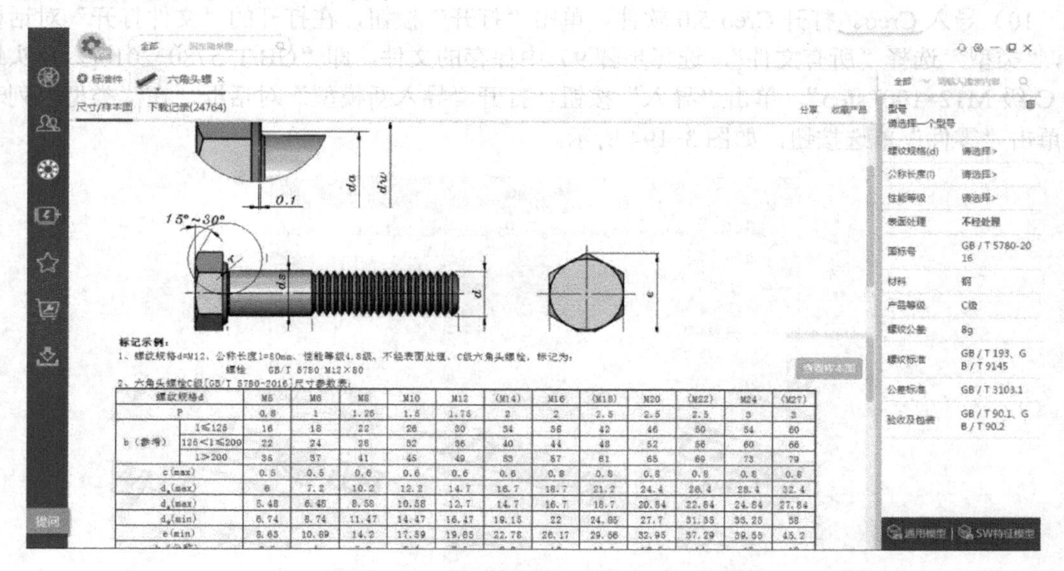

图 3-192　六角头螺栓 C 级尺寸/样式图

8）选择螺栓。界面右侧为型号选择栏，其中可选项包括螺纹规格、公称长度、性能等级和表面处理，其他皆为国标，国标号为 GB/T 5780-2016，材料为钢，产品等级为 C 级，螺纹公差 8g，螺纹标准为 GB/T 193、GB/T 9145，公差标准为 GB/T 3103.1，验收及包装为 GB/T 90.1、GB/T 90.2。选择螺纹规格 M12，工程长度 100，此时性能等级为 3.6 级，“表面处理”为不经处理，螺纹长度为 30，如图 3-193 所示。

9）生成中间格式文件。单击“通用模型”按钮，生成通用模型（即为 STEP 格式文件），选择“每次下载模型时选择保存路径”，选择 D:\Mywork\Creo\Chapter3\exercise 为保存路径。

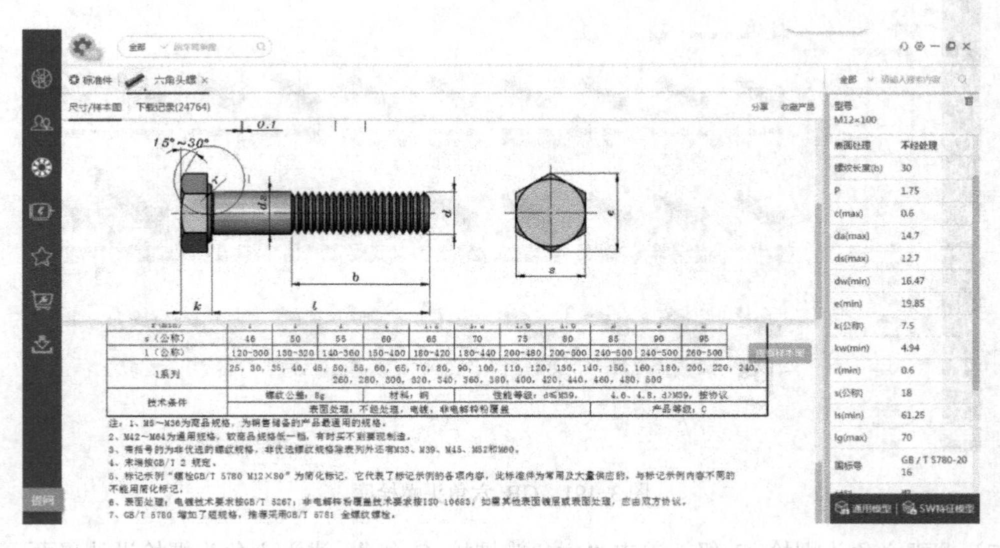

图 3-193　选择螺栓

10）导入 Creo。打开 Creo 5.0 软件，单击“打开”按钮，在打开的“文件打开”对话框中，“类型”选择“所有文件”，选择步骤 9）中保存的文件，即“GB/T 5780-2016[六角头螺栓 C 级 M12×100].step”，单击“导入”按钮，打开“导入新模型”对话框，在“类型”列表中单击“零件”单选按钮，如图 3-194 所示。

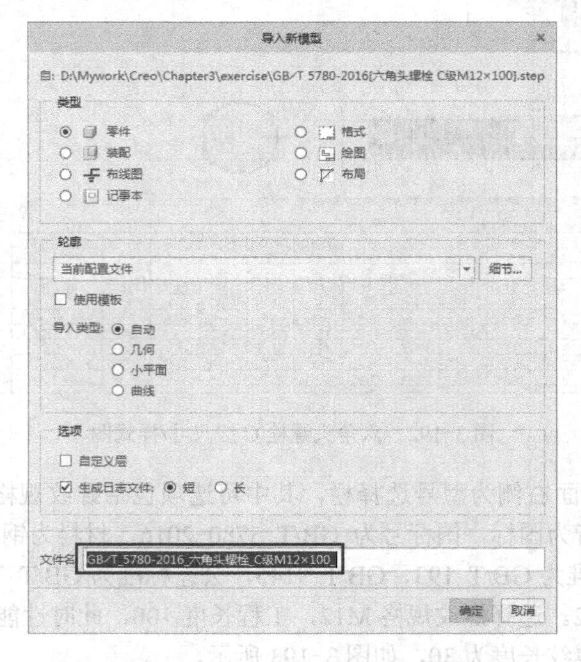

图 3-194　“导入新模型”对话框

11）生成零件。单击“导入新模型”对话框中的“确定”按钮，生成零件，如图 3-195

所示。单击“保存”按钮，保存为“gb/t_5780-2016_六角头螺栓_c 级 m12×100_.prt”文件。

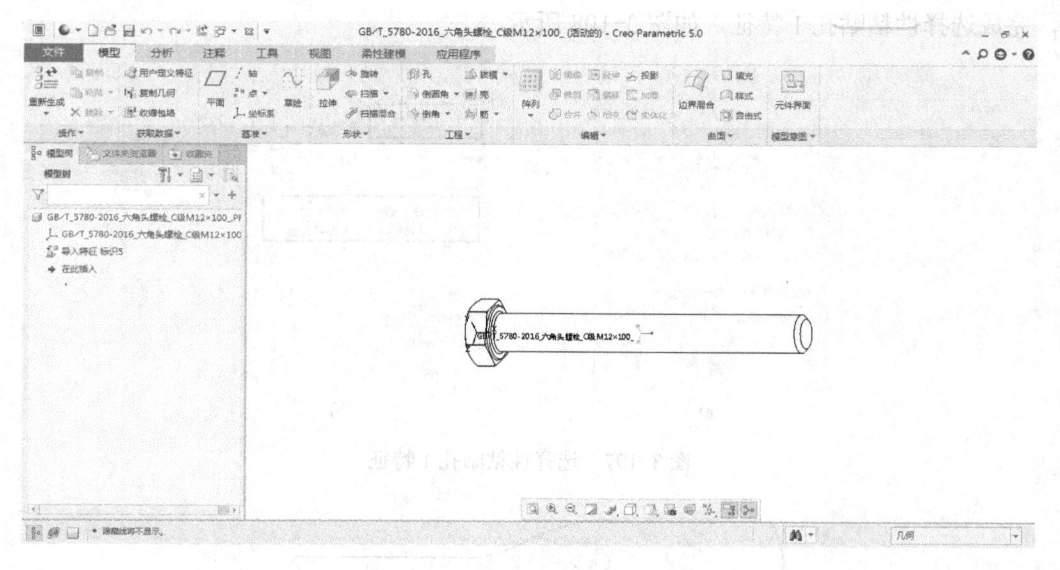

图 3-195 生成零件

3.3.2 特征的编辑

在建模过程中可以对特征进行复制、镜像和阵列等编辑操作，以便快速创建大量相同或类似的特征，还可以通过编辑修改、重定义、插入和重新排序等操作，以改变实体的整体状况。

操作视频：
例 3-14 粘贴性复制孔特征

【例 3-14】 粘贴性复制孔特征

1）设置目录。将工作目录设置为 D:\Mywork\Creo\Chapter3\ex-3-2，将配套资源 Exercise\Chapter3\ex-3-2 中的全部文件复制到该工作目录。

2）打开文件。单击“打开”按钮，打开“文件打开”对话框，选择 exec_3-14.prt，单击“打开”按钮，调入零件模型，如图 3-196 所示。

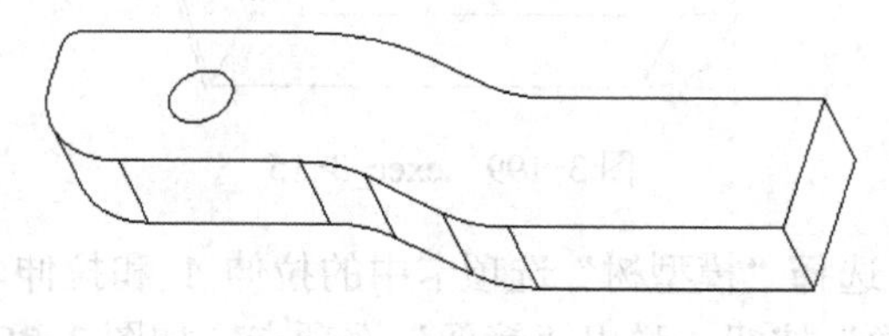

图 3-196 exec_3-14

3）复制粘贴孔 1 特征。选择“模型树”选项卡中的孔 1 特征，单击“模型”选项卡“操作”功能区中的“复制”按钮，此时“粘贴”和“选择性粘贴”按钮已被激活，单击“选择性粘贴”按钮，打开“选择性粘贴”对话框，如图 3-197a 所示，单击“确定”按钮，打开“孔”选项卡，在该选项卡中单击“放置”选项，再选择一个面放置孔，然后选择“曲面:F5（拉伸_1）”，拖动“偏移”按钮；选择“TOP:F2（基准平面）”，偏移距离为“50”；选择“RIGHT:F1（基准平面）”，偏移距离为“0”，如图 3-197b 所示，单击“应用并保存”按钮，完成选择性粘贴孔 1 特征，如图 3-198 所示。

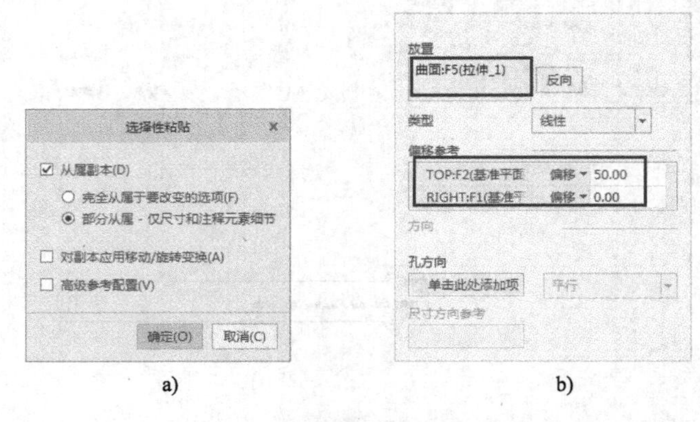

图 3-197　选择性粘贴孔 1 特征

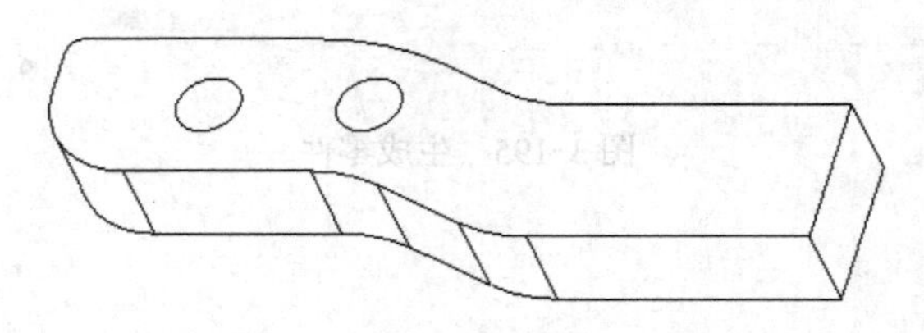

图 3-198　复制粘贴孔 1 特征

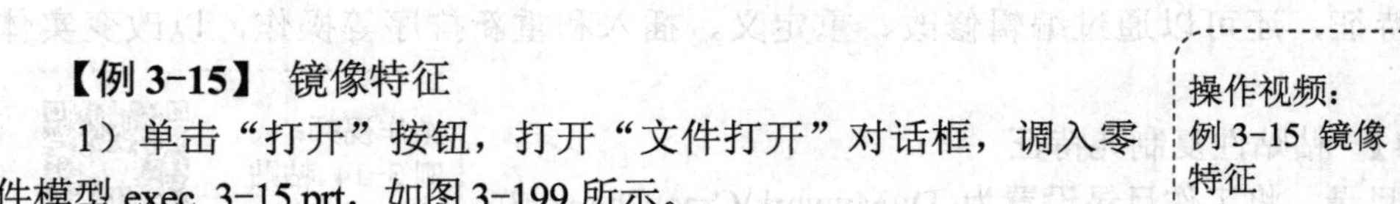

【例 3-15】 镜像特征

1）单击“打开”按钮，打开“文件打开”对话框，调入零件模型 exec_3-15.prt，如图 3-199 所示。

操作视频：
例 3-15 镜像特征

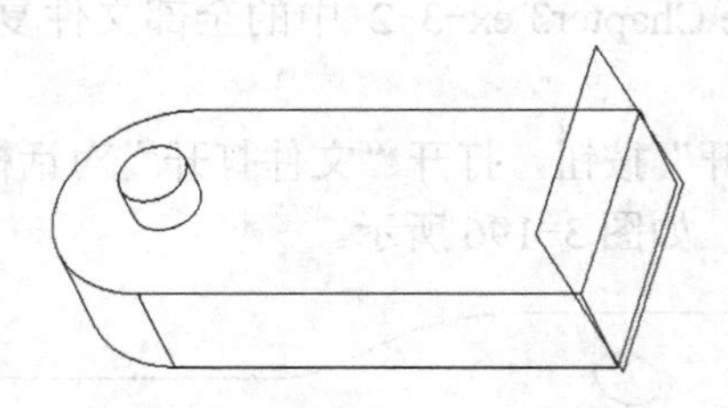

图 3-199　exec_3-15

2）按住〈Ctrl〉键，选择“模型树”选项卡中的拉伸 1 和拉伸 2，单击“模型”选项卡“编辑”功能区中的“镜像”按钮，弹出“镜像”选项卡，如图 3-200 所示。

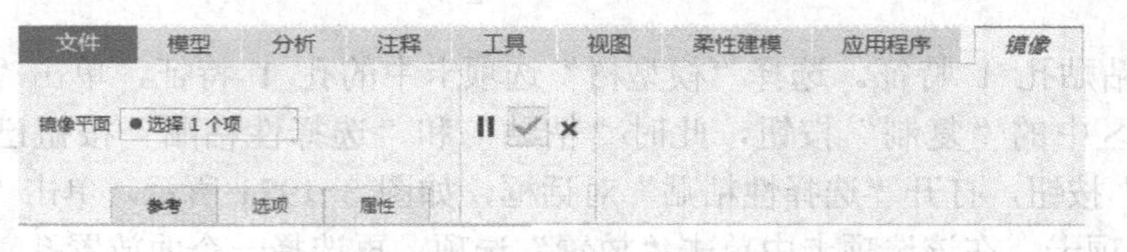

图 3-200　“镜像”选项卡

3）在操作区中选择 RIGHT 基准平面作为镜像平面，如图 3-201 所示。

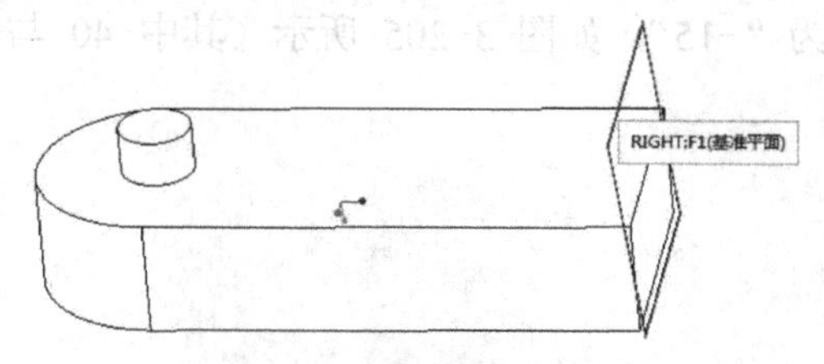

图 3-201　选取镜像基准平面

4）单击“应用并保存”按钮，完成镜像特征，如图 3-202 所示。

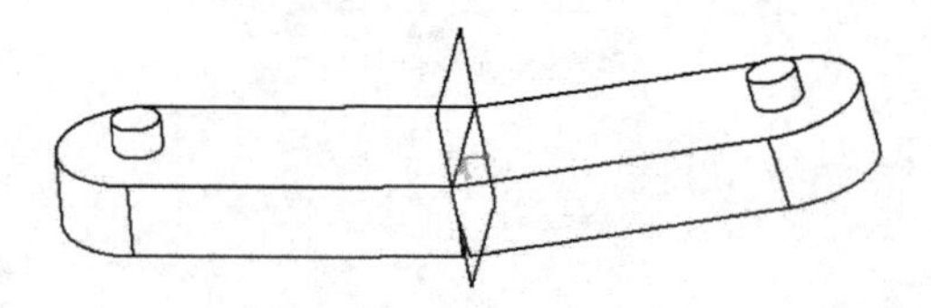

图 3-202　创建镜像特征

【例 3-16】 尺寸阵列

1）单击“打开”按钮，打开“文件打开”对话框，调入零件模型 exec_3-16.prt，如图 3-203 所示。

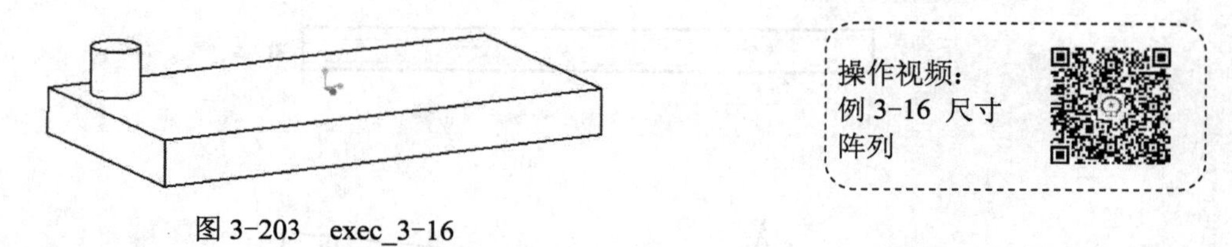

图 3-203　exec_3-16

2）选择“模型树”选项卡中的拉伸 2，再单击“模型”选项卡“编辑”功能区中的“阵列”按钮，打开“阵列”选项卡，进入阵列操作界面；单击“尺寸”选项，单击“方向 1”选项组中“尺寸”下方的“选择项”，如图 3-204a 所示；然后单击模型中的尺寸值“40”，如图 3-204b 所示，并将“增量”修改为“-40”，如图 3-204c 所示。

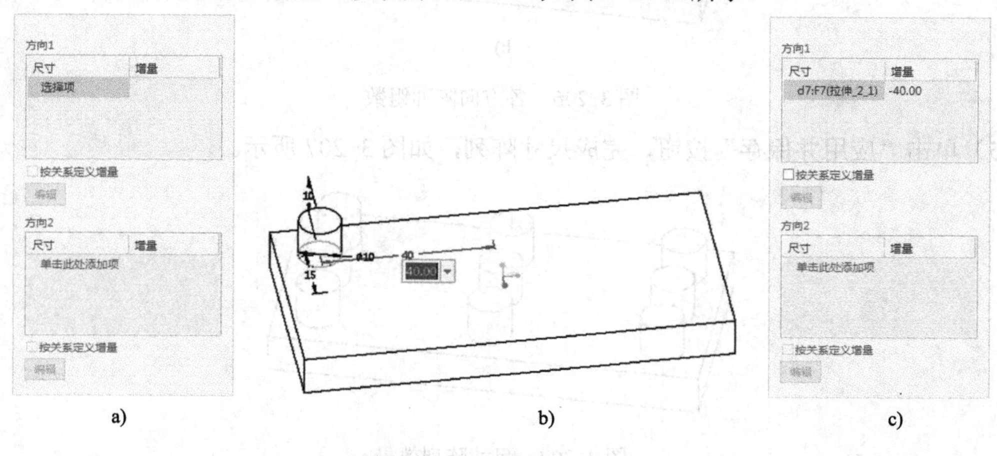

图 3-204　选择第一方向

3）单击“方向 2”选项组中“尺寸”下方的“选择项”，然后单击模型中的尺寸值“15”，并将“增量”修改为“-15”，如图 3-205 所示（其中-40 与-15 中的负号仅表示阵列方向）。

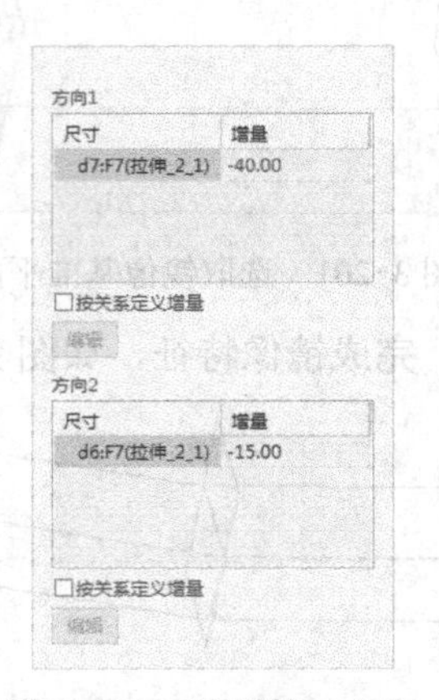

图 3-205　选择第二方向

4）在“阵列”选项卡中，在“1”文本框中输入“3”（表示沿着第一方向阵列 3 个），在“2”文本框中输入“3”（表示沿着第二方向阵列 3 个），如图 3-206 所示。

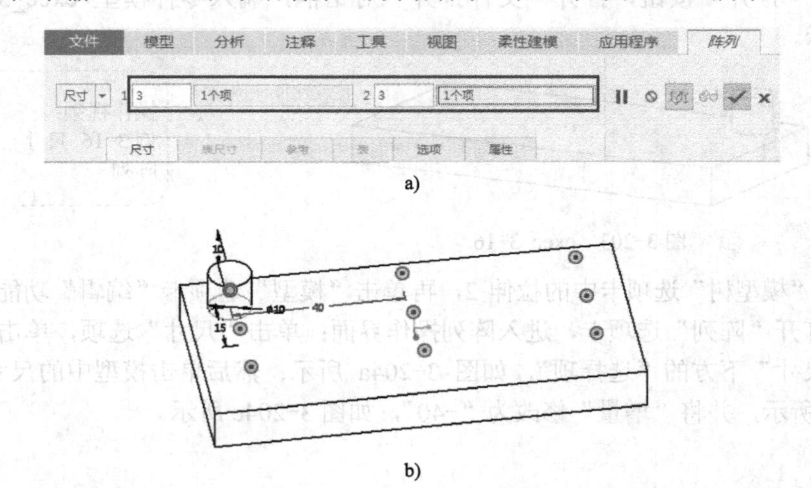

a)

b)

图 3-206　各方向阵列组数

5）单击“应用并保存”按钮，完成尺寸阵列，如图 3-207 所示。

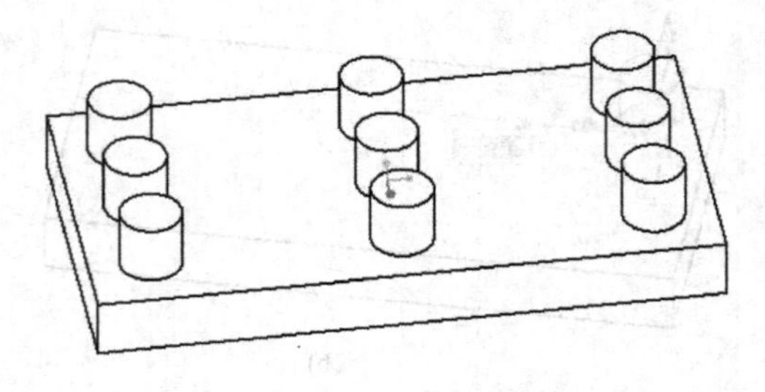

图 3-207　尺寸阵列效果

【例 3-17】 方向阵列

1）单击“打开”按钮，打开“文件打开”对话框，调入零件模型 exec_3-17.prt，如图 3-208 所示。

图 3-208　exec_3-17

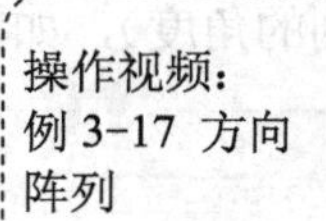

2）选择“模型树”选项卡中的旋转 1，单击“模型”选项卡“编辑”功能区中的“阵列”按钮，打开“阵列”选项卡，进入阵列操作界面，单击“尺寸”级联按钮，在弹出的下拉列表中选择“方向”，选择操作区中的草绘直线作为阵列方向。

3）在“阵列”选项卡中填写参数，在“1 条边”右侧的文本框中分别输入“5”（阵列数目）、“15”（每个阵列的间距），在“2”下拉列表框中选择“旋转阵列”，然后选择其中一条直线，最后在其后的文本框中分别输入“12”（阵列数目）、“30”（每个阵列的角度）。

4）单击“应用并保存”按钮，完成方向阵列，如图 3-209 所示。

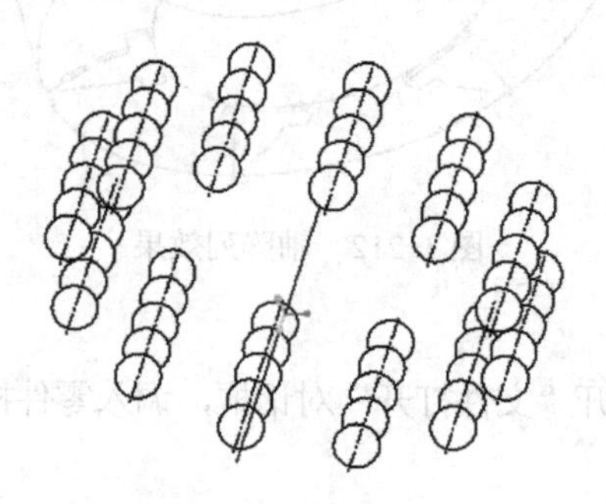

图 3-209　方向阵列效果

【例 3-18】 轴阵列

1）单击“打开”按钮，打开“文件打开”对话框，调入零件模型 exec_3-18.prt，如图 3-210 所示。

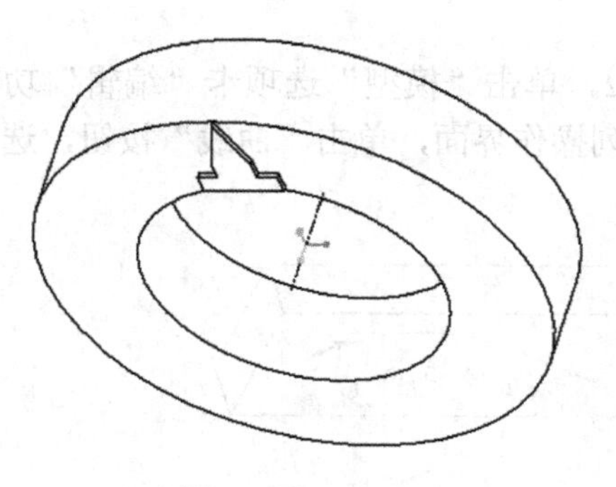

图 3-210　exec_3-18

2）选择“模型树”选项卡中的拉伸 2，再单击“模型”选项卡“编辑”功能区中“阵列”按钮，打开“阵列”选项卡，进入阵列操作界面，单击“轴”按钮，选择操作区的中心轴，作为旋转阵列的中心轴线。

3）在“阵列”选项卡中修改参数，在“1 个项”后的文本框中分别输入 6（阵列数目）、60（每个阵列的角度），如图 3-211 所示。

图 3-211 设置轴阵列参数

4）单击“应用并保存”按钮，完成轴阵列，如图 3-212 所示。

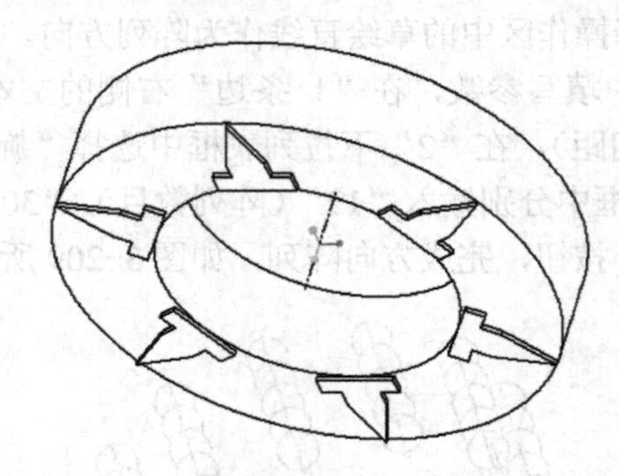

图 3-212 轴阵列效果

【例 3-19】 曲线阵列

1）单击“打开”按钮，打开“文件打开”对话框，调入零件模型 exec_3-19.prt，如图 3-213 所示。

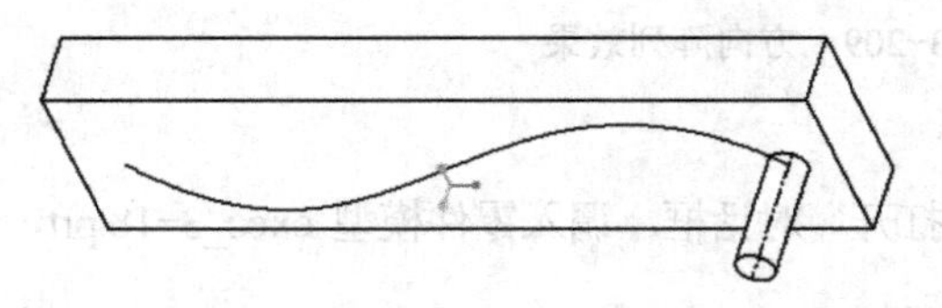

图 3-213 exec_3-19

操作视频：
例 3-19 曲线阵列

2）选择“模型树”选项卡中的拉伸 2，单击“模型”选项卡“编辑”功能区中的“阵列”按钮，打开“阵列”选项卡，进入阵列操作界面，单击“曲线”按钮，选择“草绘 1”作为阵列曲线，如图 3-214 所示。

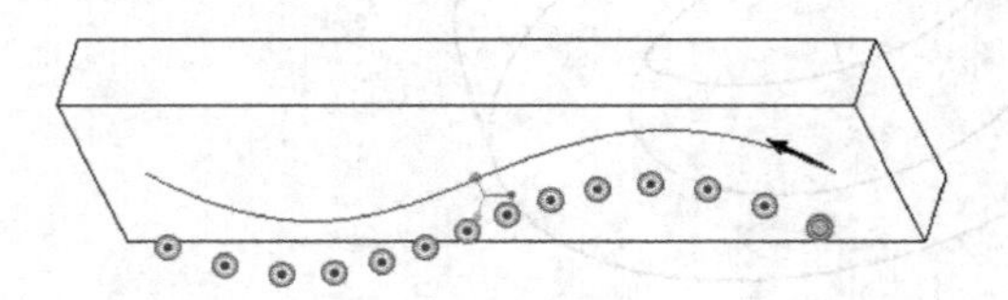

图 3-214 选取阵列参照曲线

3）单击“输入阵列成员之间的间距”按钮，并输入间距值“20”（见图 3-215a），或者单击“输入阵列成员间的数目”按钮，并输入数目为“10”（见图 3-215b），再单击“应用并保存”按钮完成曲线阵列。

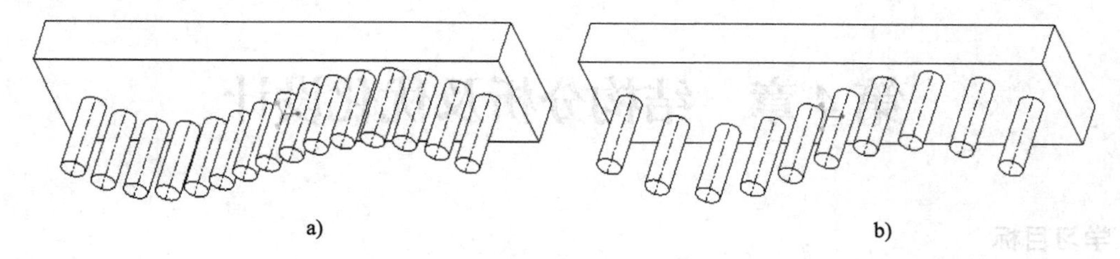

a) b)

图 3-215 曲线阵列效果

3.4 练习

将配套资源 Exercise\Chapter3\ex-3-3 中的全部文件复制到工作目录中，请读者参照以下练习文件的结果自行练习，如图 3-216～图 3-221 所示。

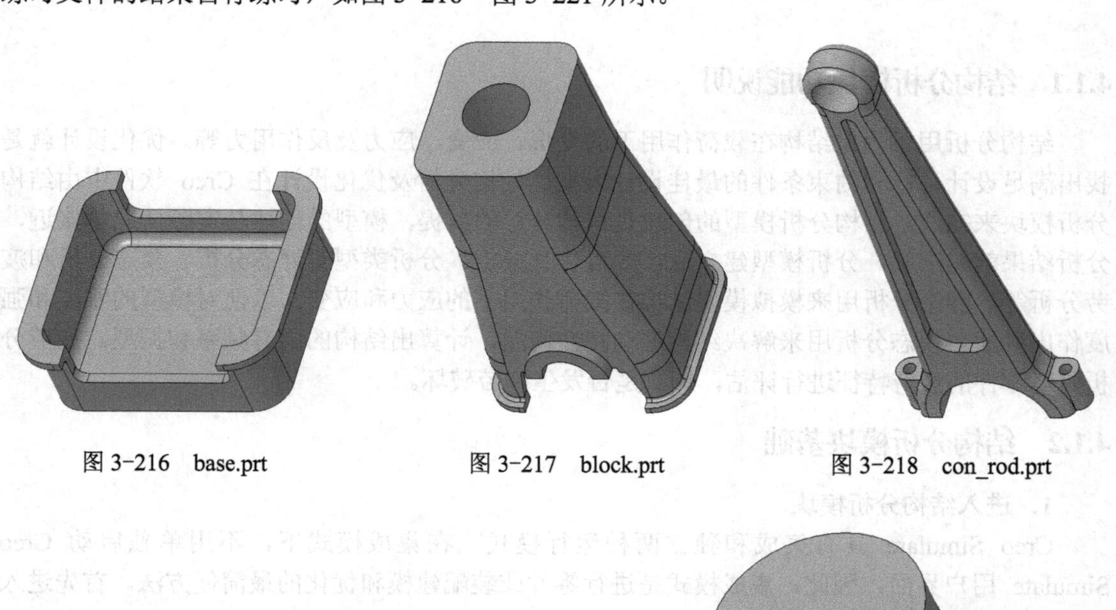

图 3-216 base.prt

图 3-217 block.prt

图 3-218 con_rod.prt

图 3-219 crank_shaft.prt

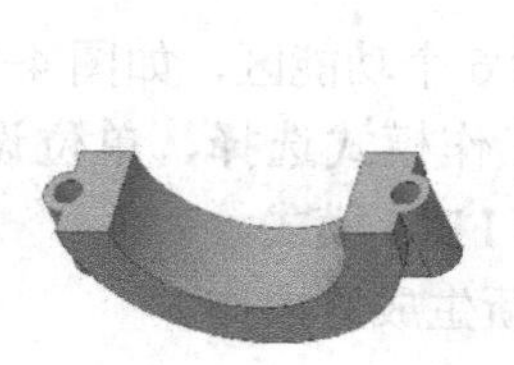

图 3-220 end_cap.prt

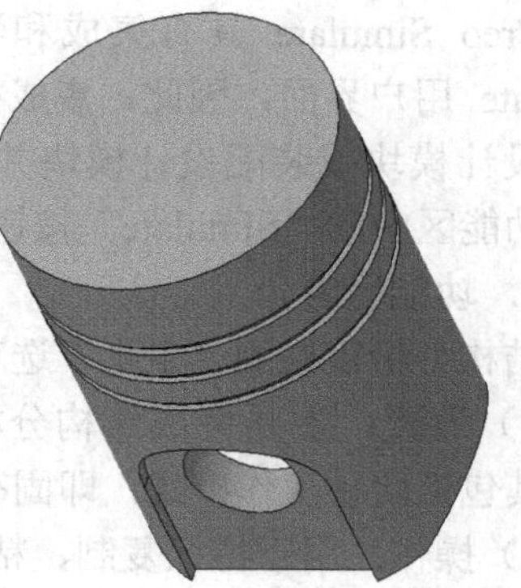

图 3-221 piston_head.prt

第4章　结构分析及优化设计

学习目标

通过本章的学习，读者可从以下几个方面进行自我评价。

● 了解结构分析模块的界面，掌握结构分析流程。

● 掌握结构分析建模工具的使用和建立结构分析模型的步骤和方法。

● 掌握模型分析的步骤及过程。

4.1　结构分析模块简介

4.1.1　结构分析模块功能说明

结构分析用于确定结构在载荷作用下的变形、应变、应力及反作用力等。优化设计就是找出满足设计目标和约束条件的最佳设计方案。结构分析及优化设计在 Creo 软件中由结构分析模块来完成。结构分析模型的创建是结构分析的前提，模型的创建与实际情况越接近，分析结果就越准确。分析模型建立后，即可进行分析。分析类型有静态分析、模态分析和疲劳分析等。静态分析用来模拟模型结构在载荷作用下的应力和应变，以便对模型的刚度和强度作出判断。模态分析用来解决结构振动特性问题，计算出结构的固有频率和振型。疲劳分析是对零件的疲劳特征进行评估，预测是否发生疲劳破坏。

4.1.2　结构分析模块基础

1．进入结构分析模块

Creo Simulate 具有集成和独立两种运行模式。在集成模式下，不用单独启动 Creo Simulate 用户界面，因此，集成模式是进行零件或装配建模和优化的最简便方法。首先进入零件设计模块或装配设计模块并完成几何模型的创建，然后单击“应用程序”选项卡“仿真”功能区中的“Simulate”按钮，进入分析界面，如图 4-1 所示。

2．功能区简介

结构分析模块的“主页”选项卡包括 6 个功能区，如图 4-2 所示，具体功能如下。

1）设置：主要完成结构分析模块工作模式选择、单位设置及分析时的当前坐标系设置。其包括两种工作模式，即固有模式和 FEM 模式。

2）操作：用于特征复制、粘贴与重新生成等操作。

3）载荷：用于施加结构承受的载荷。

4）约束：用于添加结构承受的约束条件。

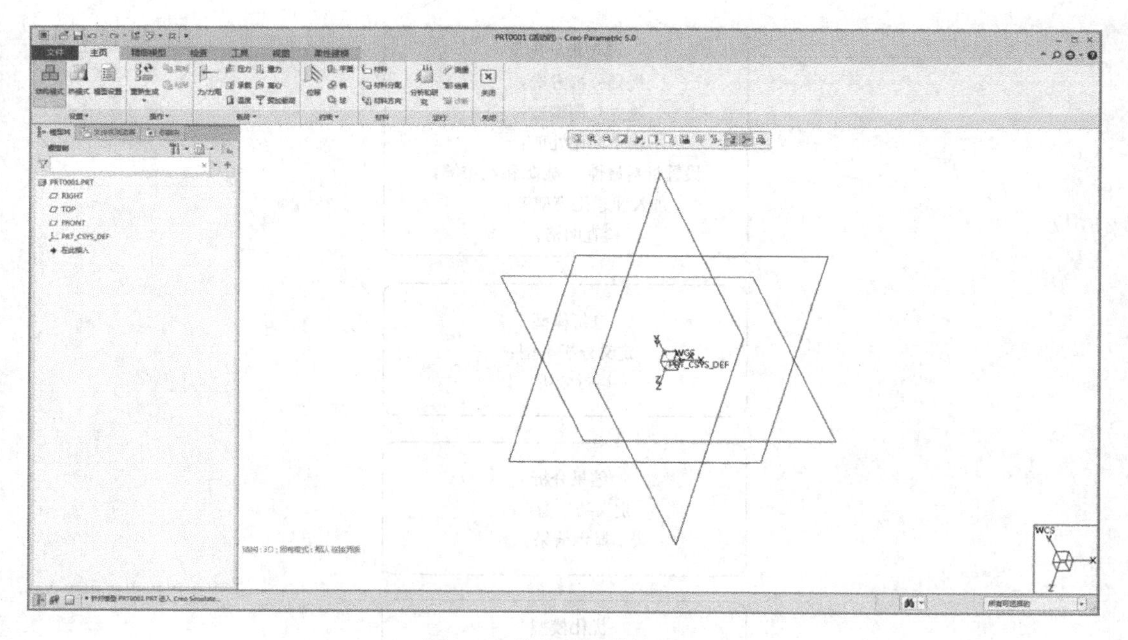

图 4-1　结构分析模块界面

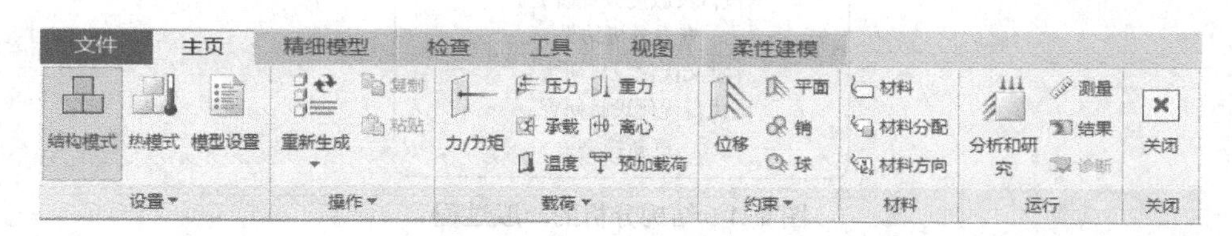

图 4-2　结构分析模块选项卡

5）材料：用于指定元件的材料及属性。

6）运行：建立分析、运行分析并获取结果。

结构分析模块的“精细模型”选项卡包括 7 个功能区，如图 4-3 所示，部分功能如下。

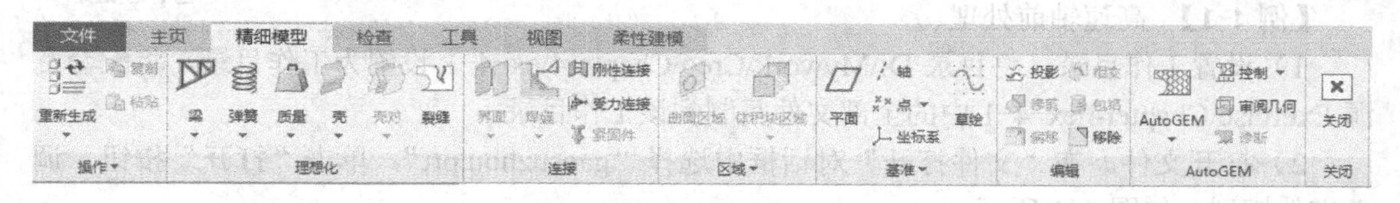

图 4-3　结构分析模块精细模型选项卡

1）理想化：主要定义理想化模型的各项属性。

2）连接：设置模型中特征或元件的连接方式。

3）区域：用于创建各种实体或曲面特征。

4）AutoGEM：用于创建有限元网络。

3．结构分析的一般过程

固有模式结构分析及优化的一般过程如图 4-4 所示。

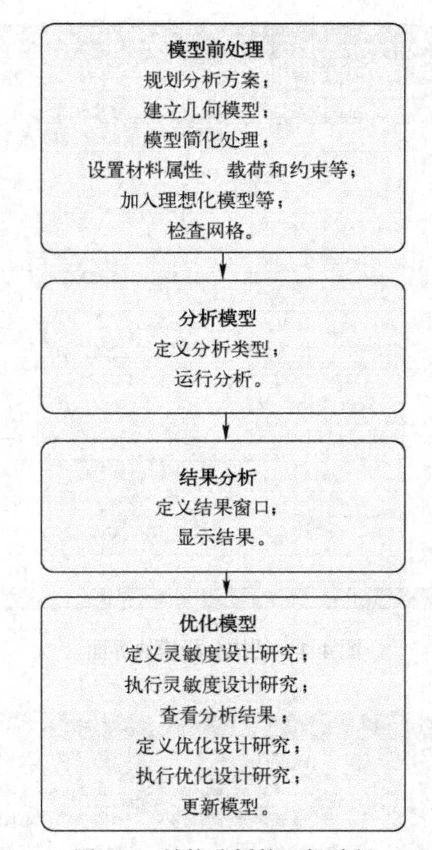

图 4-4　结构分析的一般过程

4.2　结构分析

4.2.1　建立结构分析模型

操作视频：
例 4-1 高速轴前处理

【例 4-1】 高速轴前处理

1）设置工作目录。将目录 D:\Mywork\Creo\Chapter4\ex-4-1 设置为工作目录，将配套资源 Exercise\Chapter4\ex-4-1 中的全部文件复制到该工作目录。

2）打开文件。在“文件打开”对话框中选择“gaosuzhou.prt”，单击“打开”按钮，调入零件模型，如图 4-5 所示。

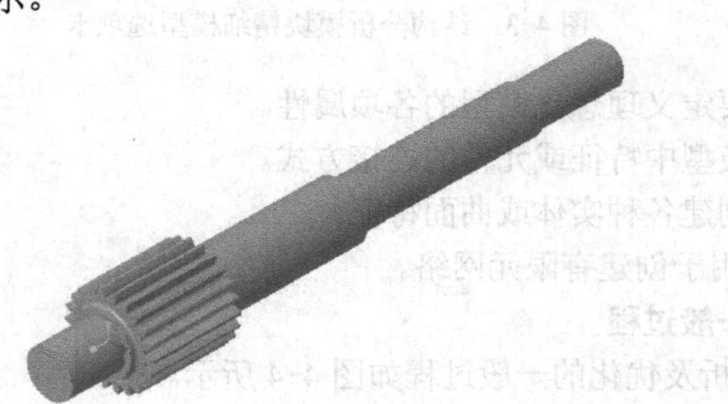

图 4-5　零件模型

3）单击“应用程序”选项卡“仿真”功能区中的“Simulate”按钮，进入到分析界面，系统默认选择“主页”选项卡“设置”功能区中的“结构模式”，激活结构分析模块。

1. 材料分配

1）单击“主页”选项卡“材料”功能区中的“材料分配”按钮，系统弹出“材料分配”对话框，如图 4-6 所示。单击“属性”选项组中“材料”选项右侧的“更多”按钮，系统弹出“材料”对话框，如图 4-7 所示。双击对话框“工具”列表中 Legacy-Materials 目录中的“steel. mtl”，右侧显示所选材料的“材料预览”，将其加载到“模型中的材料”列表框中。单击“确定”按钮，返回“材料分配”对话框，“STEEL”被添加到“材料”下拉列表框中。

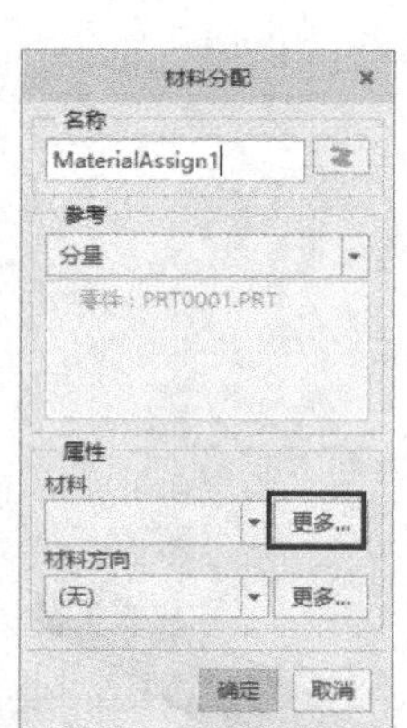

图 4-6 “材料分配”对话框

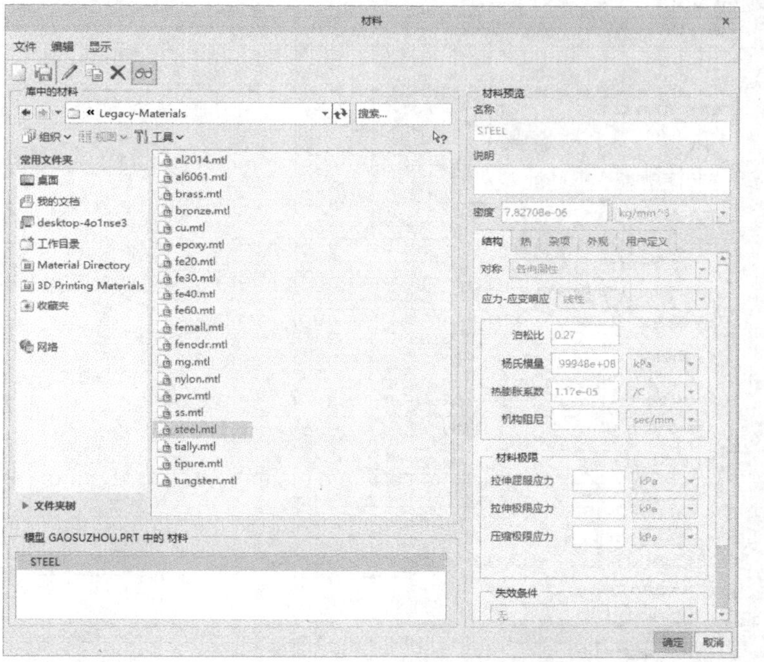

图 4-7 “材料”对话框

2）定义材料属性。再次打开“材料”对话框，在“模型中的材料”列表框中，选中“STEEL”选项，选择“编辑”→“属性”命令（或双击），系统弹出“材料定义”对话框；在“材料极限”选项组的“拉伸屈服应力”文本框中输入“355”，在其右侧下拉列表框中选择“MPa”选项；在“拉伸极限应力”文本框中输入“600”，在其右侧下拉列表框中选择“MPa”选项。在“失效条件”下拉列表框中选择“最大剪应力（Tresca）”选项；选择“疲劳”下拉列表框中的“统一材料法则（UML）”选项，在其下的“材料类型”下拉列表框中选择“含铁”选项，“表面粗糙度”下拉列表框中选择“热轧”选项，在“失效强度衰减因子”文本框中输入“2”，如图 4-8 所示。其他采用默认设置，单击“确定”按钮，确认材料疲劳特性参数的设置，完成材料属性的定义。

3）新建材料方向。单击“材料分配”对话框“材料方向”选项右侧的“更多”按钮，系统弹出“材料方向”对话框。单击“新建”按钮，系统弹出“材料方向”对话框；单击“坐标系”选项组中的“全局”按钮，在模型中选择当前坐标系作为参考坐标系；选择“材料方向 1”对应的“坐标系方向”为“X”，选择“材料方向 2”对应的“坐标系方向”为“Y”，选择“材料方向 3”对应的“坐标系方向”为“Z”，即定义了材料坐标系的三个方向；单击“确定”按钮，返回“材料方向”对话框；该材料方向已添加到材料方向列表框中，单击“确定”按钮，返回到“材料分配”对话框；再单击“确定”按钮，材料添加到模型中，同时关闭“材料分配”对话框，如图 4-9 所示。

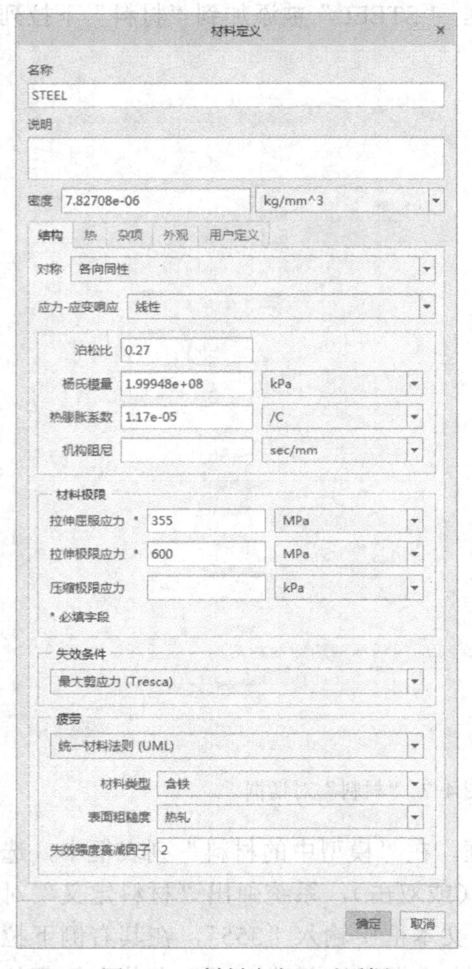

图 4-8 “材料定义”对话框

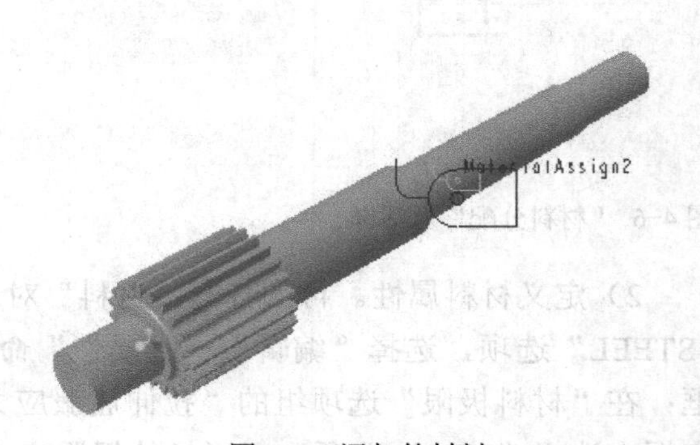

图 4-9 添加的材料

2. 创建约束

1）单击“主页”选项卡“约束”功能区中的“约束集”按钮，系统弹出“约束集”对话框；单击“新建”按钮，弹出“约束集定义”对话框，保持系统默认值，单击“确定”按钮，“ConstranintSet1”约束集被添加到列表框中，同时返回“约束集”对话框，单击“关闭”按钮，完成约束集的创建。

2）单击“主页”选项卡“约束”功能区中的“位移”按钮，系统弹出“约束”对话框，选择“参考”下拉列表框中的“边/曲线”选项，如图 4-10a 所示，在模型中选择两条边，如图 4-10b 所示。

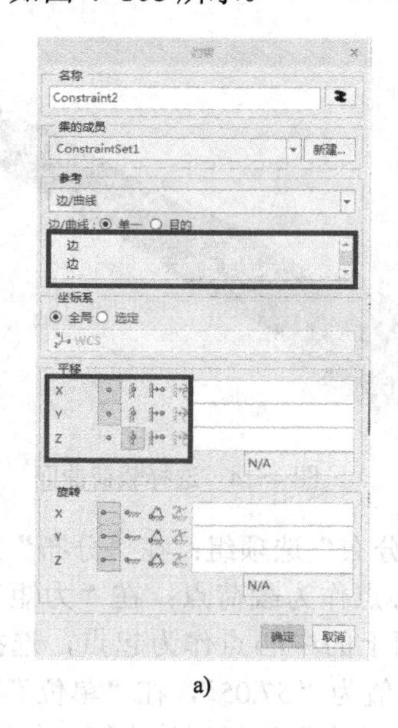

a)

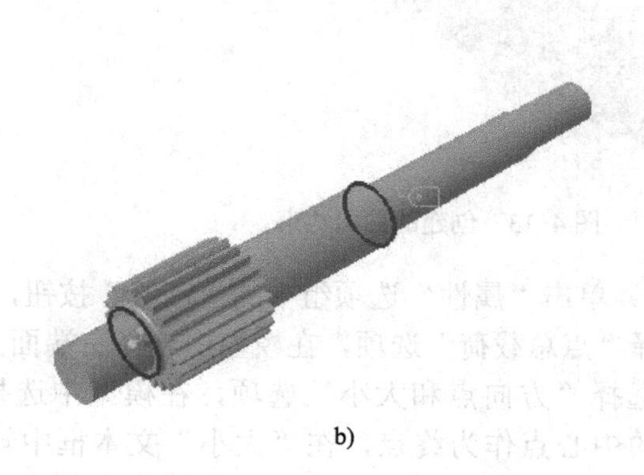

b)

图 4-10　选择约束边

a)“约束”对话框　b) 选择两条边

3）在“约束”对话框的“平移”选项组中，选中 X 轴的“自由”按钮，选中 Y 轴的“自由”按钮，选中 Z 轴的“固定”按钮，单击“确定”按钮，完成边约束的创建，如图 4-11 所示。

4）单击“主页”选项卡“约束”功能区中的“位移”按钮，系统弹出“约束”对话框。在“约束”对话框中，选择“参考”下拉列表框中的“曲面”选项，在模型中选择两个曲面，如图 4-12 所示。

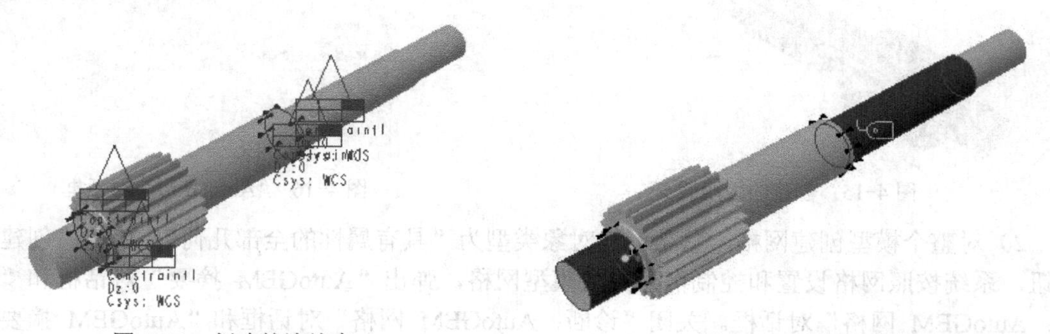

图 4-11　创建的边约束　　　　图 4-12　选择约束曲面

5）在“平移”选项组中，选中 X 轴的“固定”按钮，选中 Y 轴的“固定”按钮，选中 Z 轴的“自由”按钮，单击“确定”按钮，完成曲面约束的创建，如图 4-13 所示。

3．创建载荷

1）单击“主页”选项卡“载荷”功能区中的“力/力矩”按钮，系统弹出“力/力矩载荷”对话框。

2）在“参考”选项组中选择“曲面”，在模型中选择圆柱面（选第二个曲面时按住〈Ctrl〉键），选择的载荷曲面如图 4-14 所示。

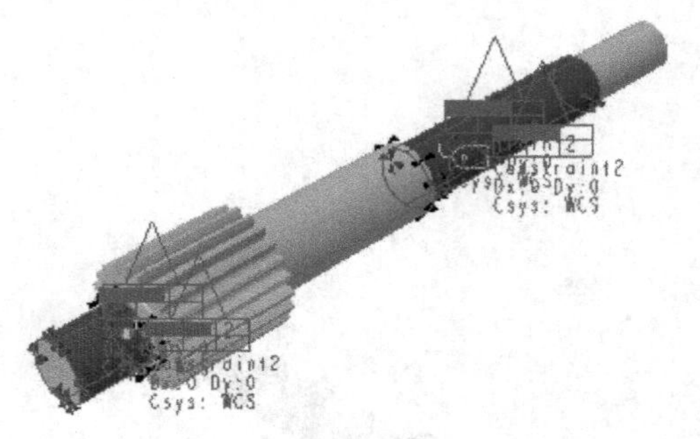

图 4-13　创建的曲面约束

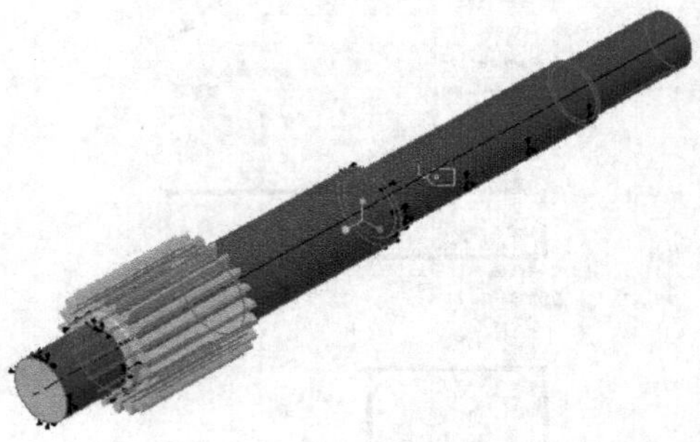

图 4-14　选择载荷曲面

3）单击“属性”选项组中的“高级”按钮，展开“分布”选项组；在“分布”选项组中选择“点总载荷”选项，在模型中选择左端面上的中心点作为载荷点；在“力矩”选项组中选择“方向点和大小”选项，在模型中选择左端面上的中心点作为起点，选择右端面上的中心点作为终点，在“大小”文本框中输入力矩值为“57.05”，在“单位”下拉列表框中选择“m N”（注：法定计量单位为 N·m），单击“确定”按钮添加力矩，如图 4-15 所示。

4．网格划分

1）单击“精细模型”选项卡“AutoGEM”功能区中的“AutoGEM”按钮，系统弹出“AutoGEM”对话框，如图 4-16 所示。

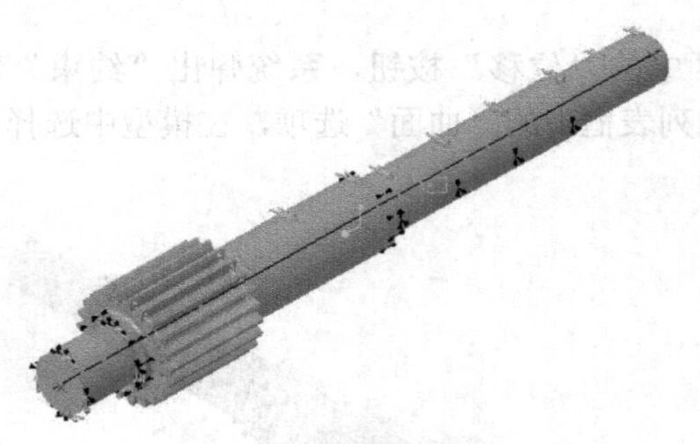

图 4-15　创建的力矩载荷

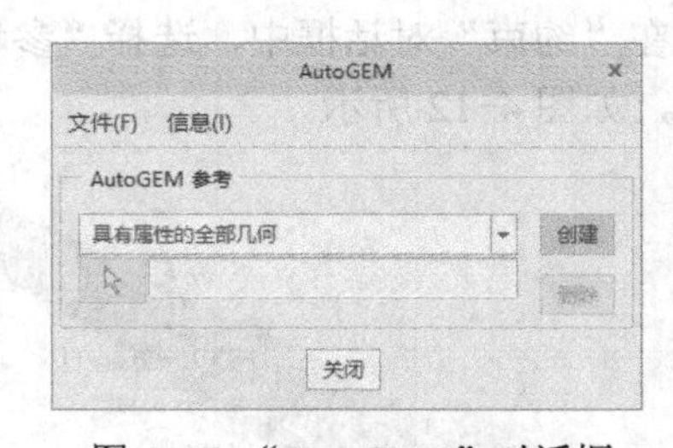

图 4-16　“AutoGEM”对话框

2）对整个模型创建网格，默认创建对象类型为“具有属性的全部几何”，单击“创建”按钮，系统按照网格设置和控制信息生成模型网格，弹出“AutoGEM 摘要”对话框和“诊断：AutoGEM 网格”对话框。关闭“诊断：AutoGEM 网格”对话框和“AutoGEM 摘要”对话框，返回“AutoGEM”对话框。自动生成的网格如图 4-17 所示。

3）在“AutoGEM”对话框中，单击“关闭”按钮，系统提示是否保存网格，选择“是”保存网格，准备分析使用。单击“AutoGEM”功能区中的“最大元素尺寸”按钮，打开“最大元素尺寸控制”对话框，在“参考”下拉列表框中选择“分量”选项；在“元素尺寸”选项组中的文本框中输入“10”，单位选择“mm”（根据实际需要自行选择），单击“确定”按钮，如图 4-18 所示。

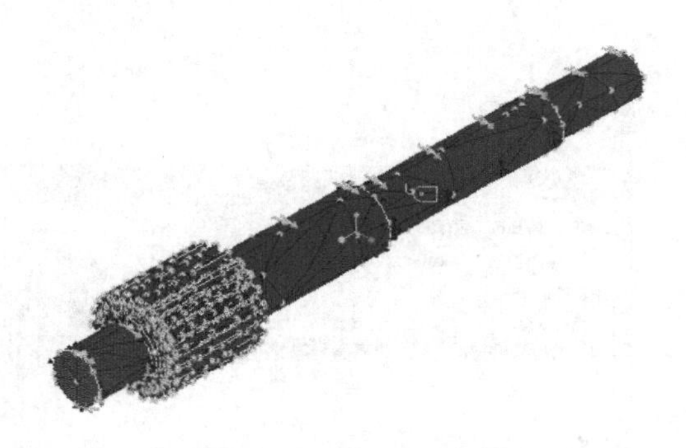

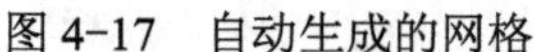

图 4-17　自动生成的网格

图 4-18　“最大元素尺寸控制”对话框

4）再单击“AutoGEM”功能区中的“AutoGEM”按钮，系统先后弹出两个“问题”对话框，均单击“是”按钮，覆盖以前的网格，系统按照网格设置和控制信息生成模型网格。关闭后续弹出的对话框，并保存网络，其生成的新网格如图 4-19 所示。

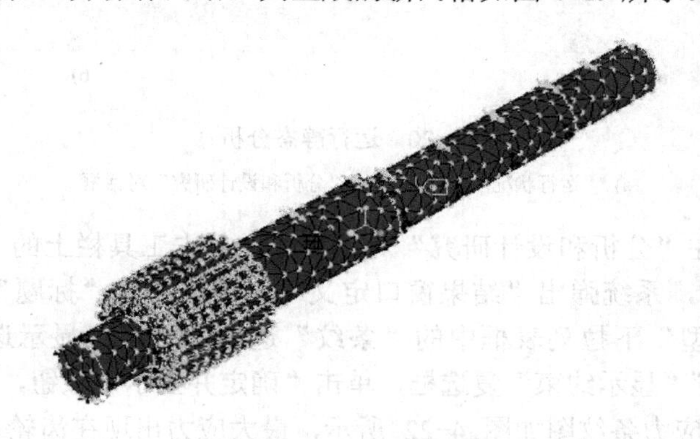

图 4-19　新生成的网格

4.2.2　结构分析研究

操作视频：
例 4-2 高速轴
结构分析

【例 4-2】 高速轴结构分析

1．静态分析

1）建立静态分析。单击“主页”选项卡“运行”功能区中的“分析和研究”按钮，系统弹出“分析和设计研究”对话框；在该对话框中选择“文件”→“新建静态分析”命令，系统弹出“静态分析定义”对话框；在“静态分析定义”对话框中，选中“约束集/元件”列表框中的“ConstraintSet1”选项，选中“载荷集/元件”列表框中的“LoadSet1”选项，其他选项为系统默认值，单击“确定”按钮，若完成静态分析的建立。

2）运行静态分析。在“分析和设计研究”对话框中选择“运行”→“开始”命令，或单击工具栏上的“开始”按钮，系统弹出“问题”对话框，单击“是”按钮，系统开始进行分析。系统运行完成后会弹出“运行状况”对话框，如图 4-20a 所示，关闭“运行状况”对话框，完成分析后的分析和设计研究，如图 4-20b 所示。

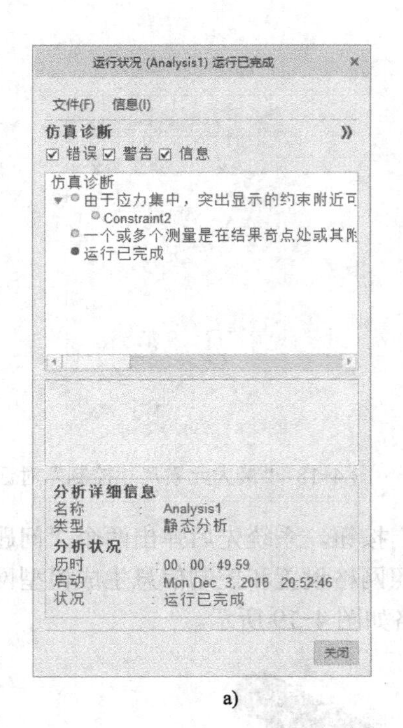

a)

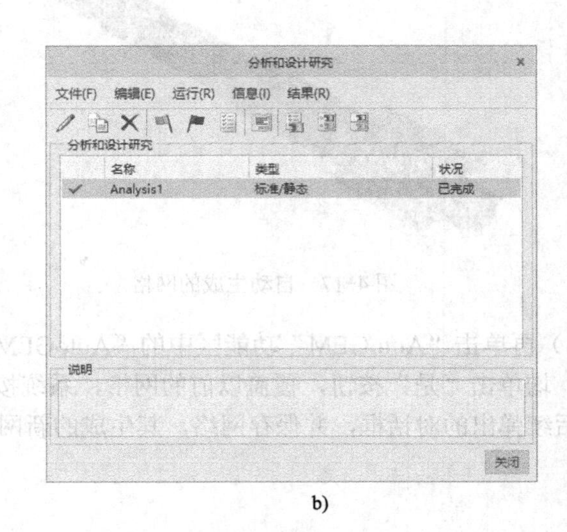

b)

图 4-20 运行静态分析

a) “运行状况”对话框 b) “分析和设计研究”对话框

3）获取结果。在“分析和设计研究”对话框中，单击工具栏上的“查看设计研究或有限元分析结果”按钮，系统弹出“结果窗口定义”对话框。在“标题”文本框中输入“应力”，选择“显示类型”下拉列表框中的“条纹”选项；打开“显示选项”选项卡，选中“已变形”“显示载荷”“显示约束”复选框，单击“确定并显示”按钮，如图 4-21 所示。打开“Simulate 结果”应力条纹图如图 4-22 所示，最大应力出现在齿轮左侧定位轴肩处，应力值为 11.61MPa，低于材料屈服应力，满足设计要求。

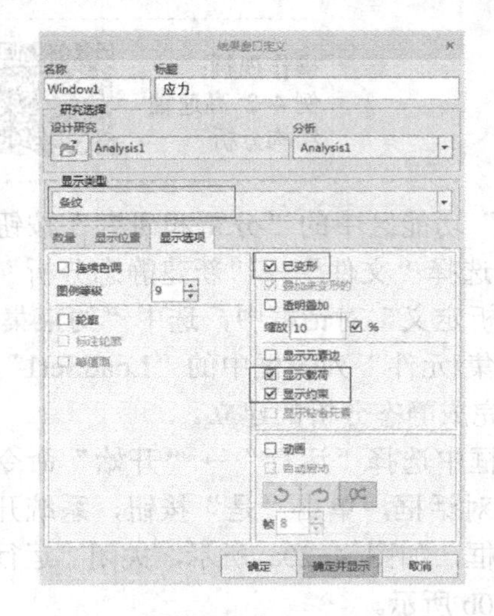

图 4-21 “结果窗口定义”对话框

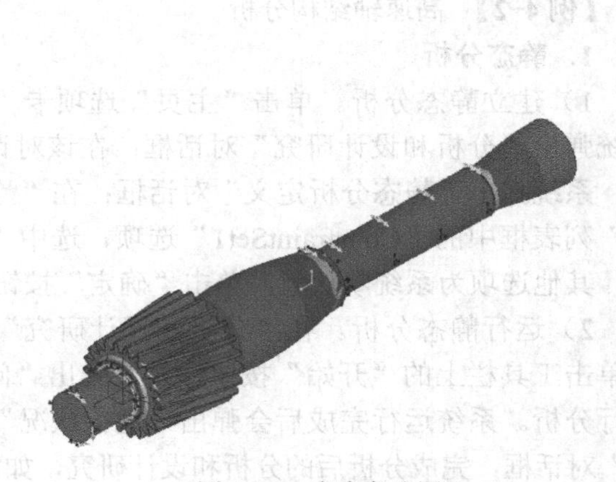

图 4-22 应力条纹图

关闭“Simulate 结果”窗口。在“分析和设计研究”对话框中，单击工具栏上的“查看设计研究或有限元分析结果”按钮，系统弹出“结果窗口定义”对话框。在“标题”文本框中输入“应变”，选择“显示类型”下拉列表框中的“图形”选项；在“数量”选项卡中，选择“应变”选项，单击“图形位置”选项组中的“选择位置”按钮，系统弹出“Simulate 结果”窗口，选择应力集中所在的边，如图 4-23 所示。

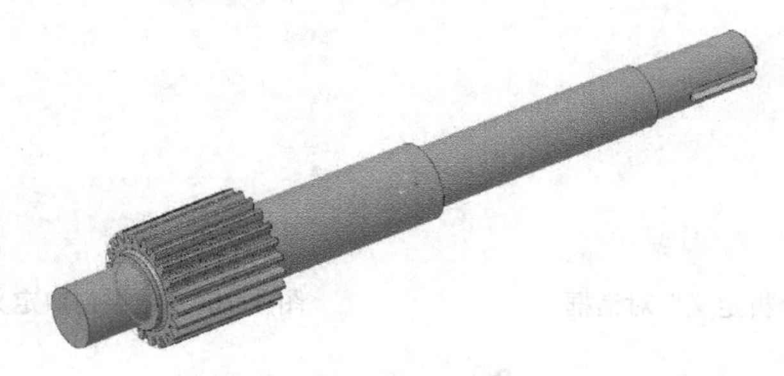

图 4-23　选取应力集中所在的边

在“选取”对话框中单击“确定”按钮，返回“结果窗口定义”对话框，单击“确定并显示”按钮，应变曲线图如图 4-24 所示。

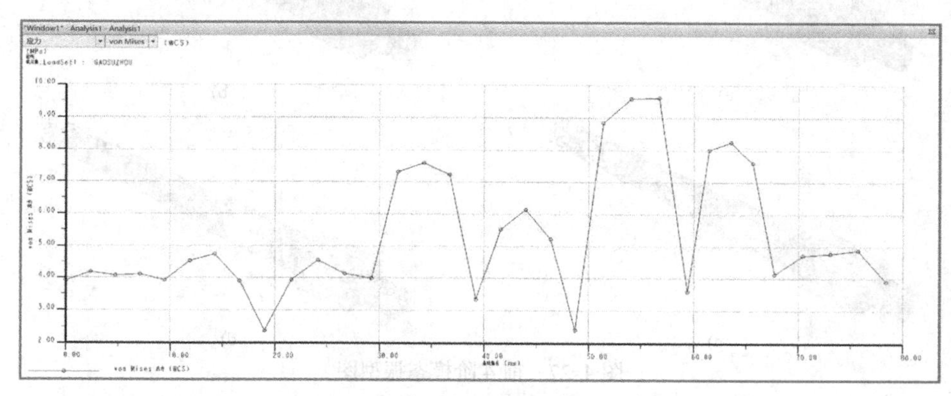

图 4-24　应变曲线图

2. 模态分析

1）建立模态分析。单击“主页”选项卡“运行”功能区中的“分析和研究”按钮，系统弹出“分析和设计研究”对话框；在该对话框中选择“文件”→“新建模态分析”命令，系统弹出“模态分析定义”对话框，在“模式”选项卡中选中“模式数”单选按钮，在“模式数”和“最小频率”文本框中分别输入“8”和“30”，如图 4-25 所示。选中“输出”选项卡中“计算”选项组的“旋转”“反作用”复选框，其他选项为默认值，单击“确定”按钮，返回“分析和设计研究”对话框，完成模态分析的创建。

2）运行模态分析。操作如静态分析，直至完成模态分析运算。

3）获取结果。在“分析和设计研究”对话框中，单击工具栏上的“查看设计研究或有限元分析结果”按钮，系统弹出“结果窗口定义”对话框，如图 4-26 所示；在“研究选择”选项组中选中“模式 1”选项，单击“确定并显示”按钮，系统弹出如图 4-27a 所示的 1 阶模态图。重复操作步骤输出其余模态振型图，如图 4-27 所示。

图 4-25 “模态分析定义”对话框

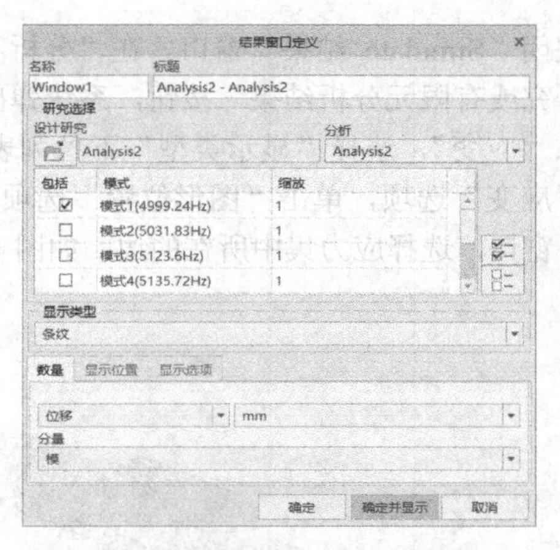

图 4-26 “结果窗口定义”对话框

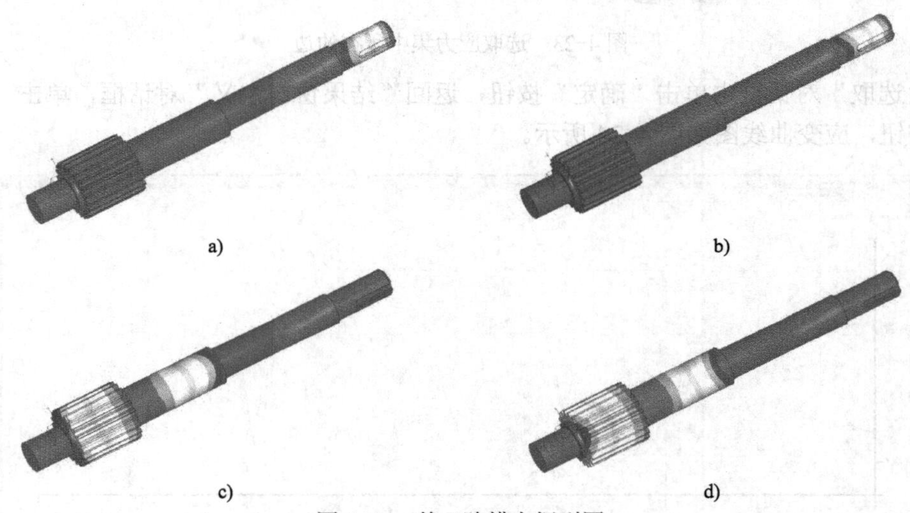

图 4-27 前 4 阶模态振型图

a) 1 阶模态 b) 2 阶模态 c) 3 阶模态 d) 4 阶模态

在“结果窗口定义”对话框“显示类型”下拉列表中选择“图形”选项，选择 1 阶模态下变形最大处曲线，单击“确定并显示”按钮，系统弹出变形曲线，如图 4-28 所示。

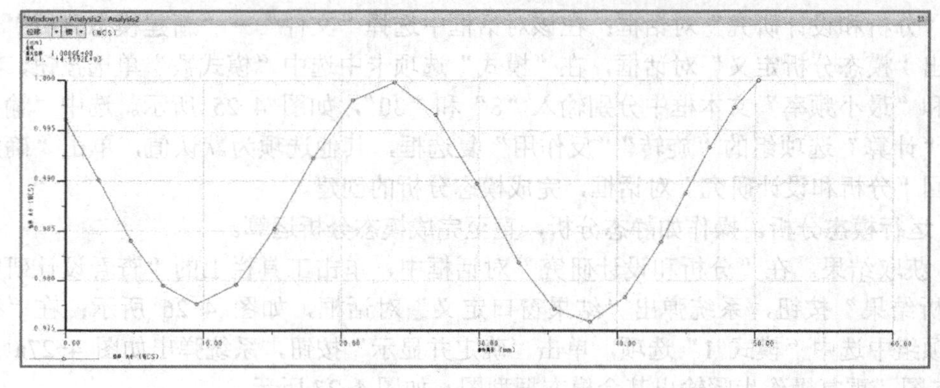

图 4-28 变形曲线

3. 疲劳分析

1）建立疲劳分析。单击“主页”选项卡“运行”功能区中的“分析和设计研究”按钮，系统弹出“分析和设计研究”对话框；在该对话框中选择“文件”→“新建疲劳分析”命令，系统弹出“疲劳分析定义”对话框，选择“载荷历史”选项卡，在“寿命”选项组的“所需强度”文本框中输入“1000000”，在“输出”选项组中设置“绘制栅格”为“8”，选中“计算安全因子”复选框，如图 4-29 所示；单击“确定”按钮，完成疲劳分析的创建。

图 4-29 “疲劳分析定义”对话框

2）运行疲劳分析。操作如静态分析，直至完成疲劳分析运算。

3）获取结果。在“分析和设计研究”对话框中，单击工具栏上的“查看设计研究或有限元分析结果”按钮，系统弹出“结果窗口定义”对话框；在“标题”文本框中输入“疲劳分析”，打开“数量”选项卡，在“分量”下拉列表框中选择“仅点”选项，单击“确定并显示”按钮，输出结果如图 4-30 所示。

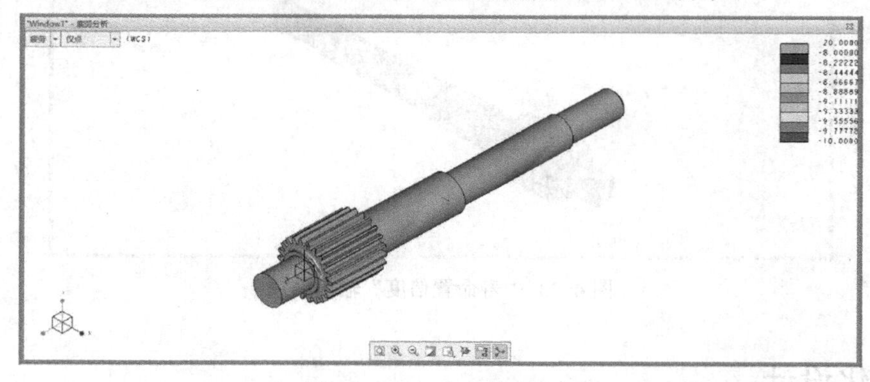

图 4-30 “仅点”输出结果

重复步骤 3），在“分量”下拉列表框中选择“对数破坏”选项，单击“确定并显示”按钮，输出结果如图 4-31 所示。

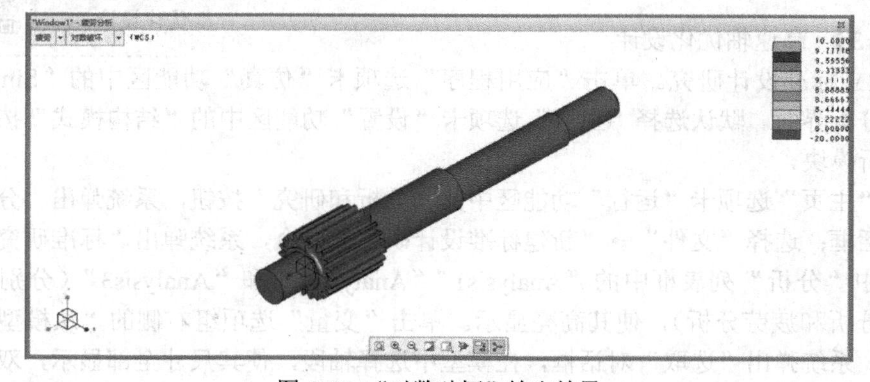

图 4-31 “对数破坏”输出结果

重复步骤 3），在“分量”下拉列表框中选择“安全因子”选项，单击“确定并显示”

按钮，输出结果如图 4-32 所示。

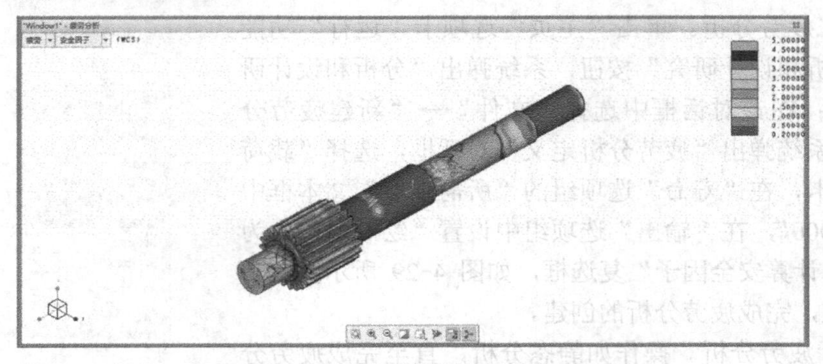

图 4-32 “安全因子”输出结果

重复步骤 3)，在“分量”下拉列表框中选择“寿命置信度”选项，单击“确定并显示”按钮，输出结果如图 4-33 所示。

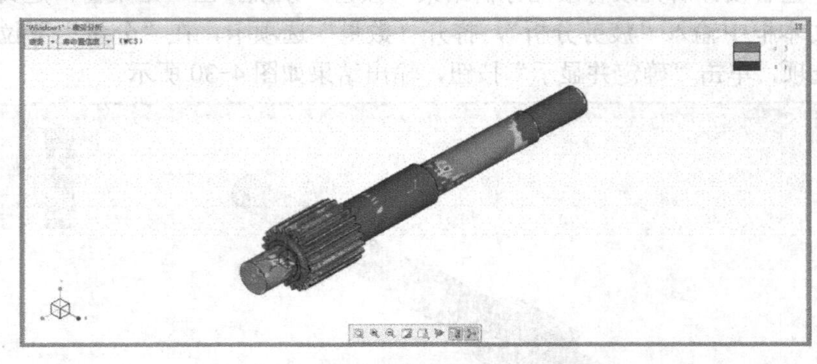

图 4-33 “寿命置信度”输出结果

4.3 优化设计

4.3.1 标准设计研究

操作视频：
例 4-3 高速轴优化设计

【例 4-3】 高速轴优化设计

1）建立标准设计研究。单击“应用程序”选项卡“仿真”功能区中的“Simulate”按钮，进入分析界面。默认选择“主页”选项卡“设置”功能区中的“结构模式”按钮，并进入结构分析模块。

单击“主页”选项卡“运行”功能区中的“分析和研究”按钮，系统弹出“分析和设计研究”对话框；选择“文件”→“新建标准设计研究”命令，系统弹出“标准研究定义”对话框；选中“分析”列表框中的“Analysis1”“Analysis2”和“Analysis3”（分别为静态分析、模态分析和疲劳分析），使其高亮显示。单击“变量”选项组右侧的“从模型中选择尺寸”按钮，系统弹出“选取”对话框，在模型中选择轴段，使其尺寸全部显示，双击轴径尺寸“ϕ25”，系统自动返回“标准研究定义”对话框，如图 4-34、图 4-35 所示。在“研究定义”对话框的“变量”选项组中，“变量”栏“d131”对应的“设置”文本框中输入“20”，其他选项为系统默认值，如图 4-35 所示；单击“确定”按钮，返回“分析和设计研究”对话框，完成标准设计研究的创建。

注意：“Analysis1”“Analysis2”和“Analysis3”在原模型中已经建好，其创建过程参照静态分析、模态分析和疲劳分析创建的相关内容。

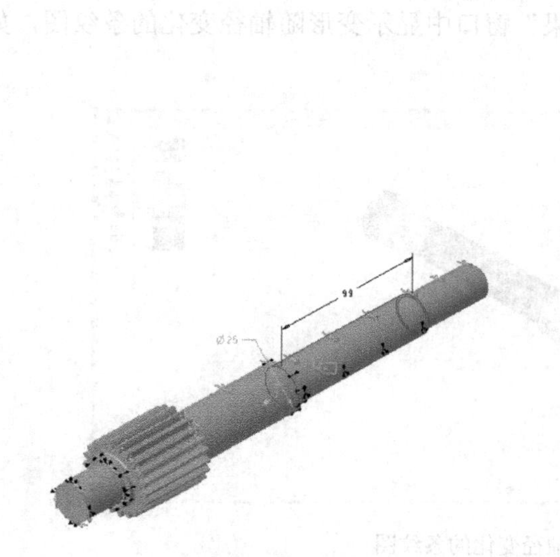

图 4-34　选取的尺寸

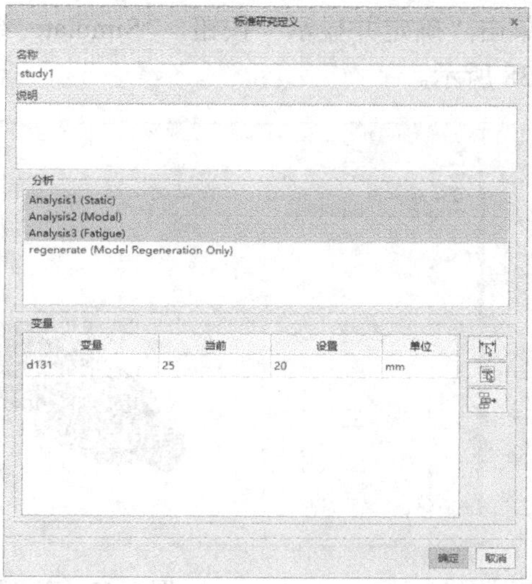

4-35 “标准研究定义”对话框

2）运行标准设计研究。在“分析和设计研究”对话框中，选中刚创建的“Study1”，选择“运行”→“开始”命令，或单击工具栏上的“开始”按钮，系统弹出“问题”对话框，单击“是”按钮，系统开始进行分析，系统运行完成后会弹出“运行状况”对话框，如图 4-36 所示。关闭“运行状况”对话框，分析后的“分析和设计研究”对话框如图 4-37 所示。

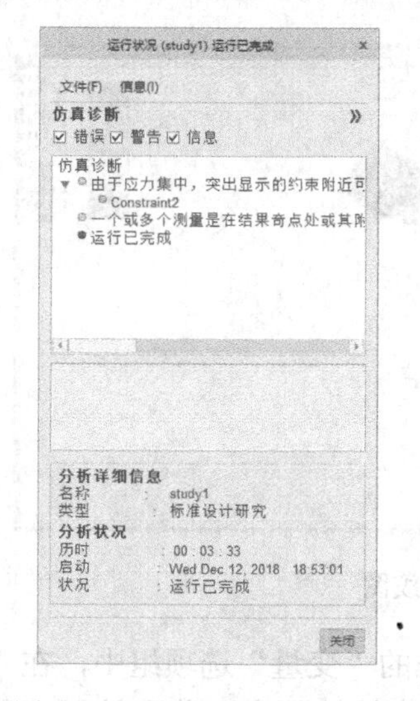

图 4-36 “运行状况”对话框

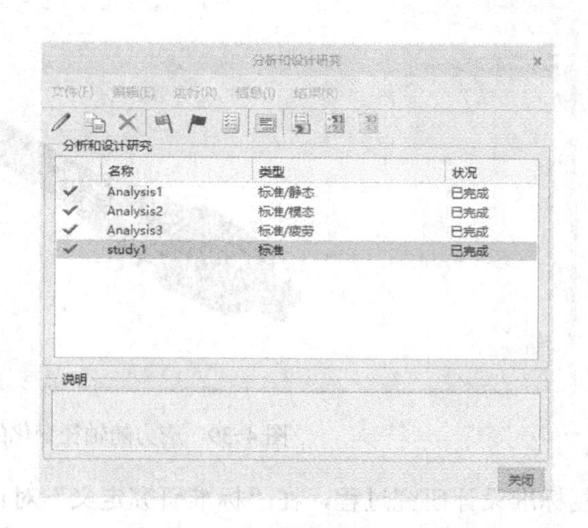

图 4-37 “分析和设计研究”对话框

3）获取结果。在“分析和设计研究”对话框中，单击工具栏上的“查看设计研究或有限元分析结果”按钮，系统弹出“结果窗口定义”对话框；选择“显示类型”下拉列表框中的“条纹”选项，打开“数量”选项卡，选中下拉列表框中的“位移”选项，单位选择其右侧下拉列表框中的“mm”选项，选择“分量”下拉列表框中的“模”选项；打开“显示选项”选项卡，选中“已变形”“显示载荷”和“显示约束”复选框，其他选择为系统默认值，单击“确定并显示”按钮，“Simulate 结果”窗口中显示变形随轴径变化的条纹图，如图 4-38 所示。

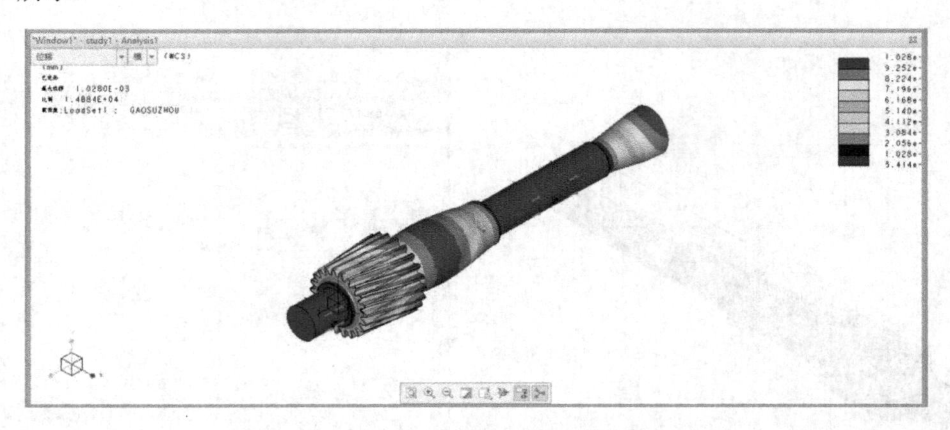

图 4-38　变形随轴径变化的条纹图

在“Simulate 结果”窗口中，单击“主页”选项卡“窗口定义”功能区中的“编辑”按钮，系统弹出“结果窗口定义”对话框，打开“数量”选项卡，选择下拉列表框中的“应力”选项，选择其右侧下拉列表框中的“MPa”选项，选择“分量”下拉列表框中的“von Mises”选项，其他选择为系统默认，单击“确定并显示”按钮，“Simulate 结果”窗口中显示应力随轴径变化的条纹图，如图 4-39 所示。

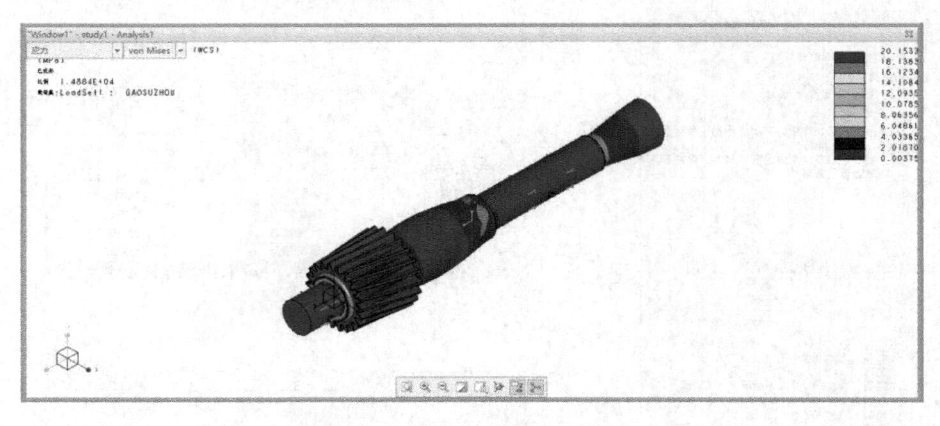

图 4-39　应力随轴径变化的条纹图

重复标准设计研究过程，在“标准研究定义”对话框的“变量”选项组中，在“变量”栏“d131”对应的“设置”文本框中输入“30”，运行标准设计研究，获取结果。最终变形随轴径变化的条纹图如图 4-40 所示，最终应力随轴径变化的条纹图如图 4-41 所示。

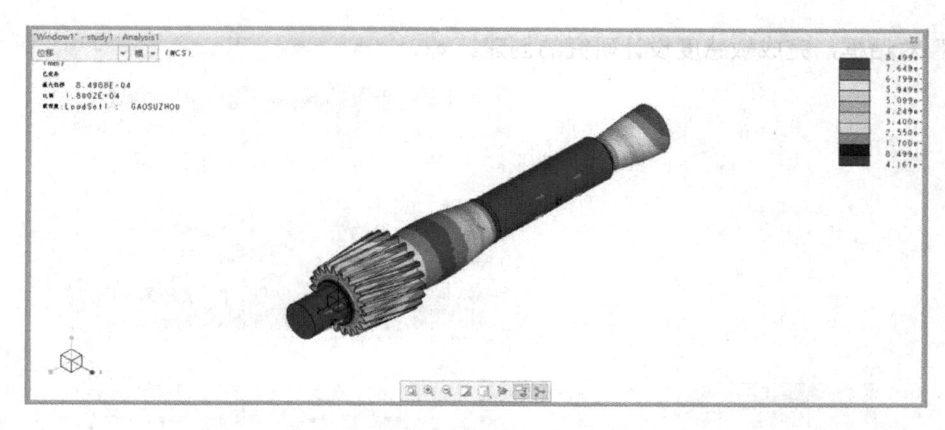

图 4-40　最终变形随轴径变化的条纹图

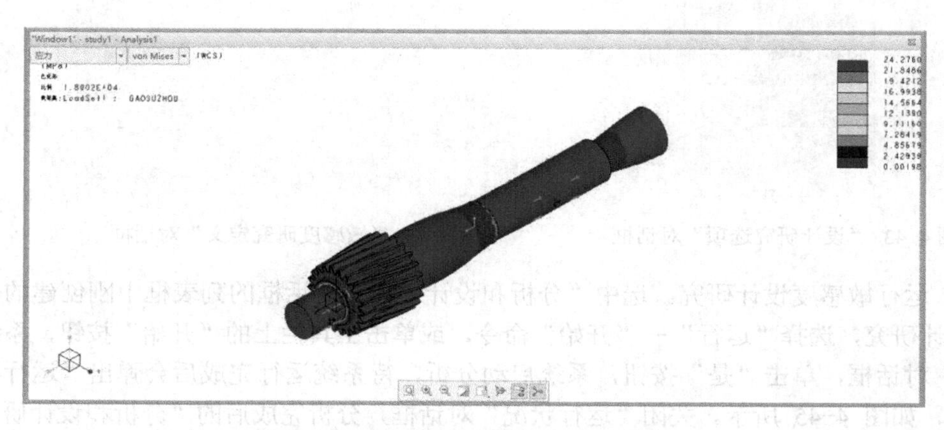

图 4-41　最终应力随轴径变化的条纹图

4.3.2　敏感度分析研究

1）建立敏感度设计研究。单击“主页”选项卡“运行”功能区中的“分析和研究”按钮，系统弹出“分析和设计研究”对话框；选择“文件”→“新建敏感度设计研究”命令，系统弹出“敏感度研究定义”对话框；选中“分析”列表框中的“Analysis1”“Analysis2”和“Analysis3”（分别为静态分析、模态分析和疲劳分析），使其高亮显示；单击“变量”选项组右侧的“从模型中选择尺寸”按钮，系统弹出“选取”对话框，在模型中选择轴段，使其尺寸全部显示，双击轴径尺寸“ϕ25”，如图 4-42 所示，系统自动返回“敏感度研究定义”对话框；单击“选项”按钮，系统弹出“设计研究选项”对话框，选中“重复 P 环收敛”和“每次形状更新后重新网格化”复选框，如图 4-43 所示；单击“关闭”按钮，返回“敏感度研究定义”对话框，如图 4-44 所示；单击“确定”按钮，返回“分析和设

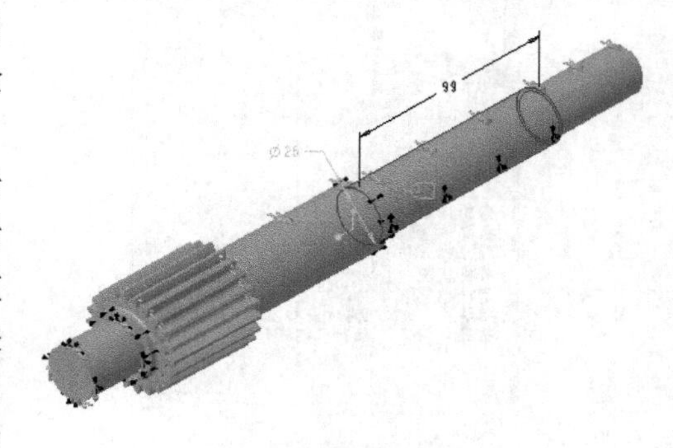

图 4-42　选取的尺寸

计研究”对话框，完成敏感度设计研究的创建。

图 4-43 “设计研究选项”对话框　　　图 4-44 “敏感度研究定义”对话框

2）运行敏感度设计研究。选中“分析和设计研究”对话框的列表框中刚创建的全局敏感度设计研究，选择“运行”→“开始”命令，或单击工具栏上的“开始”按钮，系统弹出“问题”对话框，单击“是”按钮，系统启动分析，待系统运行完成后会弹出“运行状况”对话框，如图 4-45 所示。关闭“运行状况”对话框，分析完成后的“分析和设计研究”对话框如图 4-46 所示。

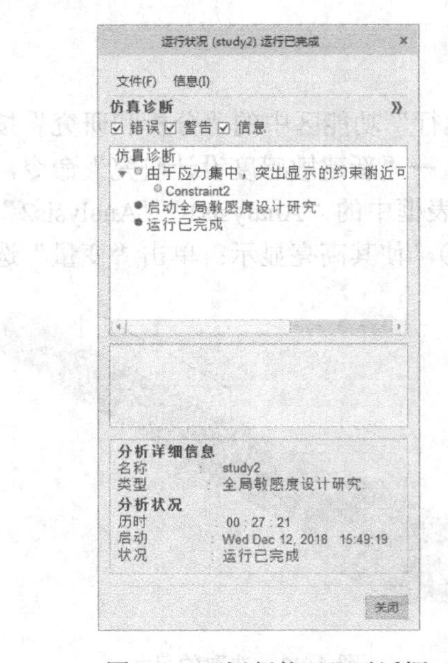

图 4-45 “运行状况”对话框

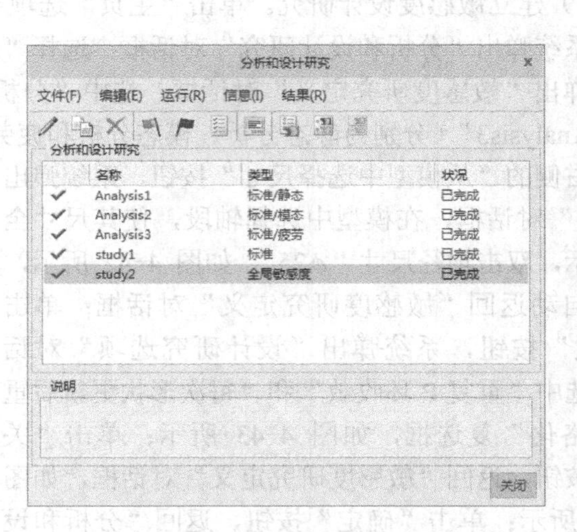

图 4-46 “分析和设计研究”对话框

3）获取结果。在“分析和设计研究”对话框中，单击工具栏上的“查看设计研究或有限元分析结果”按钮，系统弹出“Simulate 结果”窗口和“结果窗口定义”对话框；在“结果窗口定义”对话框中，选择“显示类型”下拉列表框中的“图形”选项；打开“数量”选项卡，选中下拉列表框中的“测量”选项，单击“测量”按钮，系统弹出“测量”对话框。在“测量”对话框中选中“预定义”列表框中的“max_stress_vm”选项，单击“确定”按钮，返回“结果窗口定义”对话框，其他选项为系统默认值，单击“确定并显示”按钮，“Simulate 结果”窗口中显示最大应力随轴径的变化曲线，如图 4-47 所示。

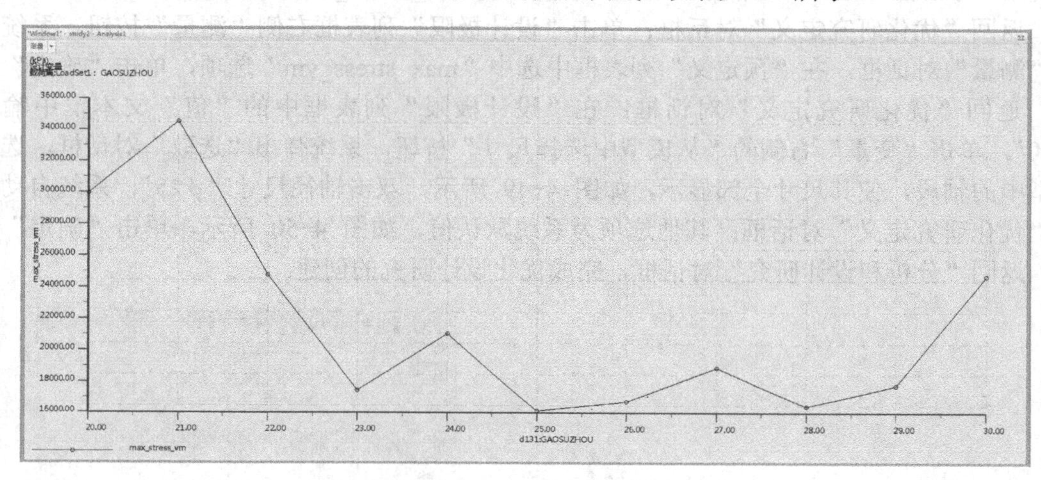

图 4-47　最大应力随轴径的变化曲线

重复运行敏感度设计研究，在“测量”对话框中，选中“预定义”列表框中的“max_disp_mag”选项，单击“确定”按钮，返回“结果窗口定义”对话框；其他选项为系统默认值，单击“确定并显示”按钮，“Simulate 结果”窗口中显示最大变形随轴径的变化曲线，如图 4-48 所示。

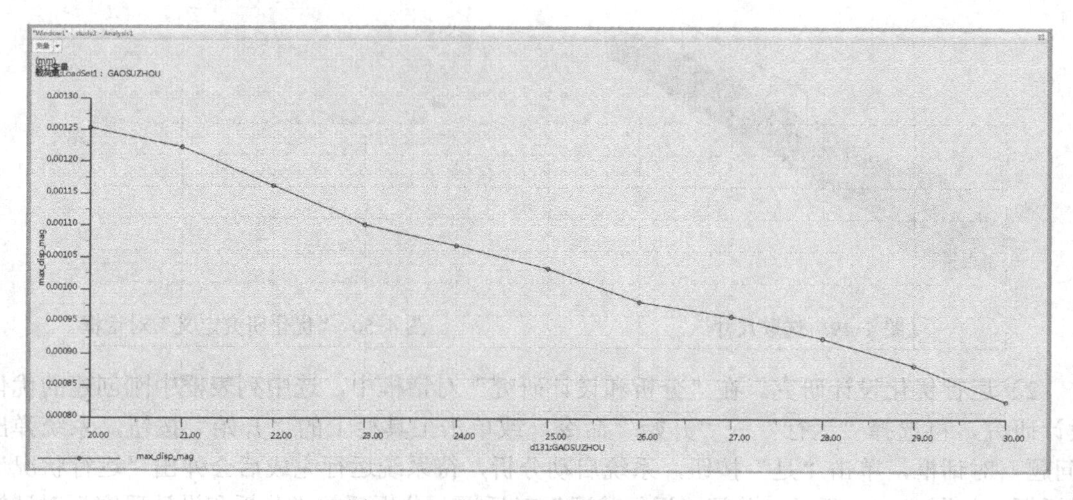

图 4-48　最大变形随轴径的变化曲线

4.3.3 优化设计研究

1）建立优化设计研究。单击“主页”选项卡“运行”功能区中的“分析和研究”按钮，系统弹出“分析和设计研究”对话框；在该对话框中选择“文件”→“新建优化设计研究”命令，系统弹出“优化研究定义”对话框。在“优化研究定义”对话框中，选择“类型”下拉列表框中的“优化”选项，单击“目标”选项组中的“测量”按钮，系统弹出“测量”对话框，选中“预定义”列表框中的“max_stress_vm”选项，单击“确定”按钮，返回“优化研究定义”对话框；单击“设计极限”列表框右侧“测量”按钮，系统弹出“测量”对话框，在“预定义”列表框中选中“max_stress_vm”选项，单击“确定”按钮，返回“优化研究定义”对话框；在“设计极限”列表框中的“值”文本框中输入“100”，单击“变量”右侧的“从模型中选择尺寸”按钮，系统弹出“选取”对话框，选择模型中的轴段，使其尺寸全部显示，如图 4-49 所示，双击轴径尺寸“$\phi 25$”，系统自动返回“优化研究定义”对话框；其他选项为系统默认值，如图 4-50 所示，单击“确定”按钮，返回“分析和设计研究”对话框，完成优化设计研究的创建。

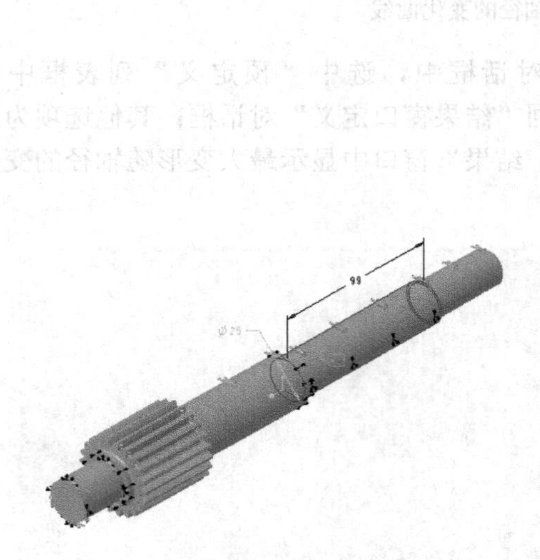

图 4-49 选取尺寸

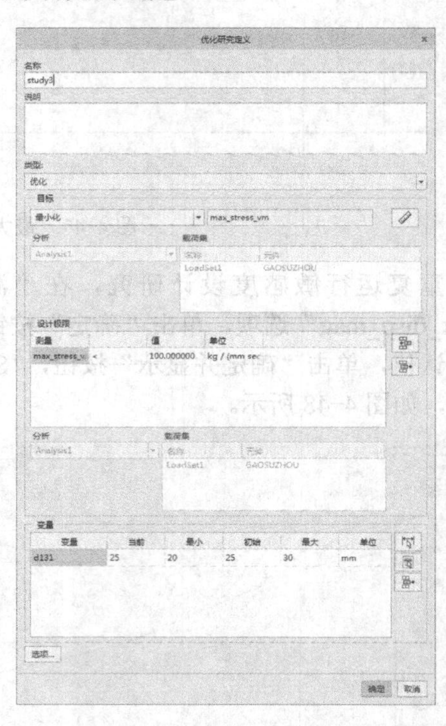

图 4-50 “优化研究定义”对话框

2）运行优化设计研究。在“分析和设计研究”对话框中，选中列表框中刚创建的优化设计研究，再选择“运行”→“开始”命令，或单击工具栏上的“开始”按钮，系统弹出“问题”对话框，单击“是”按钮，系统启动分析，待系统运行完成后会弹出“运行状况”对话框，如图 4-51 所示。关闭“运行状况”对话框，分析后的“分析和设计研究”对话框如图 4-52 所示。

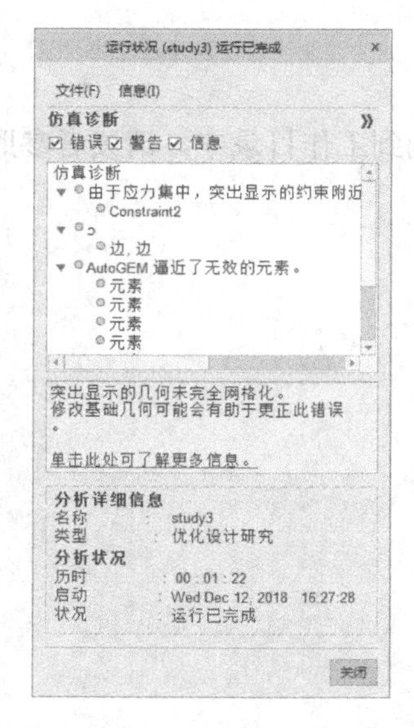

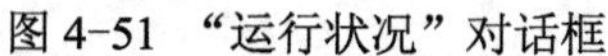

图 4-51 “运行状况”对话框

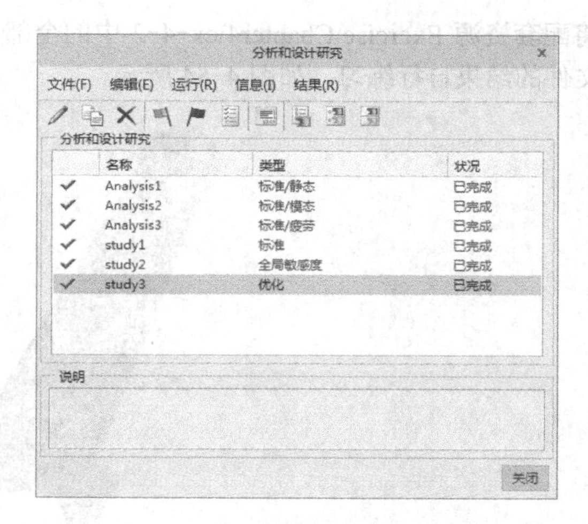

图 4-52 “分析和设计研究”对话框

3）获取结果。在“分析和设计研究”对话框中，单击工具栏上的“查看设计研究或有限元分析结果”按钮，系统弹出“Simulate 结果”窗口和“结果窗口定义”对话框。在“结果定义”对话框中，选择“显示类型”下拉列表框中的“条纹”选项；打开“数量”选项卡，选中下拉列表框中的“位移”选项，选择其右侧下拉列表框中的“mm”选项，选择“分量”下拉列表框中的“模”选项；打开“显示选项”选项卡，选中“已变形”“显示载荷”和“显示约束”复选框，其他选项为系统默认值，单击“确定并显示”按钮，“Simulate 结果”窗口中显示优化后的变形随轴径变化的条纹图，如图 4-53 所示。退出“Simulate 结果”窗口，完成优化设计研究。

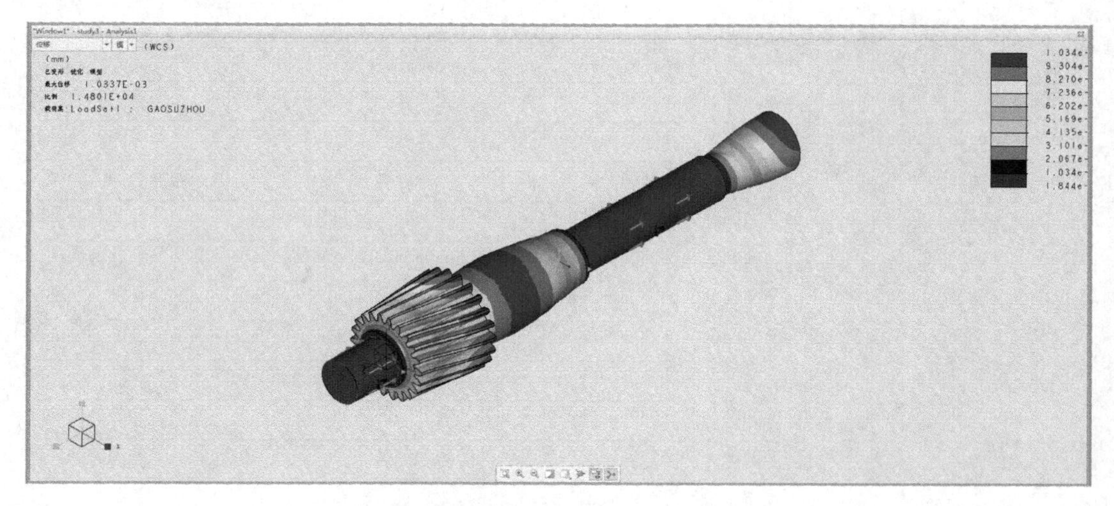

图 4-53 优化后的变形随轴径变化的条纹图

4.4 练习

将配套资源 Exercise\Chapter4\ex-4-2 中的全部文件复制到工作目录中，请读者参照以下练习文件的结果自行练习，如图 4-54 所示。

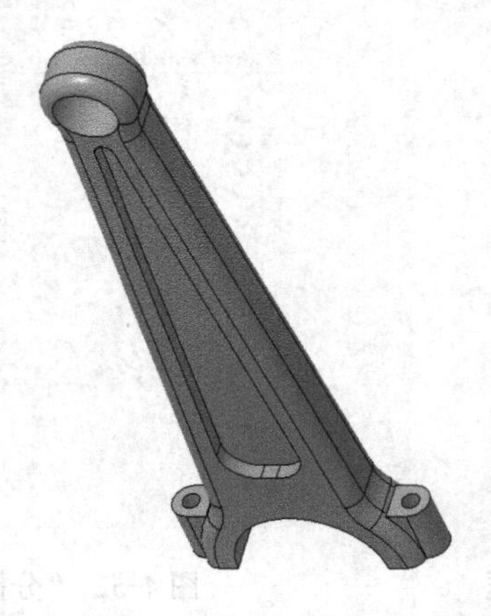

图 4-54　con_rod.prt

第5章 装配设计

学习目标

通过本章的学习，读者可从以下几个方面进行自我评价。

- 理解装配过程中不同类型约束的意义，熟悉不同类型约束的定义方法。
- 掌握轴类零件、箱体类零件的装配方法，掌握元件的打开与删除、元件尺寸的修改、元件装配约束偏距值的修改、元件装配约束的重定义等操作。
- 掌握对装配模型着色、纹理处理和透明设置等操作，掌握模型视图的新建与管理。
- 掌握剖视图、简化模型和分解视图等的操作方法。

5.1 装配设计模块简介

5.1.1 装配设计模块功能说明

完成零件设计后，将设计的零件按设计要求的约束条件或连接方式装配在一起，即可形成一个完整的产品或机构装置。利用 Creo 提供的装配设计模块可实现模型的组装。该模块提供了基本装配工具和其他工具，能够将设计好的零件按照指定的装配关系放置在一起形成装配体，可以在装配模式下添加和设计新的零件，还可以进行阵列元件、镜像装配和替换元件等操作。在装配模式下，产品的全部或部分结构一目了然，有助于检查各零件之间的配合关系和干涉问题，从而能够更好地把握产品细节结构的优化设计。

5.1.2 装配设计模块基础

1. 进入装配设计模块

选择“文件”→“新建”命令，打开“新建”对话框，如图 5-1a 所示；在“类型”列表中选中“装配”单选按钮，在“子类型”列表中选中“设计”单选按钮，在“文件名”文本框中输入文件名，取消选中“使用默认模板”复选框，单击“确定”按钮；在弹出的“新文件选项”对话框中选择“mmns_asm_design”，如图 5-1b 所示，单击“确定”按钮，进入装配设计模块，如图 5-2 所示。

2. 功能区简介

装配设计模块选项卡包括 9 个功能区，如图 5-3 所示，具体功能如下。

1）操作：重新生成被修改的特征，对模型树中的特征进行复制、粘贴、删除、隐含和编辑定义等操作。

2）获取数据：对用户定义的特征进行导入、复制几何、收缩包络、合并继承等操作。

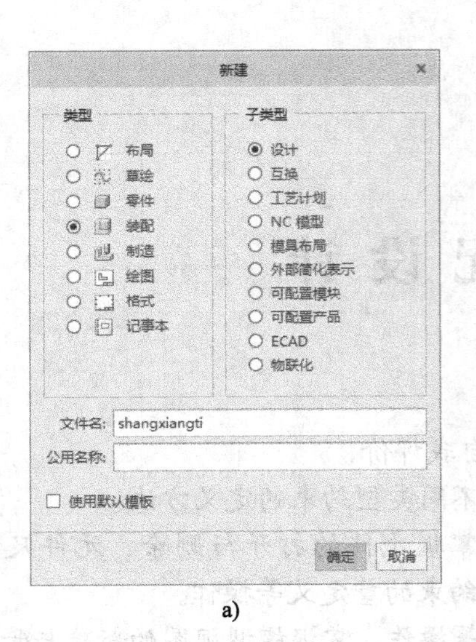

a)

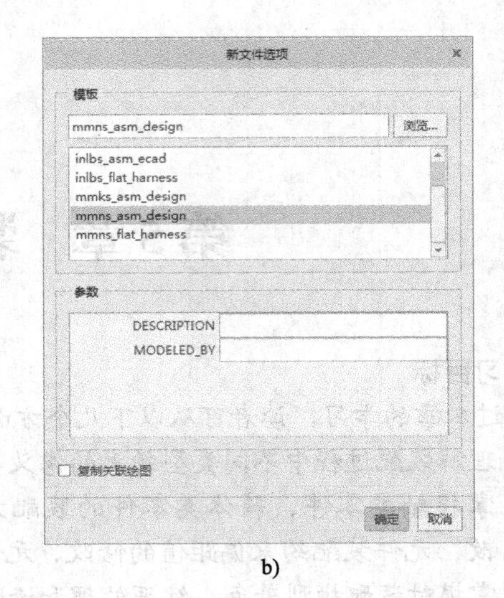

b)

图 5-1 创建新文件

a) “新建”对话框 b) “新文件选项”对话框

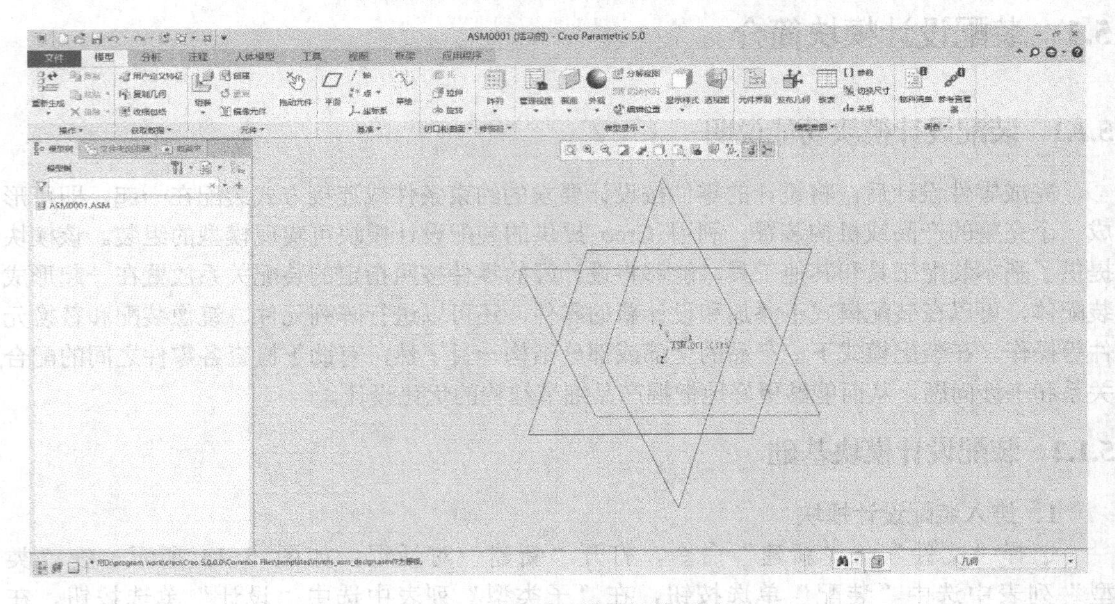

图 5-2 装配设计模块初始界面

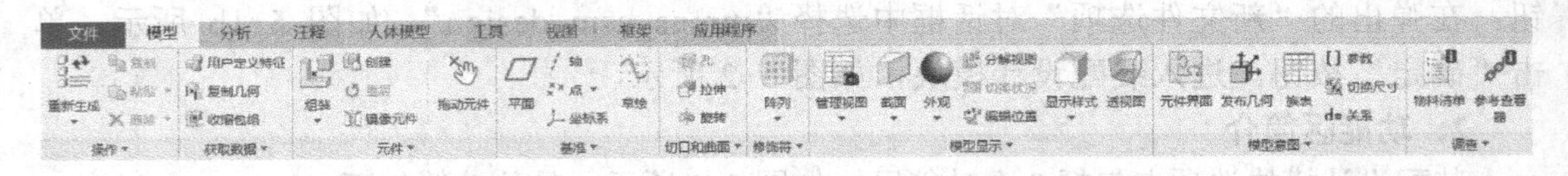

图 5-3 装配设计模块选项卡

3）元件：组装和创建三维几何，拖动元件等操作。

4）基准：新建平面、轴、点、坐标系和曲线等参考。

5）切口和曲面：在装配中创建新的孔、拉伸、旋转、扫面混合和拔模等特征。

6）修饰符：对模型树中的元件进行阵列。

7）模型显示：添加或修改视图、创建截面、更改模型外观、创建与编辑分解试图、更改显示样式与透视关系等。

8）模型意图：创建包含独立局部的几何特征、创建族表、定义参数、创建定义参数与尺寸间的方程。

9）调查：生成物料清单、显示设计中的父子关系和相关性的图形等操作。

3．装配设计的一般过程

模型装配的过程就是按照一定的约束条件或连接方式将各零件组装成一个整体，并能满足设计功能的过程。根据约束条件和连接方式的不同，将模型装配分为两种方式：约束装配和连接装配。约束装配是通过使用一个或多个单约束来完全消除元件的自由度，其目的是消除所有自由度，使元件被完整定位；连接装配是使用一个或多个组合连接方式来约束元件的位置，其目的是获得特定的运动，元件通常具有一个或多个自由度。

Creo 5.0 提供了 10 种约束条件。

1）距离：从装配参考偏移元件参考。

2）角度偏移：以某一角度将元件定位至装配参考。

3）平行：将元件参考定向为与装配参考平行。

4）重合：将元件参考定位为与装配参考重合。

5）垂直：将元件参考定位为与装配参考垂直。

6）共面：将元件参考定位为与装配参考共面。

7）居中：居中元件参考和装配参考。

8）相切：定位两种不同类型的参考，使其彼此相对，接触点为切点。

9）固定：将被移动或封装的元件固定到当前位置。

10）默认：用默认的装配坐标系对齐元件坐标系。

Creo 5.0 提供了 12 种连接方式。

1）刚性：使用一个或多个基本约束，将元件与组件连接到一起。连接后，元件与组件成为一个主体，相互之间不再有自由度，如果刚性连接没有将自由度完全消除，则元件将在当前位置被“粘”在组件上。如果将一个子组件与组件用刚性连接，子组件内各零件也将一起被“粘”住，其原有自由度不起作用。总自由度为 0。

2）销：由一个轴对齐约束和一个与轴垂直的平移约束组成。元件可以绕轴旋转，具有 1 个旋转自由度，总自由度为 1。轴对齐约束可选择直边、轴线或圆柱面，可反向。平移约束可以是两个点对齐，也可以是两个平面的对齐/配对；平面对齐/配对时，可以设置偏移量。

3）滑块：由一个轴对齐约束和一个旋转约束（实际上就是一个与轴平行的平移约束）组成。元件可滑轴平移，具有 1 个平移自由度，总自由度为 1。轴对齐约束可选择直边、轴线或圆柱面，可反向。旋转约束选择两个平面，偏移量根据元件所处位置自动计算，可反向。

4）圆柱：由一个轴对齐约束组成。比销钉约束少了一个平移约束，因此元件可绕轴旋转，同时可沿轴向平移，具有 1 个旋转自由度和 1 个平移自由度，总自由度为 2。轴对齐约束可选择直边或轴线或圆柱面，可反向。

5）平面：由一个平面约束组成，也就是确定了元件上某平面与组件上某平面之间的距离（或重合）。元件可绕垂直于平面的轴旋转并在平行于平面的两个方向上平移，具有 1 个旋转自由度和 2 个平移自由度，总自由度为 3。可指定偏移量，可反向。

6）球：由一个点对齐约束组成。元件上的一个点对齐到组件上的一个点，比轴承连接少了一个平移自由度，可以绕着对齐点任意旋转，具有 3 个旋转自由度，总自由度为 3。

7）焊缝：两个坐标系对齐，元件自由度被完全消除。连接后，元件与组件成为一个主体，相互之间不再有自由度。如果将一个子组件与组件通过焊接连接，子组件内各零件将参照组件坐标系发挥其原有自由度的作用。总自由度为 0。

8）轴承：由一个点对齐约束组成，它与机械上的轴承不同，它是元件（或组件）上的一个点对齐到组件（或元件）上的一条直边或轴线上，因此元件可沿轴线平移并任意方向旋转，具有 1 个平移自由度和 3 个旋转自由度，总自由度为 4。

9）常规：创建有两个约束的用户定义集，可认为结合所有的机构连接。

10）6DOF：即 6 自由度，也就是对元件不作任何约束，仅用一个元件坐标系和一个组件坐标系重合来使元件与组件发生关联。元件可任意旋转和平移，具有 3 个旋转自由度和 3 个平移自由度，总自由度为 6。

11）万向节：包含零件上的坐标系和装配中的坐标系，以允许绕枢轴在各个方向旋转。

12）槽：包含点对齐约束，允许沿一条非直轨迹旋转。

5.2 装配设计实例

5.2.1 轴系的装配

操作视频：
例 5-1 高速轴组件

【例 5-1】 高速轴组件（齿轮轴、轴承和套筒）

1）设置工作目录。设置 D:\Mywork\Creo\Chapter5\ex-5-1 为工作目录，将配套资源中 Exercise\Chapter5\ex-5-1 中的全部文件复制到该工作目录。

2）创建新文件。单击“新建”按钮，弹出“新建”对话框，在“类型”列表中选择“装配”单选按钮，系统默认选择“子类型”列表中的“设计”单选按钮，在“文件名”文本框中输入“ex-5-1”，取消选中“使用默认模板”复选框，并单击“确定”按钮。系统弹出“新文件选项”对话框，在“模板”列表中选择“mmns_asm_design”，并单击“确定”按钮，进入装配设计的创建环境。

3）导入第一个零件。单击“模型”选项卡“元件”功能区中的“组装”按钮，系统弹出“打开”对话框，选择高速轴模型“gaosuzhou.prt”，单击“打开”按钮，将该模型导入装配环境中；从“元件放置”选项卡的“自动”下拉列表中选择约束条件为“默认”，使零件坐标系与装配体坐标系重合并固定，如图 5-4 所示。

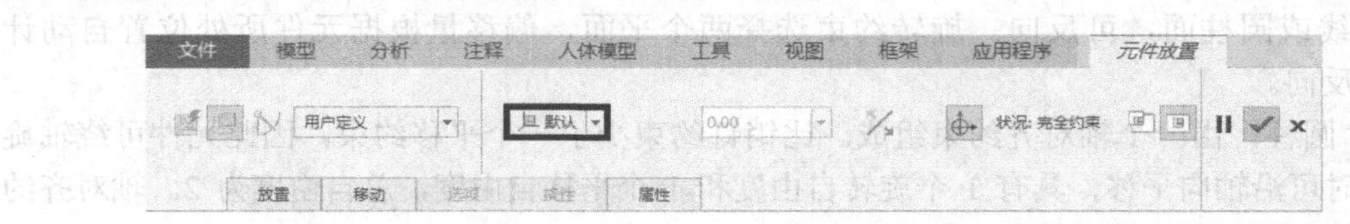

图 5-4 导入第一个零件

4）组装一侧挡圈。单击“组装”按钮，系统弹出“打开”对话框，选择挡圈模型“xiaodangquan52.prt”，单击“打开”按钮将该模型导入装配环境中；从打开的“元件放置”选项卡的“自动”下拉列表中选择约束条件为“重合”，在图形显示区中选择如图 5-5 所示的两个曲面；然后单击选项卡下方的“放置”按钮，在弹出的选项卡中，单击“新建约束”添加第二个约束条件，选择“约束类型”为“重合”，在图形显示区中选择如图 5-6 所示的两个曲面；最终的装配关系如图 5-7 所示，单击“应用并保存”按钮，完成挡圈的装配。

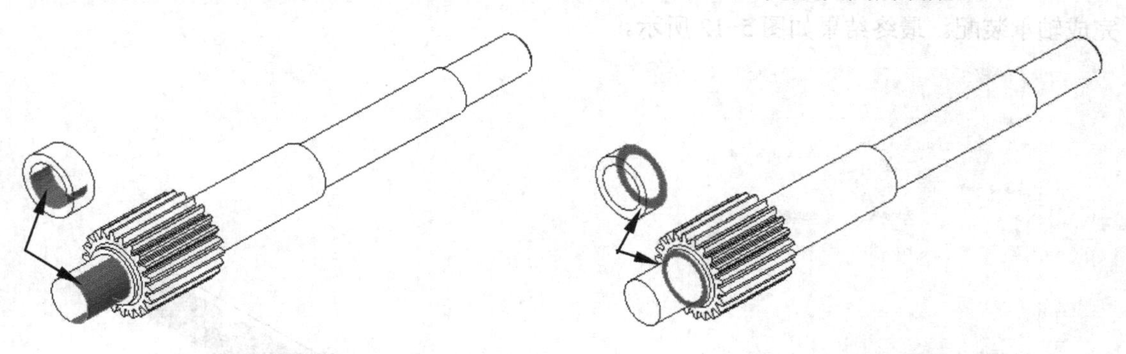

图 5-5　约束条件 1　　　　图 5-6　约束条件 2

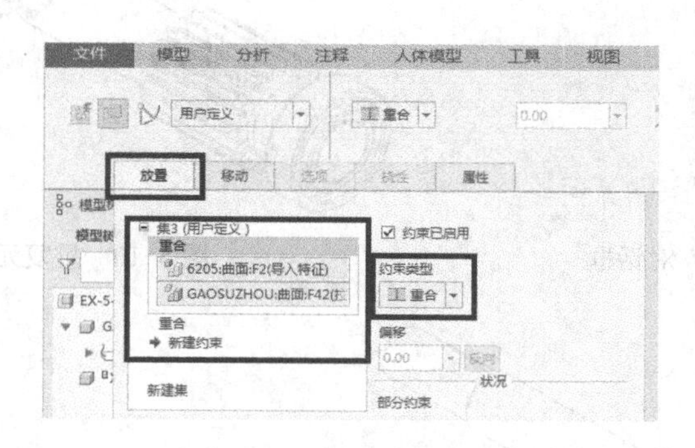

图 5-7　最终装配关系

5）组装一侧轴承。单击“组装”按钮，系统弹出“打开”对话框，选择轴承模型“6205.prt”，参考步骤 4），将轴承装配到高速轴上，如图 5-8 所示。

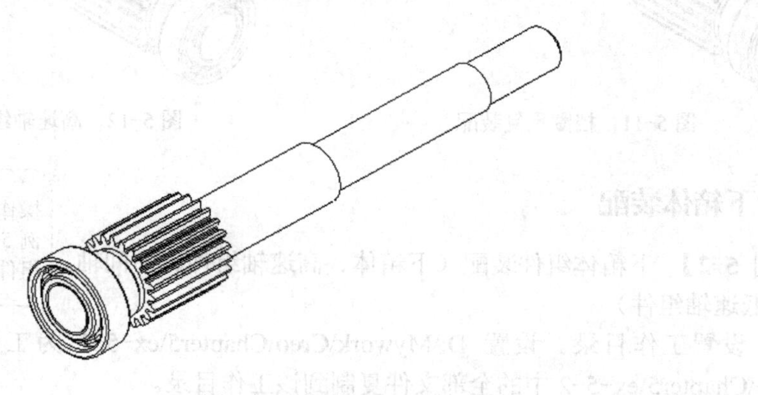

图 5-8　装配轴承

6）使用重复装配安装另一侧挡圈。在“模型树”中右击零件“xiaodangquan52.prt”，在弹出的快捷菜单中选择“重复”命令，系统弹出“重复元件”对话框，如图 5-9 所示，在“可变装配参考”选项组中选择重复装配需要的装配关系，在“放置元件”选项组中单击“添加”按钮，在操作区中选择如图 5-10 所示的两个曲面，挡圈自动添加到高速轴的另一端，如图 5-11 所示，单击“确定”按钮，完成挡圈的装配。

7）组装另一侧轴承。同理，在“模型树”中右击零件“6205.prt”，利用“重复”命令完成轴承装配。最终结果如图 5-12 所示。

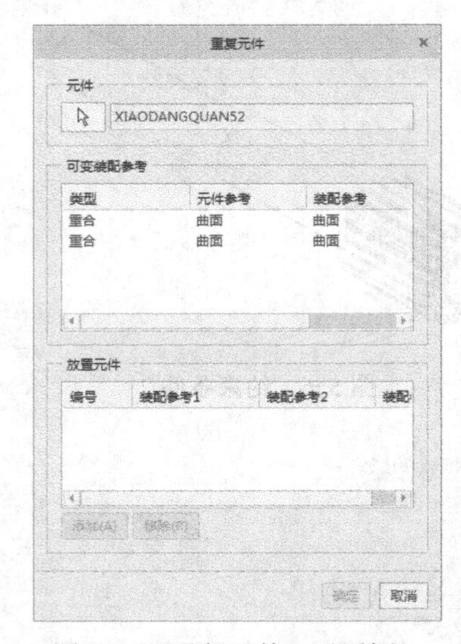

图 5-9 “重复元件”对话框

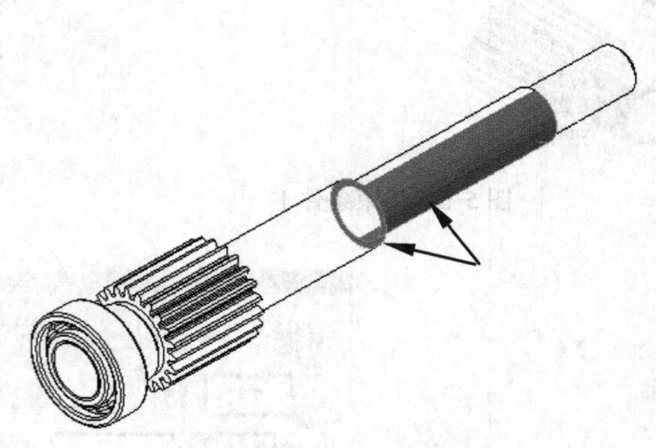

图 5-10 重复元件约束

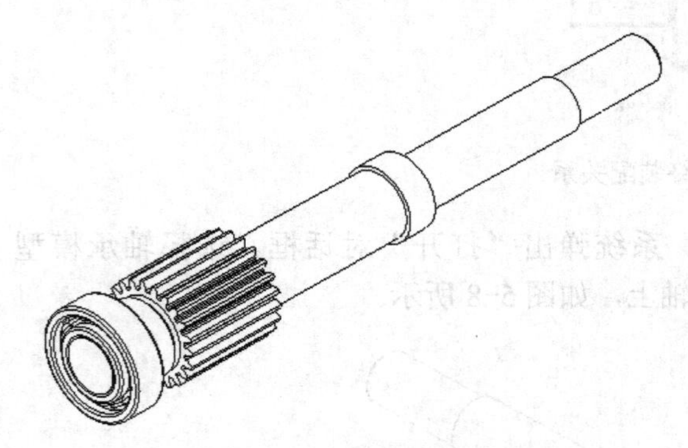

图 5-11 挡圈重复装配

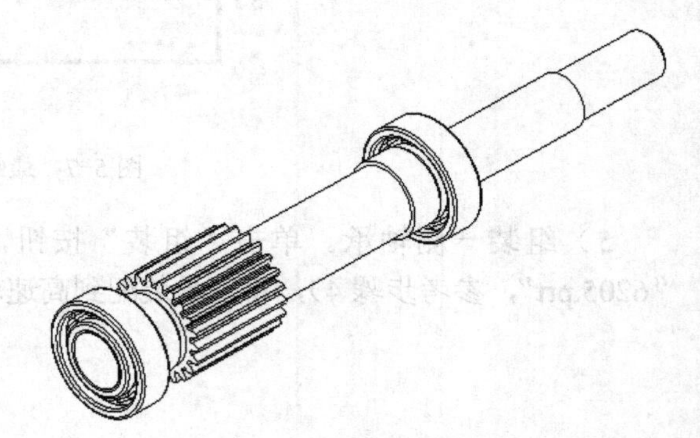

图 5-12 高速轴组件（ex-5-1.asm）

5.2.2 下箱体装配

操作视频：
例 5-2 下箱体组件装配

【例 5-2】 下箱体组件装配（下箱体、高速轴组件、中间轴组件和低速轴组件）

1）设置工作目录。设置 D:\Mywork\Creo\Chapter5\ex-5-2 为工作目录，将配套资源 Exercise\Chapter5\ex-5-2 中的全部文件复制到该工作目录。

2）创建新文件。单击“新建”按钮，系统弹出“新建”对话框，在“类型”列表中单击

“装配”单选按钮，系统默认选择“子类型”列表中的“设计”选项，在“文件名”文本框中输入“ex-5-2”，取消选中“使用默认模板”复选框，并单击“确定”按钮。系统弹出“新文件选项”对话框，在“模板”列表中选择“mmns_asm_design”，并单击“确定”按钮，进入装配设计的创建环境。

3）导入第一个零件。单击“模型”选项卡“元件”功能区中的“组装”按钮，系统弹出“打开”对话框，选择下箱体模型“xiaxiangti.prt”，单击“打开”按钮，将该模型导入装配环境中；从打开的“元件放置”选项卡的“自动”下拉列表中选择约束条件为“默认”，使零件坐标系与装配体坐标系重合并固定，如图 5-13 所示。

4）组装高速轴。单击“组装”按钮，系统弹出“打开”对话框，选择高速轴组件“ex-5-1.asm”，单击“打开”按钮将该模型导入装配环境中；从打开的“元件放置”选项卡的“用户定义”下拉列表中选择连接方式为“销”，在“自动”下拉列表中选择约束条件为“重合”，在图形显示区中选择如图 5-14 所示的两个曲面；然后单击选项卡下方的“放置”按钮，在弹出的选项卡中，单击“新建约束”添加第二个约束条件，选择约束条件为“距离”，在图形显示区中选择如图 5-15 所示的两个曲面，偏移距离为 26，单击“应用并保存”按钮，完成高速轴的装配，如图 5-16 所示。

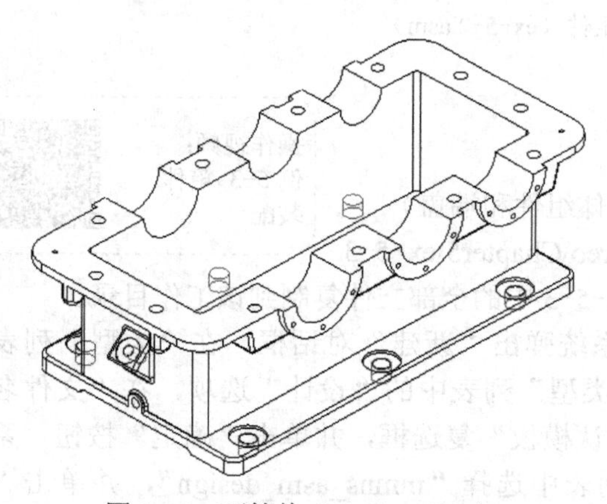

图 5-13　下箱体（xiaxiangti.prt）

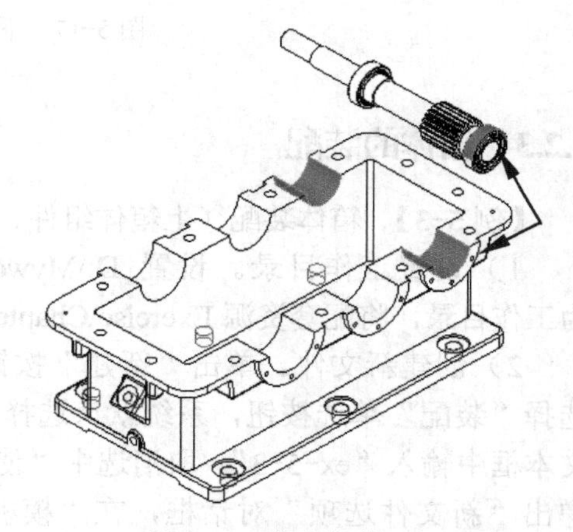

图 5-14　约束条件 1

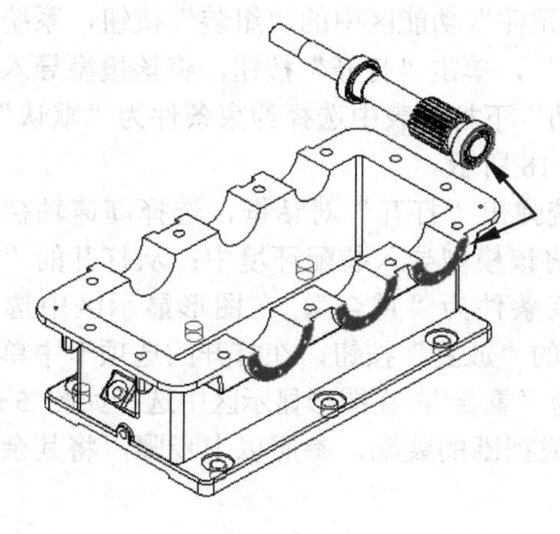

图 5-15　约束条件 2

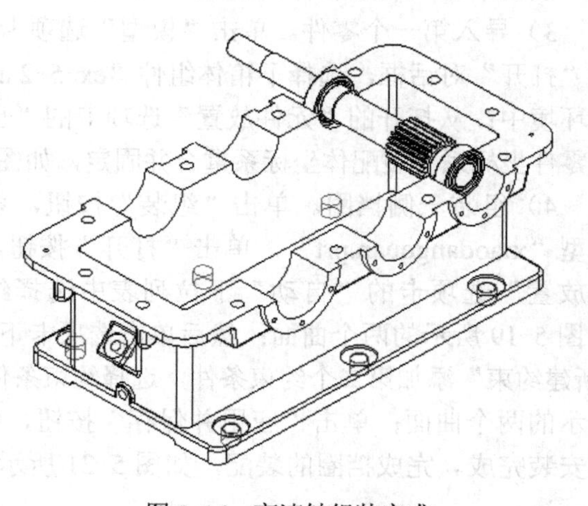

图 5-16　高速轴组装完成

5）组装中速轴和低速轴。按照 3）的过程将中速轴（zhongsuzhou.asm）和低速轴（disuzhou.asm）安装到减速器下箱体中，轴承侧面距离减速器下箱体侧面距离均为 27。最终结果如图 5-17 所示。

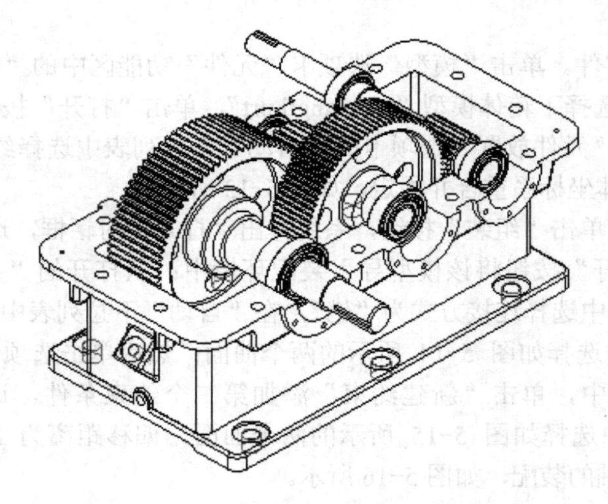

图 5-17　下箱体组件（ex-5-2.asm）

5.2.3　箱体的装配

操作视频：例 5-3 箱体装配

【例 5-3】 箱体装配（上箱体组件、下箱体组件和端盖）

1）设置工作目录。设置 D:\Mywork\Creo\Chapter5\ex-5-3 为工作目录，将配套资源 Exercise\Chapter5\ex-5-3 中的全部文件复制到该工作目录。

2）创建新文件。单击“新建”按钮，系统弹出“新建”对话框，在“类型”列表中选择“装配”单选按钮，系统默认选择“子类型”列表中的“设计”选项，在“文件名”文本框中输入“ex-5-3”，取消选中“使用默认模板”复选框，并单击“确定”按钮。系统弹出“新文件选项”对话框，在“模板”列表中选择“mmns_asm_design”，并单击“确定”按钮，进入装配设计的创建环境。

3）导入第一个零件。单击“模型”选项卡“元件”功能区中的“组装”按钮，系统弹出“打开”对话框，选择下箱体组件“ex-5-2.asm”，单击“打开”按钮，将该模型导入装配环境中；从打开的“元件放置”选项卡的“自动”下拉列表中选择约束条件为“默认”，使零件坐标系与装配体坐标系重合并固定，如图 5-18 所示。

4）组装一侧挡圈。单击“组装”按钮，系统弹出“打开”对话框，选择高速轴挡圈模型“xiaodangquan.prt”，单击“打开”按钮，将该模型导入装配环境中；从打开的“元件放置”选项卡的“自动”下拉列表中选择约束条件为“重合”，在图形显示区中选择如图 5-19 所示的两个曲面；然后单击选项卡下方的“放置”按钮，在打开的选项卡中单击“新建约束”添加第二个约束条件，选择约束条件为“重合”，在图形显示区中选择如图 5-20 所示的两个曲面；单击“应用并保存”按钮，完成挡圈的装配。参照以上步骤，将其余挡圈安装完成。完成挡圈的装配，如图 5-21 所示。

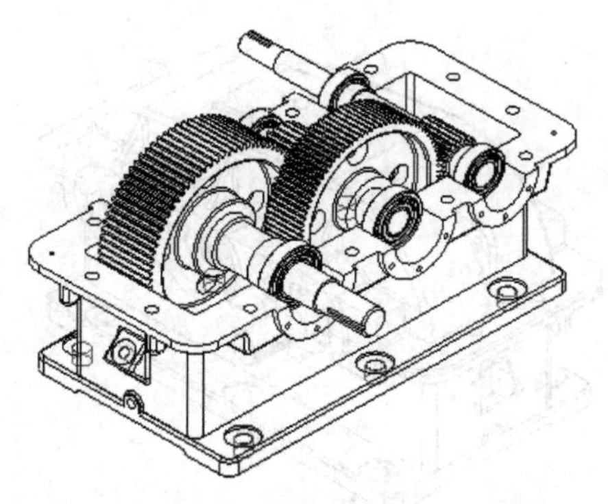

图 5-18　下箱体组件(ex-5-2.asm)

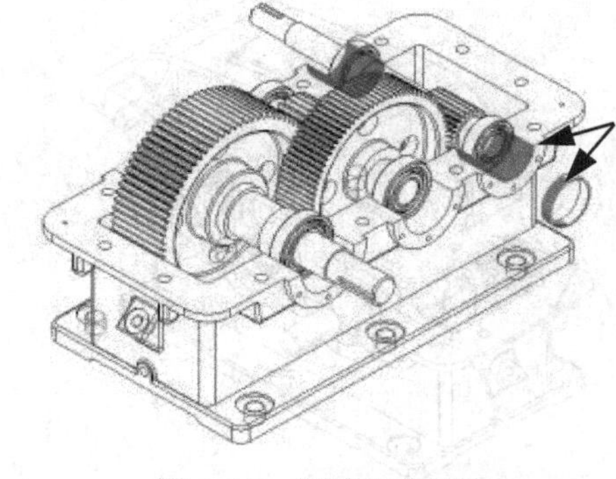

图 5-19　挡圈约束条件 1

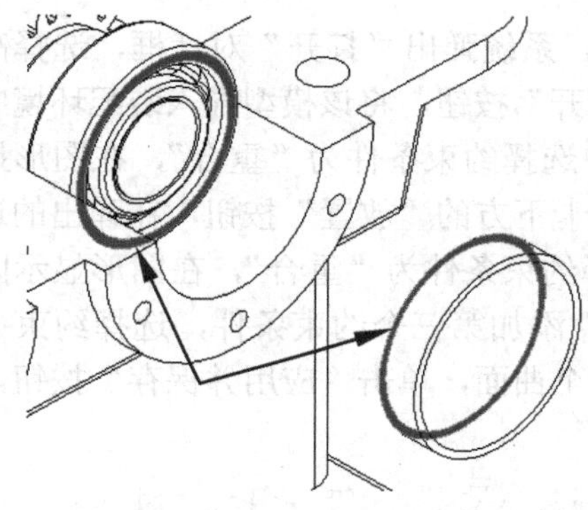

图 5-20　挡圈约束条件 2

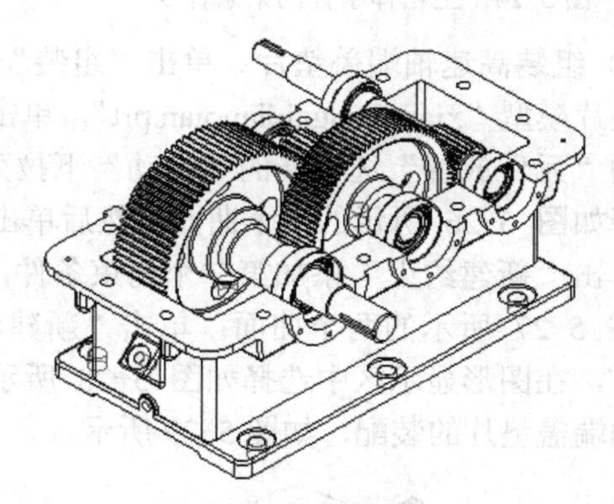

图 5-21　挡圈组装完成

5）组装上箱体组件。单击“组装”按钮，系统弹出“打开”对话框，选择上箱体组件“shangxiangti.asm”，单击“打开”按钮，将该模型导入装配环境中；从打开的“元件放置”选项卡的“自动”下拉列表中选择约束条件为“重合”，在图形显示区中选择如图 5-22 所示的两个曲面；然后单击选项卡下方的“放置”按钮，在打开的选项卡中，单击“新建约束”添加第二个约束条件，选择约束条件为“重合”，在图形显示区中选择如图 5-23 所示的两个曲面；再单击选项卡下方的“放置”按钮，在打开的选项卡中，单击“新建约束”添加第三个约束条件，选择约束条件为“重合”，在图形显示区中选择如图 5-24 所示的两个曲面，单击“应用并保存”按钮，完成上箱体组件的装配，如图 5-25 所示。

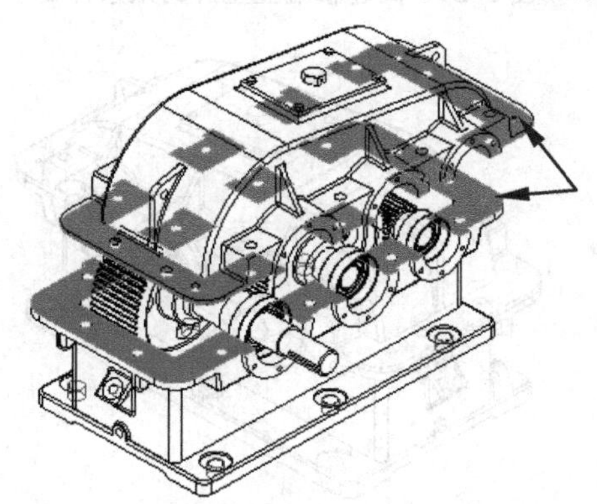

图 5-22　上箱体组件约束条件 1

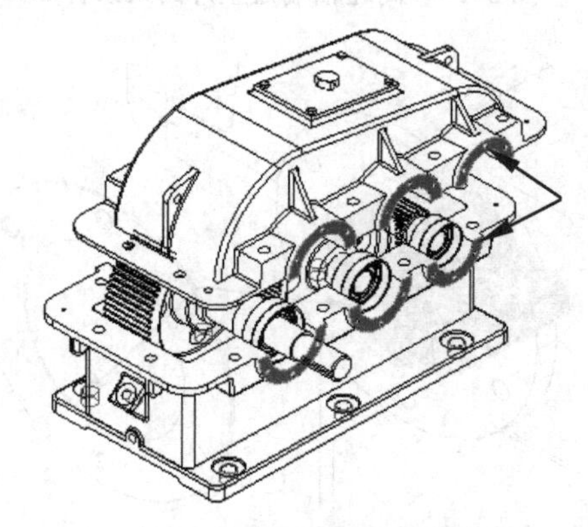

图 5-23　上箱体组件约束条件 2

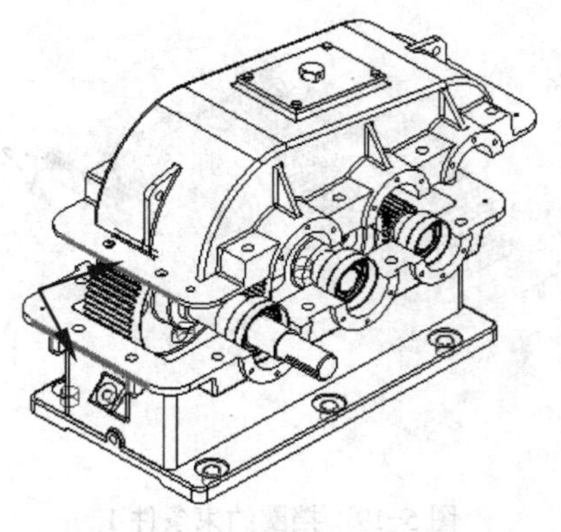

图 5-24　上箱体组件约束条件 3

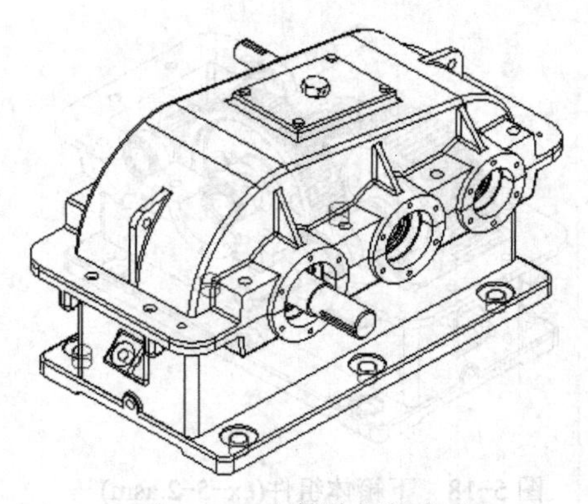

图 5-25　上箱体组装完成

6）组装高速轴端盖垫片。单击“组装”按钮，系统弹出“打开”对话框，选择高速轴端盖垫片模型“xiaoduangaidianpian.prt”，单击“打开”按钮，将该模型导入装配环境中；从打开的“元件放置”选项卡的“自动”下拉列表中选择约束条件为“重合”，在图形显示区中选择如图 5-26 所示的两个曲面；然后单击选项卡下方的“放置”按钮，在弹出的选项卡中，单击“新建约束”添加第二个约束条件，选择约束条件为“重合”，在图形显示区中选择如图 5-27 所示的两个曲面；单击“新建约束”添加第三个约束条件，选择约束条件为“重合”，在图形显示区中选择如图 5-28 所示的两个曲面，单击“应用并保存”按钮，完成高速轴端盖垫片的装配，如图 5-29 所示。

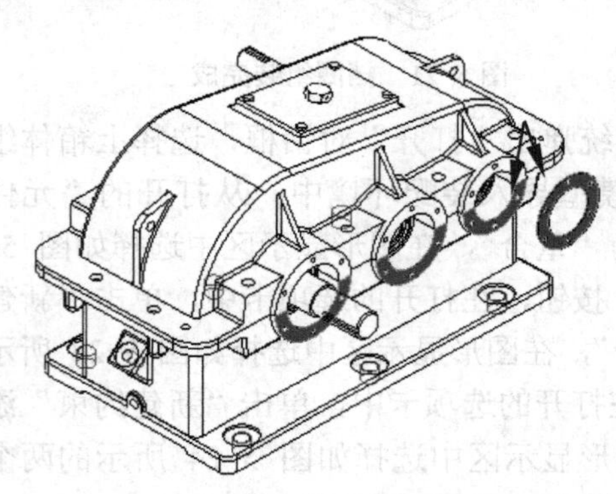

图 5-26　高速轴端盖垫片约束条件 1

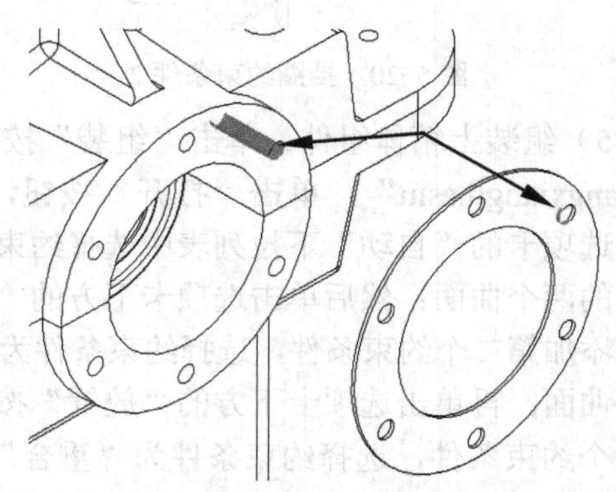

图 5-27　高速轴端盖垫片约束条件 2

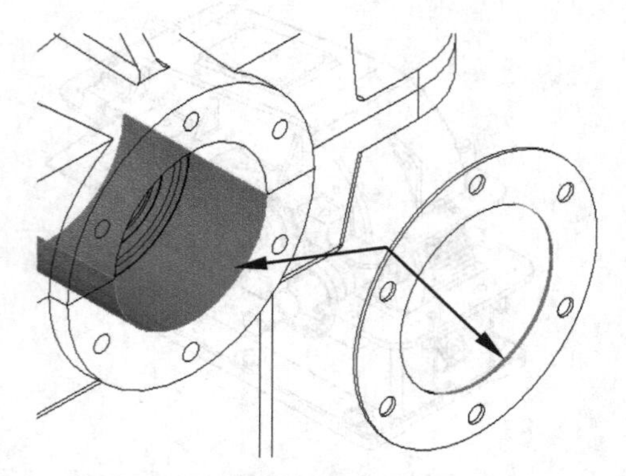

图 5-28　高速轴端盖垫片约束条件 3

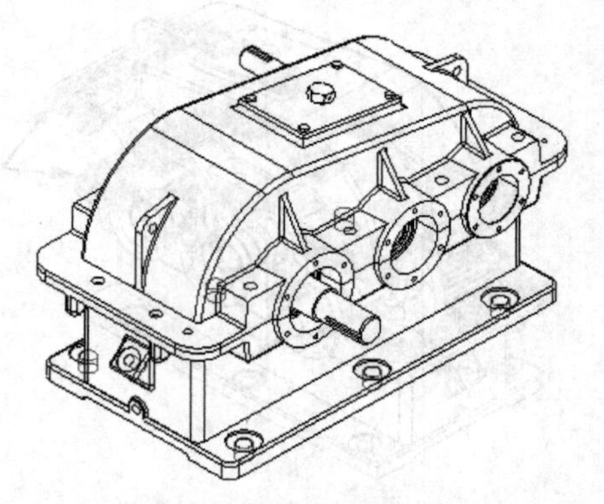

图 5-29　高速轴端盖垫片组装完成

7）组装其余端盖垫片。重复步骤 6），将其余端盖垫片安装到减速器中，装配结果如图 5-30 所示。

8）安装端盖。单击“组装”按钮，系统弹出“打开”对话框，选择高速轴端盖“xiaoduangaiO.prt”，单击“打开”按钮，将该模型导入装配环境中；从打开的“元件放置”选项卡的“自动”下拉列表中选择约束条件为“重合”，在图形显示区中选择如图 5-31 所示的两个曲面；然后单击选项卡下方的“放置”按钮，在打开的选项卡中，单击“新建约束”添加第二个约束条件，选择约束条件为“重合”，在图形显示区中选择如图 5-32 所示的两个曲面；单击“新建约束”添加第三个约束条件，选择约束条件为“重合”，在图形显示区中选择如图 5-33 所示的两个曲面，单击“应用并保存”按钮，完成高速轴端盖的装配，如图 5-34 所示。

重复高速轴端盖安装步骤，将其余减速器端盖安装到箱体上，如图 5-35 所示。

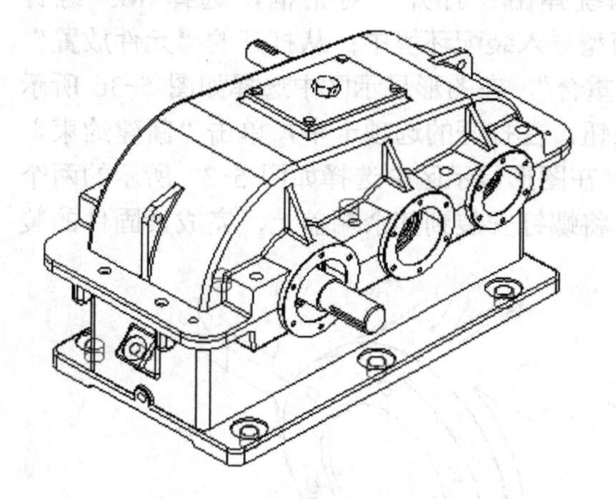

图 5-30　其余端盖垫片组装完成

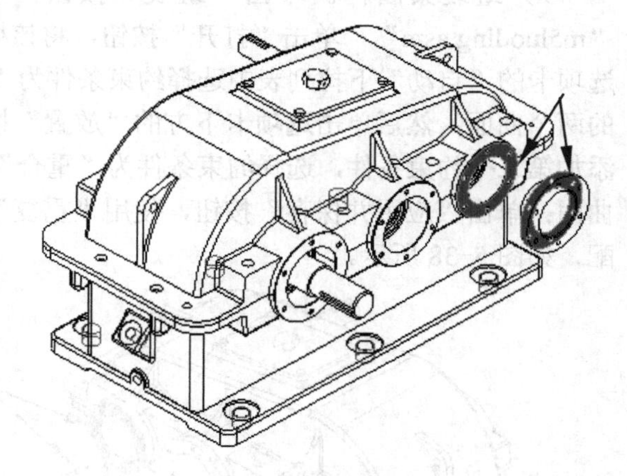

图 5-31　高速轴端盖约束条件 1

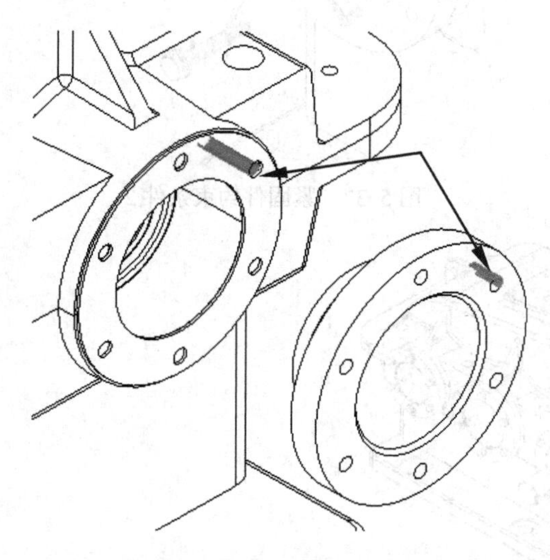

图 5-32　高速轴端盖约束条件 2

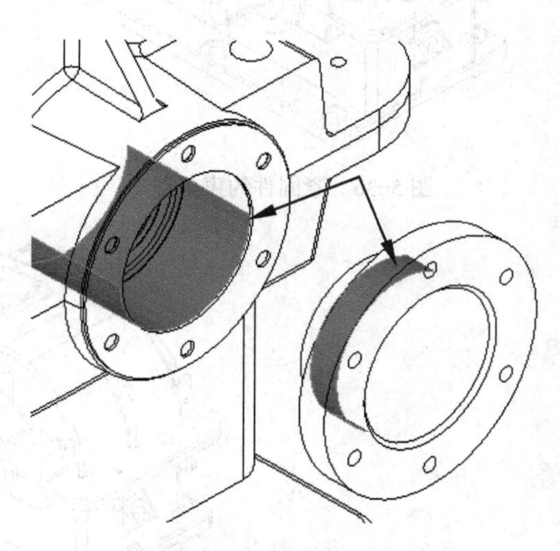

图 5-33　高速轴端盖约束条件 3

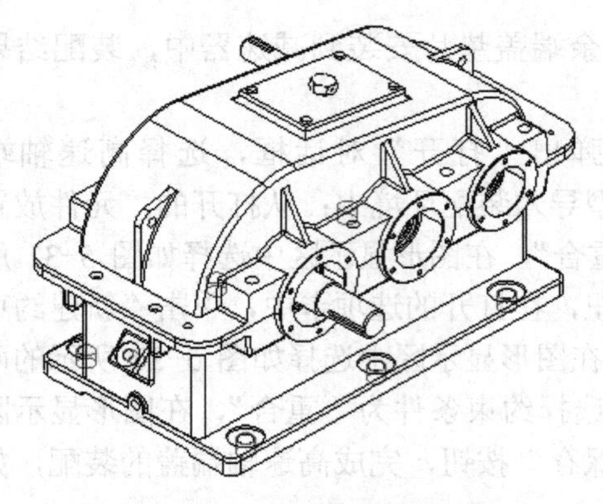

图 5-34　高速轴端盖组装完成

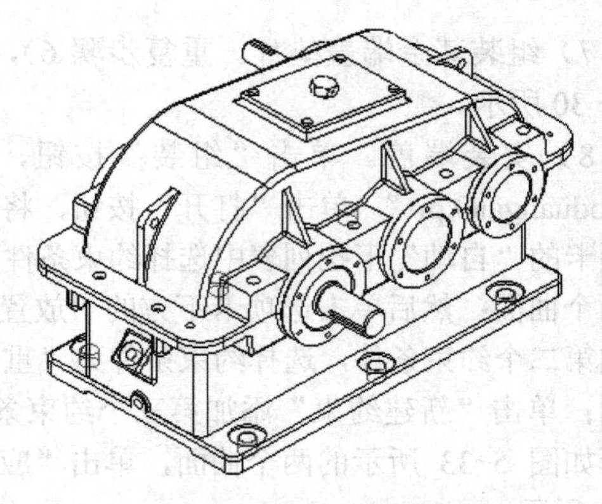

图 5-35　其余端盖组装完成

9）组装紧固件。单击“组装”按钮，系统弹出“打开”对话框，选择 M5 螺钉“m5luoding.asm”，单击“打开”按钮，将该模型导入装配环境中；从打开的“元件放置”选项卡的“自动”下拉列表中选择约束条件为“重合”，在图形显示区中选择如图 5-36 所示的两个曲面；然后单击选项卡下方的“放置”按钮，在打开的选项卡中，单击“新建约束”添加第二个约束条件，选择约束条件为“重合”，在图形显示区中选择如图 5-37 所示的两个曲面；单击“应用并保存”按钮，使用“重复”将螺钉安装到其余端盖上，完成紧固件的装配，如图 5-38 所示。

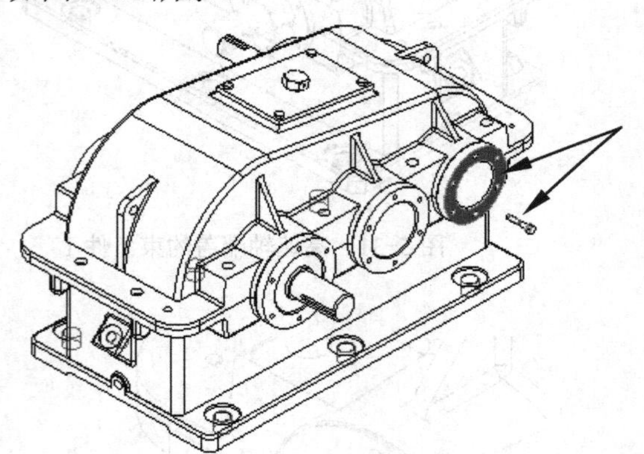

图 5-36　紧固件约束条件 1

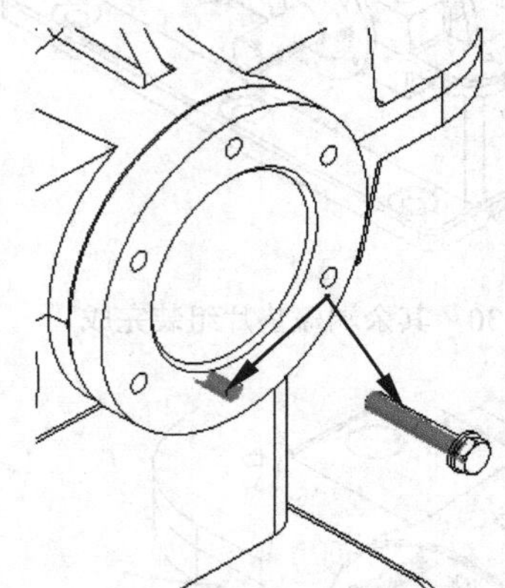

图 5-37　紧固件约束条件 2

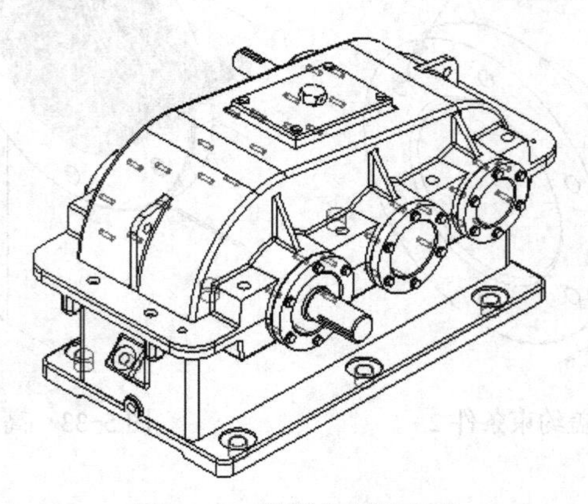

图 5-38　紧固件组装完成

按照M5螺钉的安装方法，将M16螺栓、M16螺母、M12螺栓、M12螺母及油标安装到箱体上。减速器装配的最终结果如图5-39所示。

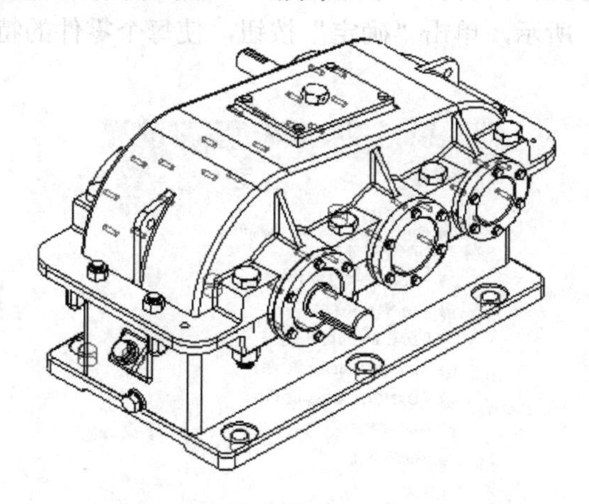

图5-39 箱体装配（ex-5-3.asm）

5.3 其他操作

5.3.1 装配体的元件操作

装配体创建完成后，可以对该装配体中的任何元件（包括零件和子装配）进行如下操作：元件的打开与删除、元件尺寸的修改、元件装配约束偏距值的修改、元件装配约束的重定义等。这些操作命令一般从模型树中获取。

操作视频：
例5-4 高速轴装配体中的零件特征修改

下面以修改装配体“disuzhou.asm”中的“gaosuzhou.prt”零件为例，说明其操作方法。

【例5-4】 高速轴装配体中的零件特征修改

1）设置工作目录并打开文件。设置 D:\Mywork\Creo\Chapter5\ex-5-4 为工作目录，将配套资源 Exercise\Chapter5\ex-5-4 中的全部文件复制到该工作目录。打开装配体“disuzhou.asm”，如图5-40所示。

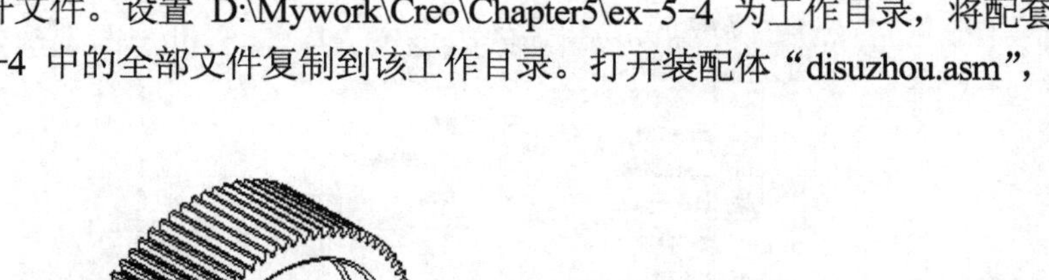

图5-40 打开装配体

2）修改“模型树”的显示方式。在如图 5-41 所示的装配“模型树”选项卡中单击“设置”按钮，选择“树过滤器”，打开“模型树项”对话框，选中“显示”选项组下的“特征”复选框，如图 5-42 所示，单击“确定”按钮，使每个零件的特征都显示在装配体“模型树”中。

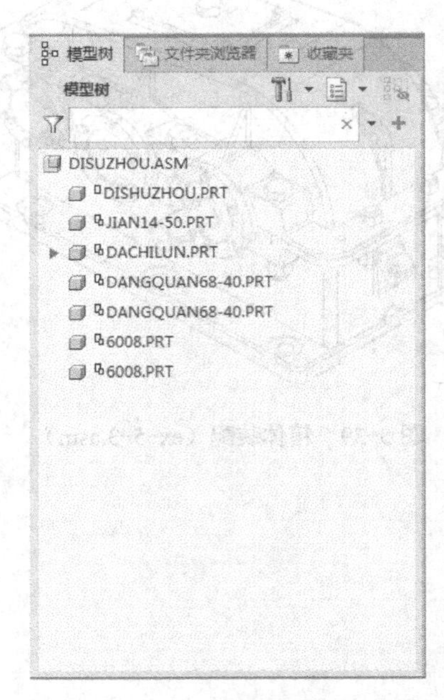

图 5-41　装配“模型树”选项卡

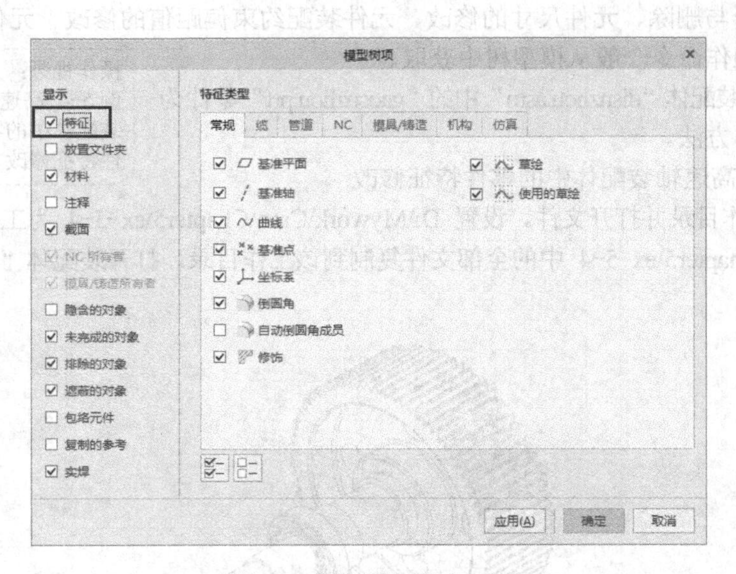

图 5-42　“模型树项”对话框

3）编辑模型。在“模型树”选项卡中展开“disuzhou.prt”，右击需要修改的特征，从弹出的快捷菜单中选择“编辑定义”命令，进入该特征的编辑状态如图 5-43 所示，此时可对所选取的特征进行相应的操作。

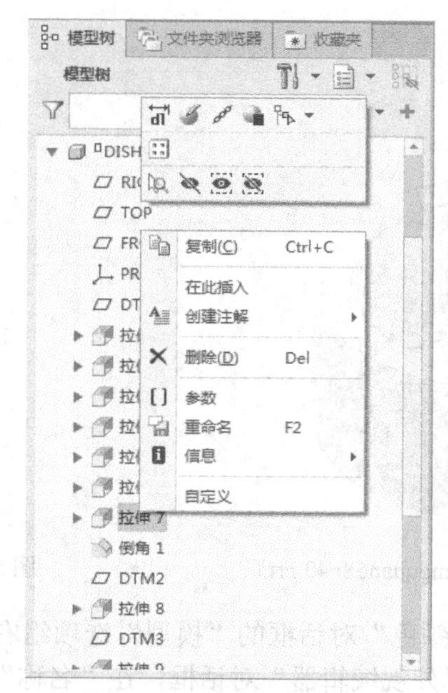

图 5-43　编辑模型特征

4）重新生成模型。模型编辑后不能实时更新所修改的内容，必须进行“重新生成”。单击“模型”选项卡“操作”功能区中的“重新生成”按钮，如图 5-44 所示，完成特征重新生成的操作。

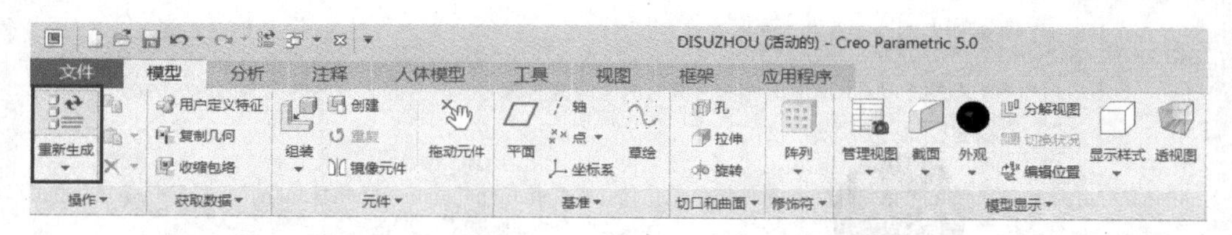

图 5-44　重新生成模型特征

5.3.2　模型的外观处理

模型的外观处理包括对模型进行着色、纹理处理和透明设置等。模型的外观与模型会一同保存。但当模型打开时，其外观不会载入到外观列表中，可以通过打开已保存的外观文件的方式，将该文件中的外观添加到外观列表中。

下面以低速轴挡圈（dangquan68-40.prt）零件模型为例，说明模型外观处理的一般过程。

操作视频：
例 5-5　低速轴挡圈的外观处理

【例 5-5】　低速轴挡圈的外观处理

1）设置工作目录并打开文件。设置 D:\Mywork\Creo\Chapter5\ex-5-5 为工作目录，将配套资源 Exercise\Chapter5\ex-5-5 中的全部文件复制到该工作目录。打开零件模型“dangquan68-40.prt”，如图 5-45 所示。

2）打开外观库。单击“视图”选项卡“外观”功能区中的“外观”按钮，系统弹出“外观颜色”对话框，如图 5-46 所示。

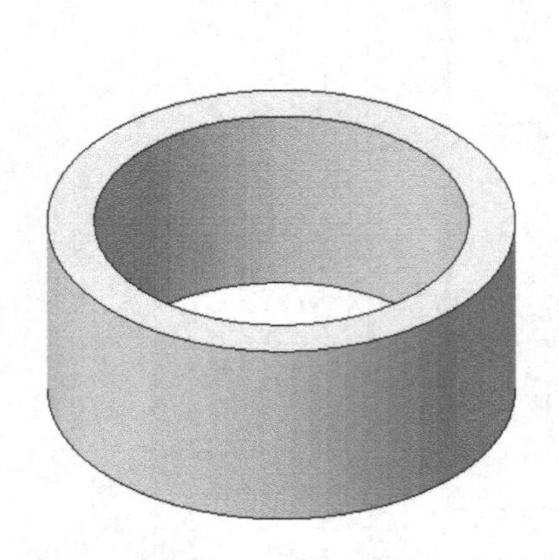

图 5-45　低速轴挡圈（angquan68-40.prt）

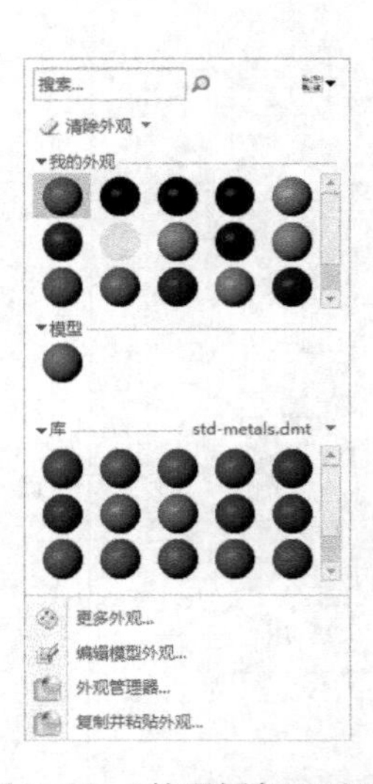

图 5-46 “外观颜色”对话框

3）添加外观。在“外观颜色”对话框的“模型”选项组右击，在弹出的快捷菜单中选择“新建”命令，系统弹出“外观编辑器”对话框，在“名称”文本框中修改外观名称，如图 5-47 所示。根据需求可设置“反射率”“反射颜色”“纹理”等（注：此例不做设置，均采用默认设置）。单击“属性”选项卡中的“颜色”选项组，系统弹出“颜色编辑器”对话框，设置颜色如图 5-48 所示，单击“确定”按钮，保存所编辑的颜色，返回“外观编辑器”对话框，同时单击“关闭”按钮，完成外观设置。

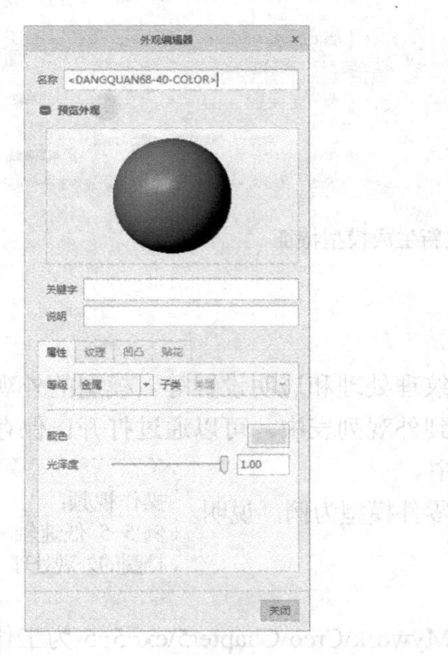

图 5-47 “外观编辑器”对话框

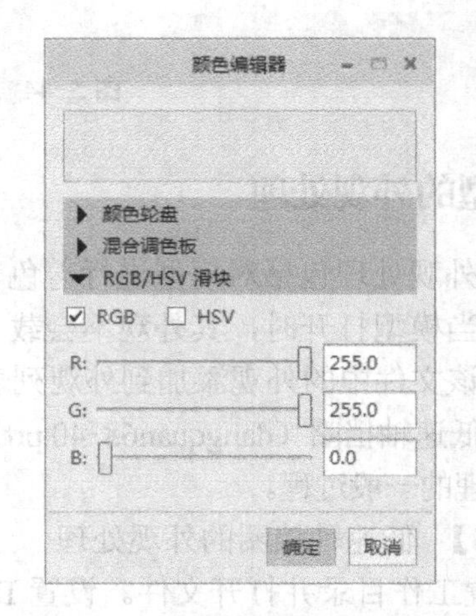

图 5-48 “颜色编辑器”对话框

4）将外观应用到模型。在“外观颜色”对话框中选择 3）中添加的外观，系统弹出“选择”对话框，按住〈Ctrl〉键选择模型的表面，再单击“选择”对话框的“确定”按钮，完成模型外观的更改，结果如图 5-49 所示（挡圈颜色由灰色变为黄色）。

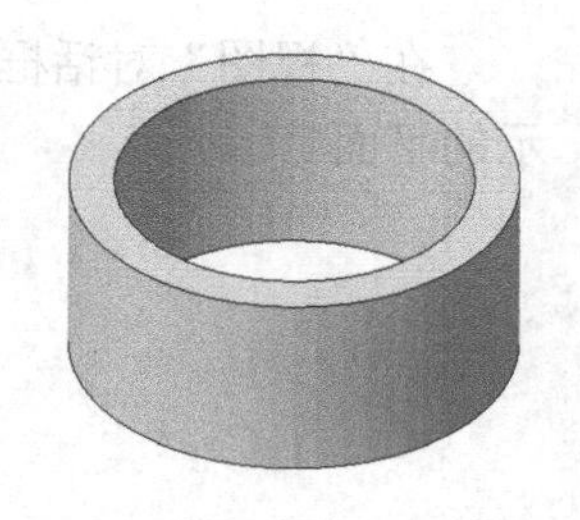

图 5-49　模型外观更改

5.3.3　模型的视图管理

1．定向视图

定向视图功能可以将组件以指定的方位进行摆放，以便观察模型或为将来生成工程图做准备。下面以减速器下箱体（xiaxiangti.prt）为例，说明创建定向视图的操作方法。

【例 5-6】 减速器下箱体的定向视图操作

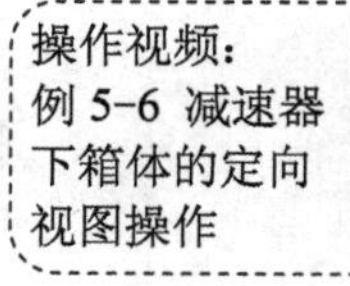

1）设置工作目录并打开文件。设置 D:\Mywork\Creo\Chapter5\ex-5-6 为工作目录，将配套资源 Exercise\Chapter5\ex-5-6 中的全部文件复制到该工作目录，打开零件模型“xiaxiangti.prt”。

2）新建视图。单击“视图”选项卡“模型显示”功能区中的“管理视图”按钮，如图 5-50 所示，系统弹出“视图管理器”对话框，在“定向”选项卡中单击“新建”按钮，输入新视图名称“Front_1”，按〈Enter〉键完成视图名称的输入，如图 5-51 所示。

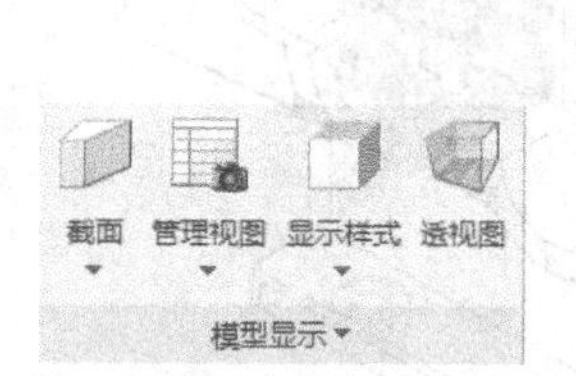

图 5-50　管理视图

图 5-51　视图管理器对话框

3）定向模型。在“视图管理器”对话框中选择“编辑”下拉菜单中的“重新定义”选项，如图 5-52 所示，系统弹出“视图”对话框；在“视图”对话框“方向”选项卡中的“类型”下拉列表中选择“按参考定向”，如图 5-53 所示。

图 5-52　重新定义

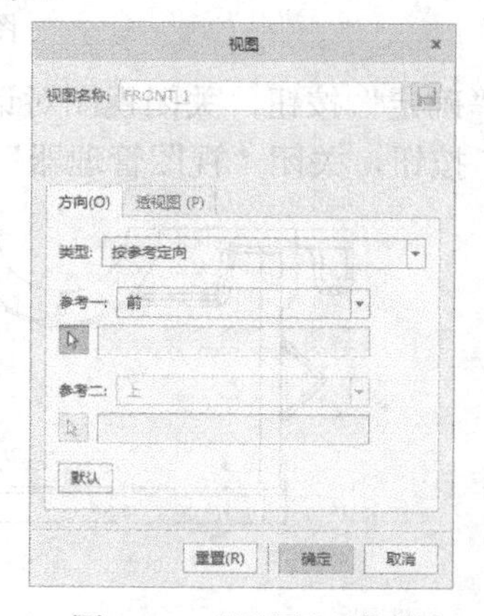

图 5-53　“视图”对话框

在“视图”对话框中，选择“参考一”为“前”，并在操作区中选择如图 5-54 中箭头所示的平面。

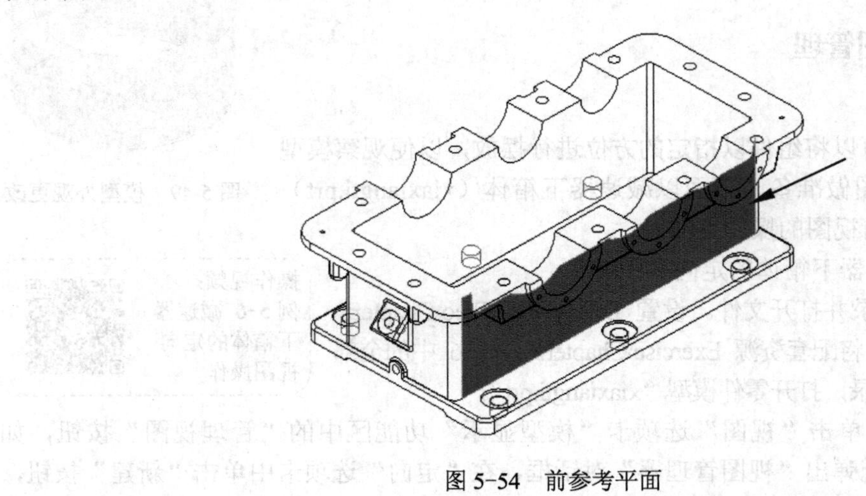

图 5-54 前参考平面

选择“参考二”为“右”，并在操作区中选择如图 5-55 中箭头所示的平面。

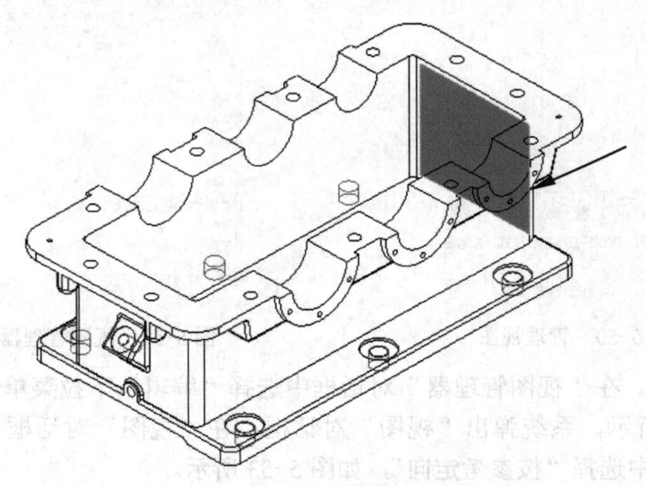

图 5-55 右参考平面

单击“确定”按钮，关闭视图对话框，完成定向视图的操作，结果如图 5-56 所示；单击“关闭”按钮，关闭“视图管理器”对话框。

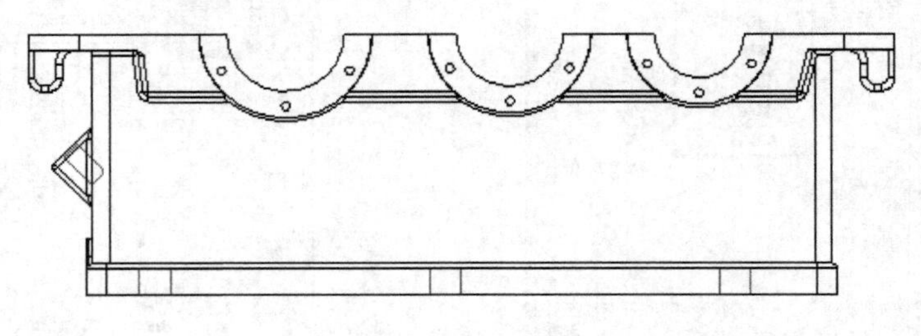

图 5-56 定向视图

2．横截面

横截面也称半剖截面，其作用主要用于查看模型剖切后内部的形状和结构。在零件模块或装配模块中创建的横截面，可用于在工程图模块中生成剖视图。横截面主要有两种类型：“平面”横截面和“偏距”横截面。下面以减速器装配体（ex-5-3.asm）为例，说明创建横截面的操作方法。

操作视频：
例 5-7 减速器装配体的横截面操作

【例 5-7】 减速器装配体的横截面操作

1）设置工作目录并打开文件。设置 D:\Mywork\Creo\Chapter5\ex-5-7 为工作目录，将配套资源 Exercise\Chapter5\ex-5-7 中的全部文件复制到该工作目录，打开装配体“ex-5-3.asm”。

2）新建视图。单击“视图”选项卡“模型显示”功能区中的“管理视图”按钮，系统弹出“视图管理器”对话框，单击“截面”选项卡，在“新建”下拉列表中选择“平面”选项，输入新视图名称“Top_1”，如图 5-57 所示；再按〈Enter〉键确认，打开“截面”选项卡，如图 5-58 所示。

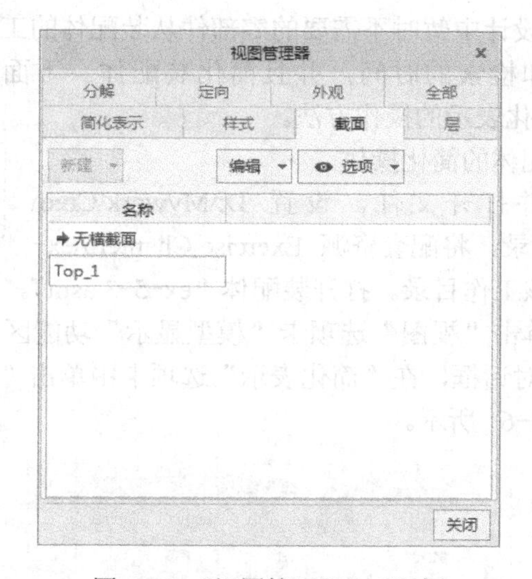

图 5-57 “视图管理器”对话框

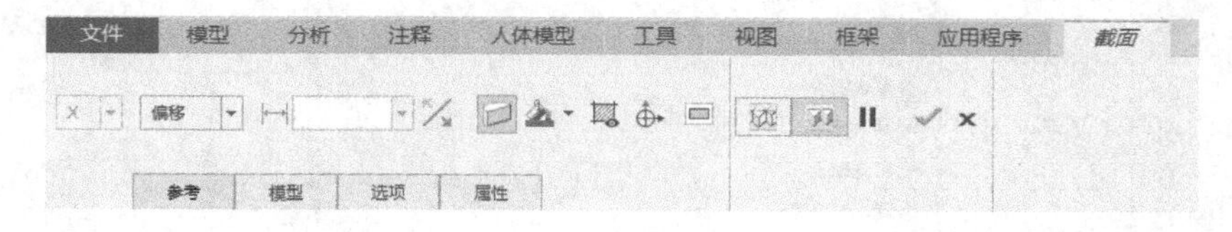

图 5-58 “截面”选项卡

3）选定参考平面。单击“截面”选项卡中的“参考”按钮，展开“参考”选项卡，如图 5-59 所示，在操作区内选择如图 5-60 箭头所示的平面为参考平面，单击“应用并保存”按钮，完成操作。

图 5-59 “参考”选项卡

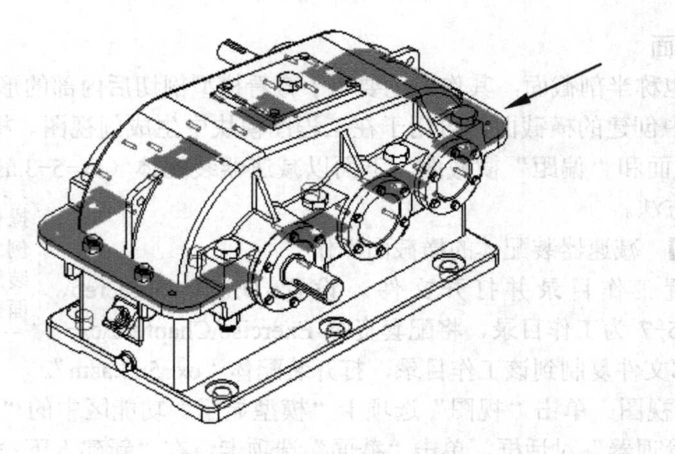

图 5-60　创建截面所需的参考平面

3. 简化表示

简化表示功能可以将设计中暂时不需要的零部件从装配体的工作区中移除，从而可以减少装配体的重绘、再生和检索的时间，并且简化装配体。下面以减速器装配体（ex-5-3.asm）为例，说明创建简化表示的操作方法。

操作视频：
例 5-8 减速器装配体的简化操作

【例 5-8】 减速器装配体的简化操作

1）设置工作目录并打开文件。设置 D:\Mywork\Creo\Chapter5\ex-5-8 为工作目录，将配套资源 Exercise\Chapter5\ex-5-8 中的全部文件复制到该工作目录。打开装配体“ex-5-3.asm”。

2）新建简化表示。单击“视图”选项卡“模型显示”功能区中的“管理视图”按钮，系统弹出“视图管理器”对话框，在“简化表示”选项卡中单击“新建”按钮，输入新视图名称“Simplified”，如图 5-61 所示。

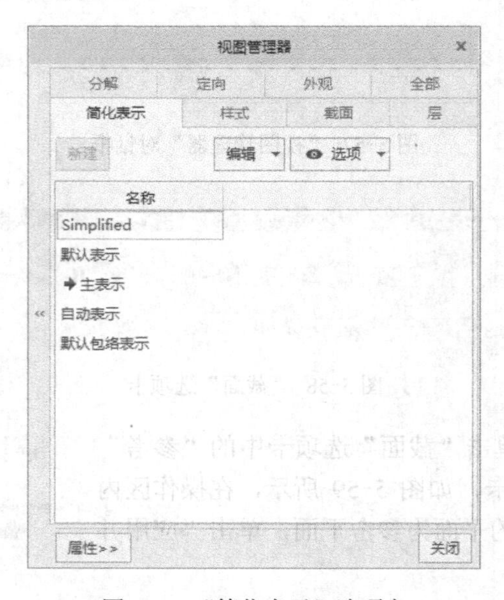

图 5-61 “简化表示”选项卡

3）编辑显示内容。输入视图名称后，按〈Enter〉键确认，系统弹出“编辑”窗口，如图 5-62 所示。将所有螺钉及螺栓隐藏，单击“应用”按钮后单击“打开”按钮，完成简化表示操作，如图 5-63 所示。

图 5-62 “编辑”窗口

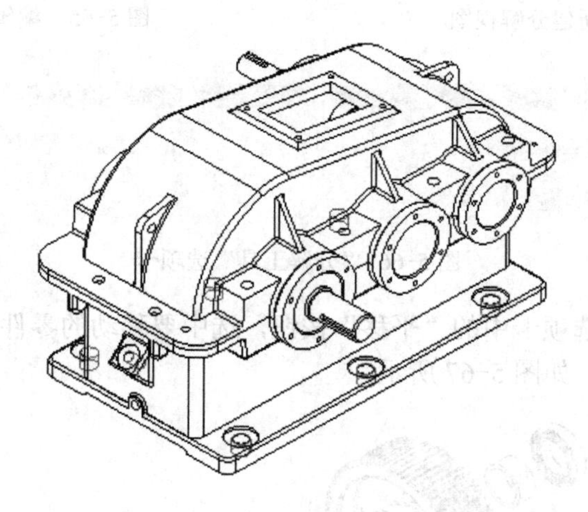

图 5-63 简化表示

4．模型分解

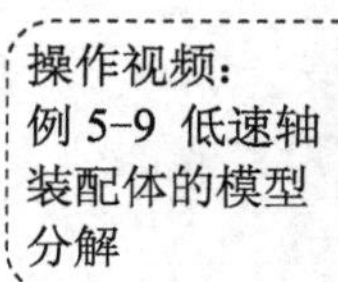

下面以低速轴装配体（disuzhou.asm）为例，说明创建装配体分解视图的操作方法。

【例 5-9】 低速轴装配体的模型分解

1）设置工作目录并打开文件。设置 D:\Mywork\Creo\Chapter5\ex-5-9 为工作目录，将配套资源 Exercise\Chapter5\ex-5-9 中的全部文件复制到该工作目录。打开装配体“disuzhou.asm”。

2）新建分解视图。单击“视图”选项卡“模型显示”功能区中的“管理视图”按钮，系统弹出“视图管理器”对话框，在“分解”选项卡中单击“新建”按钮，输入新视图名称“Exploded_View”，按〈Enter〉键确认，如图 5-64 所示。

3）编辑分解视图。单击“视图管理器”对话框下方的“属性”按钮，再单击“编辑位置”，如图 5-65 所示；打开“分解工具”选项卡，如图 5-66 所示。

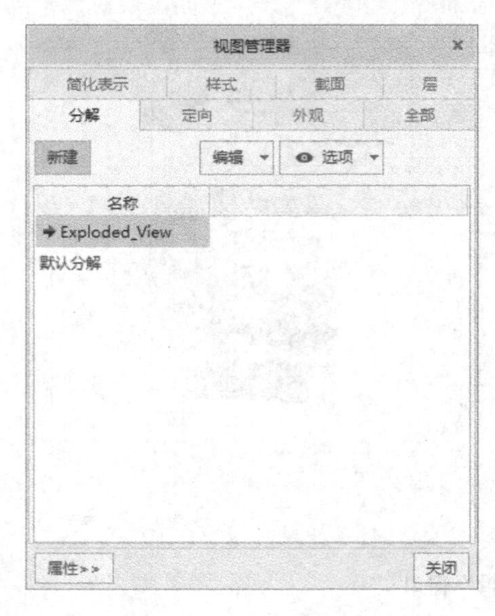

图 5-64　新建分解视图

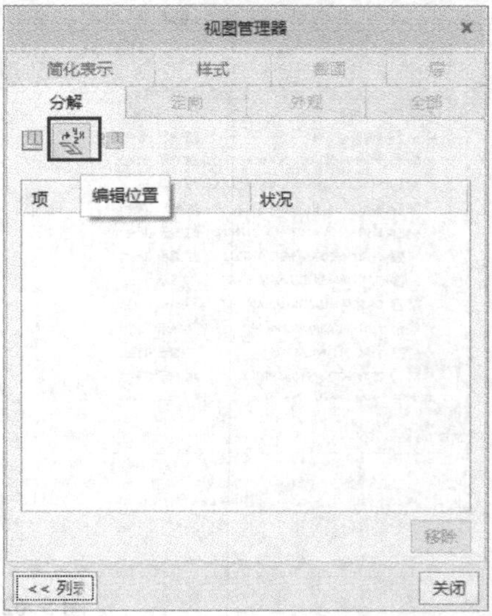

图 5-65　编辑分解视图

图 5-66 “分解工具”选项卡

单击“分解工具”选项卡中的“平移”按钮，选中要移动的零件，拖动“3D 拖动器”，将零件拖动到合适位置，如图 5-67 所示。

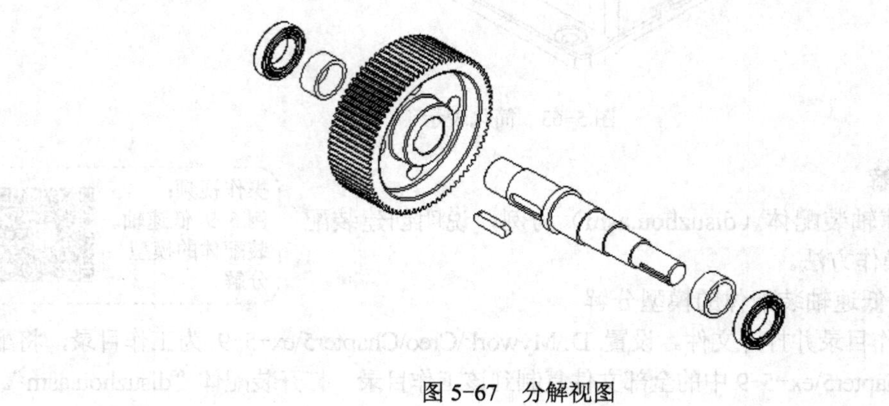

图 5-67　分解视图

4）取消分解视图。在装配元件完成分解的情况下，单击“视图”选项卡“模型显示”功能区中的“分解视图”按钮，取消装配元件的分解视图。

5.4　练习

将配套资源 Exercise\Chapter5\ex5-10 中的全部文件复制到工作目录中，请读者参照以下练习文件的结果自行练习，如图 5-68 所示。

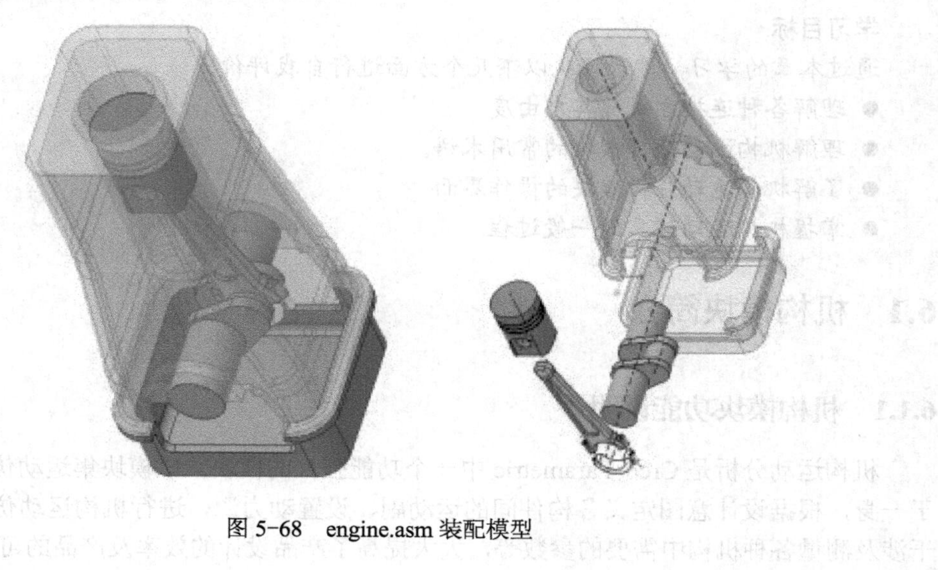

图 5-68　engine.asm 装配模型

第6章　机构运动仿真

学习目标

通过本章的学习，读者可从以下几个方面进行自我评价。

- 理解各种连接方式及其自由度。
- 理解机构运动分析模块的常用术语。
- 了解机构运动分析模块的操作界面。
- 掌握机构运动仿真的一般过程。

6.1　机构模块简介

6.1.1　机构模块功能说明

机构运动分析是 Creo Parametric 中一个功能强大的模块。该模块集运动仿真和机构分析于一身，根据设计意图定义各构件间的运动副、设置动力源，进行机构运动仿真，并能检查干涉及测量各种机构中需要的参数等，大大提高了产品设计的效率及产品的可靠性。

运动学和动力学是运动仿真与分析中常涉及的两个重点内容。运动学运用几何学的方法来研究物体的运动，不考虑力和质量等因素的影响，即机构在不受力的情况下运动；物体运动和力的关系，则是动力学的研究内容，即机构在受力情况下的运动状态。本章将对机构运动分析模块中的运动学分析和动力学分析两种功能进行介绍，包括添加动力源、设置初始条件、机构分析与定义及仿真结果测量与分析。

机构运动分析模块的常用术语如下。

1）机构（机械装置）：由一定数量的连接元件和固定元件组成，能完成特定动作的装配体。

2）连接元件：以“连接”方式添加到一个装配体中的元件。连接元件与它附着的元件之间具有相对运动。

3）固定元件：以一般的装配约束（对齐、配对等）添加到一个装配体中的元件与它附着的元件之间没有相对运动。

4）连接：能实现元件之间相对机械运动的约束集，如销钉连接、滑块连接等。

5）自由度：允许的机械运动。

6）主体：机构中彼此之间没有相对运动的一组元件（或一个元件）。

7）基础：机构中固定不动的一个主体。其他主体可相对于“基础”运动。

8）拖动：选择并移动机构。

9）伺服电动机：定义一个主体相对于另一个主体的运动方式，为机构的平移或旋转提供驱动。可以在接头或几何图元上放置伺服电动机，并指定位置、速度或加速度与时间的函数关系。

10）执行电动机：作用于旋转或平移连接轴上，从而引起机构运动。

11）运动学：研究机构的运动，而不考虑驱动机构所需的力。

12）动态：研究机构在受力后的运动。

13）环连接：添加到运动环中的最后一个连接。

14）回放：记录并重放分析运行的结果。

15）LCS：与主体相关的局部坐标系。

16）UCS：用户坐标系。

17）WCS：全局坐标系。

6.1.2 机构模块基础

1．进入机构模块

在装配设计模块中，单击“应用程序”选项卡“运动”功能区中的“机构”按钮，进入机构模块，如图 6-1 所示。

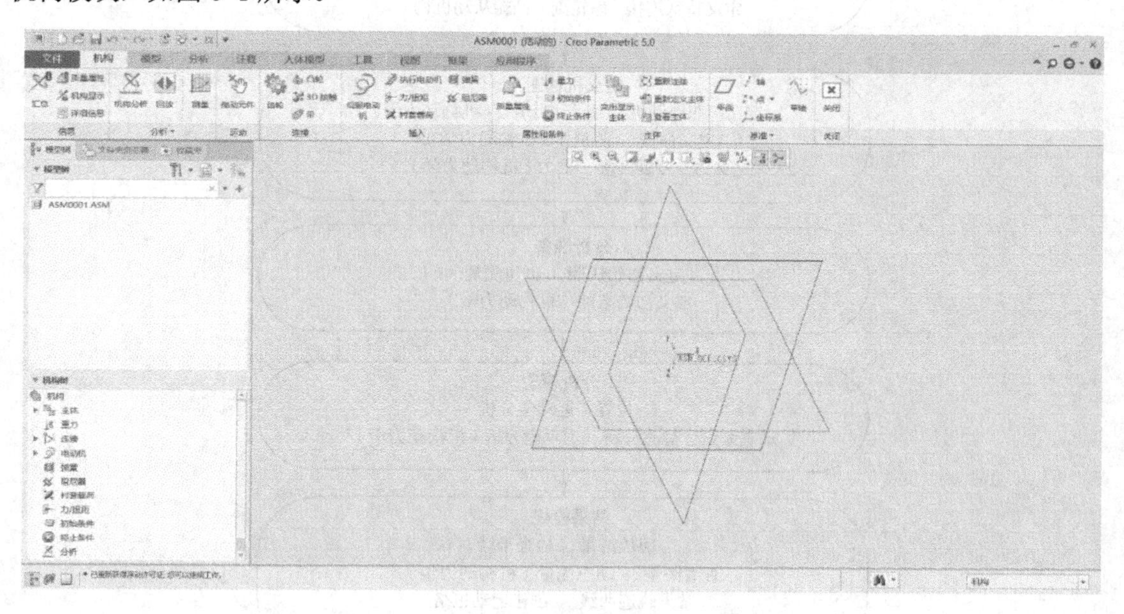

图 6-1 机构运动仿真与分析模块初始界面

2．功能选项卡简介

机构模块选项卡包括 9 个功能区，如图 6-2 所示，具体功能如下。

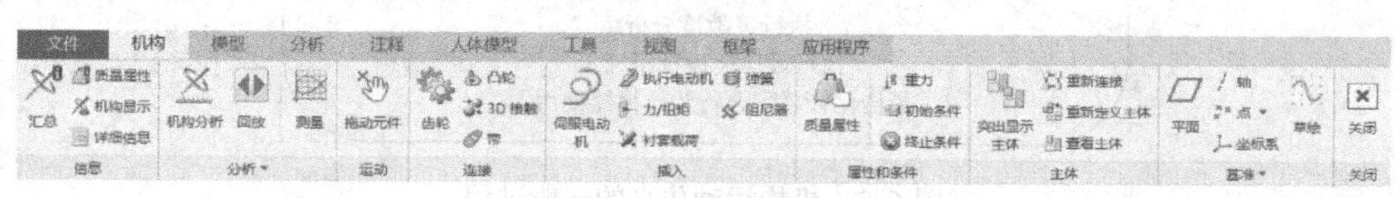

图 6-2 机构运动仿真与分析选项卡

1）信息：显示汇总、质量属性和详细信息等，以及定义机构显示样式等。

2）分析：设置机构分析定义、回放机构分析和生成分析的测量结果。

3）运动：将装配元件在允许的范围内拖动。

4）连接：创建齿轮、凸轮、3D接触和带等连接。

5）插入：插入伺服电动机、执行电动机、力与扭矩、衬套载荷和弹簧等。

6）属性和条件：添加质量属性，设置重力、初始条件和终止条件。

7）主体：突出显示主体、重新连接、重新定义主体和查看主体。

8）基准：新建平面、轴、点、坐标系、曲线和草绘等参考。

9）关闭：关闭机构运动仿真与分析模块。

3．机构运动仿真的一般过程

机构运动仿真的一般过程如图6-3所示。

图6-3　机构运动仿真的一般过程

6.2 典型机构运动仿真

操作视频：
例 6-1 铰链
四杆机构

6.2.1 铰链四杆机构

【例 6-1】 铰链四杆机构

1）设置工作目录。设置 D:\Mywork\Creo\Chapter6\ex-6-1 为工作目录，将配套资源 Excise\Chapter6\ex-6-1 中的全部文件复制到该工作目录。

2）创建新文件。单击“新建”按钮，系统弹出“新建”对话框，在“类型”列表中选择“装配”单选按钮，系统默认选择“子类型”列表中的“设计”选项，在“文件名”文本框中输入“ex-6-1”，取消选中“使用默认模板”复选框，并单击“确定”按钮。随后系统弹出“新文件选项”对话框，在“模板”列表中选择“mmns_asm_design”，并单击“确定”按钮，进入装配设计的创建环境。

3）导入第一个零件。单击“模型”选项卡“元件”功能区中的“组装”按钮，系统弹出“打开”对话框，选择模型“dadi.prt”，单击“打开”按钮，将该模型导入装配环境中；从打开的“元件放置”选项卡的“自动”下拉列表中选择约束条件为“默认”，使零件坐标系与装配体坐标系重合并固定。

4）组装曲柄。单击“组装”按钮，系统弹出“打开”对话框，选择模型“qubing.prt”，单击“打开”按钮，将该模型导入装配环境中；从打开的“元件放置”选项卡的“用户定义”下拉列表中选择连接方式“销”，单击“放置”按钮，在弹出的选项卡中，单击“新建集”按钮，再选择“轴对齐”的约束类型为“重合”，如图 6-4 所示，并在图形显示区中选择销配合的两个曲面，如图 6-5a 所示；单击“平移”添加第二组约束条件，选择约束类型为“重合”，在图形显示区中选择重合配合的两个平面，如图 6-5b 所示；最终的装配关系如图 6-6 所示，单击“应用并保存”按钮，完成曲柄的装配。

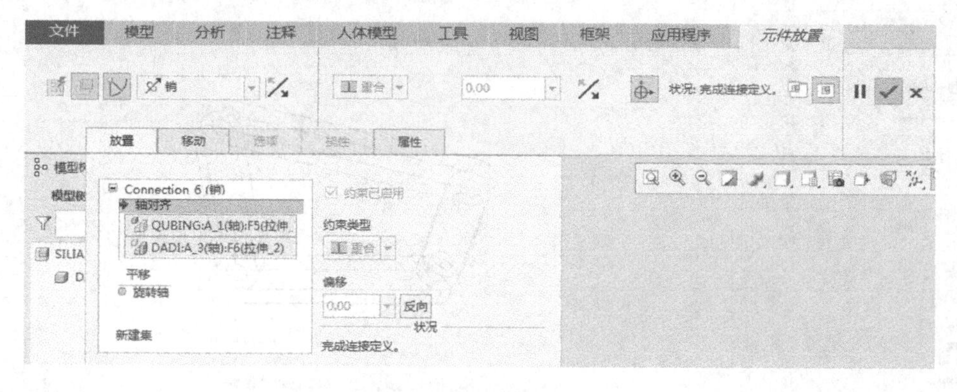

图 6-4 “元件放置”选项卡

5）组装其余组件。单击“组装”按钮，在“打开”对话框中选择模型，重复步骤 4），将“qubing”与“zhongjiangan”接触与关联，将“zhongjiangan”与“yaogan”接触与关联，将“yaogan”与“dadi”接触与关联，最终装配结果如图 6-7 所示。

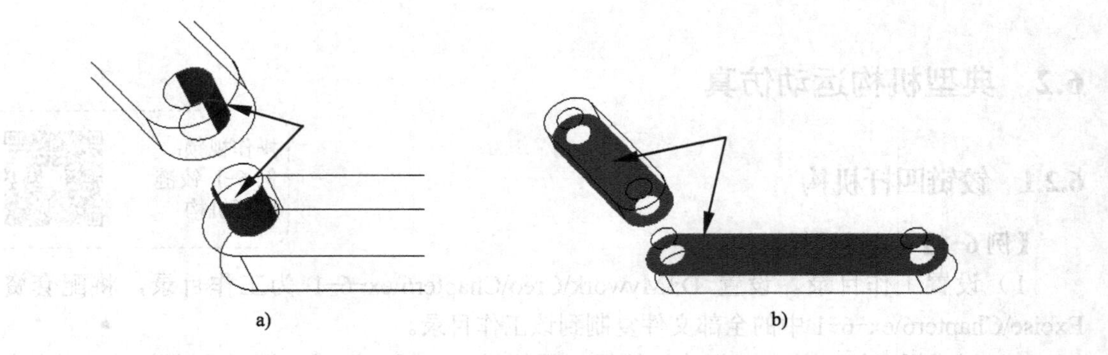

图 6-5　约束条件

a) 约束条件（轴对齐）　b) 约束条件（平移）

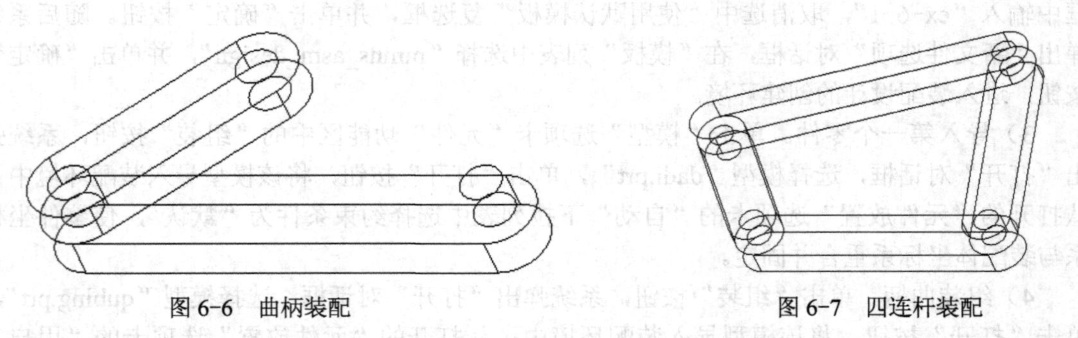

图 6-6　曲柄装配　　　　图 6-7　四连杆装配

6）进入机构仿真界面。单击“应用程序”选项卡“运动”功能区中的“机构”按钮，进入机构仿真界面，如图 6-8 所示。

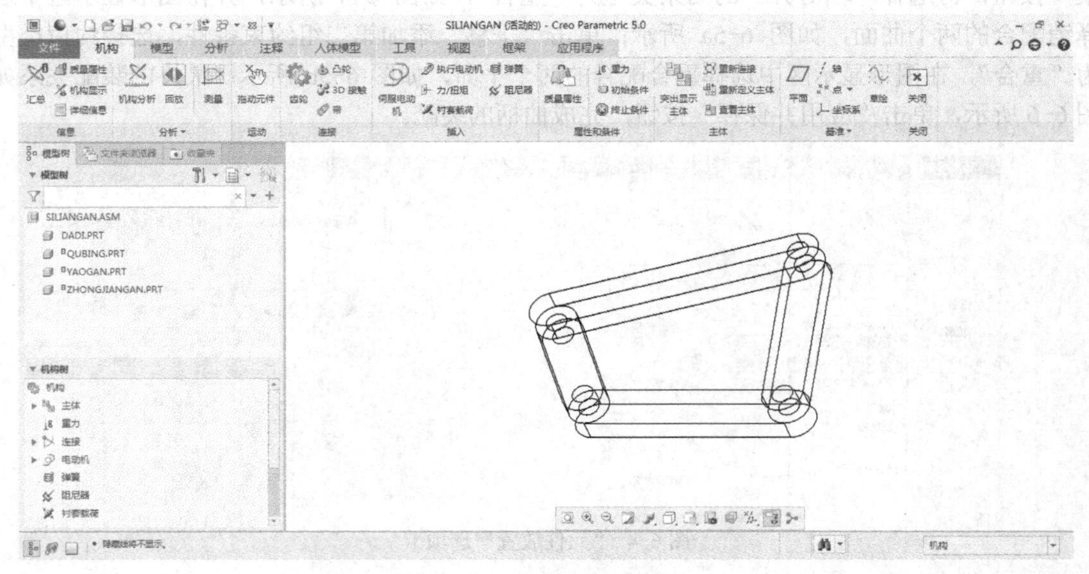

图 6-8　进入机构仿真界面

7）定义伺服电动机。单击“机构”选项卡“插入”功能区中的“伺服电动机”按钮，打开“电动机”选项卡；单击“qubing”与“dadi”的销连接约束，再单击“配置文件详情”按钮，在打开的选项卡中，将“驱动数量”改为“角速度”，将“函数类型”为“常量”，输入系数 A

为“60”，如图 6-9 所示，单击“应用并保存”按钮，完成伺服电动机的定义。

8）施加载荷。单击“机构”选项卡“插入”功能区中的“力/扭矩”按钮，打开“电动机”选项卡；选择摇杆模型，单击“参考”按钮，在打开的选项卡中，“从动图元”选项组中显示“主体 2：模型 YAOGAN.PRT”，如图 6-10 所示；在“运动方向”选项组中单击“直线或平面法线”单选按钮，选择如图 6-11 所示的平面。单击“配置文件详情”按钮，在打开的选项卡中，输入系数为“100”，如图 6-12 所示。单击“电动机”选项卡中的“应用并保存”按钮，完成载荷的施加。

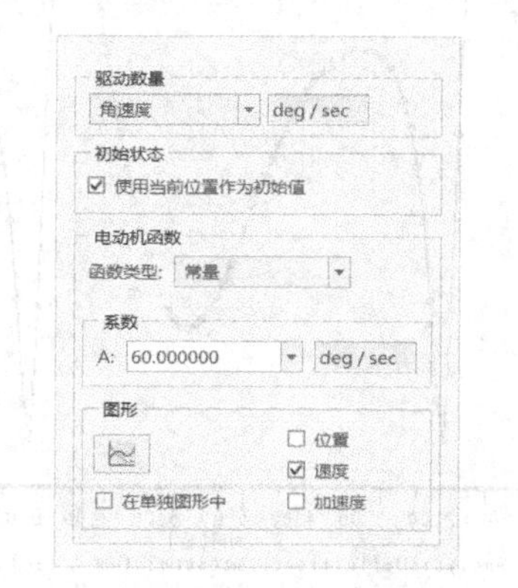

图 6-9 “配置文件详情”选项卡 1

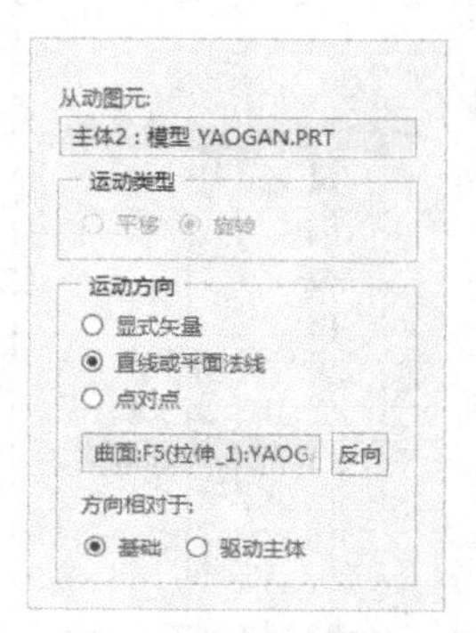

图 6-10 “参考”选项卡

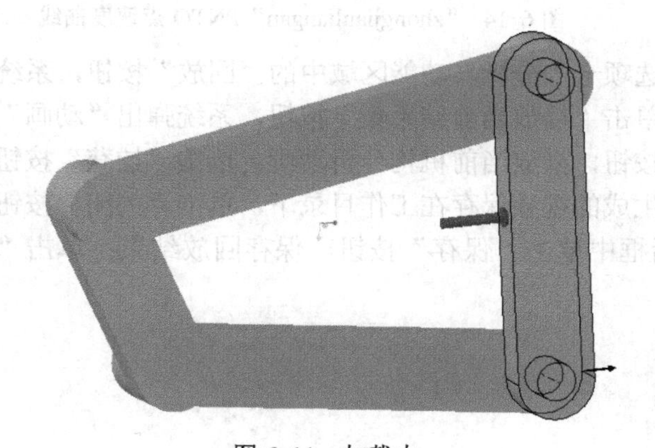

图 6-11 加载力

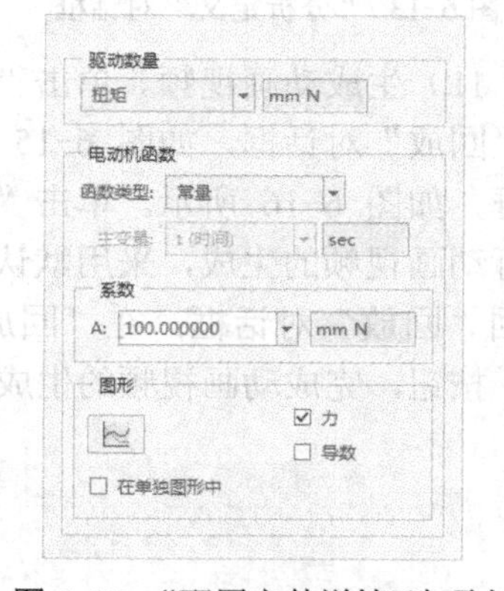

图 6-12 “配置文件详情”选项卡 2

9）定义机构分析。单击“机构”选项卡“分析”功能区中的“机构分析”按钮，系统弹出“分析定义”对话框，采用默认的名称，在“类型”下拉列表中选择“运动学”，在“首选项”选项卡中输入结束时间“10”，其他选项采用默认，单击“运行”按钮，如图 6-13 所示。单击“确定”按钮，完成机构分析的定义。

10）生成速度曲线。单击“机构”选项卡“分析”功能区中的“测量”按钮，系统弹出“测量结果”对话框；单击“创建新测量”按钮，系统弹出“测量定义”对话框；在“类型”下拉列表中选择“速度”，单击 “zhongjianliangan”的 PNT0 点，再单击“确定”按钮，返回“测量结果”对话框；选择“结果集”选项组中的“AnalysisDefinition1”，单击“根据选定结果集绘制选定测量的图形”按钮，系统弹出“图形工具”窗口，即为该点速度曲线，如图 6-14 所示。

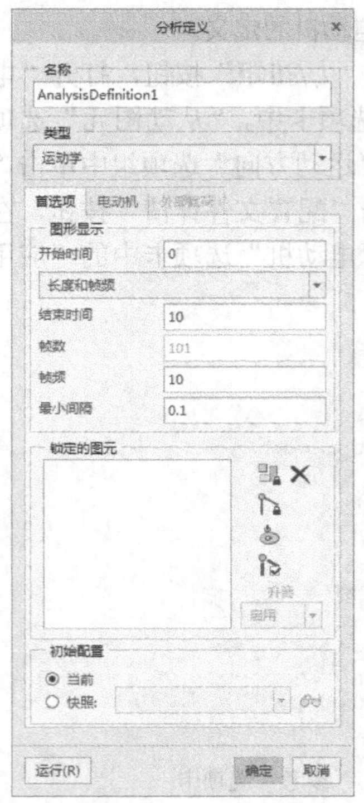

图 6-13 “分析定义”对话框

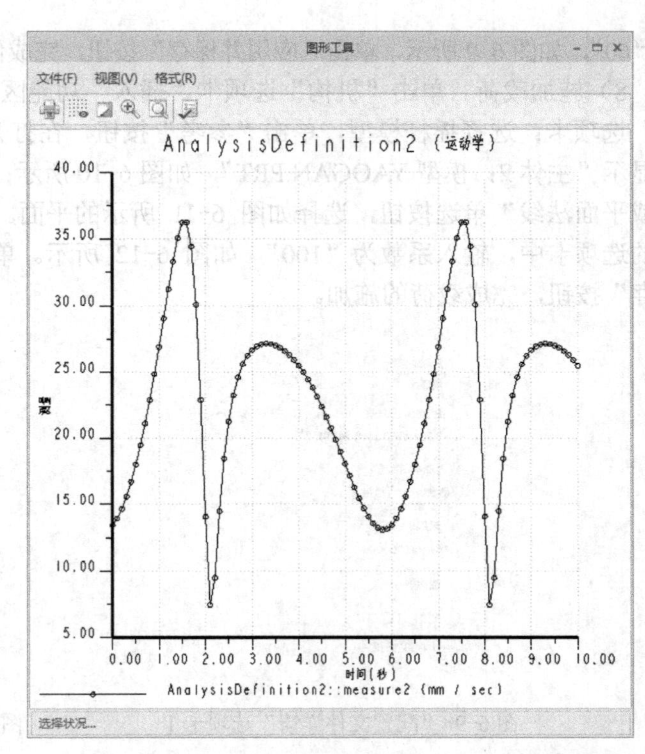

图 6-14 “zhongjianliangan”PNTO 点速度曲线

11）生成动画视频。单击“机构”选项卡“分析”功能区域中的“回放”按钮，系统弹出“回放”对话框，如图 6-15 所示。单击“播放当前结果集”按钮，系统弹出“动画”对话框，如图 6-16 所示。单击“播放”按钮，播放当前机构分析动画；单击“捕获”按钮，进行动画视频的生成，采用默认名称，生成的视频保存在工作目录下，单击“关闭”按钮，返回“回放”对话框；在“回放”对话框中单击“保存”按钮，保存回放结果；单击“关闭”按钮，完成动画视频的生成。

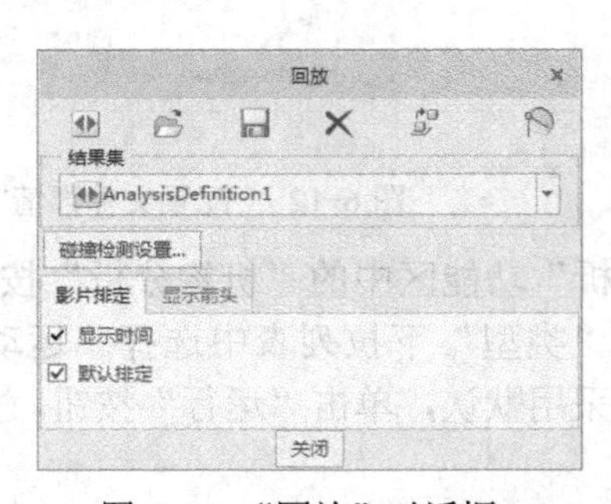

图 6-15 “回放”对话框

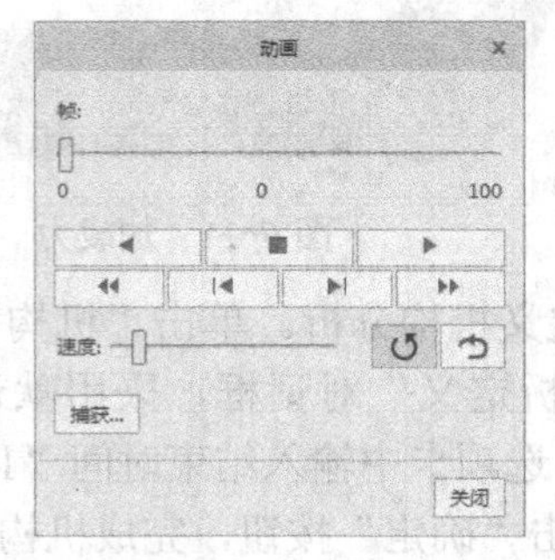

图 6-16 “动画”对话框

12）保存文件。单击“保存”按钮，完成文件的保存。

操作视频：
例 6-2 齿轮机构

6.2.2 齿轮机构

【例 6-2】 齿轮机构

1）设置工作目录。设置 D:\Mywork\Creo\Chapter6\ex-6-2 为工作目录，将配套资源

Excise\Chapter6\ex-6-2 中的全部文件复制到该工作目录。

2）打开文件。单击“打开”按钮，在“打开”对话框中选择模型“zhuangpei.asm”，单击“打开”按钮，调入组件模型。

3）进入机构仿真界面。单击“应用程序”选项卡“运动”功能区中的“机构”按钮，进入机构仿真界面，如图 6-17 所示。

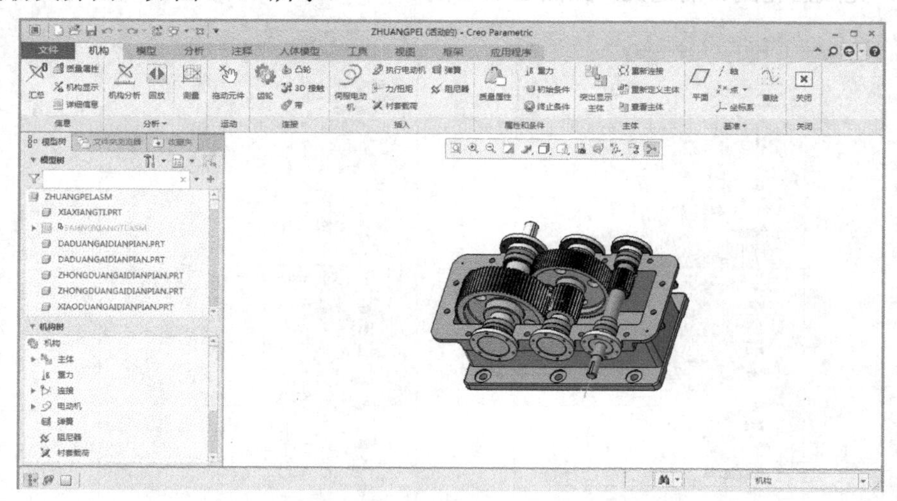

图 6-17　进入机构仿真界面

4）定义齿轮副 1。单击“机构”选项卡“连接”功能区中的“齿轮”按钮，弹出“齿轮副定义”对话框，在“类型”下拉列表中选择“正”，单击零件“GaoSuZhou”处的销钉“Connection_103.axis_1”，输入“节圆”直径“44”；单击“齿轮 2”选项卡，单击“ZhongJianZhou”处的销钉“Connection_143.axis_1”，输入“节圆”直径“176”，单击“确定”按钮，完成齿轮副 1 的定义，如图 6-18 所示。

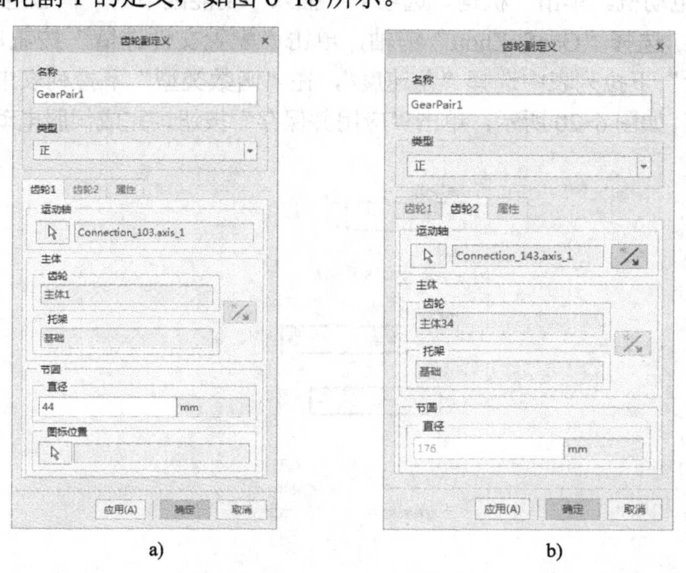

a)　　　　　　b)

图 6-18　定义齿轮副 1

a) 齿轮 1　b) 齿轮 2

5）定义齿轮副 2。单击“机构”选项卡“连接”功能区中的“齿轮”按钮，弹出“齿轮副定义”对话框。在“类型”下拉列表中选择“正”，单击零件“ZhongJianZhou”处的销钉“Connection_143.axis_1”，输入“节圆”直径“65”；单击“齿轮 2”选项卡，单击“DiSuZhou”处的销钉“Connection_212.axis_1”，输入“节圆”直径值“195”，单击“确定”按钮，完成齿轮副 2 的定义，如图 6-19 所示。

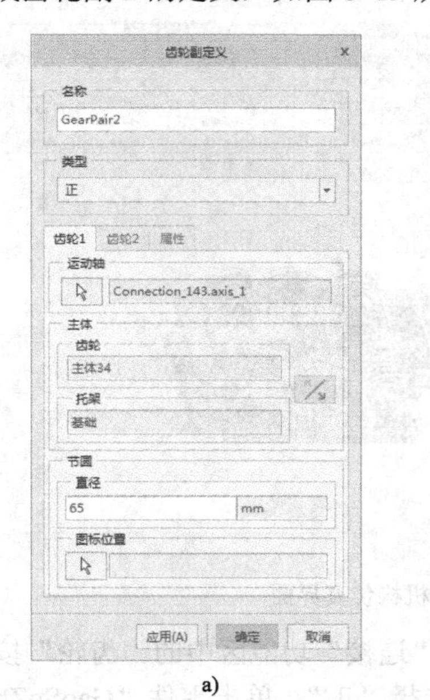

a)

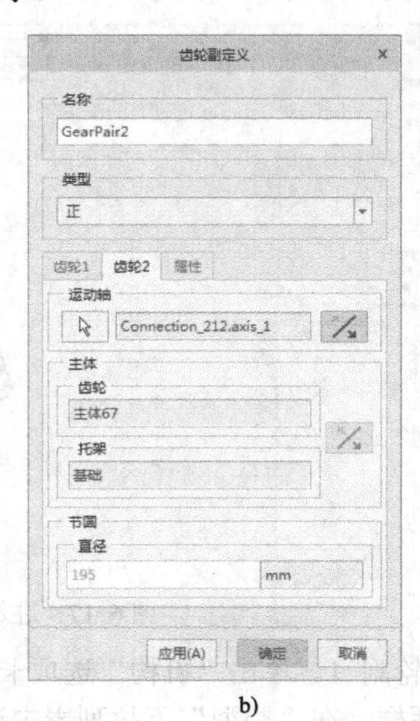

b)

图 6-19　定义齿轮副 2

a) 齿轮 1　b) 齿轮 2

6）定义伺服电动机。单击“机构”选项卡“插入”功能区中的“伺服电动机”按钮，打开“电动机”选项卡；选择“GaoSuZhou”销轴，单击“配置文件详情”按钮，在打开的选项卡中，在“驱动数量”下拉列表中选择“角速度”，在“函数类型”下拉列表中选择“常量”，输入系数 A 为“10”，如图 6-20 所示，单击“应用并保存”按钮，完成伺服电动机的定义。

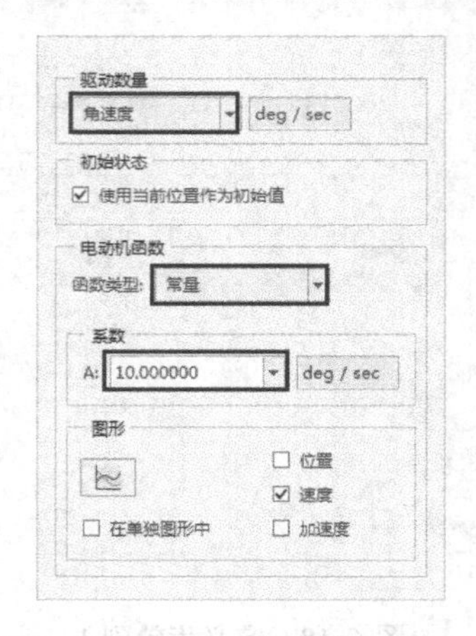

图 6-20　“配置文件详情”选项卡

7）定义机构分析。单击“机构”选项卡“分析”功能区中的“机构分析”按钮，系统弹出“分析定义”对话框，采用默认的名称，在“类型”下拉列表中选择“运动学”，在“首选项”选项卡中输入终止时间“10”，其他选项采用默认值，单击“运行”按钮，如图6-21所示，在操作区可以看到“disuzhou”运行10s，其他齿轮也随之运行10s；单击“确定”按钮，完成机构分析的定义。

8）生成速度曲线。单击“机构”选项卡“分析”功能区中的“测量”按钮，系统弹出“测量结果”对话框，单击“创建新测量”按钮，系统弹出“测量定义”对话框，在“类型”下拉列表中选择“速度”，逐次选择各个轴的销连接，单击“确定”按钮，返回“测量结果”对话框；同时选择“测量”列表中的“measure1”“measure2”“measure3”，单击“根据选定结果集绘制选定测量的图形”按钮，系统弹出“图形工具”窗口，即为该点速度曲线，根据仿真结果可知输入轴与输出轴传动比为12，如图6-22所示。

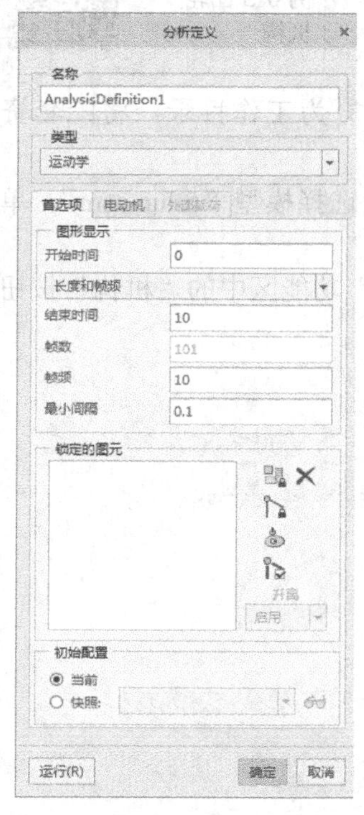

图6-21 “分析定义”对话框

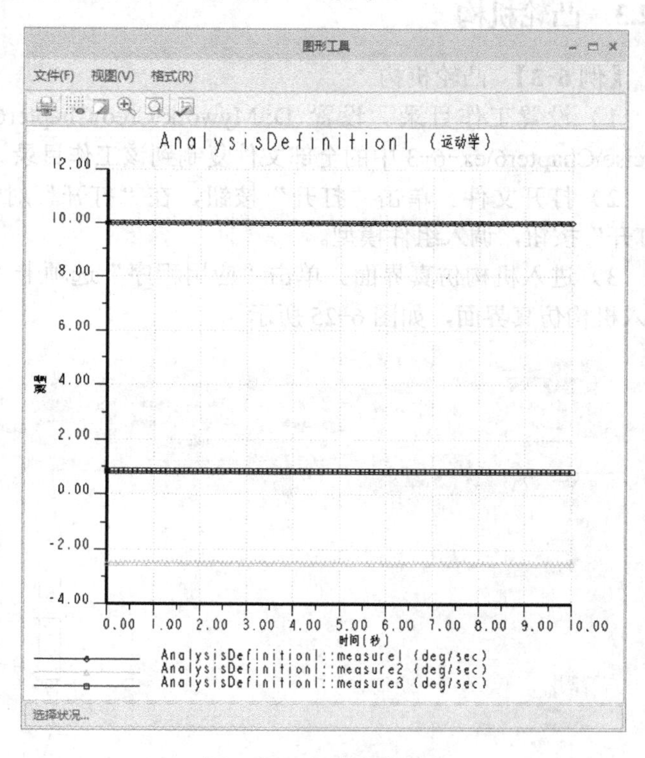

图6-22 各轴速度显示

9）生成动画视频。单击“机构”选项卡“分析”功能区中的“回放”按钮，系统弹出“回放”对话框，如图6-23所示。单击“播放当前结果集”按钮，系统弹出“动画”对话框，如图6-24所示。单击“播放”按钮，播放当前机构分析动画；单击“捕获”按钮，进行动画视频的生成，采用默认名称，生成的视频保存在工作目录下，单击“关闭”按钮，返回“回放”对话框；在“回放”对话框中单击“保存”按钮，保存回放结果；单击“关闭”按钮，完成动画视频的生成。

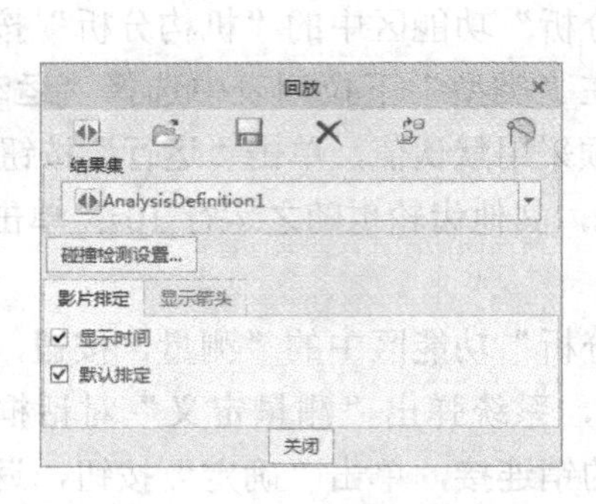

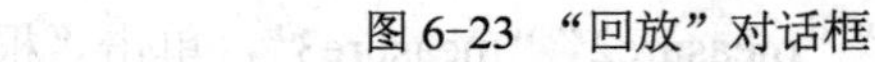
图 6-23 “回放”对话框

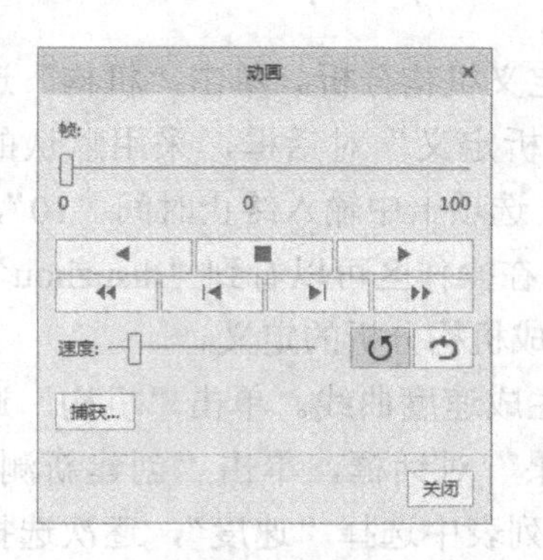

图 6-24 “动画”对话框

10）保存文件。单击“保存”按钮，完成文件的保存。

6.2.3 凸轮机构

操作视频：
例 6-3 凸轮机构

【例 6-3】 凸轮机构

1）设置工作目录。设置 D:\Mywork\Creo\Chapter6\ex-6-3 为工作目录，将配套资源 Excise\Chapter6\ex-6-3 中的全部文件复制到该工作目录。

2）打开文件。单击“打开”按钮，在“打开”对话框中选择模型“tulun.asm”，单击“打开”按钮，调入组件模型。

3）进入机构仿真界面。单击“应用程序”选项卡“运动”功能区中的“机构”按钮，进入机构仿真界面，如图 6-25 所示。

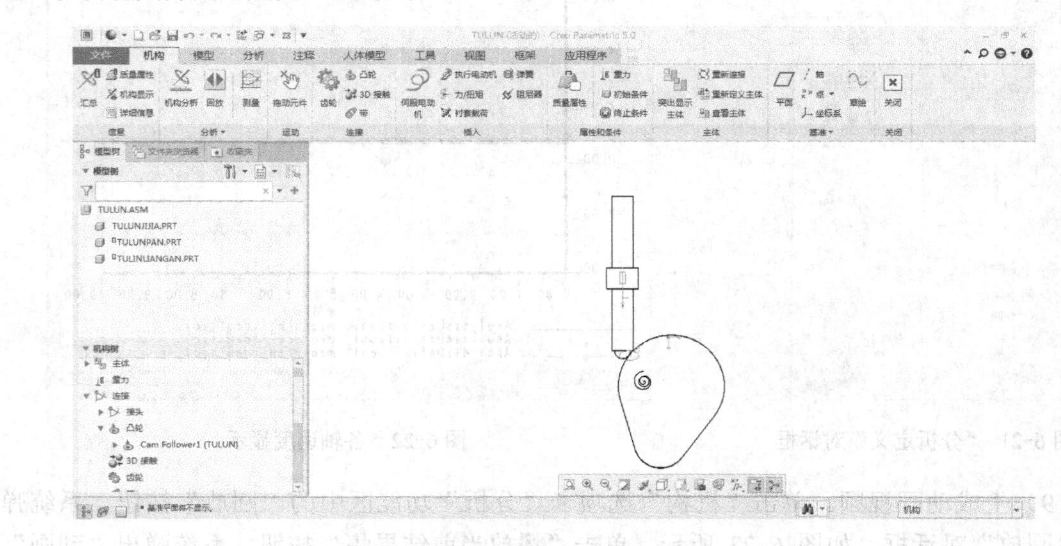

图 6-25 进入机构仿真界面

4）定义凸轮副。单击“机构”选项卡“连接”功能区中的“凸轮”按钮，弹出“凸轮从动机构连接定义”对话框和“选择”对话框，选择如图 6-26 所示的曲面，单击“选择”对话框中的“确定”按钮，关闭“选择”对话框；单击“凸轮 2”选项卡，选择如图 6-27 所示曲面，再单击“选择”对话框中的“确定”按钮，关闭“选择”对话框，单击“凸轮从动机构连接定义”对话框的“确定”按钮，完成凸轮副的定义。

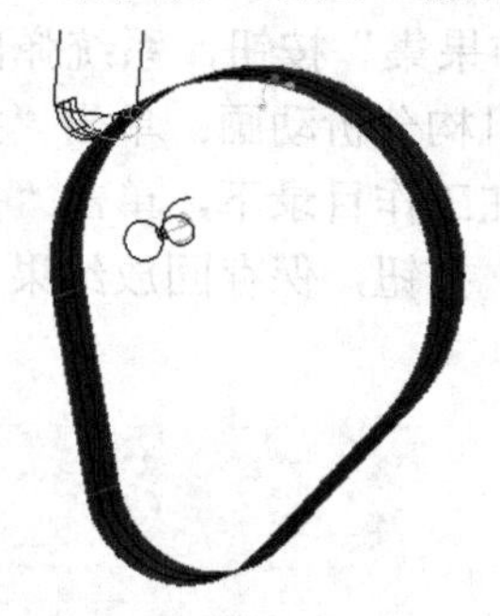

图 6-26 定义凸轮 1

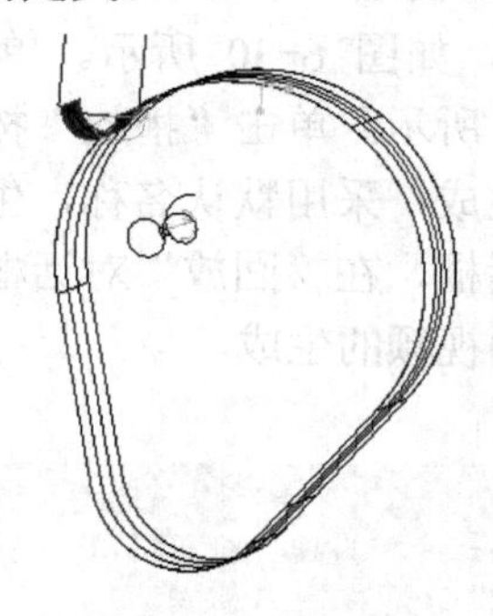

图 6-27 定义凸轮 2

5）定义伺服电动机。单击“机构”选项卡“插入”功能区中的“伺服电动机”按钮，打开“电动机”选项卡；选择“tulunpan”的销连接约束，单击“配置文件详情”按钮，在打开的选项卡中，在“驱动数量”下拉列表中选择“角速度”，将“函数类型”改为“常量”，输入系数 A 为“20”，如图 6-28 所示，单击“应用并保存”按钮，完成伺服电动机的定义。

6）定义机构分析。单击“机构”功能选项卡“分析”区域中的“机构分析”按钮，系统弹出分析定义对话框，采用默认的名称，在“类型”下拉列表中选择“运动学”，在“首选项”选项卡中输入终止时间“10（s）”，其他选项默认，单击“运行”按钮，如图 6-29 所示。在操作区可以看到“tulunpan”运行 10 s，“tulunliangan”也随之运行 10 s，单击“确定”按钮，完成机构分析的定义。

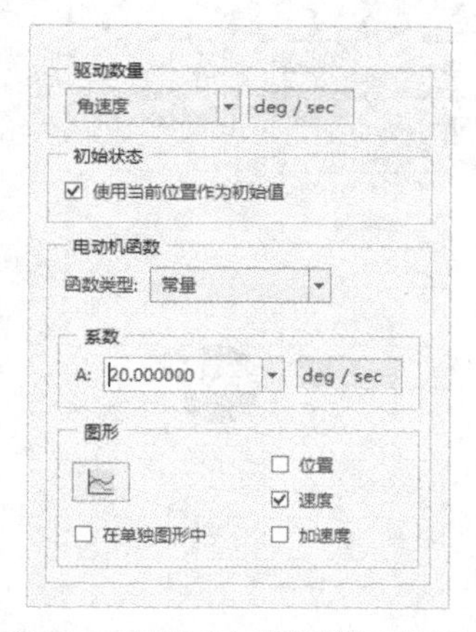

图 6-28 “配置文件详情”选项卡

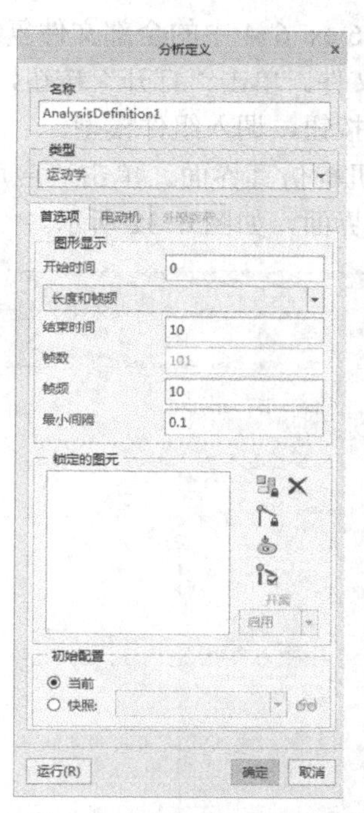

图 6-29 “分析定义”对话框

7）生成动画视频。单击“机构”选项卡“分析”功能区中的“回放”按钮，系统弹出“回放”对话框，如图 6-30 所示。单击“播放当前结果集”按钮，系统弹出“动画”对话框，如图 6-31 所示。单击“播放”按钮，播放当前机构分析动画；单击“捕获”按钮，进行动画视频的生成，采用默认名称，生成的视频保存在工作目录下，单击“关闭”按钮，返回“回放”对话框，在“回放”对话框中单击“保存”按钮，保存回放结果，单击“关闭”按钮，完成动画视频的生成。

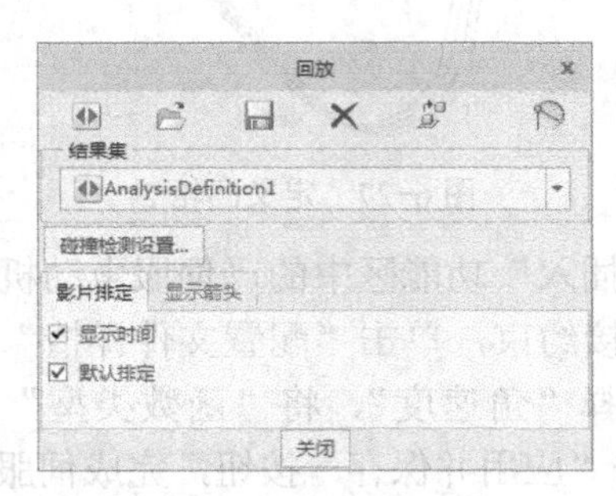

图 6-30 “回放”对话框

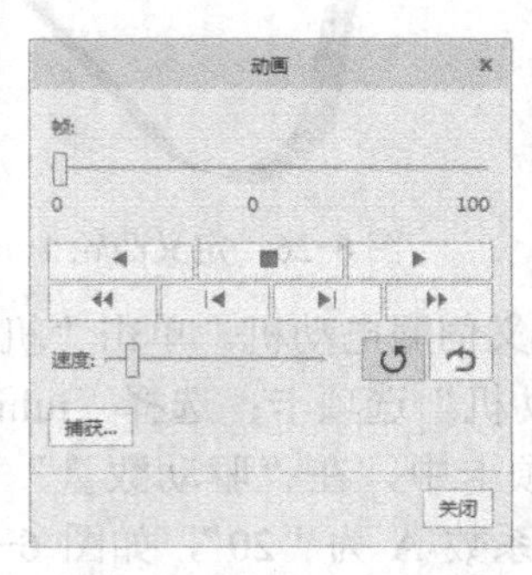

图 6-31 “动画”对话框

8）保存文件。单击“保存”按钮，完成文件的保存。

操作视频：
例 6-4 带传动机构

6.2.4 带传动机构

【例 6-4】 带传动机构

1）设置工作目录。设置 D:\Mywork\Creo\Chapter6\ex-6-4 为工作目录，将配套资源 Excise\Chapter6\ex-6-4 中的全部文件复制到该工作目录。

2）打开文件。单击“打开”按钮，在“打开”对话框中选择模型“daichuandong.asm”，单击“打开”按钮，调入组件模型。

3）进入机构仿真界面。单击“应用程序”选项卡“运动”功能区中的“机构”按钮，进入机构仿真界面，如图 6-32 所示。

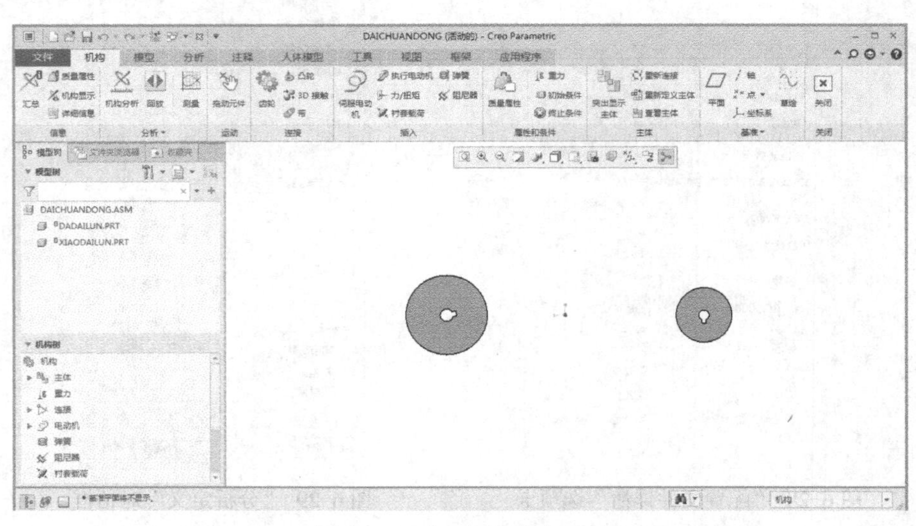

图 6-32 进入机构仿真界面

4）定义带连接。单击“机构”选项卡“连接”功能区中的“带”按钮，打开“带”选项卡；选择“dadailun”的销钉连接，按住〈Ctrl〉键，再选择“xiaodailun”的销钉连接，然后将零件“dadailun”的包络直径改为“60”，如图 6-33 所示；单击“应用并保存”按钮，完成带连接的定义。

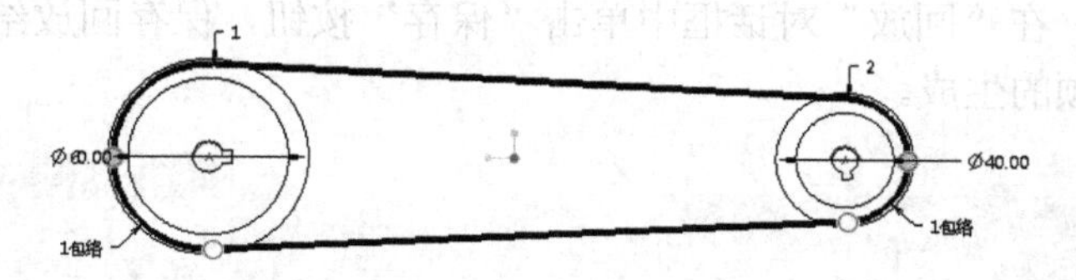

图 6-33　定义带连接

5）定义伺服电动机。单击“机构”选项卡“插入”功能区中的“伺服电动机”按钮，打开“电动机”选项卡；选择“xiaodailun”销轴，单击“配置文件详情”按钮，在打开的选项卡中，在“驱动数量”下拉列表中选择“角速度”，在“函数类型”下拉列表中选择“常量”，输入系数 A 为“36”，如图 6-34 所示；单击“应用并保存”按钮，完成伺服电动机的定义。

6）定义机构分析。单击“机构分析”按钮，弹出“分析定义”对话框，采用默认的名称，在“类型”下拉列表中选择“运动学”，在“首选项”选项卡中输入终止时间“10”，其他选项采用默认值，单击“运行”按钮，如图 6-35 所示。在操作区可以看到“xiaodailun”运行 10 s，“dadailun”也随之运行 10 s，单击“确定”按钮，完成机构分析的定义。

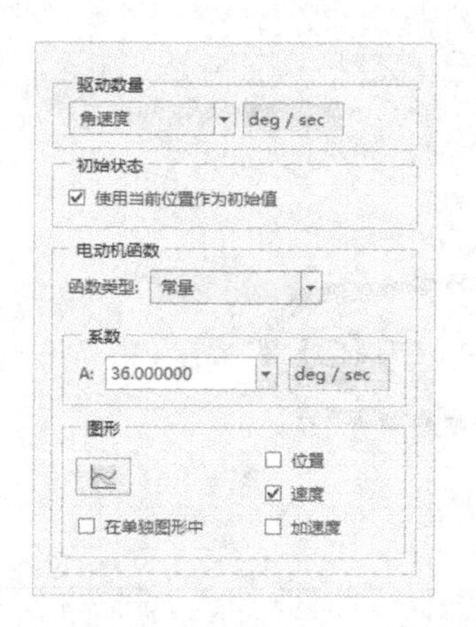

图 6-34　“配置文件详情”选项卡

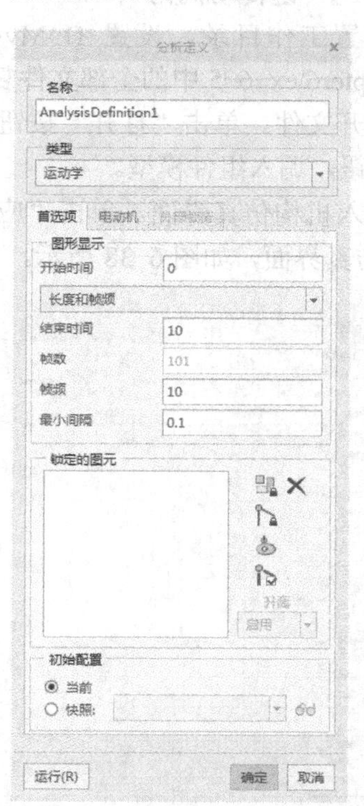

图 6-35　“分析定义”对话框

7）生成动画视频。单击“机构”选项卡“分析”功能区中的“回放”按钮，系统弹出“回放”对话框，如图 6-36 所示。单击“播放当前结果集”按钮，系统弹出“动画”对话框，如图 6-37 所示。单击“播放”按钮，播放当前机构分析动画；单击“捕获”按钮，进行动画视频的生成，采用默认名称，生成的视频保存在工作目录下，单击“关闭”按钮，返回“回放”对话框；在“回放”对话框中单击“保存”按钮，保存回放结果，单击“关闭”按钮，完成动画视频的生成。

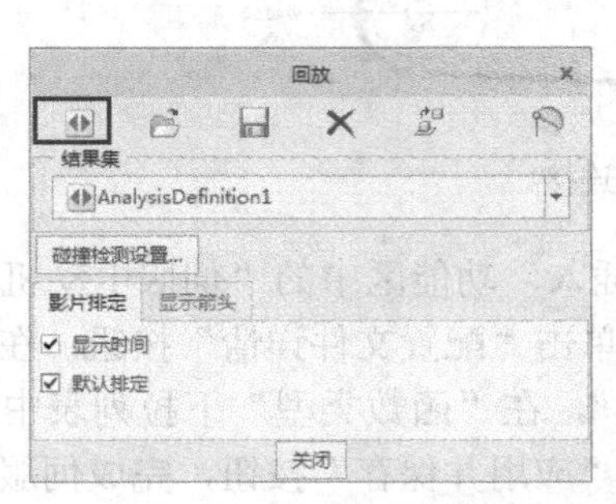

图 6-36 “回放”对话框

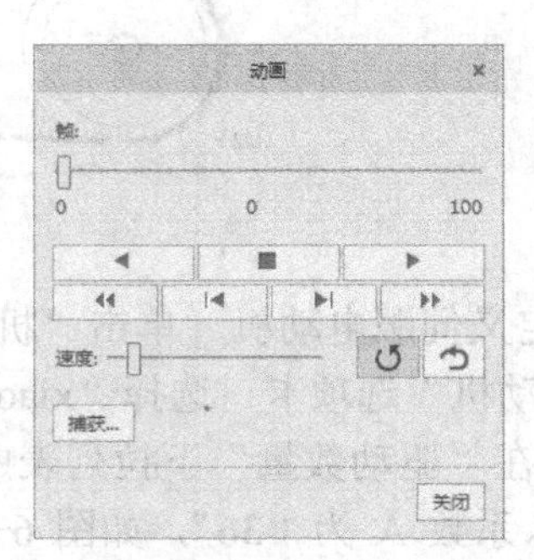

图 6-37 “动画”对话框

8）保存文件。单击“保存”按钮，完成文件的保存。

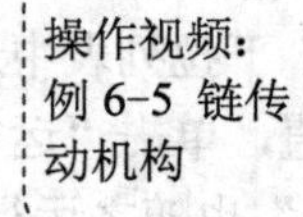
操作视频：
例 6-5 链传动机构

6.2.5 链传动机构

【例 6-5】 链传动机构

1）设置工作目录。设置 D:\Mywork\Creo\Chapter6\ex-6-5 为工作目录，将配套资源 Excise\Chapter6\ex-6-5 中的全部文件复制到该工作目录。

2）打开文件。单击“打开”按钮，在“打开”对话框中选择模型“liantiao.asm”，单击“打开”按钮，调入组件模型。

3）进入机构仿真界面。单击“应用程序”选项卡“运动”功能区中的“机构”按钮，进入机构仿真界面，如图 6-38 所示。

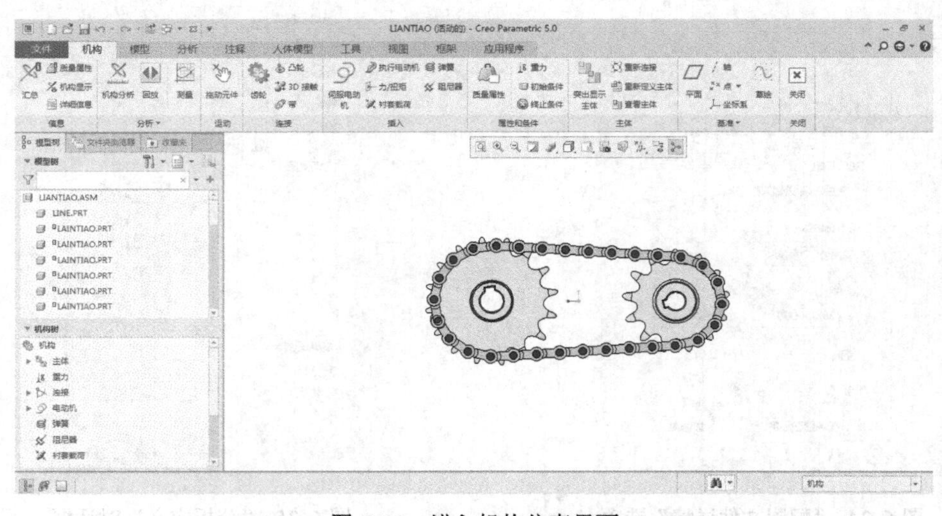

图 6-38 进入机构仿真界面

4）定义带连接。单击“机构”选项卡“连接”功能区中的“带”按钮，打开“带”选项卡；选择“lun-50”的销钉连接，按住〈Ctrl〉键，再选择“lun-40”的销钉连接，将零件“lun-50”的包络直径改为“50”，将零件“lun-40”的包络直径改为“40”，如图 6-39 所示；单击“应用并保存”按钮，完成带连接的定义。

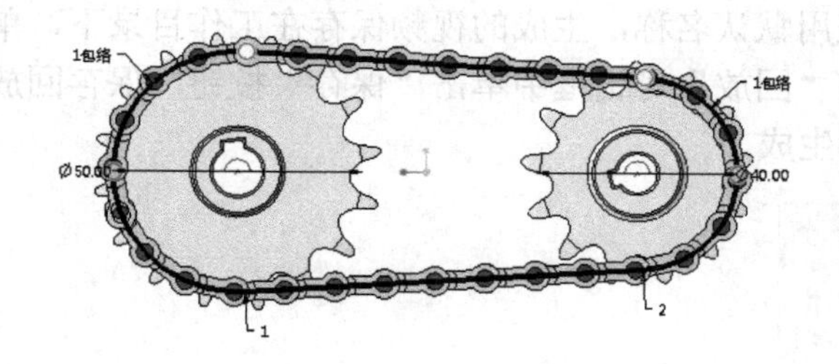

图 6-39　定义带连接

5）定义伺服电动机 1。单击“机构”选项卡“插入”功能区中的“伺服电动机”按钮，打开“电动机”选项卡；选择任意链条节的槽连接约束（注：先在右下角选定项选定槽轴，便于在数模中选取槽连接），单击“配置文件详情”按钮，在打开的选项卡中，在“驱动数量”下拉列表中选择“速度”，在“函数类型”下拉列表中选择“常量”，输入系数 A 为“35”，如图 6-40 所示；单击“应用并保存”按钮，完成伺服电动机 1 的定义。

6）定义伺服电动机 2。单击“机构”选项卡“插入”功能区中的“伺服电动机”按钮，打开“电动机”选项卡；选择“lun-50”销连接约束，单击“配置文件详情”按钮，在打开的选项卡中，在“驱动数量”下拉列表中选择“角速度”，在“函数类型”下拉列表中选择“常量”，输入系数 A 为“41”，如图 6-41 所示；单击“应用并保存”按钮，完成伺服电动机 2 的定义。

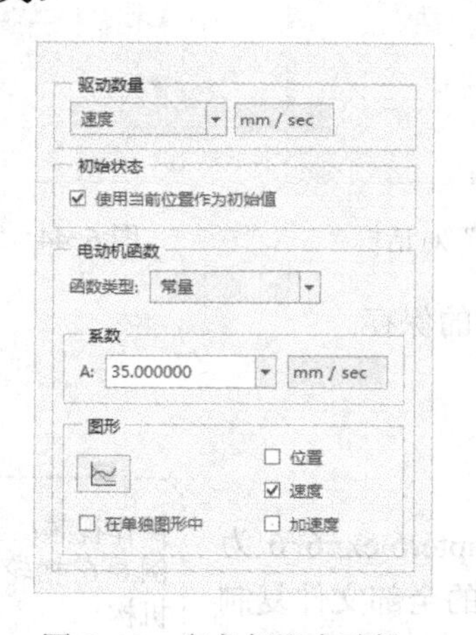

图 6-40　定义伺服电动机 1

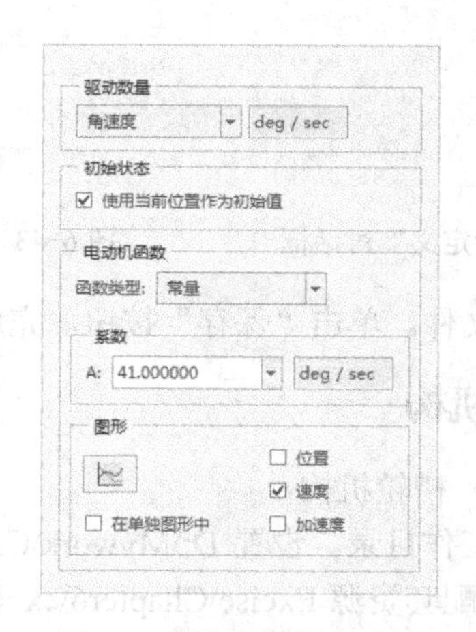

图 6-41　定义伺服电动机 2

7）定义机构分析。单击“机构”选项卡“分析”功能区中的“机构分析”按钮，系统弹出“分析定义”对话框，采用默认的名称，在“类型”下拉列表中选择“运动学”，在“首选项”选项卡中输入终止时间“10”，其他选项采用默认值，单击“运行”按钮，如图 6-42 所示。可以看到“lun-50”运行 10 s，“lun-40”和链条也随之运行 10 s，单击“确定”按钮，完成机构分析的定义。

8）生成动画视频。单击“机构”选项卡“分析”功能区中的“回放”按钮，系统弹出“回放”对话框，如图 6-43 所示。单击“播放当前结果集”按钮，系统弹出“动画”对话框，如图 6-44 所示。单击“播放”按钮，播放当前机构分析动画；单击“捕获”按钮，进行动画视频的生成，采用默认名称，生成的视频保存在工作目录下，单击“关闭”按钮，返回“回放”对话框；在“回放”对话框中单击“保存”按钮，保存回放结果，单击“关闭”按钮，完成动画视频的生成。

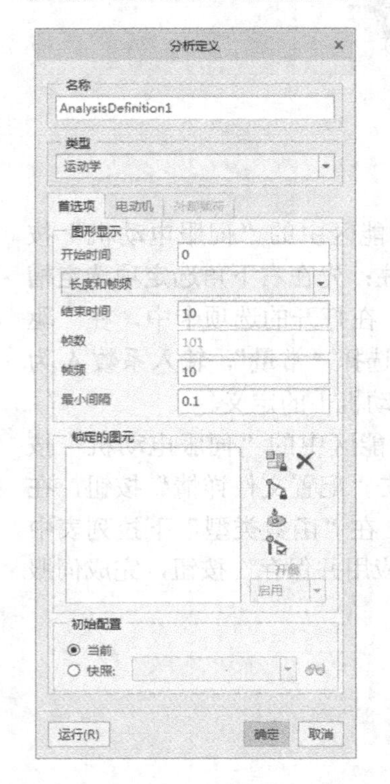

图 6-42 “分析定义”对话框

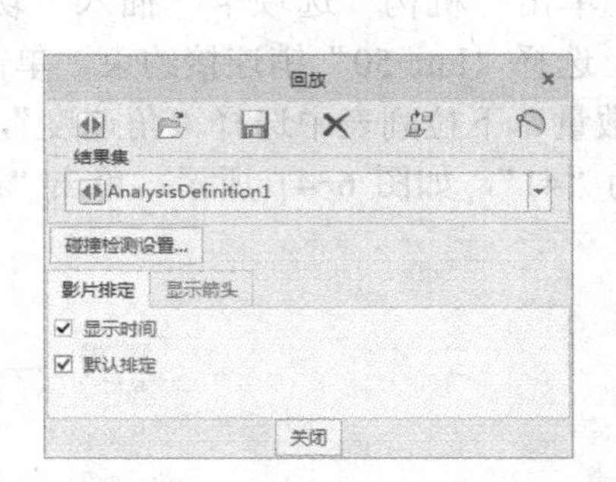

图 6-43 “回放”对话框

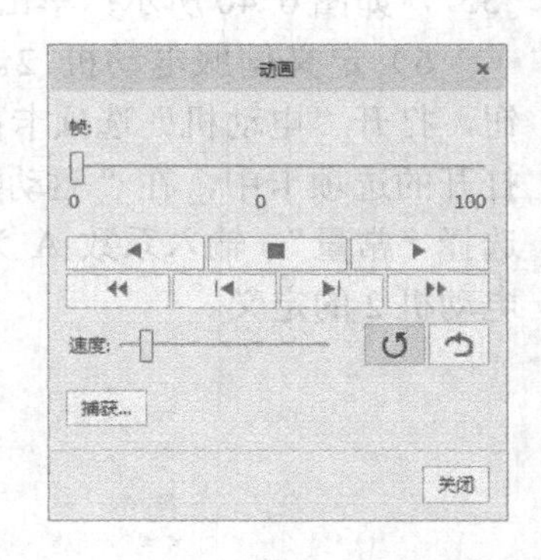

图 6-44 “动画”对话框

9）保存文件。单击“保存”按钮，完成文件的保存。

6.2.6 槽轮机构

【例 6-6】 槽轮机构

操作视频：
例 6-6 槽轮机构

1）设置工作目录。设置 D:\Mywork\Creo\Chapter6\ex-6-6 为工作目录，将配套资源 Excise\Chapter6\ex-6-6 中的全部文件复制到该工作目录。

2）打开文件。单击“打开”按钮，在“打开”对话框中选择模型“caolun.asm”，单击“打开”按钮，调入组件模型。

3）进入机构仿真界面。单击“应用程序”选项卡“运动”功能区中的“机构”按钮，进入机构仿真界面，如图 6-45 所示。

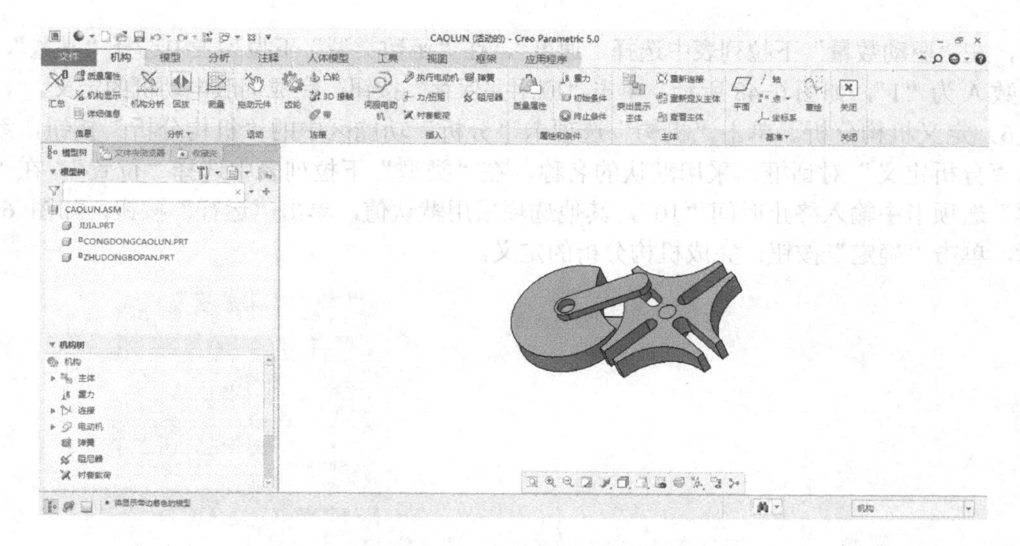

图 6-45　进入机构仿真界面

4）定义 3D 接触。单击“机构”选项卡“连接”功能区中的“3D 接触”按钮，打开“3D 接触”选项卡；单击“参考”按钮，在打开的选项卡中，“接触参考 1”选择如图 6-46 所示的曲面，“接触参考 2”选择如图 6-47 所示曲面，其他参数采用默认值，单击“应用并保存”按钮，完成 3D 接触定义。

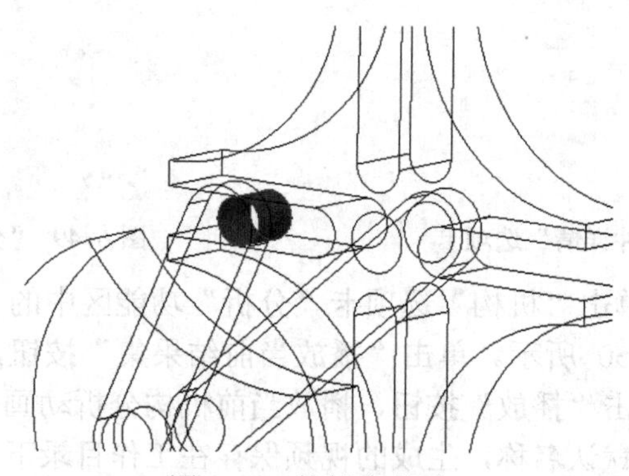

图 6-46　接触参考面 1

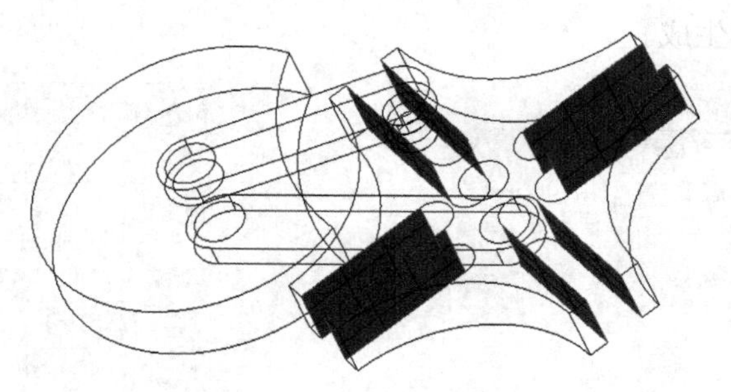

图 6-47　接触参考面 2

5）定义伺服电动机。单击“机构”选项卡“插入”功能区中的“伺服电动机”按钮，打开“电动机”选项卡；选择主动拨盘的销轴约束，单击“配置文件详情”按钮，在打开的选项卡中，在“驱动数量”下拉列表中选择“速度”，在“函数类型”下拉列表中选择“常量”，输入系数 A 为“1”，如图 6-48 所示，单击“应用并保存”按钮，完成伺服电动机的定义。

6）定义机构分析。单击“机构”选项卡“分析”功能区中的“机构分析”按钮，系统弹出“分析定义”对话框，采用默认的名称，在“类型”下拉列表中选择“位置”，在“首选项”选项卡中输入终止时间“10”，其他选项采用默认值，单击“运行”按钮，如图 6-49 所示，单击“确定”按钮，完成机构分析的定义。

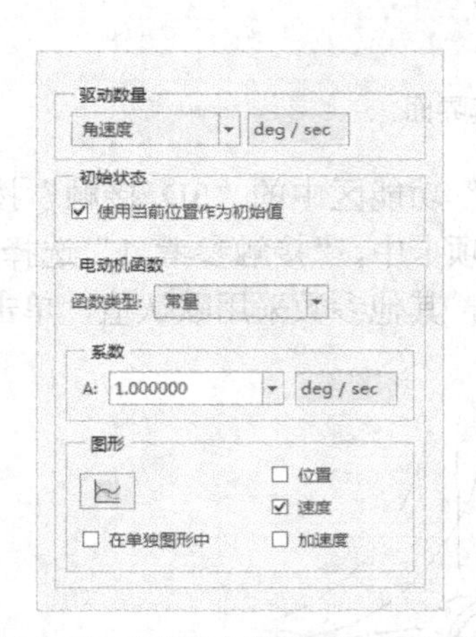

图 6-48 “配置文件详情”选项卡

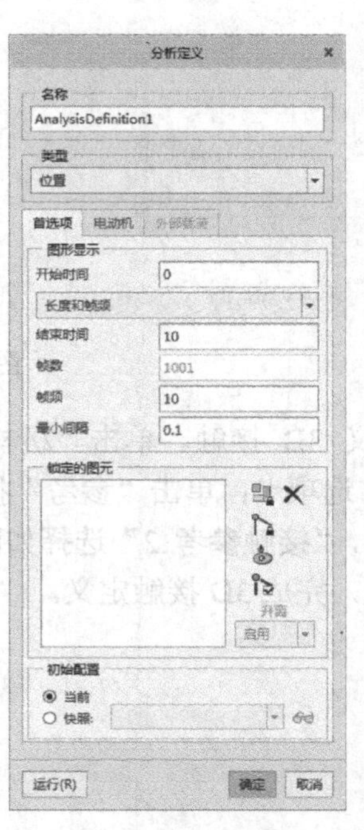

图 6-49 “分析定义”对话框

7）生成动画视频。单击“机构”选项卡“分析”功能区中的“回放”按钮，系统弹出“回放”对话框，如图 6-50 所示。单击“播放当前结果集”按钮，系统弹出“动画”对话框，如图 6-51 所示。单击“播放”按钮，播放当前机构分析动画；单击“捕获”按钮，进行动画视频的生成，采用默认名称，生成的视频保存在工作目录下，单击“关闭”按钮，返回“回放”对话框；在“回放”对话框中单击“保存”按钮，保存回放结果，单击“关闭”按钮，完成动画视频的生成。

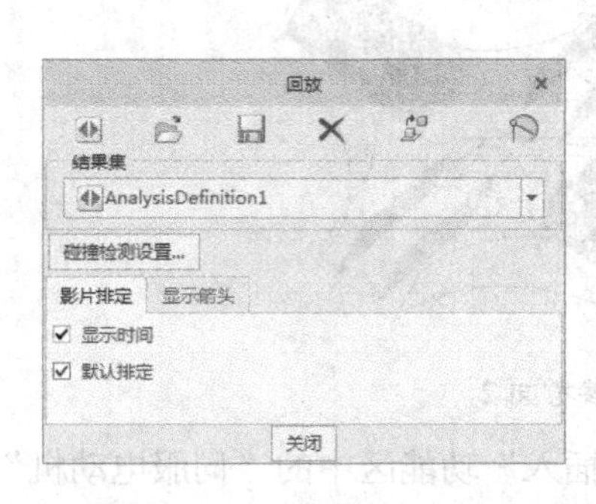

图 6-50 “回放”对话框

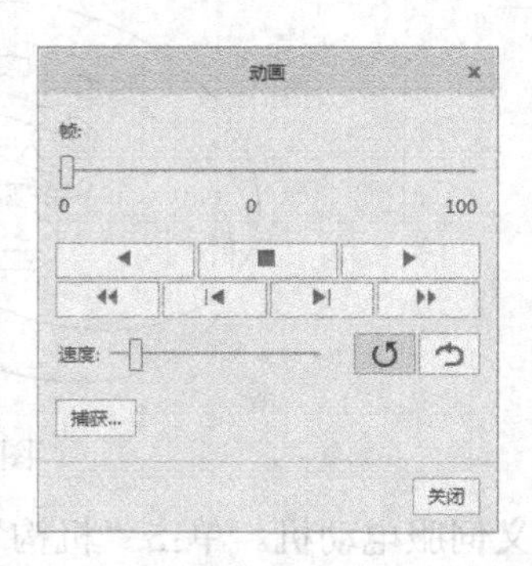

图 6-51 “动画”对话框

8）保存文件。单击“保存”按钮，完成文件的保存。

6.3　组合机构运动仿真

操作视频：
例 6-7 组合机构

【例 6-7】 组合机构

1）设置工作目录。设置 D:\Mywork\Creo\Chapter6\ex-6-7 为工作目录，将配套资源 Excise\Chapter6\ex-6-7 中的全部文件复制到该工作目录。

2）打开文件。单击“打开”按钮，在“打开”对话框中选择模型“zuhejigou.asm”，单击“打开”按钮，调入组件模型。

3）进入机构仿真界面。单击“应用程序”选项卡“运动”功能区中的“机构”按钮，进入机构仿真界面，如图 6-52 所示。

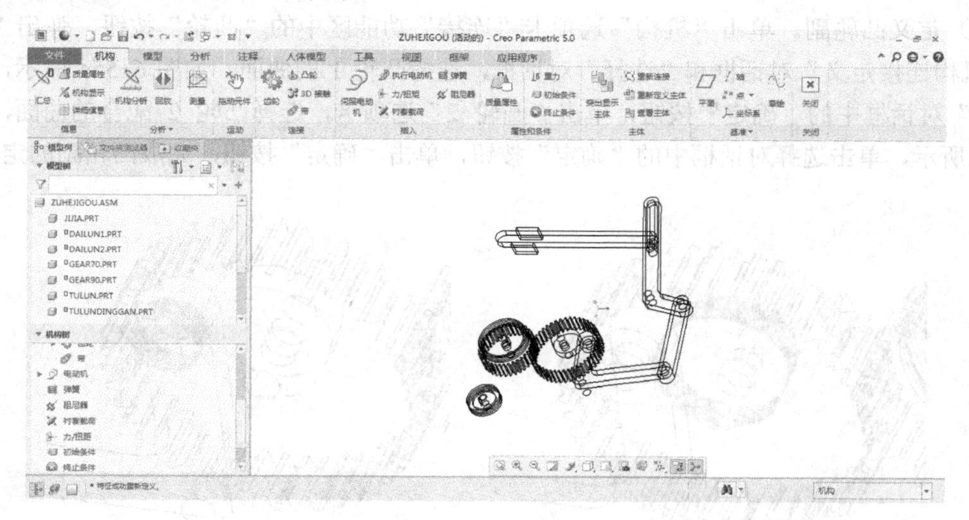

图 6-52　进入机构仿真界面

4）定义带连接。单击“机构”选项卡“连接”功能区中的“带”按钮，打开“带”选项卡；单击“参考”按钮，选择“dailun1”的辅助曲线，按住〈Ctrl〉键，再选择“dailun2”的辅助曲线，如图 6-53 所示，单击“应用并保存”按钮，完成带连接的定义。

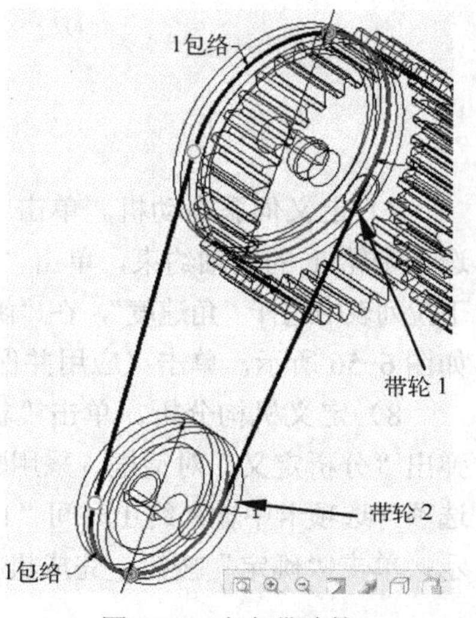

图 6-53　定义带连接

5）定义齿轮副。单击“机构”选项卡“连接”功能区中的“齿轮”按钮，弹出“齿轮副定义”对话框，在“类型”下拉列表中选择“正”，单击零件“Gear70”处的销钉“Connection_2.axis_1”，输入“节圆”直径“70”；单击“齿轮 2”按钮，选择“Gear90”处的销钉“Connection_9.axis_1”，输入“节圆”直径“90”，如图 6-54 所示，单击“确定”按钮，完成齿轮副的定义。

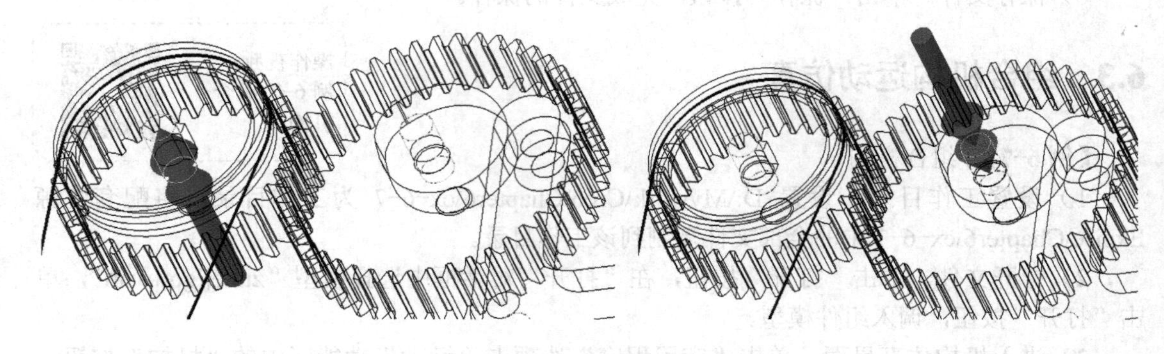

图 6-54　定义齿轮副

6）定义凸轮副。单击“机构”选项卡“连接”功能区中的“凸轮”按钮，弹出“凸轮从动机构连接定义”对话框和“选择”对话框，选择凸轮 1 的曲面，如图 6-55a 所示，单击“选择”对话框中的“确定”按钮，单击“凸轮 2”选项卡，选择凸轮 2 配合的曲面，如图 6-55b 所示，单击选择对话框中的“确定”按钮，单击“确定”按钮，完成凸轮副的定义。

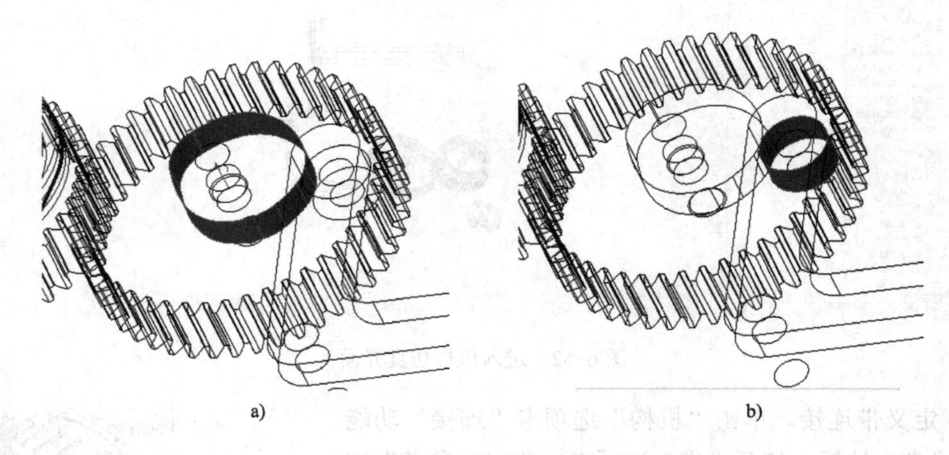

图 6-55　定义凸轮副

a) 凸轮 1　b) 凸轮 2

7）定义伺服电动机。单击“机构”选项卡“插入”功能区中的“伺服电动机”按钮，选择带轮 1 的销轴约束，单击“配置文件详情”按钮，在打开的选项卡中，在“驱动数量”下拉列表中选择“角速度”，在“函数类型”下拉列表框中选择“常量”，输入系数 A 为“-10”，如图 6-56 所示，单击“应用并保存”按钮，完成伺服电动机的定义。

8）定义机构分析。单击“机构”选项卡“分析”功能区中的“机构分析”按钮，系统弹出“分析定义”对话框，采用默认的名称，在“类型”下拉列表中选择“运动学”，在“首选项”选项卡中输入终止时间“10”，其他选项采用默认值，单击“运行”按钮，如图 6-57 所示；单击“确定”按钮，完成机构分析的定义。

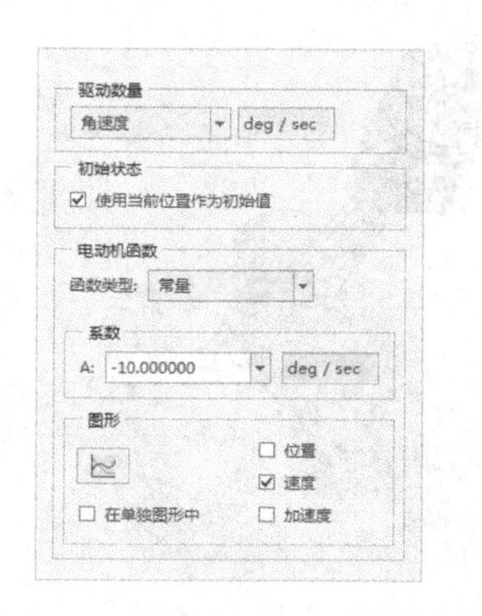

图 6-56 “配置文件详情”选项卡

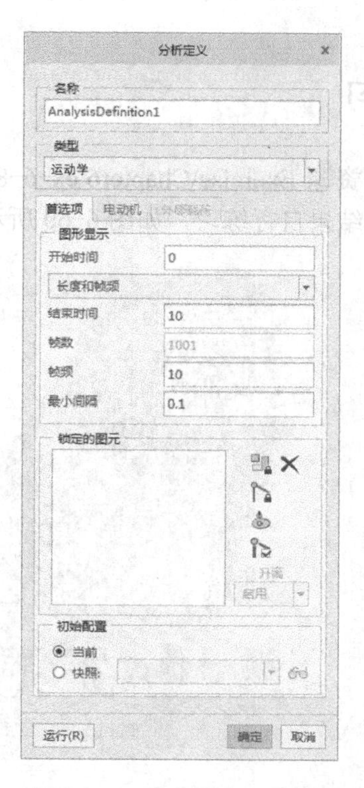

图 6-57 “分析定义”对话框

9）生成动画视频。单击“机构”选项卡“分析”功能区中的“回放”按钮，系统弹出“回放”对话框，如图 6-58 所示。单击“播放当前结果集”按钮，系统弹出“动画”对话框，如图 6-59 所示。单击“播放”按钮，播放当前机构分析动画；单击“捕获”按钮，进行动画视频的生成，采用默认名称，生成的视频保存在工作目录下，单击“关闭”按钮，返回“回放”对话框；在“回放”对话框中，单击“保存”按钮，保存回放结果，单击“关闭”按钮，完成动画视频的生成。

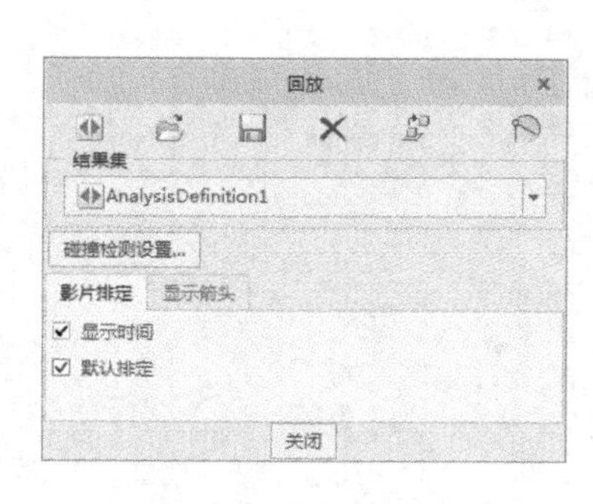

图 6-58 “回放”对话框

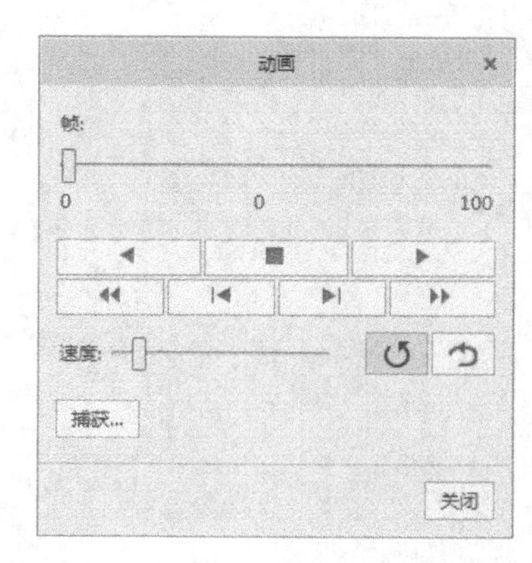

图 6-59 “动画 1”对话框

10）保存文件。单击“保存”按钮，完成文件的保存。

6.4 练习

将配套资源 Exercise\Chapter6\ex-6-8 中的全部文件复制到工作目录中，请读者参照以下练习文件的结果自行练习，如图 6-60 所示。

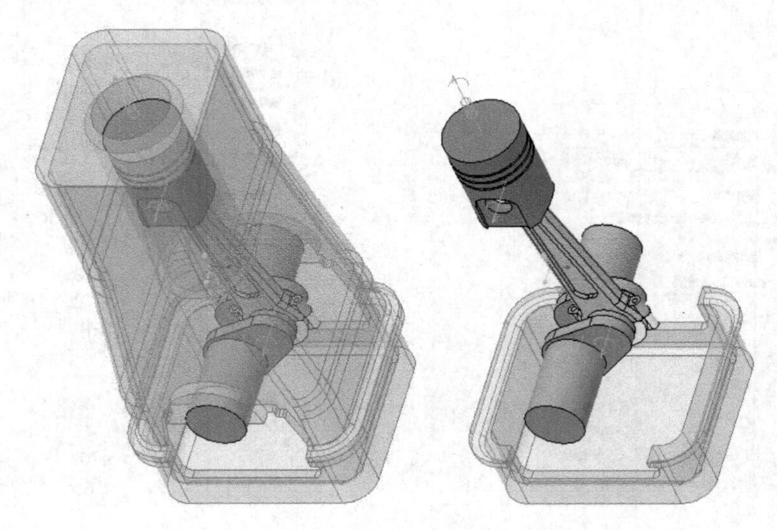

图 6-60　engine.asm 机构运动模型

第7章　工程图设计

学习目标

通过本章的学习，读者可从以下几个方面进行自我评价。

- 理解工程图中图纸幅面、图纸比例、字体、图线和尺寸标注的意义。
- 掌握零件图模板的创建方法。
- 掌握总装图、零件图的设计方法。

7.1　工程图模块简介

7.1.1　工程图模块功能说明

使用 Creo 的工程图模块，可创建 Creo 三维模型的工程图，采用注解的方式注释工程图、处理尺寸及使用层来管理不同项目的显示。工程图中的所有视图都是相关的，如果一个视图中的尺寸值发生变化，系统就会更新其他相应视图中的尺寸。工程图模块支持多个页面，允许定制带有草绘几何的工程图、定制工程图格式等。另外，还可以利用有关接口命令，将工程图文件输出到其他系统，或将文件从其他系统输入到工程图模块中。

7.1.2　工程图模块基础

1．进入工程图模块

单击“新建”按钮，系统弹出“新建”对话框，在“类型”列表中选中“绘图”单选按钮，在“文件名”文本框中输入“zongzhuangtu”，取消选中“使用默认模板”复选框，如图 7-1a 所示，并单击“确定”按钮，系统随后弹出“新建绘图”对话框，如图 7-1b 所示，在“默认模型”选项组中单击“浏览”按钮，选择要进行绘制工程图的零件或装配体，在“指定模块”选项组中选中“空”单选按钮，在“方向”选项组中选择“横向”选项，在“大小”选项组中选择与模型尺寸大小相符的图纸，例如“A0”，单击“确定”按钮，进入工程图设计环境，如图 7-2 所示。

2．选项卡简介

工程图设计环境具有 10 个不同功能的选项卡，具体功能如下。

1）布局：主要是用来设置绘图模型、模型视图的放置及视图的线型显示等。

2）表：主要是用来创建、编辑表格等。

3）注释：主要用来添加尺寸及文本注释等。

4）草绘：主要用来在工程图中绘制及编辑所需要的视图等。

5）继承迁移：主要用来对所创建的工程图视图进行转换、创建匹配符号等。

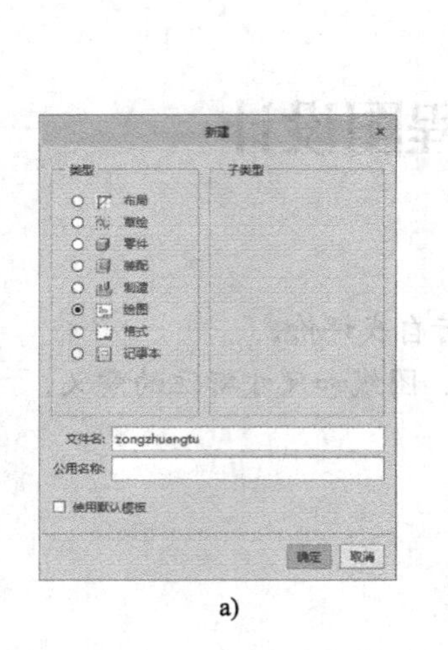

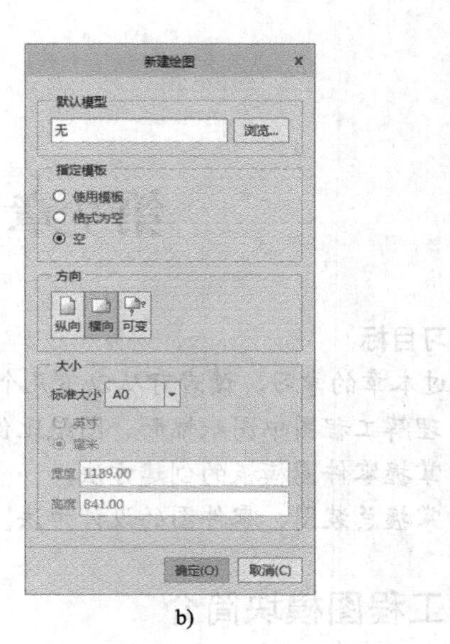

a) b)

图 7-1　创建新文件

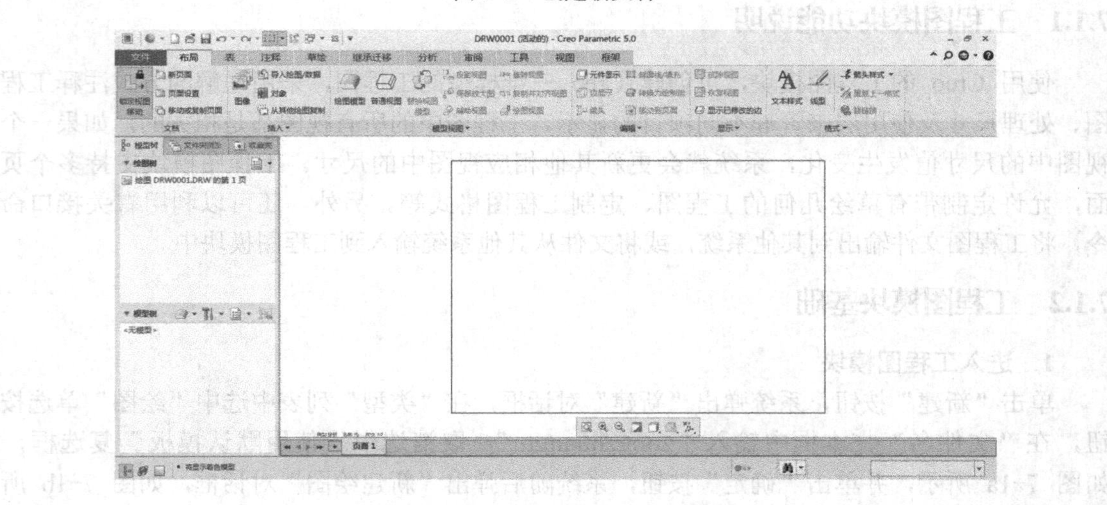

图 7-2　工程图设计模块初始界面

6）分析：主要用来对所创建的工程图视图进行测量、检查几何等。

7）审阅：主要用来对所创建的工程图视图进行更新、比较等。

8）工具：主要用来对工程图进行调查、参数化设置等操作。

9）视图：主要用来对创建的工程图进行可见性、模型显示等操作。

10）框架：主要用来辅助创建视图、尺寸和表格等。

其中，“布局”选项卡包括 6 个功能区，如图 7-3 所示，具体功能如下。

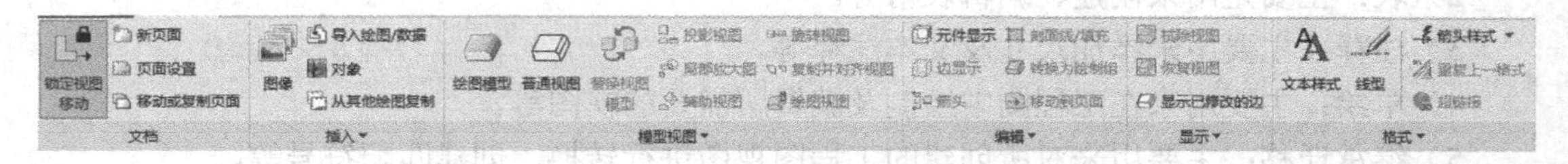

图 7-3　工程图设计模块“布局”选项卡

1）文件：可进行锁定视图移动、创建新页面、页面设置、移动或复制页面等操作。

2）插入：可进行插入图像、导入绘图数据、嵌入外部对象、从其他绘图复制模型等。

3）模型视图：管理绘图模型、创建普通视图、替换绘图模型，创建投影视图、旋转视图、局部放大图和辅助视图等。

4）编辑：在绘图中编辑元件显示、创建剖面线和箭头等。

5）显示：拭除视图、恢复视图等。

6）格式：修改文字样式、线型和箭头样式等。

3．工程图设计的一般过程

工程图设计的一般过程如图 7-4 所示。

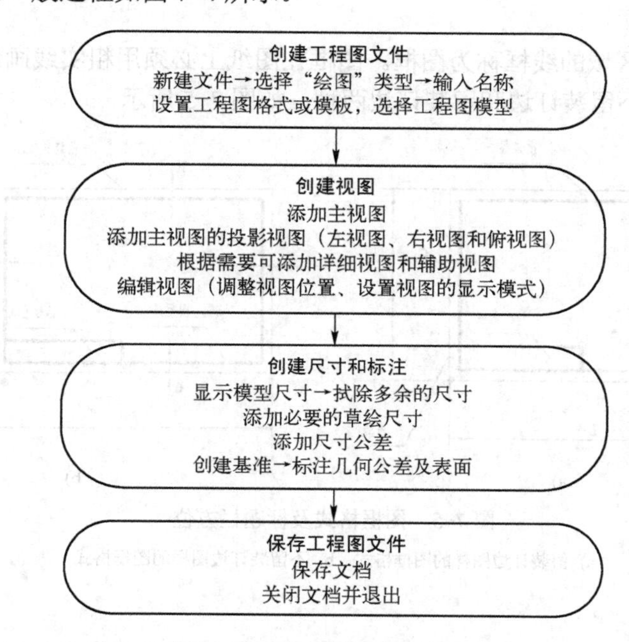

图 7-4　工程图设计的一般过程

7.2　工程图基础

工程图样是现代工业生产中必不可少的技术资料，具有严格的规范性。为保证规范性，适应现代化生产、管理的需要和便于技术交流，国家制定并颁布了一系列相关的国家标准，简称“国标”，它包括强制性国家标准（代号为“GB”）、推荐性国家标准（代号为“GB/T”）和国家标准化指导性技术文件（代号为“GB/Z”）。本节摘录了有关“机械制图”国家标准中关于“图纸幅面和格式”“比例”“字体”“图线”“尺寸标注”的基本规定。

7.2.1　图纸幅面和格式

1．图纸幅面

图纸幅面是指图纸宽度与长度组成的图面。绘制图样时，应采用表 7-1 中规定的图纸基本幅面尺寸。基本幅面代号有 A0、A1、A2、A3 和 A4 五种。

表 7-1　图纸幅面尺寸（GB/T 14689—2008）

<table>
<tr><th rowspan="2">幅面代号</th><th>幅面尺寸/mm</th><th colspan="3">周边尺寸/mm</th></tr>
<tr><th>$B \times L$</th><th>e</th><th>c</th><th>a</th></tr>
<tr><td>A0</td><td>841×1189</td><td rowspan="2">20</td><td rowspan="3">10</td><td rowspan="5">25</td></tr>
<tr><td>A1</td><td>594×841</td></tr>
<tr><td>A2</td><td>420×594</td><td rowspan="3">10</td></tr>
<tr><td>A3</td><td>297×420</td><td rowspan="2">5</td></tr>
<tr><td>A4</td><td>210×297</td></tr>
</table>

2．图框格式

图纸上限定绘图区域的线框称为图框。图框在图纸上必须用粗实线画出，图样绘制在图框内部。其格式分为不留装订边和留装订边两种，如图 7-5 所示。

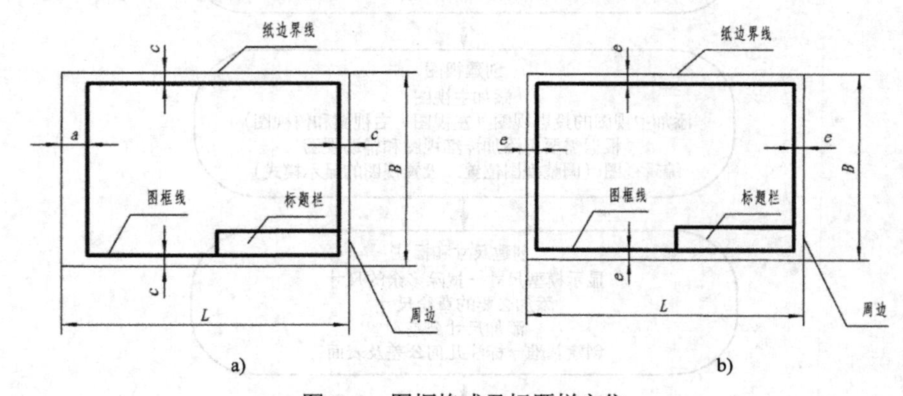

图 7-5　图框格式及标题栏方位

a) 留装订边图样的图框格式　b) 不留装订边图样的图框格式

3．标题栏

标题栏是由名称及代号区、签字区、更改区和其他区组成的栏目。标题栏位于图纸的右下角，其格式和尺寸由 GB/T 10609.1—2008 规定，图 7-6 是该标准提供的标题栏格式。

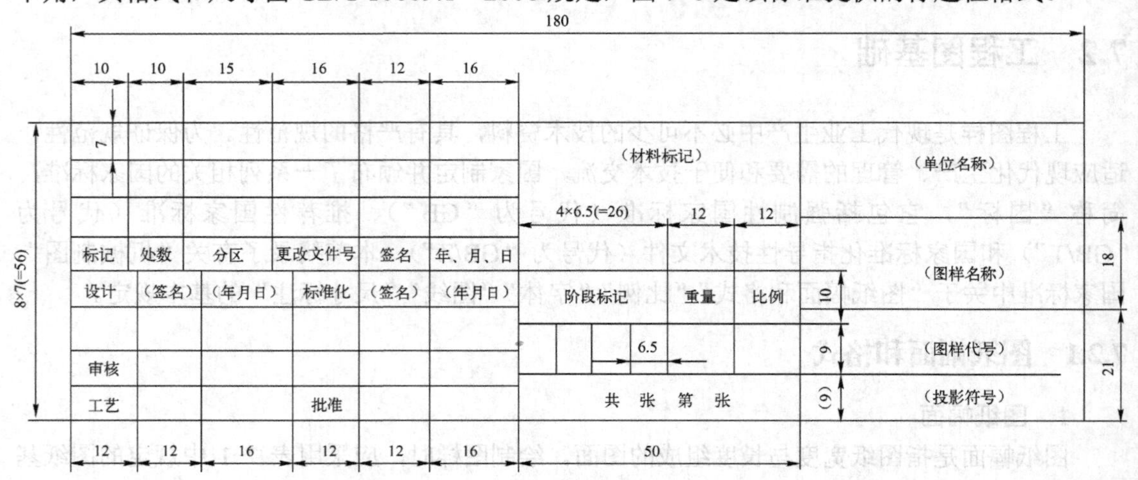

图 7-6　标题栏格式

7.2.2 比例

比例是指图中图形与其实物相应要素的线性尺寸之比。绘制图样时，应根据实际需要按照 GB/T 14690—1993 规定的系列选择适当的比例，如表 7-2 所示。应注意，不论采用何种比例绘图，标注尺寸时，均按机件的实际尺寸大小标出。

表 7-2 绘图的比例

种 类	比 例
原值比例	1:1
放大比例	5:1、2:1、5×10^n:1、2×10^n:1、1×10^n:1
缩小比例	1:2、1:5、1:5×10^n、1:2×10^n、1:1×10^n

注：*n* 为正整数。

7.2.3 字体

字体是指图中汉字、字母和数字的书写形式。图样中的字体书写必须做到：字体工整、笔画清楚、间隔均匀和排列整齐。字体号数（即字体高度，用 *h* 表示，单位为 mm）的公称尺寸系列为：1.8，2.5，3.5，5，7，10，14，20。其字体的号数代表字体的高度，字体高度与图纸幅面的选用关系如表 7-3 所示。

1. 汉字

汉字应使用长仿宋体，并应采用中华人民共和国国务院正式公布推行的《汉字简化方案》中规定的简化字。汉字的高度 *h* 不应小于 3.5mm，其字宽一般约为 0.7*h*。

2. 字母和数字

字母和数字分为 A 型和 B 型两种。A 型字体的笔画宽度（*d*）为字高（*h*）的 1/14，B 型字体的笔画宽度为字高的 1/10。在同一张图样上，只允许选用一种形式的字体。字母和数字可写成斜体或直体。斜体字字头向右倾斜，与水平基准线成 75°。

表 7-3 字体高度与图纸幅面的选用关系

字符类别	图幅对应字高 *h*				
	A0	A1	A2	A3	A4
汉字、字母与数字	5		3.5		

7.2.4 图线

绘制机械图样时，应采用国家标准中规定的图线（GB/T 17450—1998、GB4457.4—2002）。

1. 线型

国家标准（GB/T17450—1998、GB4457.4—2002）中规定了 15 种基本线型及基本线型的变形。机械图样中常用的图线名称、形式、宽度及其应用见表 7-4。

表 7-4　常用图线样式及用途

图线名称	图线形式	图线宽度	主要用途
粗实线	————————	d	可见轮廓线，可见过渡线
虚线	— — — — — — —	d/2	不可见轮廓线，不可见过渡线
细实线	————————	d/2	尺寸线、尺寸界线、剖面线、引出线
点画线	—·—·—·—·—	d/2	对称中心线、轴线
双点画线	—··—··—··—	d/2	假想轮廓线、相邻轴辅助零件的轮廓线
波浪线	～～～～	d/2	断裂处的界线、视图与剖视图的分界线

2．线宽

机械图样中的图线分为粗线和细线两种。粗线宽度（*d*）应根据图形的大小和复杂程度在 0.5～2mm 之间选择，细线的宽度约为 *d*/2。图线宽度（单位为 mm）的推荐系列为：0.13，0.18，0.25，0.35，0.5，0.7，1，1.4，2。实际画图中，粗线一般取 0.7mm 或 0.5mm。

3．图线的画法

图线画法的基本原则如下。

1）同一图样中，同类图线的宽度应基本一致。

2）虚线、点画线及双点画线的线段长度和间隔应各自大小相等。

3）两条平行线（包括剖面线）之间的距离应不小于粗实线宽度的两倍，其最小距离不得小于 0.7mm。

4）点画线、双点画线的首尾应是线段而不是点；点画线彼此相交时应该是线段相交；中心线应超过轮廓线 2～3mm。

5）虚线与虚线、虚线与粗实线相交应是线段相交；当虚线处于粗实线的延长线上时，粗实线应画到位，而虚线相连处应留有空隙。

7.2.5　尺寸标注

机件结构形状的大小和相对位置都需用尺寸表示，尺寸的组成及样式如图 7-7 所示。尺寸标注方法应符合国家标准（GB/T 4458.4—2003，GB/T 16675.2—2012）的规定。

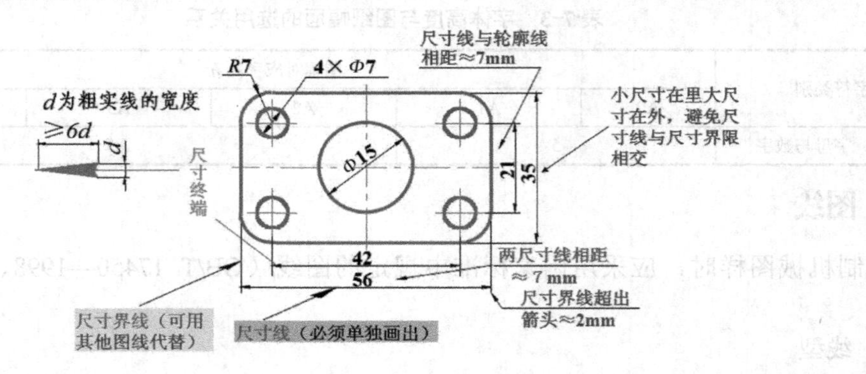

图 7-7　尺寸的组成及样式

1．尺寸标注的基本规则

1）机件的真实大小应以图样中所标注的尺寸数值为依据，与图形的大小及绘图的准确程度无关。

2）图样中的尺寸以 mm 为单位时，不需注明计量单位的代号或名称；若采用其他单位，则必须注明相应计量单位的代号或名称。

3）机件的每一尺寸，在图样中一般只标注一次，并应标注在反映该结构最清晰的图形上。

4）图样中所注尺寸应为该机件最后完工尺寸，否则应另加说明。

5）在不致引起误解和不产生理解多义性的前提下，力求简化标注。

2．尺寸要素

组成尺寸的要素有尺寸界线、尺寸线、尺寸数字及相关符号，如图 7-7 所示。

（1）尺寸界线

尺寸界线表示所注尺寸的度量范围，用细实线绘制，由图形的轮廓线、轴线或对称中心线引出，也可直接利用它们作为尺寸界线。尺寸界线应超出尺寸线 2～5mm。尺寸界线一般应与尺寸线垂直，必要时允许倾斜。

（2）尺寸线

尺寸线用细实线绘制。标注线性尺寸时，尺寸线必须与所标注的线段平行，相同方向的各尺寸线之间的距离要均匀，间隔应大于 5mm。尺寸线不能用图上的其他图线代替，也不能与其他图线重合或画在其延长线上，并应尽量避免与其他的尺寸线或尺寸界线相交。尺寸线终端有以下两种形式。

1）箭头：采用实体填充箭头，长度为 3.5mm，宽度为 1mm，箭头尖端与尺寸界线接触，不得超出或离开。机械图样中的尺寸线终端一般都采用这种形式。

2）斜线：当尺寸线与尺寸界线垂直时，尺寸线的终端可用斜线绘制，斜线采用细实线。

（3）尺寸数字及相关符号

尺寸数字用标准字体书写，且在同一张图上应采用相同的字号。尺寸数字不能被图线通过，无法避免时应断开图线。若断开图线影响图形表达时，应调整尺寸标注的位置。

7.3 工程图设计实例

7.3.1 工程图模板的创建

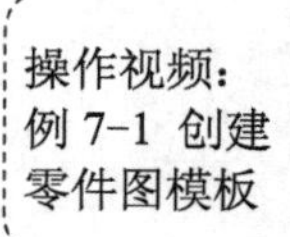

【例 7-1】 创建零件图模板

1．新建格式文件

1）设置工作目录。设置 D:\Mywork\Creo\Chapter7\ex-7-1 为工作目录。

2）创建新格式文件。单击“新建”按钮，弹出“新建”对话框，在“类型”列表中选中“格式”单选按钮，在“文件名”文本框中输入“A4H”（表示 A4 图幅、横版），并单击“确定”按钮。随后系统弹出“新格式”对话框，在“指定模板”选项组中单击“空”单选按钮，在“方向”选项组中选择“横向”选项，在“大小”选项组中选择“标准大小”为“A4”，单击“确定”按钮，进入格式文件的创建环境。

2．设计图纸幅面

1）新建边框。单击“草绘”选项卡“草绘”功能区中的“边”按钮，单击选择图纸各边框，即上边框偏移距离为“5”，左边框偏移距离为“25”，下边框偏移距离为“-5”，右边框偏移距离为“-5”，结果如图 7-8 所示（注：本例采用留装订边图纸的图框格式，其各边距：*a* 为 25，*c* 为 5）。

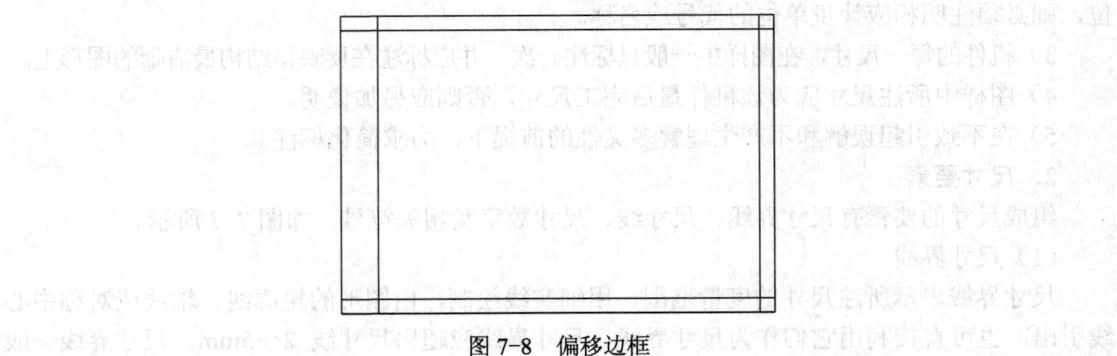

图 7-8　偏移边框

2）修剪边框。单击“草绘”选项卡“修剪”功能区中的“拐角”按钮，选择边 1，然后按住〈Ctrl〉键，再选择边 2，左上角边框修改结果如图 7-9 所示。参照上述方法，修改其他 3 个拐角的边框，结果如图 7-10 所示。

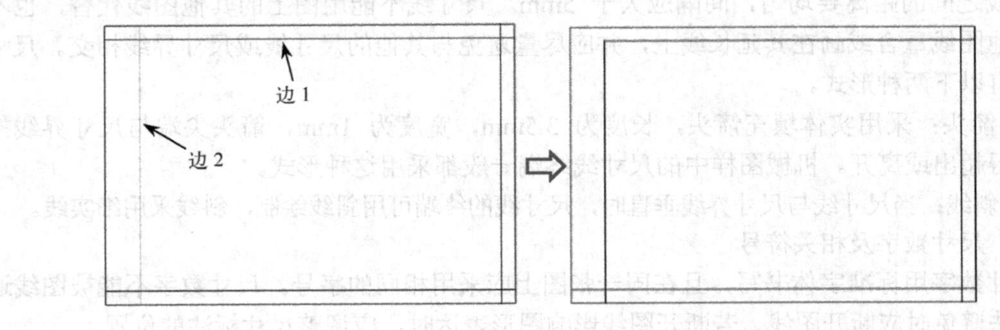

图 7-9　修剪边框

图 7-10　完成边框修剪

3．插入并编辑表格

1）单击“表”选项卡“表”功能区中的“表”按钮，系统弹出下拉列表，单击列表中的“插入表”选项，系统打开“插入表”对话框，在“方向”选项组中，选择“表的增长方向：向左且向上”选项，在“表尺寸”选项组中设置“列数”为“16”、“行数”为“11”，单击“确定”按钮，如图 7-11 所示。

2）系统弹出“选择点”对话框，如图 7-12 所示。在“选择点”对话框中，选择“选择顶点”选项，单击图框右下角顶点，再单击“选择点”对话框中的“确定”按钮，完成表的创建，如图 7-13 所示。

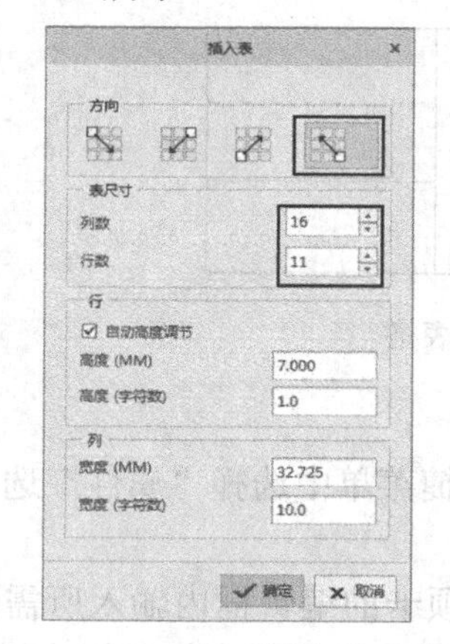

图 7-11　设置表的参数

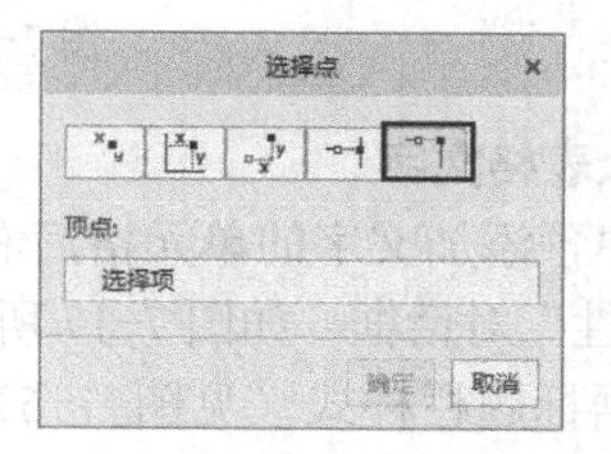

图 7-12　“选择点”对话框

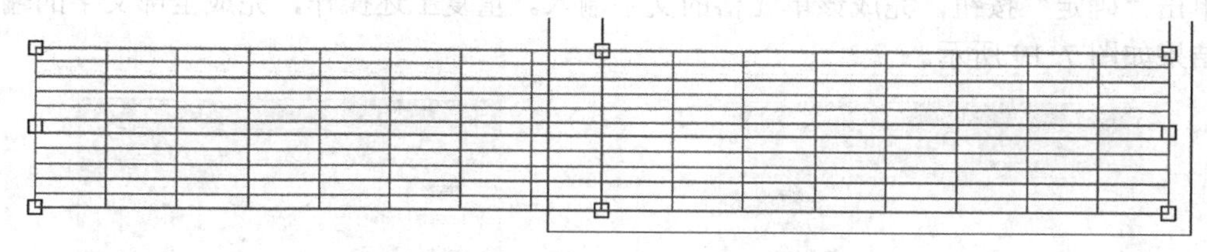

图 7-13　创建的表

3）选中单元格，单击“表”选项卡“行与列”功能区中的“高度和宽度”按钮，弹出“高度和宽度”对话框，如图 7-14 所示，在该对话框中输入新的值，可以改变表格行和列的大小。依据标题栏样式，在“列”选项组的“宽度（绘图单位）”文本框中从左到右依次设置新建表各列的宽度为：“10/2/8/4/12/4/12/12/16/6.5/6.5/6.5/6.5/12/12/50”；在“行”选项组的“高度（绘图单位）”文本框中从下到上依次设置各行的高度为：“7/2/5/4/3/7/7/4/3/7/7”，修改后的效果如图 7-15 所示。

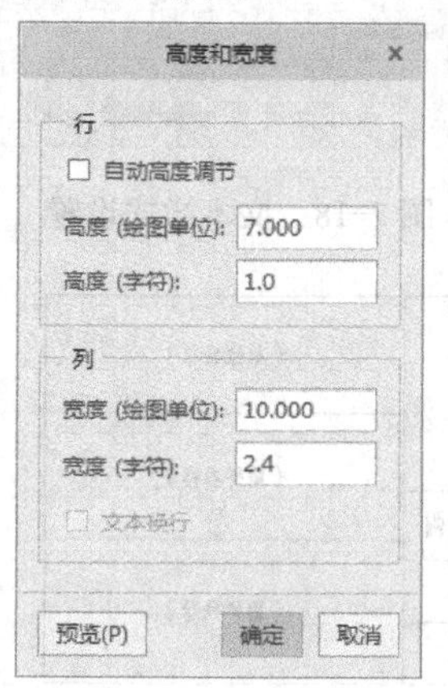

图 7-14　“高度与宽度”对话框

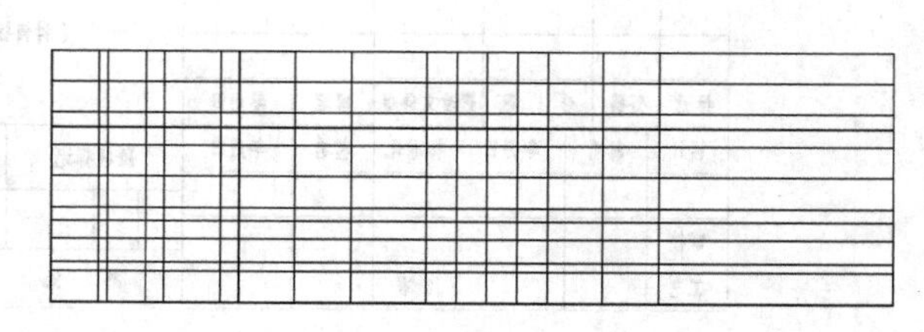

图 7-15　修改后的表格

4）基于上述创建的表格，按住〈Ctrl〉键，依次选中要合并的单元格，单击“行与列”功能区中的“合并单元格”按钮，合并选定的单元格。重复上述操作，合并相应的单元格，最终结果如图 7-16 所示。

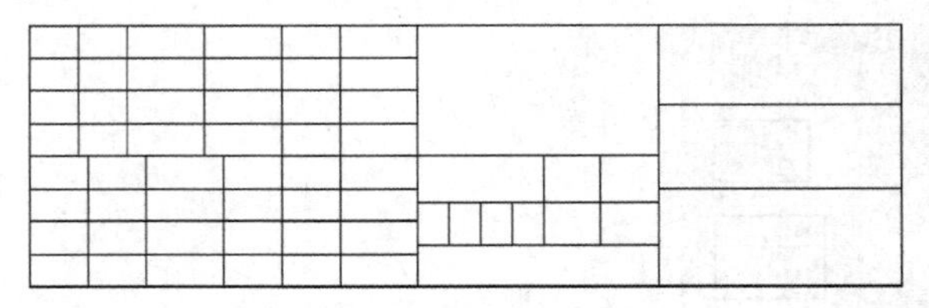

图 7-16　合并单元格后的表格

4．插入表格文字

1）选中预添加文字的单元格后右击，在弹出的快捷菜单中选择“属性”选项，系统弹出“注解属性”对话框，如图 7-17 所示。

2）依据标题栏样式（见图 7-6），在“文本”选项卡的编辑框内输入所需的文字和符号。如需定义文本格式，则可切换到“文本样式”选项卡中进行相应的操作，如图 7-18 所示。单击“确定”按钮，完成该单元格的文字输入。重复上述操作，完成全部文字的输入，最终结果如图 7-19 所示。

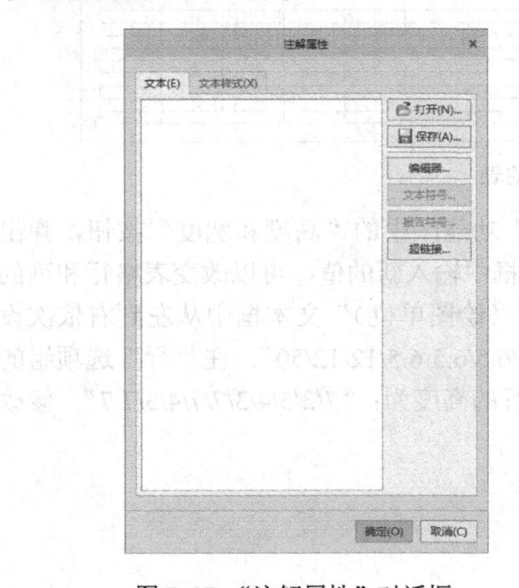

图 7-17　“注解属性”对话框

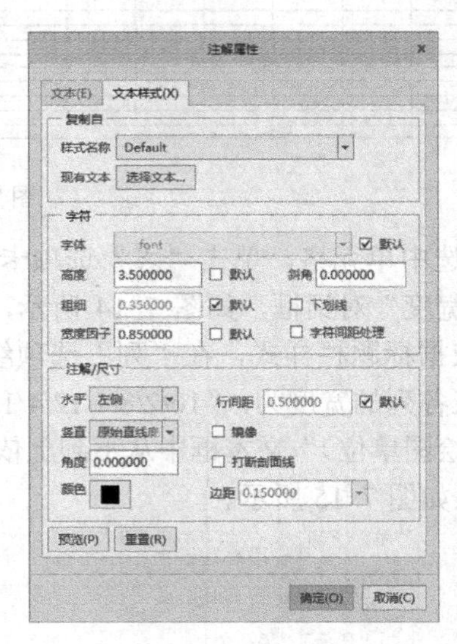

图 7-18　文本样式设置

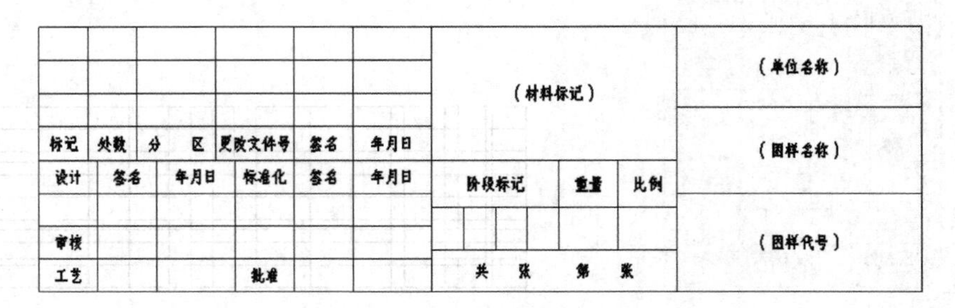

图 7-19　输入表格文字

5. 插入参数文本

1）选中标题栏中“（单位名称）”单元格后右击，在弹出的快捷菜单中选择“属性”选项，系统弹出“注解属性”对话框，将“文本”选项卡中编辑框内的文本修改为“&单位名称”；重复上述操作，将“（图样名称）”单元格的文本修改为“&零件名称”，将“图样代号”单元格的文本修改为“&model_name”，将“（材料标记）”单元格的文本修改为“&材料”，将“重量”单元格的文本修改为“&重量”，将“比例”单元格的文本修改为“&scale”，将“共□张□□第□张”单元格的文本修改为“共&total_sheets 张□第¤t_sheet 张”（注：“□”表示空格）。

2）选中标题栏中“设计”单元格下方的单元格后右击，在弹出的快捷菜单中选择“属性”选项，系统弹出“注解属性”对话框，在“文本”选项卡的编辑框内输入“&设计”；重复上述操作，将“年月日”下方的单元格输入“&todays_data”。最终结果如图 7-20 所示。

						&材料		&单位名称
标记	处数	分区	更改文件号	签名	年月日			&零件名称
设计	签名	年月日	标准化	签名	年月日	阶段标记	重量 / 比例	
&设计	&todays_data						&重量 / &scale	&model_name
审核								
工艺			批准	共 &total_sheets 张			第 ¤t_sheet 张	

图 7-20　插入参数文本

6. 保存 A4 图幅模板

至此，一个 A4 图幅大小的零件图模板创建完成，如图 7-21 所示。保存并关闭文件。

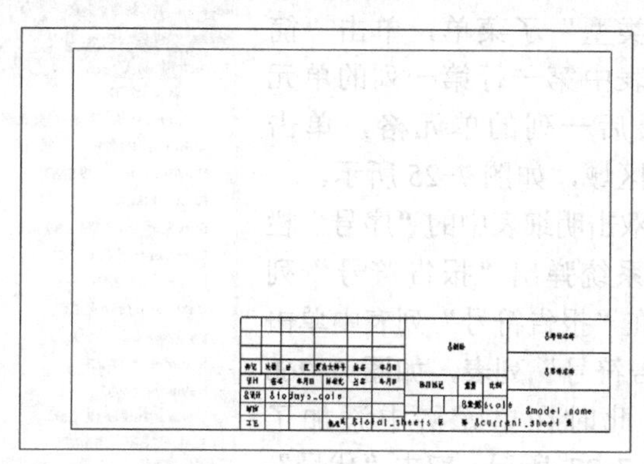

图 7-21　A4 图幅零件图模板

【例 7-2】　创建装配图模板

1）设置工作目录。设置 D:\Mywork\Creo\Chapter7\ex-7-2 为工作目录。

2）创建新格式文件。单击“新建”按钮，弹出“新建”对话框，在“类型”列表中选中“格式”单选按钮，在“文件名”文本框中输入“A0H”（表示 A0 图幅、横版），取消选中“使用默认模板”复选框，并单击“确定”按钮。系统弹出“新格式”对话框，在“指定模块”选项组中选择“空”单选按钮，在“方向”选项组中选择“横向”选项，在“大小”选项组中选择“标准大小”为“A0”，单击“确定”按钮，进入格式文件的创建环境。

3）新建边框。单击“草绘”选项卡“草绘”功能区中的“边”按钮，选择图纸各边框，设置上边框偏移距离为“10”，左边框偏移距离为“25”，下边框偏移距离为“-10”，右边框偏移距离为“-10”（注：本例采用留装订边图纸的图框格式，其各边距：*a* 为25，*c* 为10）。

4）修剪边框。参照例 7-1 的操作方法，使用“拐角”命令修改图纸边框，结果如图 7-22 所示。

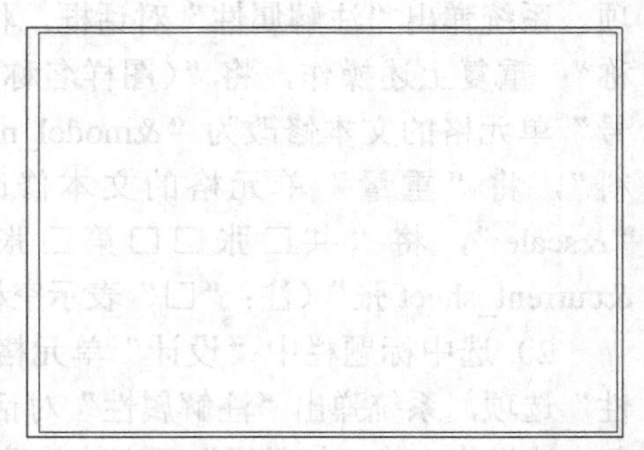

图 7-22　A0 图幅

5）通过复制粘贴功能，将上例创建的标题栏表格粘贴到本图幅模板中。

6）创建明细表。参考例 7-1 中创建表格的方法，在标题栏的上方新建一个 3 行 8 列的表格，从左到右设置列宽分别为：“8/40/44/8/38/10/12/20”，从下到上设置行宽分别为：“7/7/7”，合并部分单元格，填入文本，最终结果如图 7-23 所示。

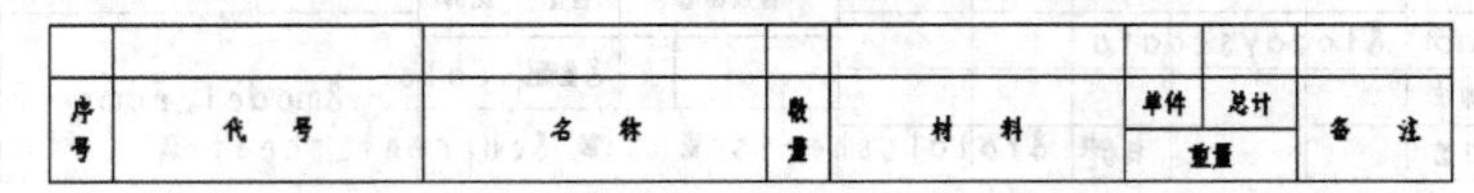

序号	代号	名称	数量	材料	单件	总计	备注
					重量		

图 7-23　装配图明细表

7）设置重复区域。单击“表”选项卡“数据”功能区中的“重复区域”按钮，系统弹出“菜单管理器”，如图 7-24 所示。单击“添加”选项，弹出“区域类型”子菜单，单击“简单”选项，再单击明细表中第一行第一列的单元格，继续单击第一行最后一列的单元格，单击“完成”按钮，创建重复区域，如图 7-25 所示。

图 7-24　菜单管理器

8）添加系统参数。双击明细表中的“序号”栏对应的重复区域表格，系统弹出“报告符号”列表，如图 7-26a 所示。在“报告符号”列表中单击“rpt…”，系统弹出“报告符号”列表，如图 7-26b 所示，单击“index”，此时在单元格中添加了“&rpt.index”文本，如图 7-27 所示。双击“代号”栏对应的重复区域表格，系统弹出“报告符号”列表，在“报告符号”列表中单击“asm…”，在弹出的新“报告符号”列表中单击“mbr…”，再单击“name”。双击“数量”栏对应的重复区域表格，系统弹出“报告符号”列表，在“报告符号”列表中单击“rpt…”，在弹出的“报告符号”列表中再单击“qty…”。

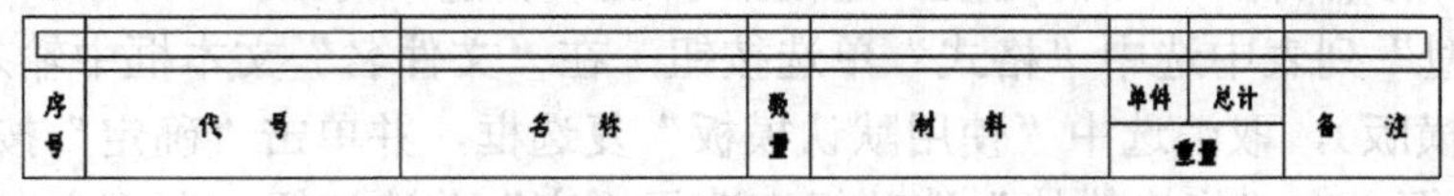

序号	代号	名称	数量	材料	单件	总计	备注
					重量		

图 7-25　设置重复区域

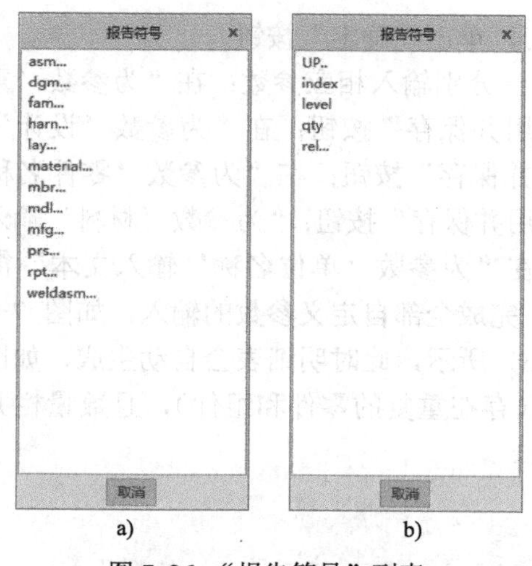

a)　　　　　　　　　　b)

图 7-26 “报告符号”列表

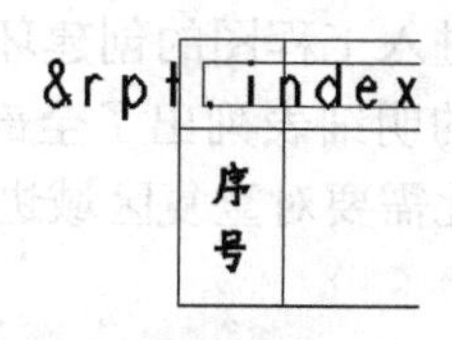

图 7-27 添加区域表格文本

9）添加用户自定义参数。双击“名称”栏对应的重复区域表格，系统弹出“报告符号”列表，在“报告符号”列表中单击“asm…”，在新的“报告符号”列表中单击“mbr…”，再单击“User Defined”，打开“输入符号文本”对话框，输入“名称”，单击鼠标中键，完成区域表格文本添加。重复上述操作，完成所有重复区域文本的添加，“名称”栏为“&asm.mbr.名称”，“材料”栏为“&asm.mbr.材料”，“单件”栏为“&asm.mbr.单件”，“总计”栏为“&asm.mbr.总计”，“备注”栏为“&asm.mbr.备注”，最后结果如图 7-28 所示。

图 7-28 添加用户自定义参数

至此，零件图和装配图的图纸模板已设计完成，可在随后的工程图设计过程中应用。

7.3.2 总装图

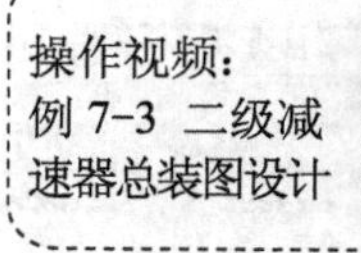

【例 7-3】 二级减速器总装图设计

1．建立模型视图

1）设置工作目录。设置 D:\Mywork\Creo\Chapter7\ex-7-3 为工作目录，将配套资源 Exercise\Chapter7\ex-7-3 中的全部文件复制到该工作目录。单击“打开”按钮，选择“zongzhuangtu.asm”，如图 7-29 所示。

2）创建新文件。单击“新建”按钮，弹出“新建”对话框，在“类型”列表中选择“绘图”单选按钮，在“文件名”文本框中输入“zongzhuangtu”，取消选中“使用默认模板”复选框，并单击“确定”按钮。系统弹出“新建绘图”对话框，在“指定模块”列表中选择“格式为空”，单击“格式”选项组中的“浏览”按钮，选择“a0h.frm”

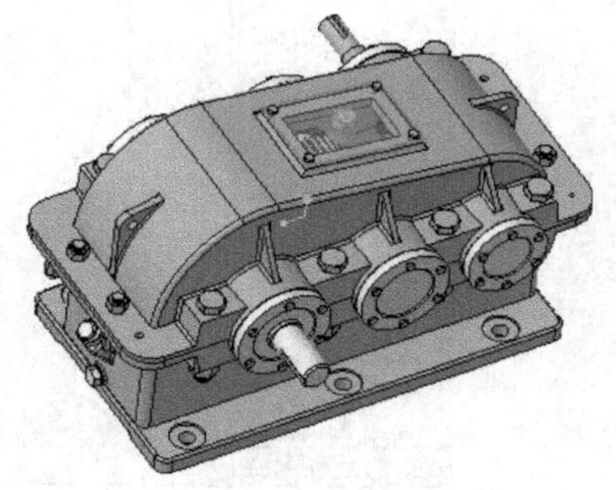

图 7-29 总体装配模型

文件（即例 7-2 创建的 A0 幅面装配图模板），单击“确定”按钮。

3）此时系统弹出一系列参数设置窗口，分别输入相应参数：在“为参数‘重量’输入文本[无]”窗口内输入“10kg”，单击“应用并保存”按钮；在“为参数‘设计’输入文本[无]”窗口内输入“颜兵兵”，单击“应用并保存”按钮；在“为参数‘零件名称’输入文本”窗口内输入“二级减速器”，单击“应用并保存”按钮；“为参数‘材料’输入文本”不输入任何值，单击“应用并保存”按钮；在“为参数‘单位名称’输入文本”窗口内输入“佳木斯大学”，单击“应用并保存”按钮，完成全部自定义参数的输入，如图 7-30 所示。系统最终进入工程图的创建环境，如图 7-31 所示，此时明细表会自动生成，如图 7-32 所示。此时的明细表列出了全部零件和组件（存在重复的零件和组件），且数量栏并未标出具体值，因此需要对重复区域进行属性设计。

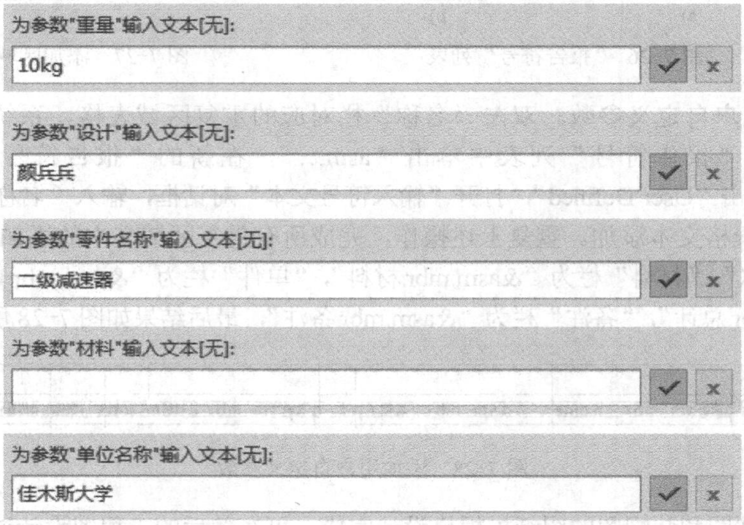

为参数"重量"输入文本[无]:
10kg

为参数"设计"输入文本[无]:
颜兵兵

为参数"零件名称"输入文本[无]:
二级减速器

为参数"材料"输入文本[无]:

为参数"单位名称"输入文本[无]:
佳木斯大学

图 7-30　用户自定义参数设置

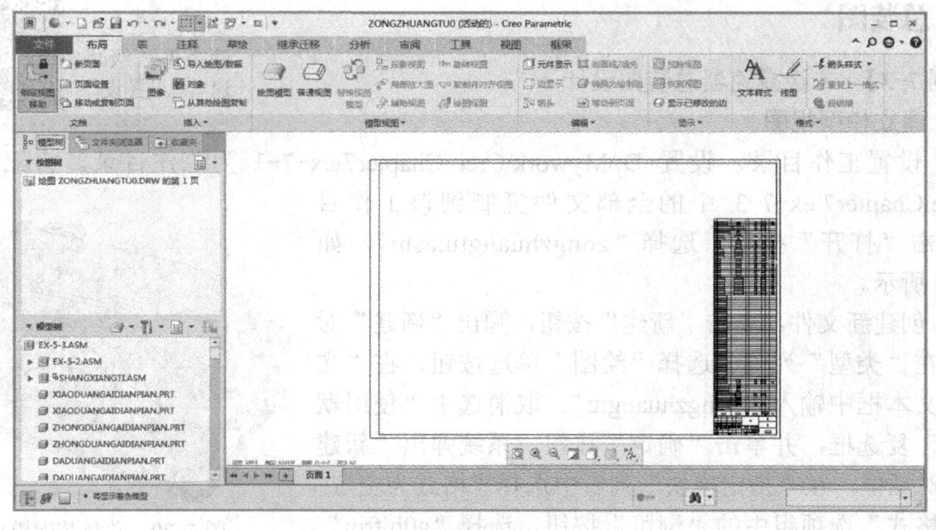

图 7-31　工程图设计的工作界面

序号	代号	名称	数量	材料	单件	总计	备注
82	DADANGOUAN	[illegible]		35	0.5kg		[illegible]
81	DADANGOUAN	[illegible]		35	0.5kg		[illegible]
80	ZHONGDANGQUAN62	[illegible]62-4-11		45	0.2kg		
79	ZHONGDANGQUAN62	[illegible]62-4-11		45	0.2kg		
78	XIAODANGOUAN	[illegible]					
77	XIAODANGOUAN	[illegible]					
76	M12-25	[illegible]M12-25		45	0.5g		[illegible]
75	YOUBIAO	[illegible]					
74	M12	[illegible]M12		35	0.1g		[illegible]
73	M12	[illegible]M12		35	0.1g		[illegible]
72	M12	[illegible]M12		35	0.1g		[illegible]
71	M12	[illegible]M12		35	0.1g		[illegible]
70	M12-30	[illegible]M12-30		35	0.2g		[illegible]
69	M12-30	[illegible]M12-30		35	0.2g		[illegible]
68	M12-30	[illegible]M12-30		35	0.2g		[illegible]
67	M12-30	[illegible]M12-30		35	0.2g		[illegible]
66	M16	[illegible]M16		45	0.1g		[illegible]
65	M16	[illegible]M16		45	0.1g		[illegible]
64	M16	[illegible]M16		45	0.1g		[illegible]
63	M16	[illegible]M16		45	0.1g		[illegible]
62	M16	[illegible]M16		45	0.1g		[illegible]
61	M18	[illegible]M16		45	0.1g		[illegible]
60	M16	[illegible]M16		45	0.1g		[illegible]
59	M16	[illegible]M16		45	0.1g		[illegible]
58	M16-100	[illegible]M16-100		45	0.12g		[illegible]
57	M16-100	[illegible]M16-100		45	0.12g		[illegible]
56	M16-100	[illegible]M16-100		45	0.12g		[illegible]
55	M16-100	[illegible]M16-100		45	0.12g		[illegible]
54	M16-100	[illegible]M16-100		45	0.12g		[illegible]
53	M16-100	[illegible]M16-100		45	0.12g		[illegible]
52	M16-100	[illegible]M16-100		45	0.12g		[illegible]
51	M16-100	[illegible]M16-100		45	0.12g		[illegible]
50	[illegible]						

序号	代号	名称	数量	材料	单件	总计	备注
4	XIAODUANGAIDIANPIAN	[illegible]		35	0.1kg		
3	XIAODUANGAIDIANPIAN	[illegible]		35	0.1kg		
2	SHANGXIANGTI						
1	EX-5-2						

标记	[illegible]	分区	更改文件号	签名	年月日
设计	签名	年月日	标准化	签名	年月日
[illegible]	20-Mar-19				
审核					
工艺			批准		

[illegible]	重量	比例	
	10kg	.000	EX-5-3
共 1 张	第 1 张		

图 7-32　自动生成明细表

4）单击“表”选项卡“数据”功能区中的“重复区域”按钮，打开“菜单管理器”，如图 7-33a 所示。单击“Attributes（属性）”选项，再单击明细表的重复区域，“菜单管理器”弹出“Attributes（属性）”子菜单，如图 7-33b 所示。在“REGION ATTR（区域属性）”子菜单下选中“No Duplicates（无多重记录）”“Recursive（递归）”“Bln By Part（按零件混合）”，再单击“Done/Return（完成/返回）”。

a)

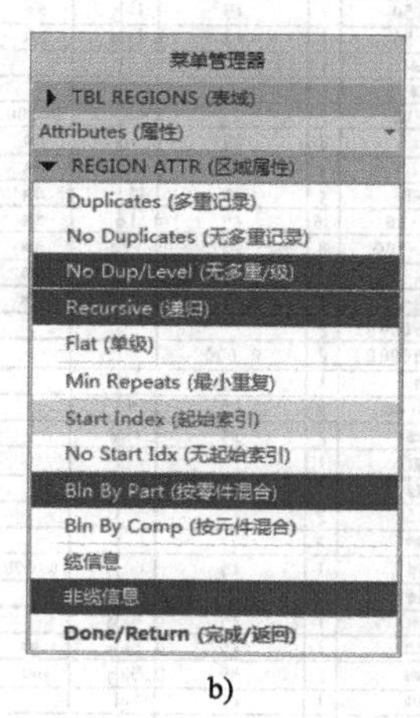

b)

图 7-33　菜单管理器

在图 7-33a 所示的“菜单管理器”中单击“Update Tables（更新表）”选项更新明细表，此时重复的零件和组件消失，且数量栏也显示出各零部件的数量值，结果如图 7-34 所示。可以看出，明细表中仍存在组件。以下操作实现组件的过滤，仅在明细表中保留零件。

单击“菜单管理器”中“Filters（过滤器）”选项，再单击明细表的重复区域，“菜单管理器”弹出“FILTER TYPE（过滤器类型）”子菜单，如图 7-35a 所示。单击“By Item（按项）”选项，系统弹出“选择”对话框，如图 7-35b 所示。按住〈Ctrl〉键，只选择明细表中的组件，保留其余零件部分，单击“选择”对话框的“确定”按钮，依次单击“菜单管理器”的“Done（完成）”选项，完成明细表的修改，如图 7-36 所示。

序号	代号	名称	数量	材料	单件重量	总计重量	备注
17	XIAODUANGAIO	小端盖O	1				
16	XIAODUANGAI	小端盖	1				
15	XIAODANGQUAN	小挡圈	2				
14	DACHILUN	大齿轮	1	45			0.000
13	DADUANGAIDIANPIAN	大端盖垫片	2	FBS	0.1kg		
12	DADUANGAIO	大端盖O	1	45	0.6kg		
11	DADUANGAI	大端盖	1	45	0.5kg		加工
10	DADANGQUAN	大挡圈	2	35	0.5kg		加工
9	DISHUZHOU	低速轴	1	45	1kg		
8	ZHONGJIANZHOU	中间轴	1	45	0.4kg		
7	ZHONGJIAN-GEAR-SMA	中间小齿轮	1	45	0.5kg		
6	ZHONGJIAN-GEAR-BIG	中间大齿轮	1	45	2.5kg		
5	ZHONGDUANGAIDIANPI	中端盖垫片	2				
4	ZHONGDANGQUAN62	中挡圈62-4-11	2	45	0.2kg		
3	XIAXIANGTI	下箱体	1	45			
2	SHANGXIANGTI	上箱体	1	铸铁	2kg		
1	M5-DIANQUAN	M5垫片	36	35	0.1g		外购

图 7-34　更新明细表

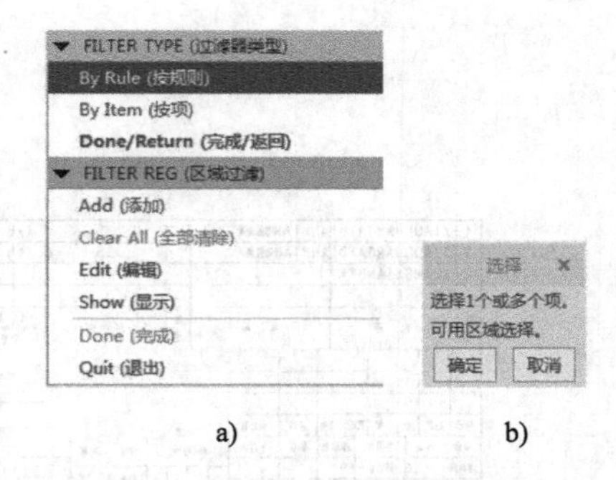

图 7-35　“FILTER TYPE（过滤器类型）”列表

5）单击“布局”选项卡“模型视图”功能区中的“普通视图”按钮，系统弹出“选择组合状态”对话框，选择默认状态“无组合状态”，单击“确定”按钮，进入普通视图的创建界面。在绘图区中选择适当位置单击，放置普通视图，此时系统弹出“绘图视图”对话框，如图 7-37 所示。

序号	代号	名称	数量	材料	单件重量	总计重量	备注
39	GAOSUZHOU	[illegible]	1	45	1kg		
38	JIAN6-35	[illegible]6-35	1	45	0.1kg		[illegible]
37	JIAN14-50	[illegible]14-50	1	45	0.1kg		[illegible]
36	JISN10-55	[illegible]10-55	1	45	0.1kg		[illegible]
35	TOUSHIGAI	[illegible]	1				
34	TOUQILS	[illegible]	1				
33	6205	[illegible]6205	2		200g		0.000
32	N16	[illegible]N16	8	45	0.1g		[illegible]
31	N12	[illegible]N12	4	35	0.1g		[illegible]
30	N6212	[illegible]M6	4	45	45		[illegible]
29	N5-30	[illegible]M5-30	36	45	0.1g		[illegible]
28	N16-100	[illegible]M16-100	8	45	0.12g		[illegible]
27	N12-30	[illegible]M12-30	4	35	0.2g		[illegible]
26	N12-25	[illegible]M12-25	1	45	0.5g		[illegible]
25	6008	[illegible][60000]	2				
24	6206	[illegible][60000]	2	0.000			
23	YOUBIAO	[illegible]	1				
22	DANGQUAN68-40	[illegible]68-40	2	45	500g		
21	XIAODUANGAIDIANPI	[illegible]	2	35	0.1kg		
20	XIAODUANGAIO	[illegible]O	1				
19	XIAODUANGAI	[illegible]	1				
18	XIAODANGQUAN52	[illegible]52	2				
17	XIAODANGQUAN	[illegible]	2				
16	DACHILUN	[illegible]	1	45			0.000
15	DADUANGAIDIANPIAN	[illegible]	2	FBS	0.1kg		
14	DADUANGAIO	[illegible]O	1	45	0.6kg		
13	DADUANGAI	[illegible]	1	45	0.5kg		[illegible]
12	DADANGQUAN	[illegible]	2	35	0.5kg		[illegible]
11	DISHUZHOU	[illegible]	1	45	1kg		
10	ZHONGJIANZHOU	[illegible]	1	45	0.4kg		
9	ZHONGJIAN-GEAR-SMA	[illegible]	1	45	0.5kg		
8	ZHONGJIAN-GEAR-BIG	[illegible]	1	45	2.5kg		
7	ZHONGDUANGAI	[illegible]	2				
6	ZHONGDUANGAIDIANPI	[illegible]	2				
5	ZHONGDANGQUAN62	[illegible]62-4-11	2	45	0.2kg		
4	ZHONGDANGQUAN62	[illegible]62	2				
3	XIAXIANGTI	[illegible]	1	45			
2	SHANGXIANGTI	[illegible]	1	[illegible]	2kg		
1	M5-DIANQUAN	M5[illegible]	36	35	0.1g		[illegible]

图 7-36　完成明细表修改

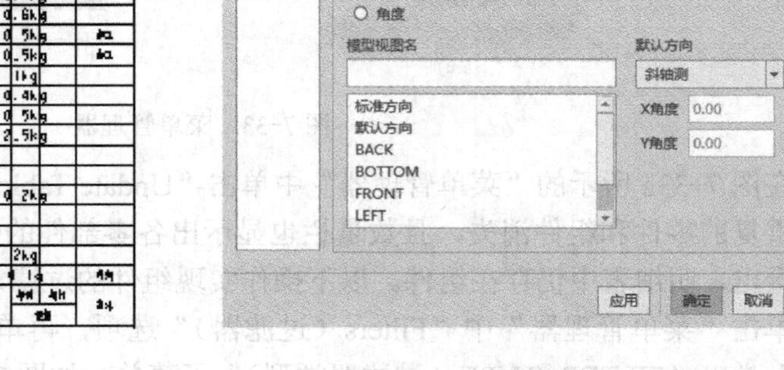

图 7-37　“绘图视图”对话框

6）修改视图类型。单击“类别”列表中的“视图类型”，在打开的“视图类型”选项卡中，“视图名称”保持默认值，“选择定向方法”选择“查看来自模型的名称”，选择

“RIGHT”模型视图，单击“应用”按钮，如图 7-38 所示。

7）修改比例。单击“类别”列表中的“比例”，在“比例”选项卡中，选中“自定义比例”单选按钮，并在其后的文本框中修改值为 1，单击“应用”按钮，如图 7-39 所示。

图 7-38　修改视图类型

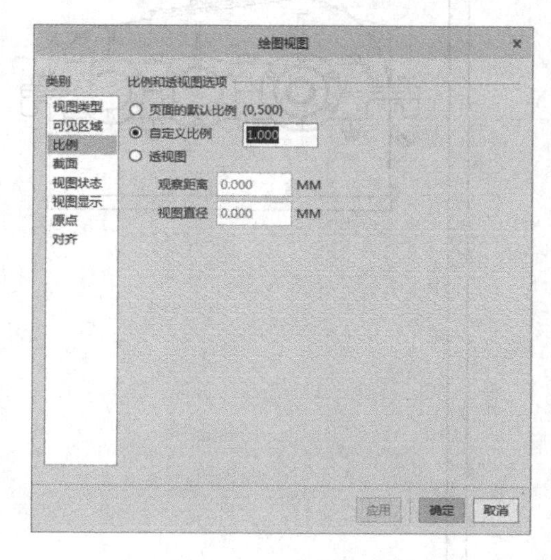

图 7-39　修改比例

8）修改视图显示。单击“类别”列表中的“视图显示”，在“视图显示”选项卡中，选择“显示样式”下拉列表中的“消隐”选项，如图 7-40a 所示，选择“相切边显示样式”列表下的“无”，如图 7-40b 所示，单击“确定”按钮，减速器的主视图以线框模式显示，结果如图 7-41 所示（注：如需调整视图的摆放位置，可单击“布局”选项卡“文件”列表中的“锁定视图移动”按钮，以解锁视图的锁定状态，再选择视图，拖动鼠标至相应位置即可）。

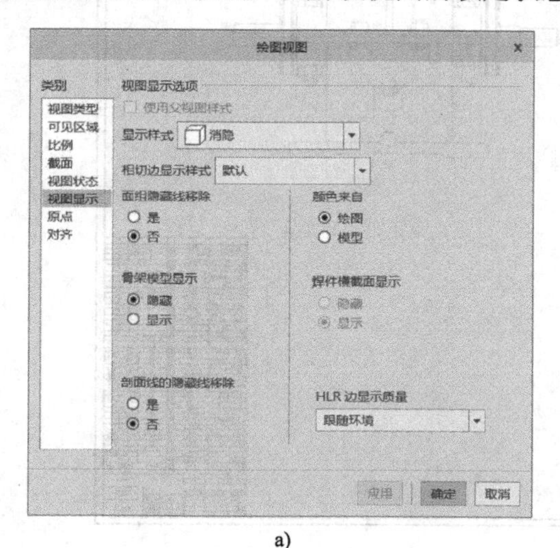

a)

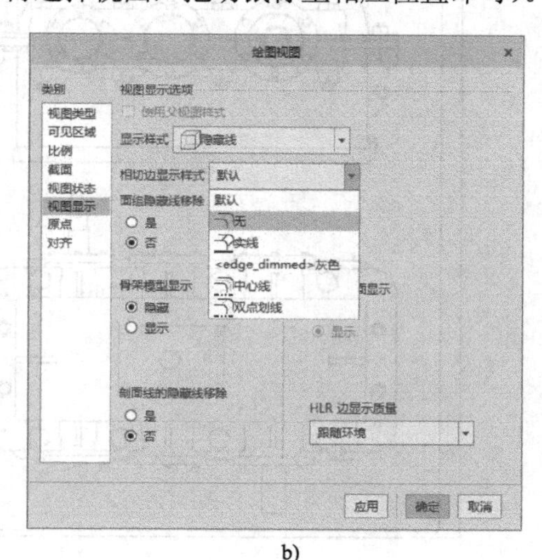

b)

图 7-40　修改视图显示

9）创建投影视图。选中主视图，单击“布局”选项卡“模型视图”功能区中的“投影视图”按钮，移动光标至相应位置并单击，分别在主视图右侧和下方创建左视图和俯视图，按照上述操作，修改视图显示，如图 7-42 所示。

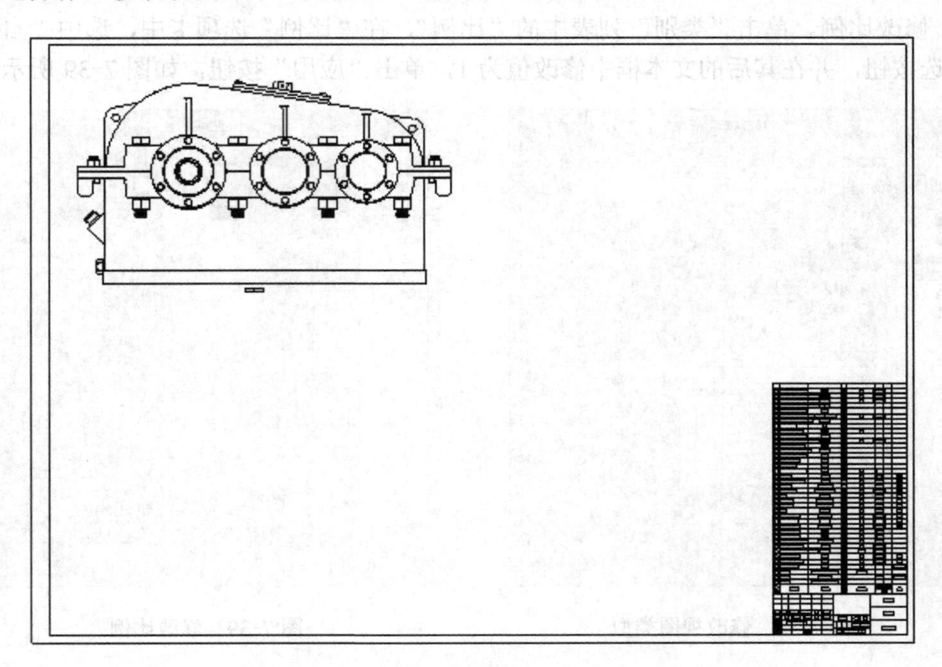

图 7-41　主视图

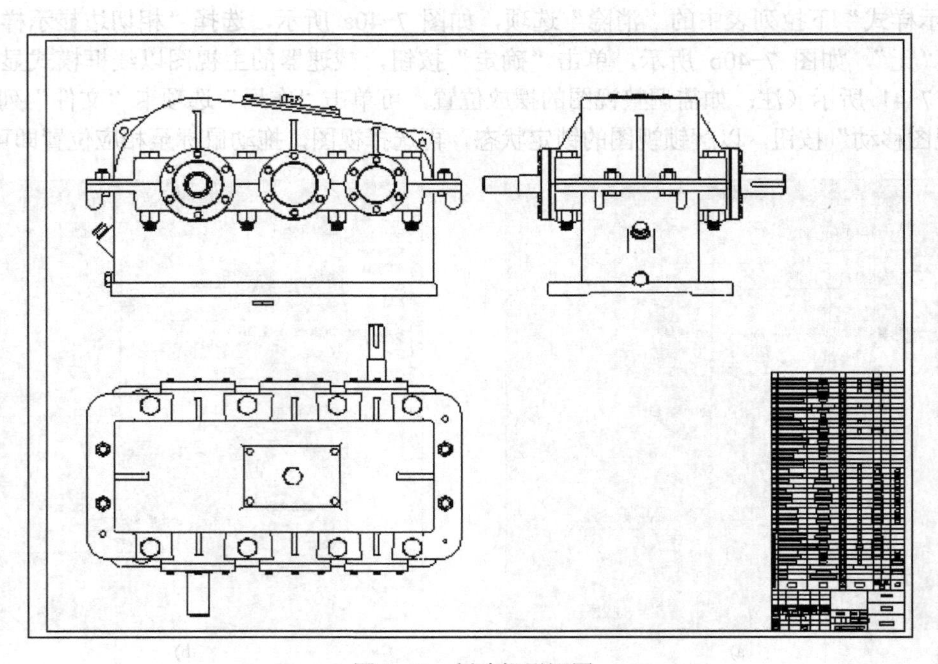

图 7-42　创建投影视图

10）创建注解。单击“注释”选项卡“注释”功能区中的“注解”按钮，系统弹出“选择点”对话框，在绘图区中的空白位置单击确定文本的放置位置，然后输入相应文本，如图 7-43 所示。

技术要求

1．滚动轴承用汽油清洗 其他零件用煤油清洗。所有零件和箱体内不许有任何杂质存在。箱体内壁和齿轮 蜗轮 等未加工表面先后涂两次不被机油侵蚀的耐油漆 箱体外表面先后涂底漆和颜色油漆 按主机要求配色 。
2．零件配合面洗净后涂以润滑油
3．滚动轴承的安装
滚动轴承安装时轴承内圈应紧贴轴肩 要求缝隙不得通过0．05mm 厚的塞尺。
4．轴承轴向游隙
对游隙不可调整的轴承 如深沟球轴承 其轴向游隙为0．25~0．4mm 对游隙可调整的轴承轴向游隙数值见表。点击查看图链接于轴承轴向游隙 角接触球轴承轴向游隙
5．齿轮 蜗轮 啮合的齿侧间隙
可用塞尺或压铅法。即将铅丝放在齿槽上 然后转动齿轮而压扁铅丝 测量两齿侧被压扁铅丝厚度之和即为齿侧的大小。
6．齿面接触斑点圆柱齿轮齿面接触斑点2-10-4 圆锥齿轮齿面接触斑点2-11-4 蜗杆传动接触斑点2-12-4
7．箱体剖分面之间不允许填任何垫片 但可以涂密封胶或水玻璃以保证密封
8．装配时 在拧紧箱体螺栓前 应使用0．05mm的塞尺检查箱盖和箱座结合面之间的密封性
9．轴伸密封处应涂以润滑脂。各密封装置应严格按要求安装
10．合理确定润滑油和润滑脂类型和牌号
11．轴承脂润滑时 润滑脂的填充量一般为可加脂空间的1/2~2/3。
12．润滑油应定期更换 新减速器第一次使用时 运转7~14天后换油 以后可以根据情况每隔3~6个月换一次油。
13．装配前 所有零件用煤油清洗 滚动轴承用汽油清洗 不许有任何杂物存在。内壁涂上不被机油腐蚀的涂料两次
14．啮合侧隙用铅丝检验不小于0．16mm 铅丝不得大于最小侧隙的4倍
15．用涂色法检验斑点。按齿高接触点不小于40% 按齿长接触斑点不小于50%。必要时可用研磨或刮后研磨以便改善接触情况
16．应调整轴承轴向间隙 φ40为0．05--0．1mm，φ55为0．08--0．15mm；
17．检验减速器剖分面、各接触面及密封处 均不许漏油。剖分面允许涂以密封油漆或水玻璃 不允许使用任何填料
18．机座内装N100润滑油至规定高度。

图 7-43 创建注解

11）添加剖视图。双击俯视图，系统弹出“绘图视图”对话框，单击“类别”列表中的“截面”选项，选择“2D 横截面”单选按钮，单击“将横截面添加到视图”按钮，选择“A 截面”，单击“应用”按钮，结果如图 7-44 所示。

12）修改剖视图。双击剖面线，系统弹出“菜单管理器”，如图 7-45 所示。单击“X-Area（X 区域）”选项，再单击“Pick（拾取）”选项，系统弹出“选择”对话框，按住〈Ctrl〉键，选择 3 个轴的中间区域，此时 3 个轴的剖面线被选中，呈红色状态，然后单击“选择”对话框的“确定”按钮，再单击“Erase（拭除）”选项，然后单击“Done（完成）”选项，拭除 3 个轴的剖面线。按照上述操作，拭除螺栓孔、键的剖面线，最终结果如图 7-46 所示。

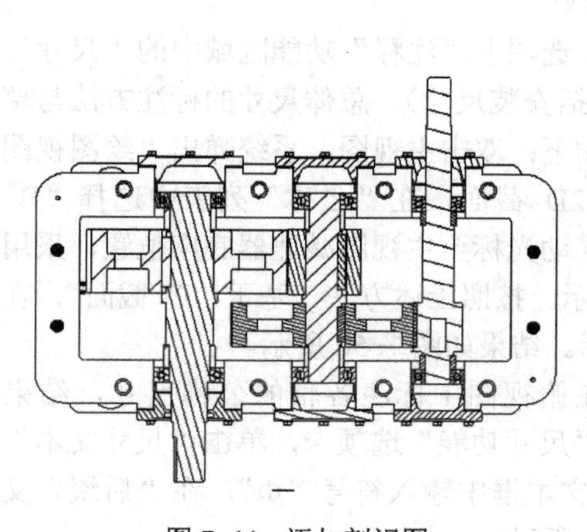

图 7-44 添加剖视图

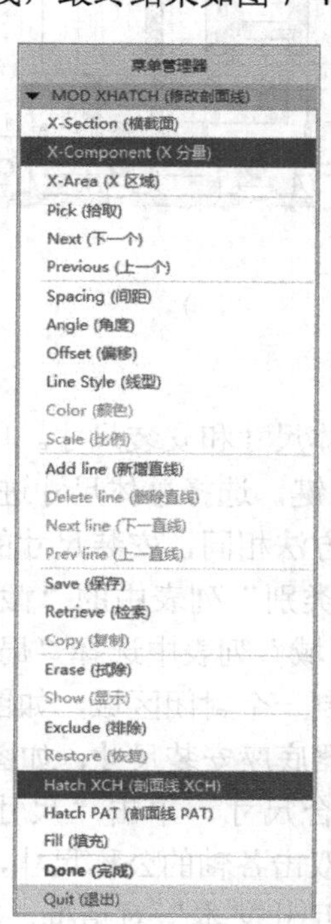

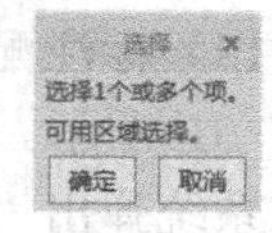

图 7-45 菜单管理器

13）添加轴肩。单击“布局”选项卡“编辑”功能区中的“边显示”按钮，系统弹出“菜单管理器”，如图 7-47 所示，单击“Wireframe（线框）”选项，按住〈Ctrl〉键，选择需要显示的轴肩，如图 7-48a 所示，单击“选择”对话框的“确定”按钮，再单击“Done（完成）”选项，显示全部轴肩，结果如图 7-48b 所示。

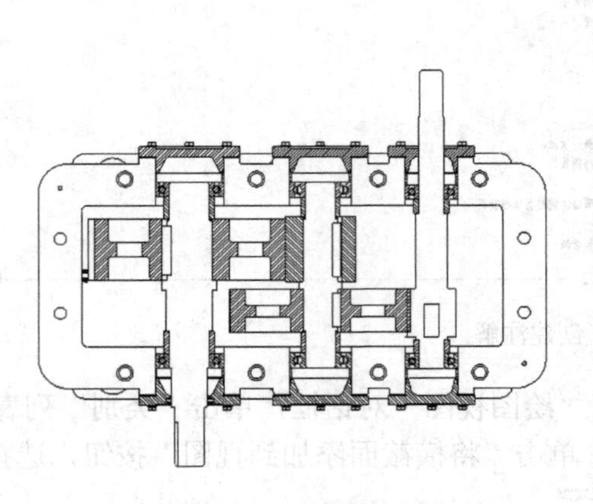

图 7-46　拭除剖面线

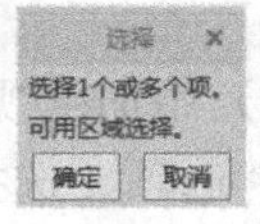

图 7-47　菜单管理器

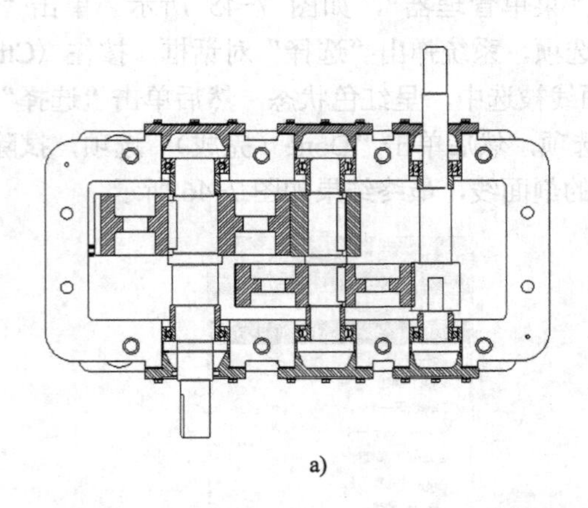

a)

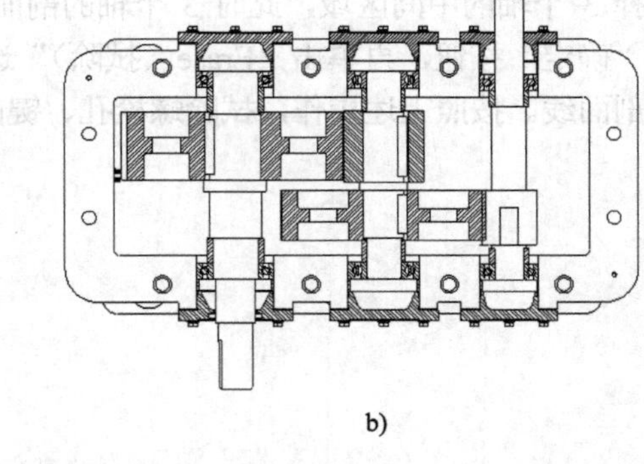

b)

图 7-48　添加轴肩

14）标注总体尺寸和安装尺寸。单击“注释”选项卡“注释”功能区域中的“尺寸”按钮，按住〈Ctrl〉键，选择总体尺寸进行标注（包括安装尺寸）。总体尺寸的标注方法与草绘模式下尺寸标注方法相同，安装尺寸的标注方法如下：双击主视图，系统弹出“绘图视图”对话框，单击“类别”列表中的“截面”，添加 2D 截面，在“名称”列表中选择“B 截面”，在“剖视区域”列表中选择“局部”，此时移动光标至主视图减速器底座位置，采用样条曲线的方式绘制一个封闭区域，如图 7-49a 所示。按照上述方法，基于“C 截面”，在右视图中标注减速器底座安装尺寸，如图 7-49b 所示。结果如图 7-50 所示。

15）标注配合尺寸。单击“尺寸”按钮，在俯视图中标注各轴的公称尺寸，结果如图 7-51 所示。双击各轴的公称尺寸，系统弹出“尺寸功能”选项卡，单击“尺寸文本”按钮，系统弹出“尺寸文本”对话框。在“前缀”文本框中输入符号“Φ”，在“后缀”文本框中输入配合制，如图 7-52 所示，结果如图 7-53 所示。

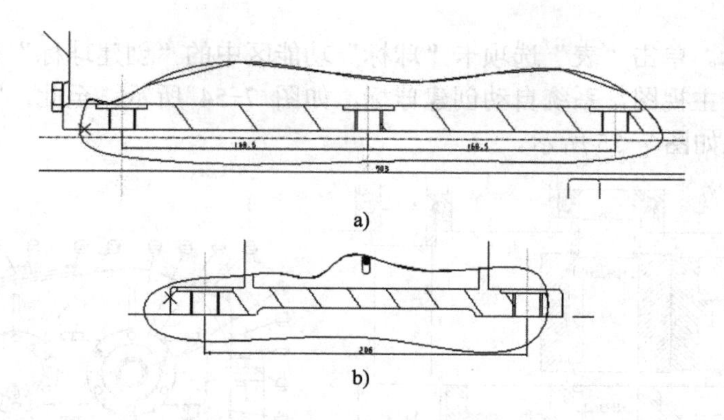

a)

b)

图 7-49　选取局部截面区域

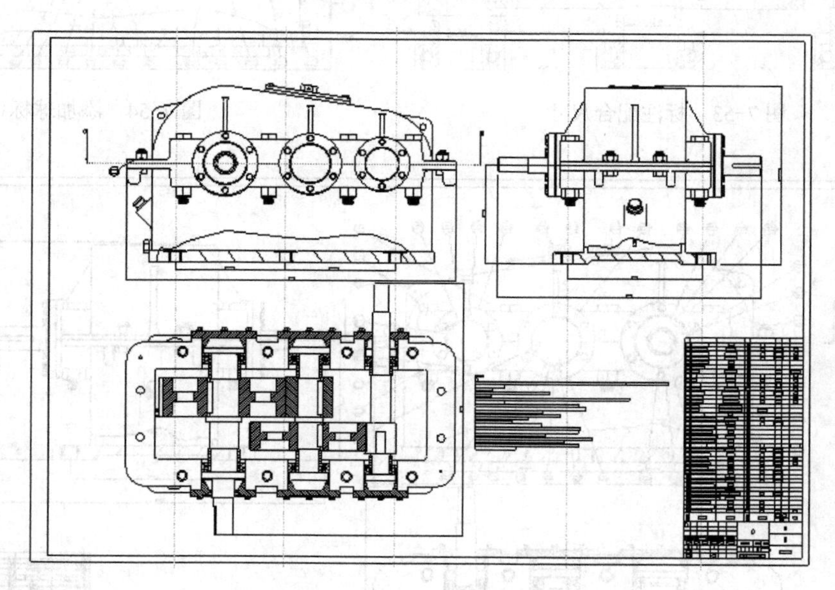

图 7-50　标注总体尺寸和安装尺寸

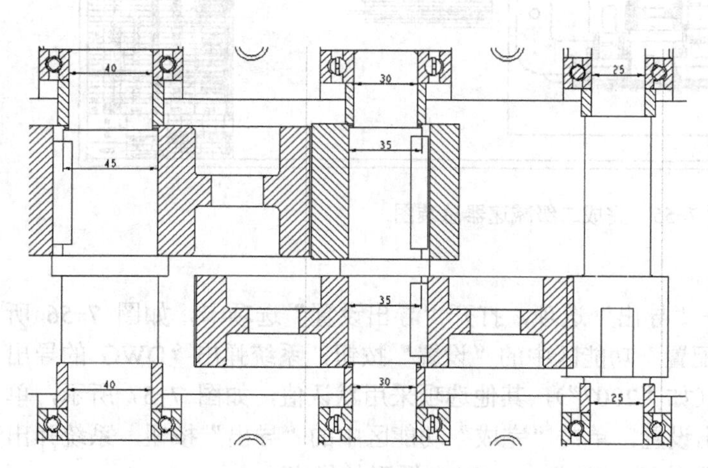

图 7-51　标注各轴的公称尺寸

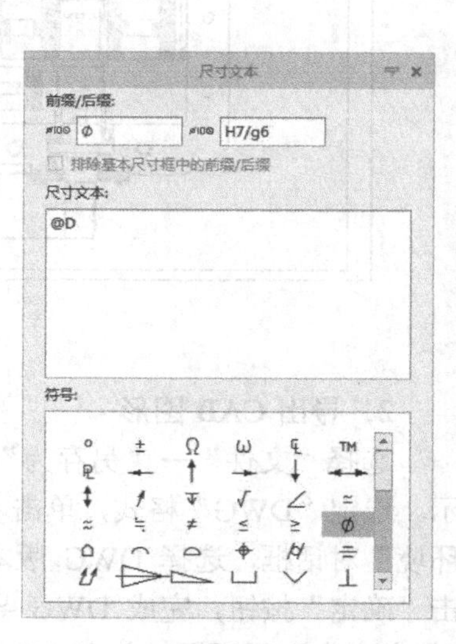

图 7-52　修改尺寸文本

16）添加球标。单击“表”选项卡“球标”功能区中的“创建球标”列表下的“创建球标-按视图”，单击主视图，系统自动创建球标，如图 7-54 所示。至此，完成二级减速器总装图的设计，结果如图 7-55 所示。

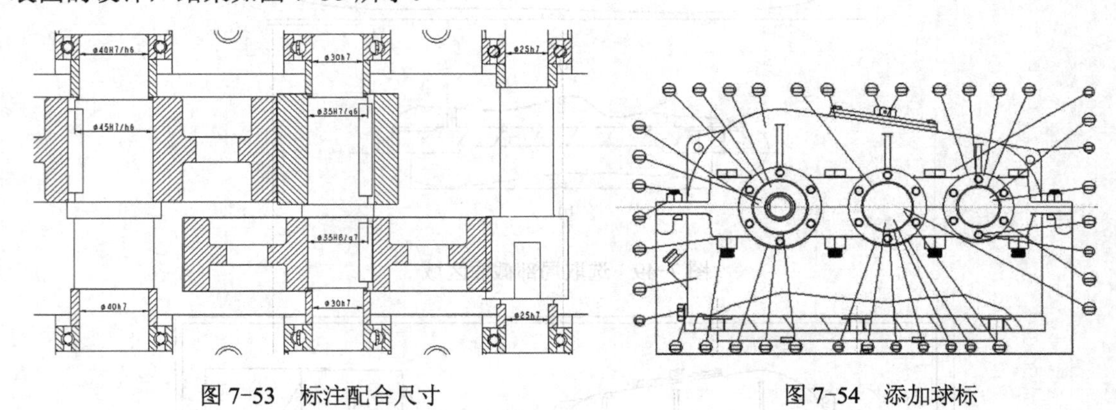

图 7-53　标注配合尺寸　　　　　　　　　　图 7-54　添加球标

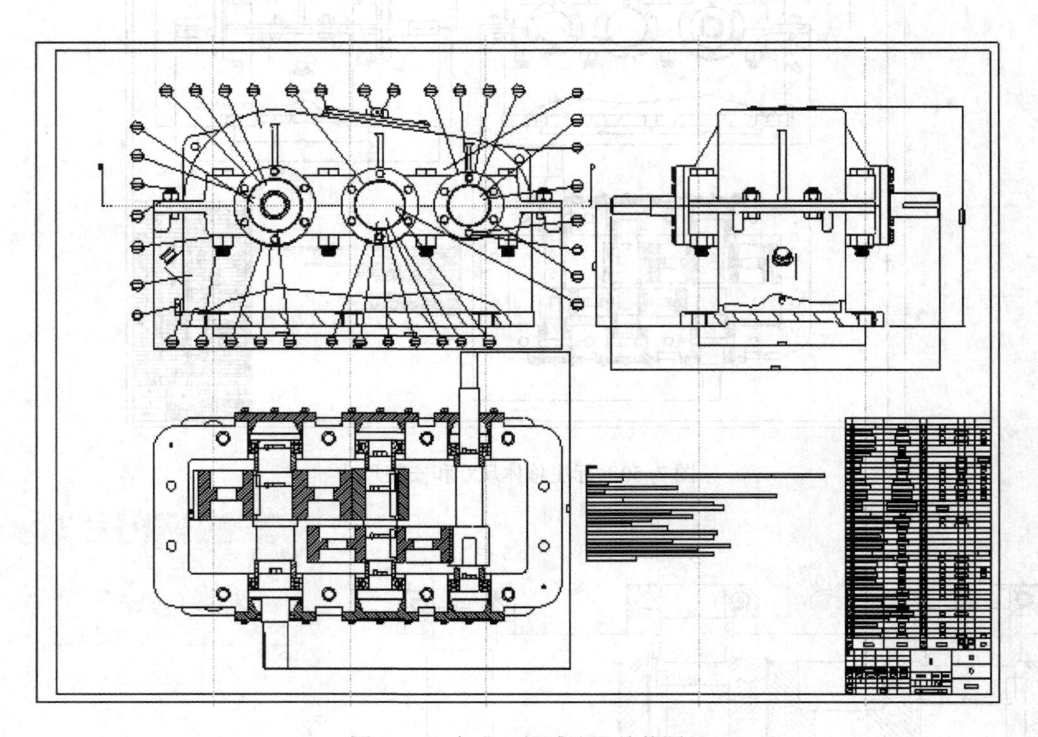

图 7-55　完成二级减速器总装图

2．导出 CAD 图形

选择“文件”→“另存为”→“导出”选项，打开“导出设置”选项卡，如图 7-56 所示。选定“DWG”格式，单击“配置”功能区中的“设置”按钮，系统弹出“DWG 的导出环境”对话框，选择 DWG 版本（如“2007”），其他选项采用默认值，如图 7-57 所示，单击“确定”按钮，完成 DWG 导出设置。单击“完成”功能区中的“导出”按钮，系统弹出“保存副本”对话框，单击“确定”按钮，完成 AutoCAD 图形的导出。

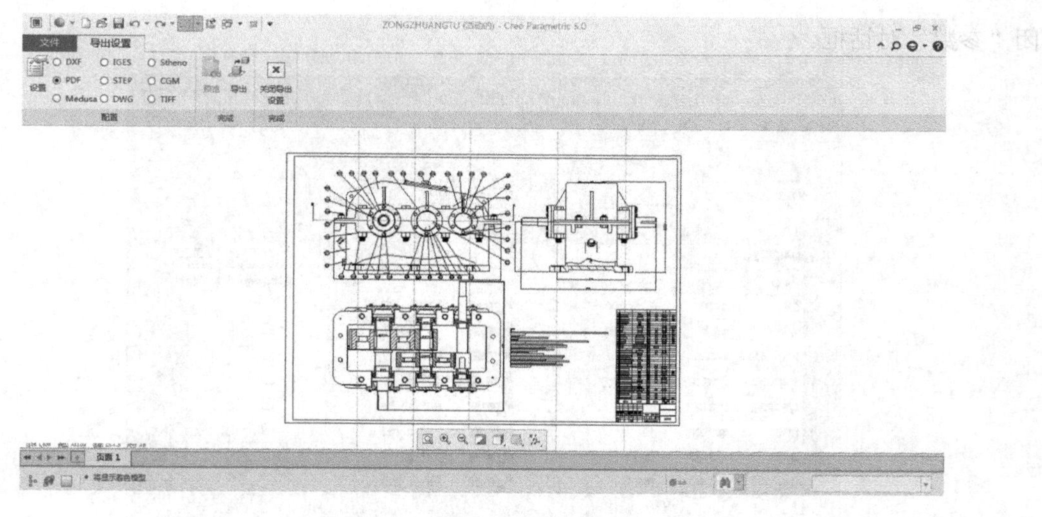

图 7-56 “导出设置”选项卡

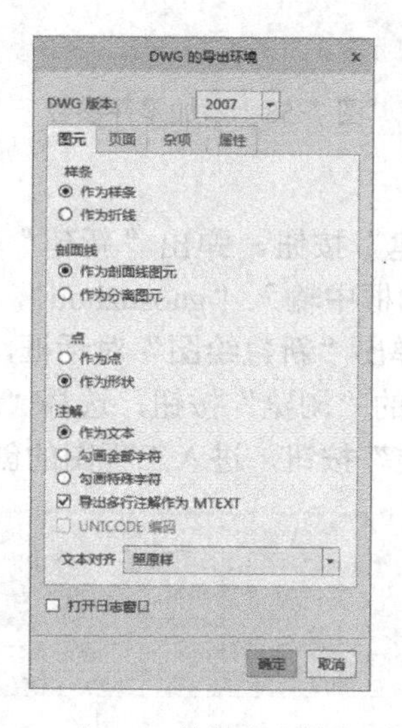

图 7-57 “DWG 的导出环境”对话框

7.3.3 零件图

【例 7-4】 高速轴的零件图设计

1．添加零件参数

1）设置工作目录。设置 D:\Mywork\Creo\Chapter7\ex-7-4 为工作目录，将配套资源 Exercise\Chapter7\ex-7-4 中的全部文件复制到该工作目录。

2）单击“打开”按钮，选择并打开“gaosuzhou.prt”文件，单击“工具”选项卡“模型意图”功能区中的“参数”按钮，系统弹出“参数”对话框，单击“添加新参数”按钮，添加“单位名称”“零件名称”“材料”“重量”“设计”参数，类型均为字符串，分别输入“佳木斯大学”“高速轴”“45”“1kg”“颜兵兵”，结果如图 7-58 所示，单击“确定”按钮，关闭“参数”对话框。

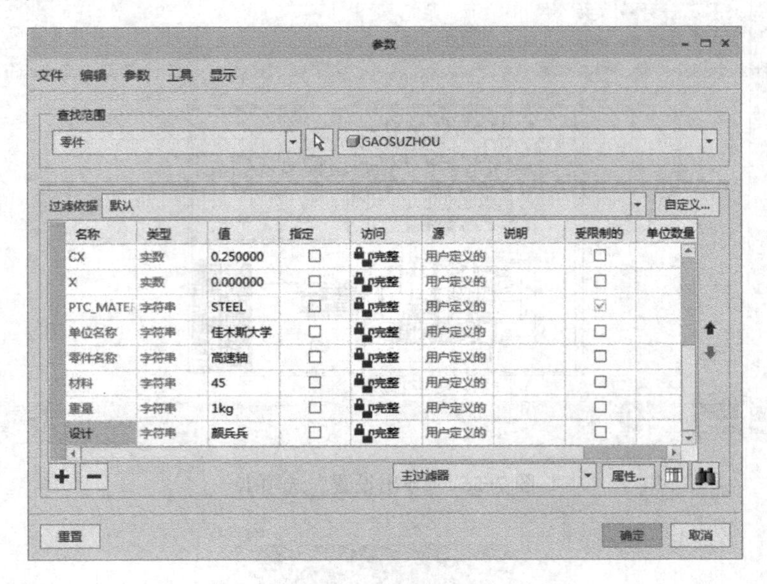

图 7-58　添加零件参数

2．建立模型视图

1）创建新文件。单击“新建”按钮，弹出“新建”对话框，在“类型”列表中选择“绘图”选项，在“文件名”文本框中输入“gaosuzhou”，取消选中“使用默认模板”复选框，并单击“确定”按钮，系统弹出“新建绘图”对话框，在“指定模块”列表中选择“格式为空”，单击“格式”选项组中的“浏览”按钮，选择“a4h.frm”文件（即例 7-1 创建的 A4 幅面零件图模板），单击“确定”按钮，进入工程图的创建环境，如图 7-59 所示。

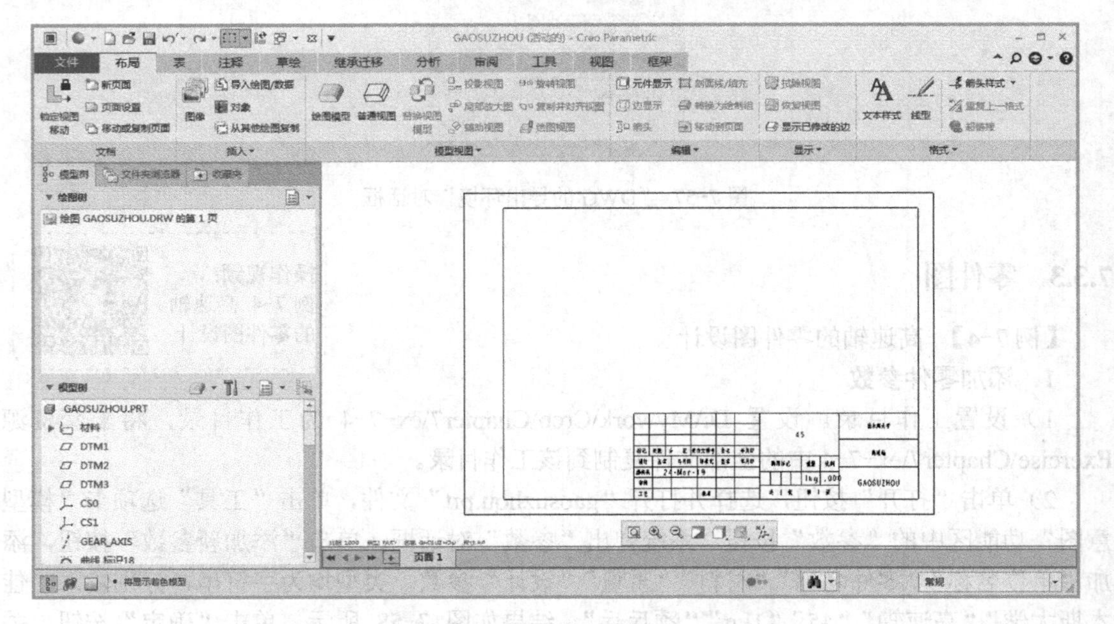

图 7-59　创建高速轴零件图的工作界面

2）单击“布局”选项卡“模型视图”功能区中的“普通视图”按钮，系统弹出“选择组合状态”对话框，选择默认状态“无组合状态”，单击“确定”按钮，进入普通视图的创建界面。在绘图区中在适当位置单击，放置普通视图，此时系统弹出“绘图视图”对话框，如图 7-60 所示。

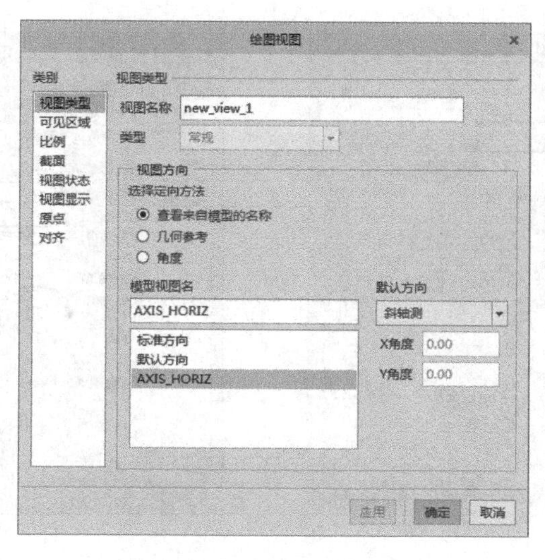

图 7-60 “绘图视图”对话框

3）修改视图类型。单击“类别”列表中的“视图类型”，在“视图类型”选项卡中，“视图名称”采用默认值，“选择定向方法”选择“几何参考”，“参考 1”选择“前”，选定键槽底面，“参考 2”选择“右”，选定轴的右端面，单击“应用”按钮，如图 7-61 所示。

4）修改比例。单击“类别”列表中的“比例”，在“比例”选项卡中，选中“自定义比例”，并修改为 0.5，单击“应用”按钮，如图 7-62 所示。

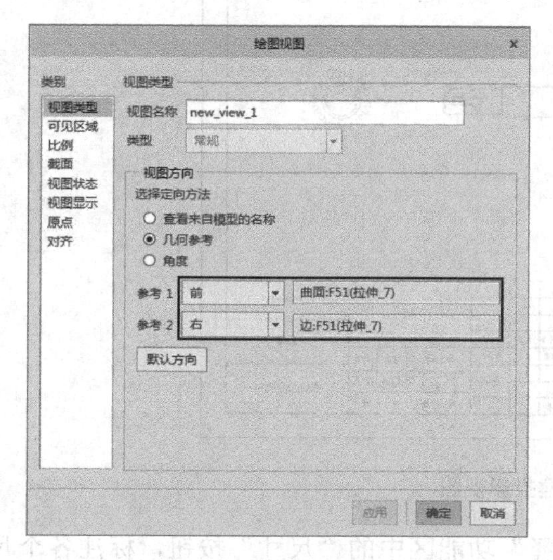

图 7-61 修改视图类型

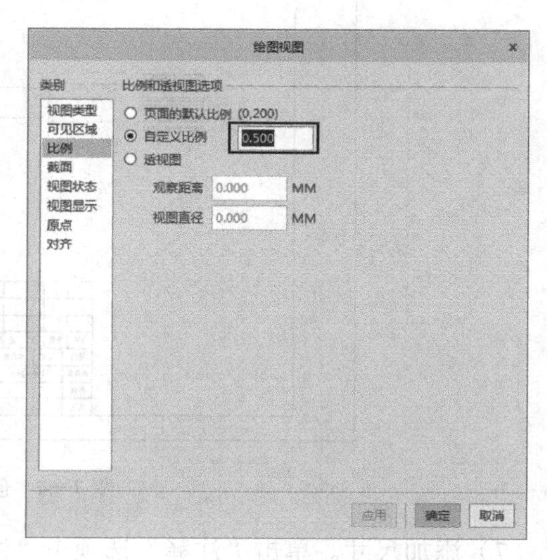

图 7-62 修改比例

5）修改视图显示。单击“类别”列表中的“视图显示”，在“视图显示”选项卡中，在“显示样式”下拉列表中选择“消隐”，如图 7-63a 所示；在“相切边显示样式”下拉列表中选择“无”，如图 7-63b 所示，单击“确定”按钮，减速器的主视图以线框模式显示。

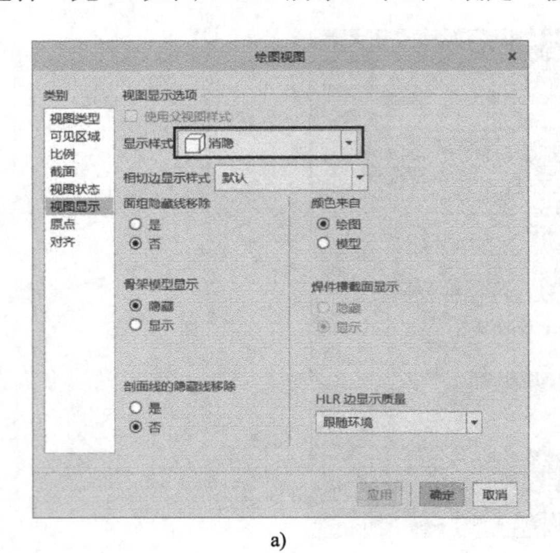

a)

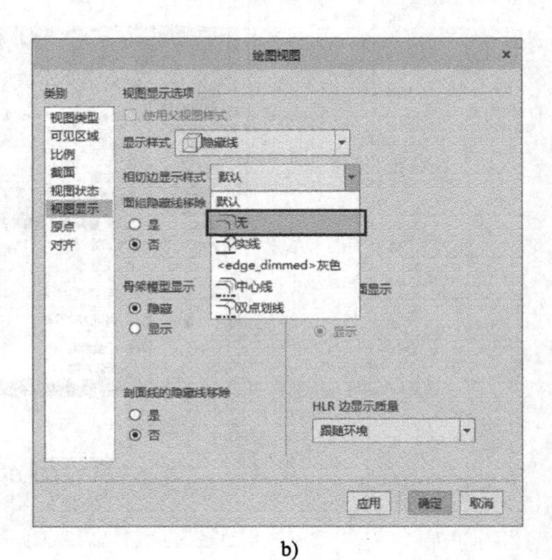

b)

图 7-63　修改视图显示

6）创建投影视图。选中主视图，单击“投影视图”按钮，移动光标，在主视图右侧单击创建左视图，按照上述操作，修改视图显示，结果如图 7-64 所示。

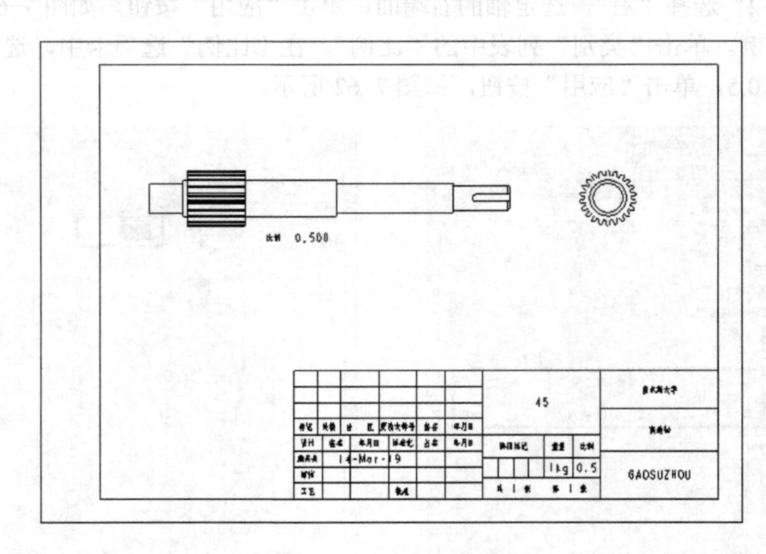

图 7-64　创建投影视图

7）添加尺寸。单击“注释”选项卡“注释”功能区中的“尺寸”按钮，标注各个尺寸，结果如图 7-65 所示。

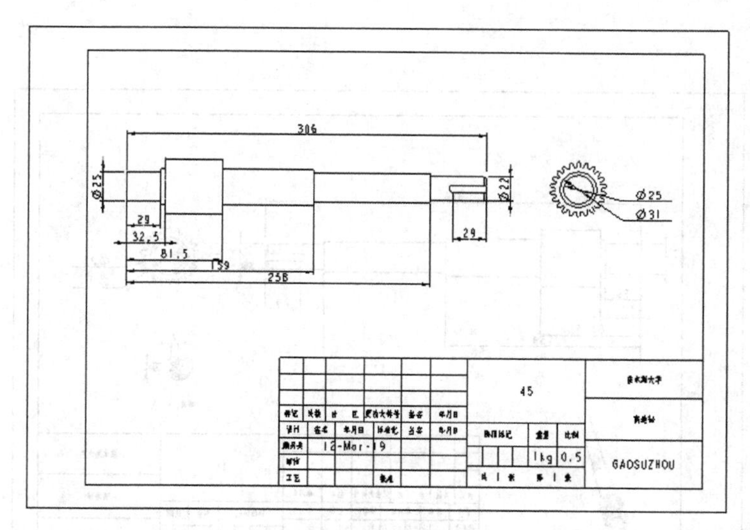

图 7-65　添加尺寸

8）添加剖视图。在右视图的下方创建一个新的右视图，双击此右视图，系统弹出“绘图视图”对话框，单击“类别”列表中的“截面”，在“截面”选项卡中，选择“2D 横截面”，单击“将横截面添加到视图”按钮，选择“A 截面”，在“模型边可见性”中选择“区域”，如图 7-66 所示。单击“类别”列表中的“对齐”，在“对齐”选项卡中，取消选择“将此视图与其他视图对齐”，单击“应用”按钮。最后单击“确定”按钮，关闭“绘图视图”对话框。将剖视图拖动至如图 7-67 所示位置，并标注键槽尺寸。

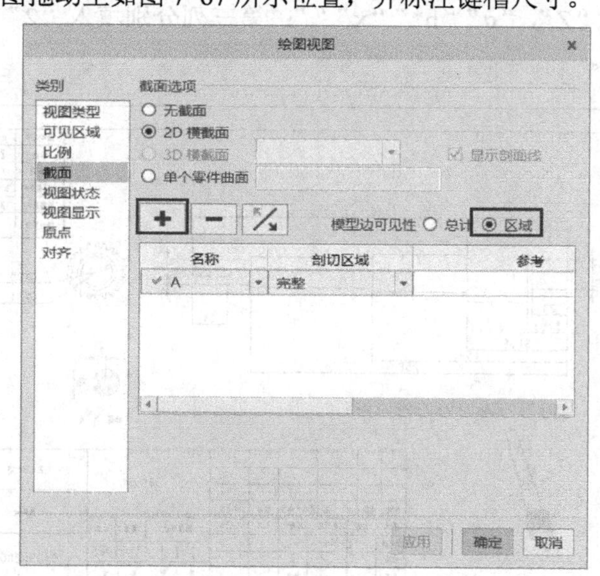

图 7-66　“绘图视图”对话框

9）添加轴测图并标注截面。单击“布局”选项卡“模型视图”功能区中的“普通视图”按钮，在系统弹出的“选择组合状态”对话框中“选择“无组合状态”，弹出“绘图视图”对话框，将“显示样式”改为“消隐”，将“相切边显示样式”改为“无”，单击“确定”按钮，关闭“绘图视图”对话框，同时在绘图区左下角适当位置单击放置视图，结果如

图 7-67 所示。

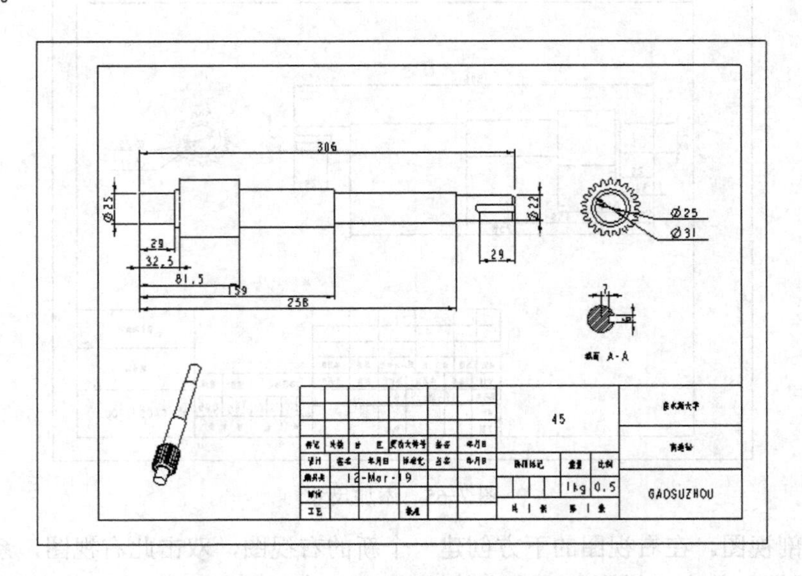

图 7-67　添加轴测图并标注截面

10）添加齿轮参数表。单击“表”选项卡“表”功能区中的“表”列表下“插入表”选项，系统弹出“插入表”对话框，输入列数为“3”、行数为“6”的表格，放置于图幅的右上角，第一列分别填入“模数”“齿数”“齿形角”“齿顶高系数”“变位系数”“精度等级”，第二列分别填入“m”“Z”，“α”“h*”“x”“”；第三列分别填入“2”“22”“20”“1”“0”“8c”，如图 7-68 所示。

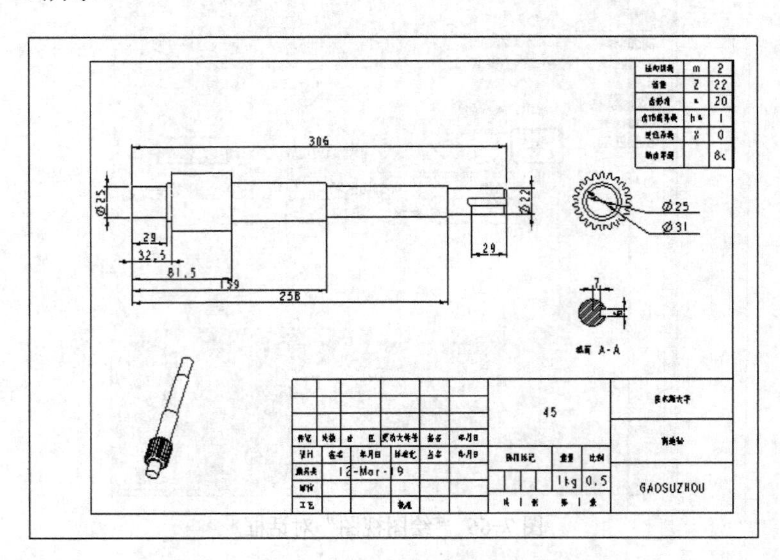

图 7-68　添加齿轮参数表

11）创建中心线。单击“注释”选项卡“注释”功能区中的“显示模型注释”按钮，系统弹出“显示模型注释”对话框，单击“显示模型基准”选项卡，单击主视图，选中“显示”列表中的“A_1”复选框，如图 7-69 所示，单击“应用”按钮，完成主视图中心线的创建。按照上述方法，依次创建其他视图的中心线。

12）创建注解。单击“注释”选项卡“注释”功能区中的“注解”按钮，系统弹出“选择点”对话框，在绘图区中的空白位置单击确定文本的放置位置，输入相应文本，如图7-70所示。

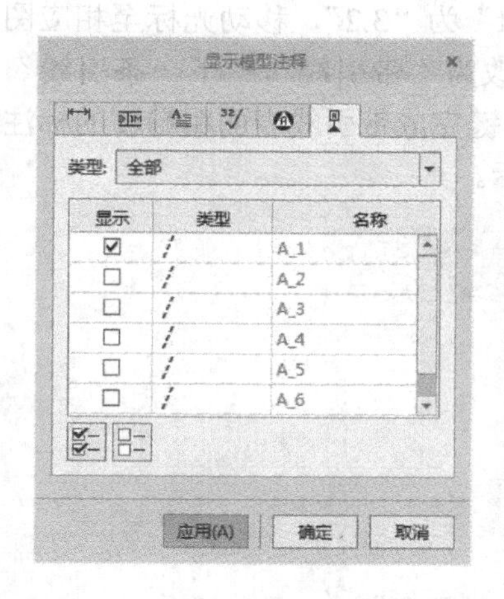

图7-69 “显示模型注释”对话框

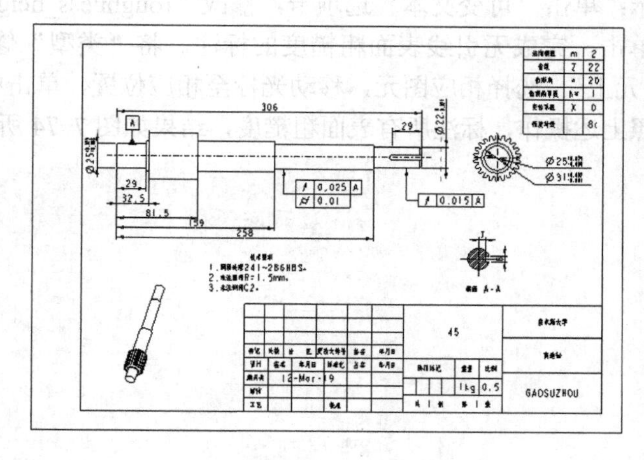

图7-70 创建注解

13）标注几何公差。单击“注释”选项卡“注释”功能区中的“几何公差”按钮，选择需标注几何公差的轴曲面，移动光标至几何公差放置位置处并单击鼠标中键，系统弹出“几何公差”选项卡，修改“几何特性”为“偏差度”，公差值为“0.025”，参考基准为“A”，如图7-71所示。按照上述操作，标注所有几何公差，结果如图7-72所示。

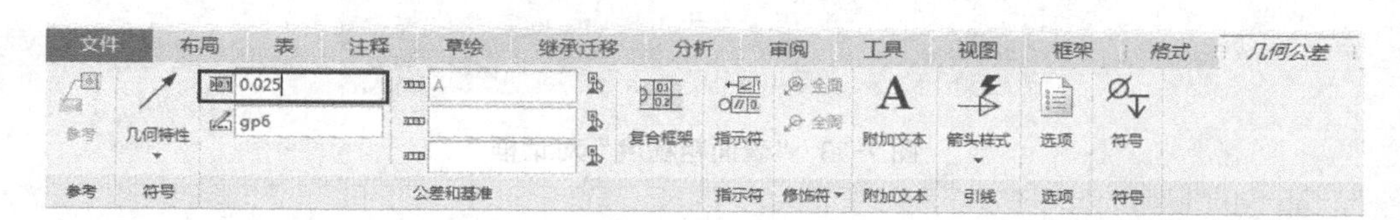

图7-71 几何公差选项卡

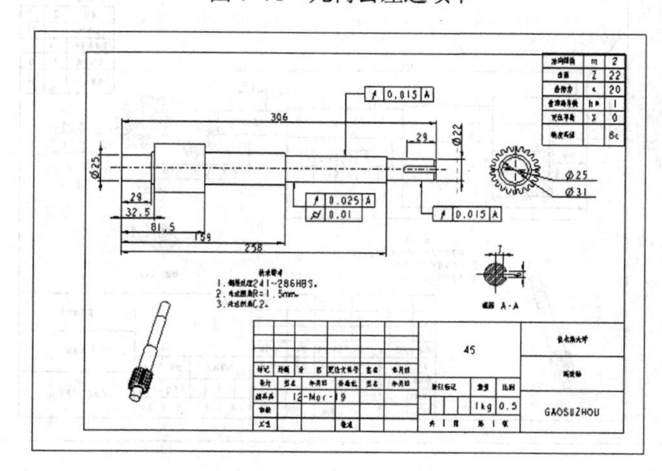

图7-72 标注几何公差

14）标注表面粗糙度。单击“注释”选项卡“注释”功能区中的“表面粗糙度”按钮，系统弹出“表面粗糙度”对话框，单击“定义”选项组中的“浏览”按钮，系统弹出“打开”对话框，选择“machined”文件夹中“standardl.sym”文件，单击“打开”按钮，系统返回至“表面粗糙度”对话框；在“放置”选项组中设置“类型”为“图元上”，如图 7-73 所示；单击“可变文本”选项卡，修改“roughness_height”为“3.2”，移动光标至相应图元并单击，完成无引线表面粗糙度的标注。将“类型”修改为“带引线”，“下一条引线”为“图元上”，选择相应图元，移动光标至相应位置，单击中键完成带引线表面粗糙度的标注。按照上述操作，标注所有表面粗糙度，结果如图 7-74 所示。

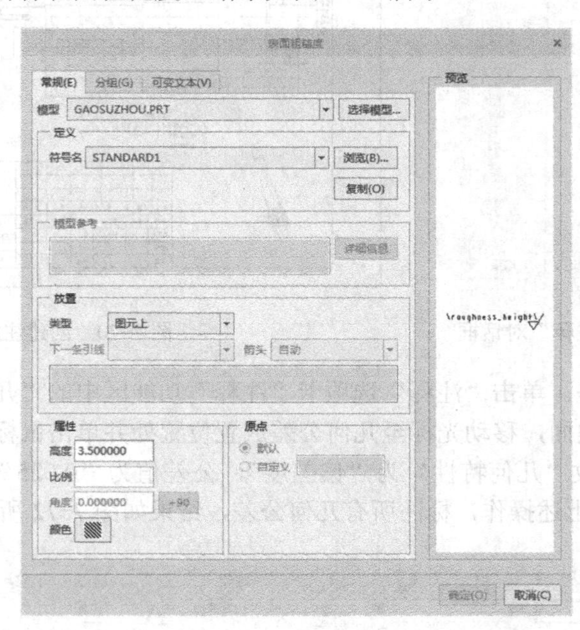

图 7-73 “表面粗糙度”对话框

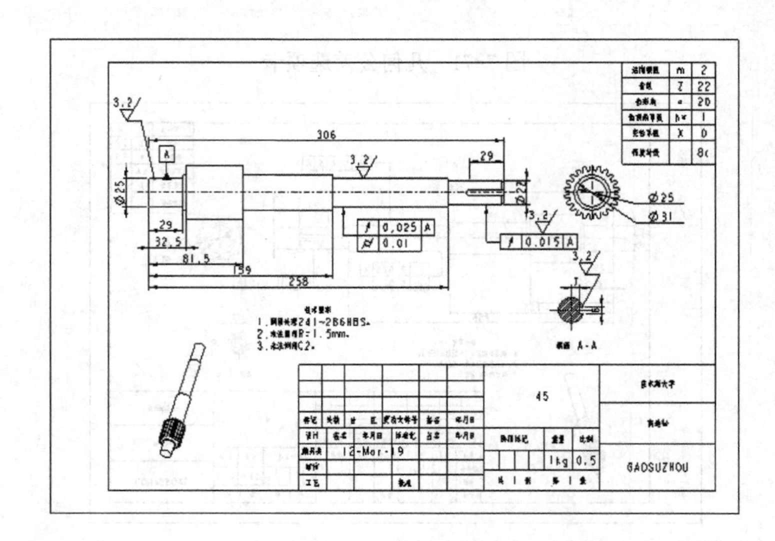

图 7-74 标注表面粗糙度

15）添加尺寸公差。双击需要添加尺寸公差的尺寸，系统弹出“尺寸”选项卡，单击“公差”功能区中“公差”列表下“正负”选项，设置“设置尺寸的 IOS 公差表”为“无”，设置“上公差值”为“0.2”，设置“下公差值”为“-0.2”，如图 7-75 所示。按照上述操作，标注全部尺寸公差，结果如图 7-76 所示。

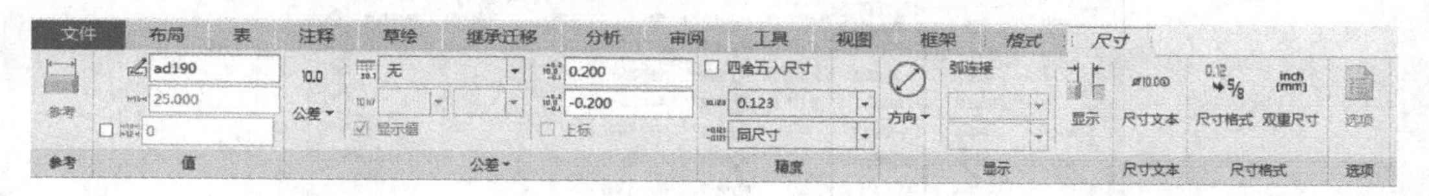

图 7-75 “尺寸”选项卡

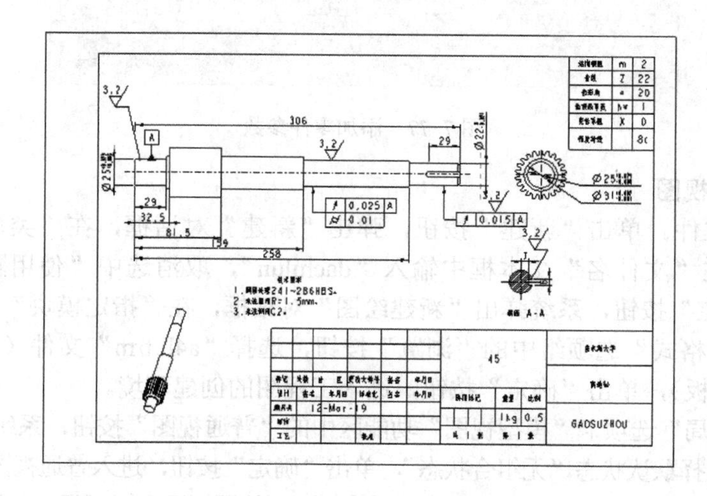

图 7-76 添加尺寸公差

3．导出 CAD 图形

选择“文件”→“另存为”→“导出”选项，打开“导出设置”选项卡。选定“DWG”格式，单击“配置”功能区中的“设置”按钮，系统弹出“DWG 的导出环境”对话框，选择 DWG 版本（如“2007”），其他选项采用默认值，单击“确定”按钮，完成 DWG 导出设置。单击“完成”功能区中的“导出”按钮，系统弹出“保存副本”对话框，单击“确定”按钮，完成 AutoCAD 图形的导出。

操作视频：例 7-5 低速轴大齿轮的零件图设计

【例 7-5】 低速轴大齿轮的零件图设计

1．添加零件参数

1）设置工作目录。设置 D:\Mywork\Creo\Chapter7\ex-7-5 为工作目录，将配套资源 Exercise\Chapter7\ex-7-5 中的全部文件复制到该工作目录。

2）单击“打开”按钮，选择“dachilun.prt”文件，单击“工具”选项卡“模型意图”功能区中的“参数”按钮，系统弹出“参数”对话框，单击“添加新参数”按钮，添加“单位名称”“零件名称”“材料”“重量”“设计”参数，类型均为字符串，分别输入“佳木斯大学”“低速轴大齿轮”“45”“1.5kg”“颜兵兵”，如图 7-77 所示，单击“确定”按钮，关闭“参数”对话框。

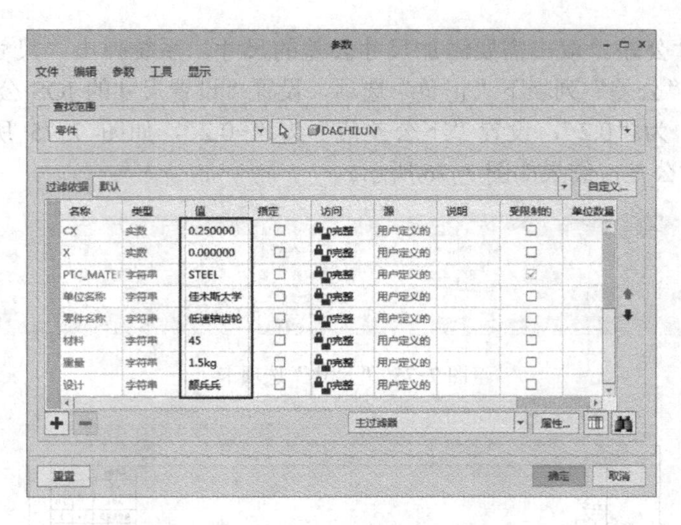

图 7-77　添加零件参数

2．建立模型视图

1）创建新文件。单击“新建”按钮，弹出“新建”对话框，在“类型”列表中选择“绘图”选项，在“文件名”文本框中输入“dachilun”，取消选中“使用默认模板”复选框，并单击“确定”按钮，系统弹出“新建绘图”对话框，在“指定模块”列表中选择“格式为空”，单击“格式”选项组中的“浏览”按钮，选择“a4h.frm”文件（即例 7-1 创建的 A4 幅面零件图模板），单击“确定”按钮，进入工程图的创建环境。

2）单击“布局”选项卡“模型视图”功能区中的“普通视图”按钮，系统弹出“选择组合状态”对话框，选择默认状态“无组合状态”，单击“确定”按钮，进入普通视图的创建界面。在绘图区中适当位置单击，放置普通视图，此时系统弹出“绘图视图”对话框，如图 7-78 所示。

3）修改视图类型。单击“类别”列表中的“视图类型”，在“视图类型”选项卡中，“视图名称”采用默认值，“选择定向方法”选择“几何参考”，“参考 1”选择“前”，选定齿轮端面，“参考 2”选择“下”，选择键槽底面，单击“应用”按钮，如图 7-79 所示。

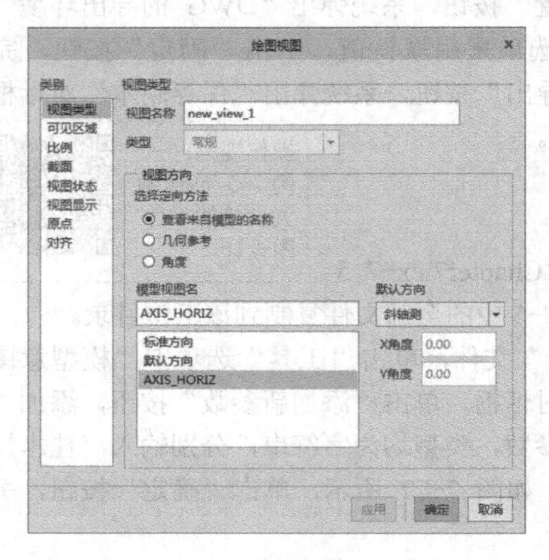

图 7-78　“绘图视图”对话框

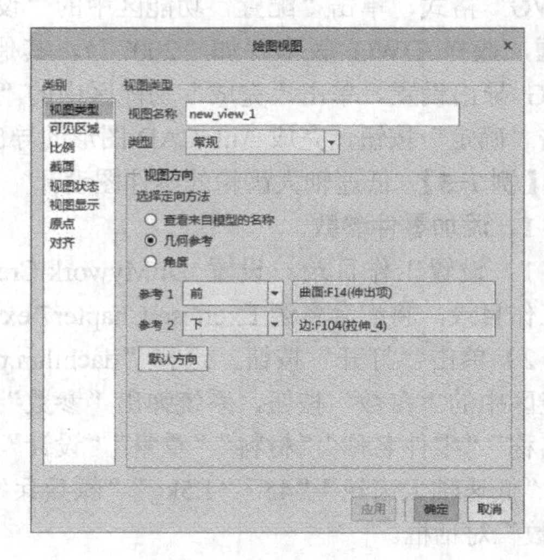

图 7-79　修改视图类型

4）修改比例。单击“类别”列表中的“比例”，在“比例”选项卡中，选中“自定义比例”单选按钮，修改为“0.5”，单击“应用”按钮，如图 7-80 所示。

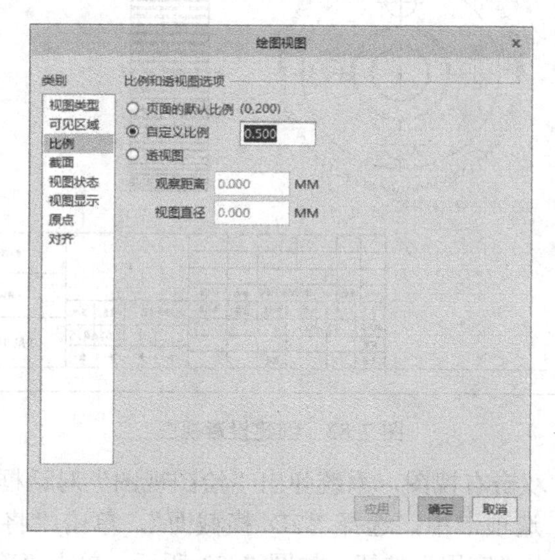

图 7-80　修改比例

5）修改视图显示。单击“类别”列表中的“视图显示”，在“视图显示”选项卡中，选择“显示样式”列表下的“消隐”，如图 7-81a 所示；选择“相切边显示样式”列表下的“无”，如图 7-81b 所示，单击“确定”按钮，减速器的主视图以线框模式显示。

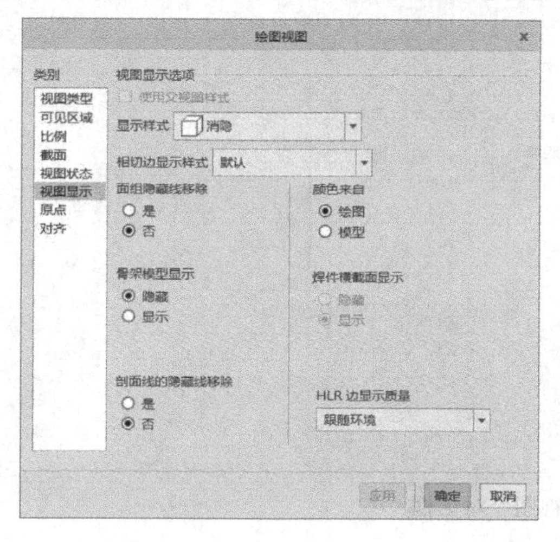

a)

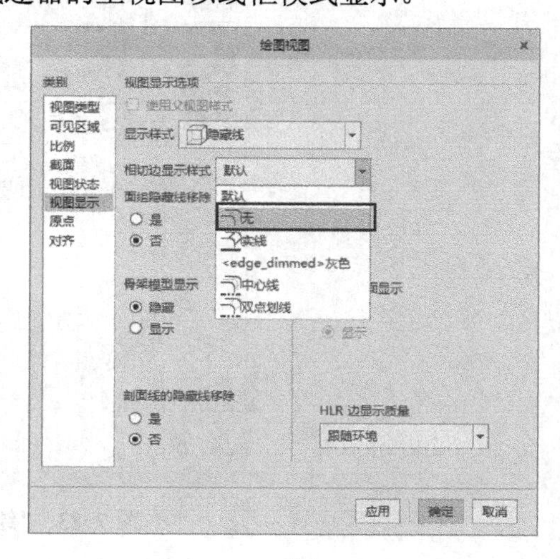

b)

图 7-81　修改视图显示

6）创建投影视图。选中主视图，单击“投影视图”按钮，移动光标，在主视图右侧单击创建左视图，按照上述操作，修改视图显示，结果如图 7-82 所示。

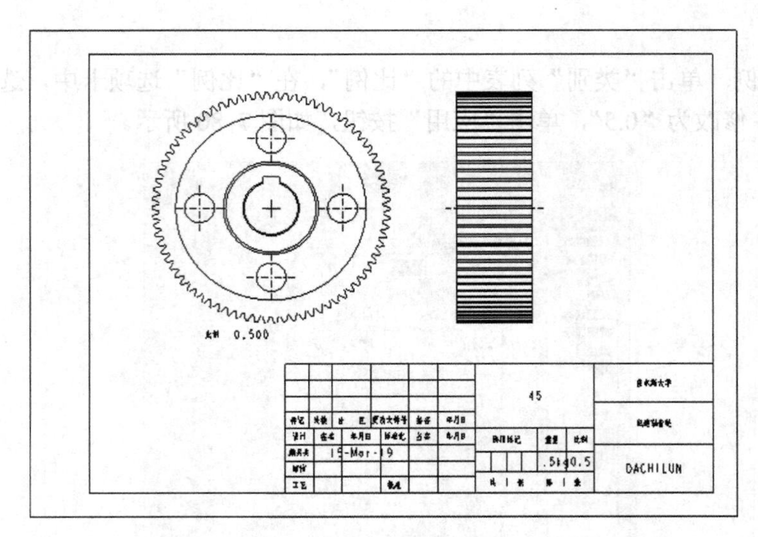

图 7-82　创建投影视图

7）创建半剖视图。双击右视图，系统弹出“绘图视图”对话框，单击“类别”列表中的“截面”，在“截面”选项卡中，选择“2D 横截面”，单击“将横截面添加到视图”按钮，选择“A 截面”，单击“应用”按钮，如图 7-83 所示。单击“确定”按钮，关闭“绘图视图”对话框。

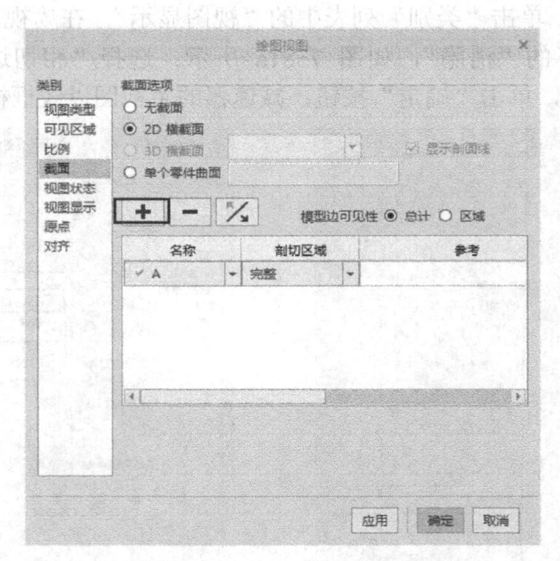

图 7-83　“绘图视图”对话框

8）添加尺寸。单击“注释”选项卡“注释”功能区中的“尺寸”按钮，标注各个尺寸，如图 7-84 所示。

9）添加齿轮参数表。单击“表”选项卡“表”功能区中的“表”列表下“插入表”选项，系统弹出“插入表”对话框，输入列数为“3”，行数为“6”，放置于图幅的右上角，第一列分别填入“模数”“齿数”“齿形角”“齿顶高系数”“精度等级”“中心距”；第二列分别填入“m”“Z”“α”“h*”“”“a”；第三列分别填入“2”“77”“20”“1”“8c”，“130”，如图 7-85 所示。

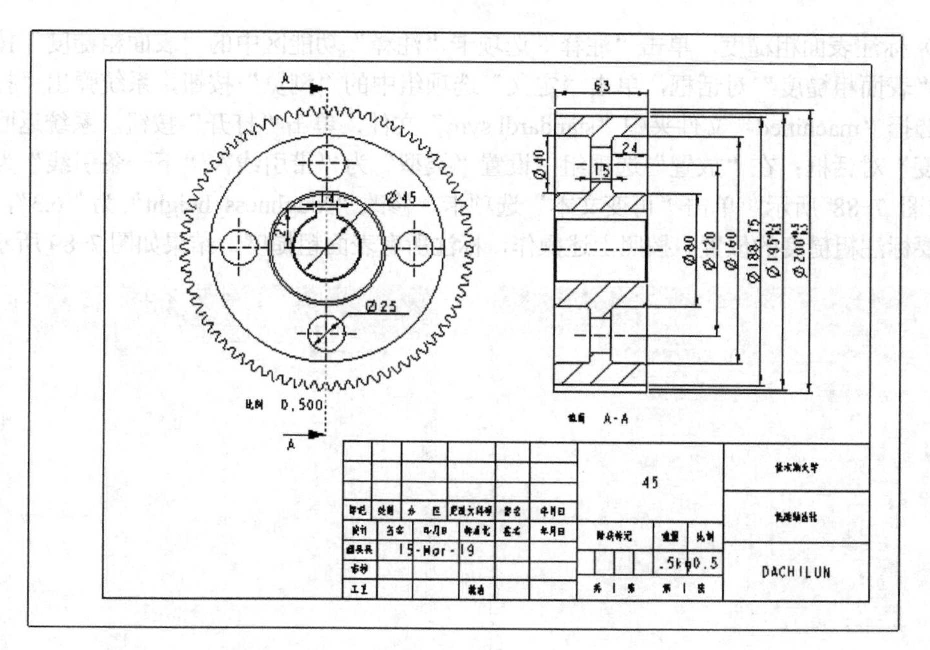

图 7-84　添加尺寸

10）创建注解。单击“注释”选项卡“注释”功能区中的“注解”按钮，系统弹出“选择点”对话框，在绘图区中的空白位置单击确定文本的放置位置，输入相应文本，如图 7-86 所示。

模数	m	2
齿数	Z	77
齿形角	a	20°
齿顶圆系数	h*	1
精度		8c
中心距	a	130

图 7-85　添加齿轮参数表

技术要求

1. 调质处理180HBS
2. 未注圆角R=5mm
3. 未注倒角2*1

图 7-86　创建注解

11）标注几何公差。单击“注释”选项卡“注释”功能区中的“几何公差”按钮，选择需标注几何公差的轴曲面，移动光标至几何公差放置位置处，并单击鼠标中键，系统弹出“几何公差”选项卡，修改几何特性为“偏差度”，公差值为“0.01”，参考基准为“A”，如图 7-87 所示。按照上述操作，标注所有几何公差。

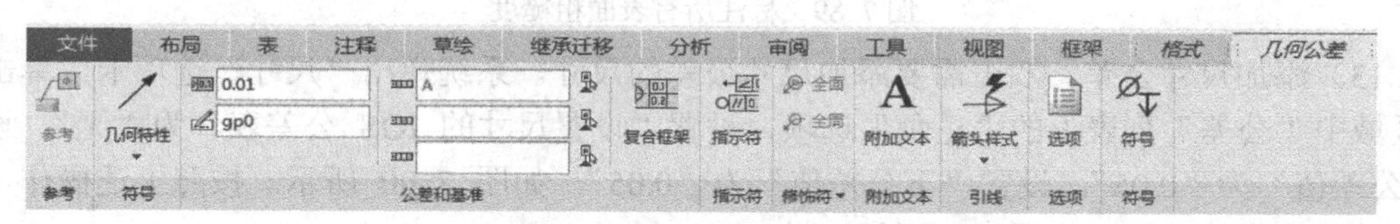

图 7-87　“几何公差”选项卡

12）标注表面粗糙度。单击“注释”选项卡“注释”功能区中的“表面粗糙度”按钮，系统弹出“表面粗糙度”对话框，单击“定义”选项组中的“浏览”按钮，系统弹出“打开”对话框，选择“machined”文件夹中“standardl.sym”文件，单击“打开”按钮，系统返回至“表面粗糙度”对话框；在“放置”选项组中设置“类型”为“带引线”，“下一条引线”为“图元上”，如图 7-88 所示；单击“可变文本”选项卡，修改“roughness_height”为“6.3”，移动光标至需要标注粗糙度的位置。按照上述操作，标注所有表面粗糙度，结果如图 7-89 所示。

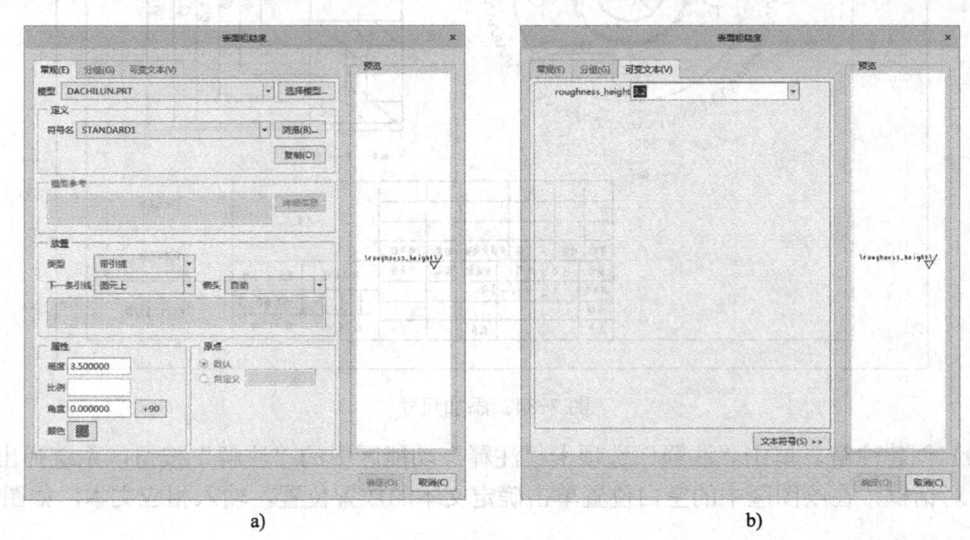

图 7-88 “表面粗糙度”对话框

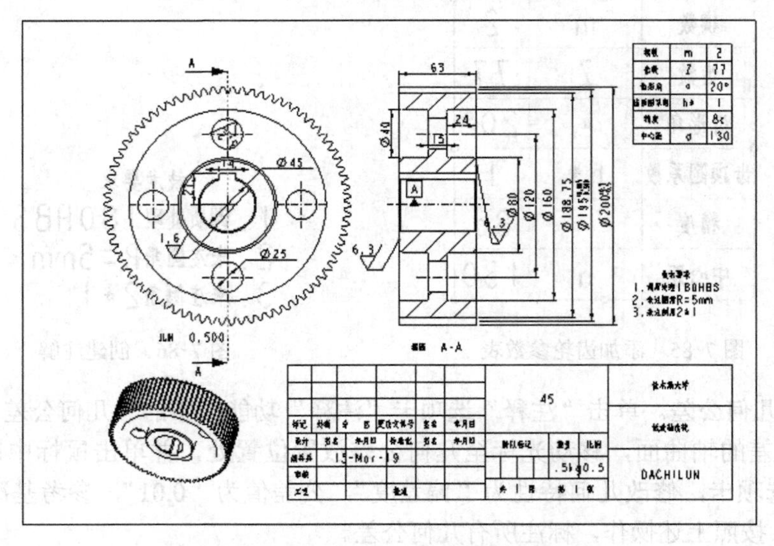

图 7-89 标注所有表面粗糙度

13）添加尺寸公差。双击需要添加尺寸公差的尺寸，系统弹出“尺寸”选项卡，单击公差区域中“公差”列表下的“正负”选项，设置“设置尺寸的 IOS 公差表”为“无”，设置“上公差值”为“0.05”，设置“下公差值”为“0.05”，如图 7-90 所示。按照上述操作，标注全部尺寸公差，结果如图 7-91 所示。

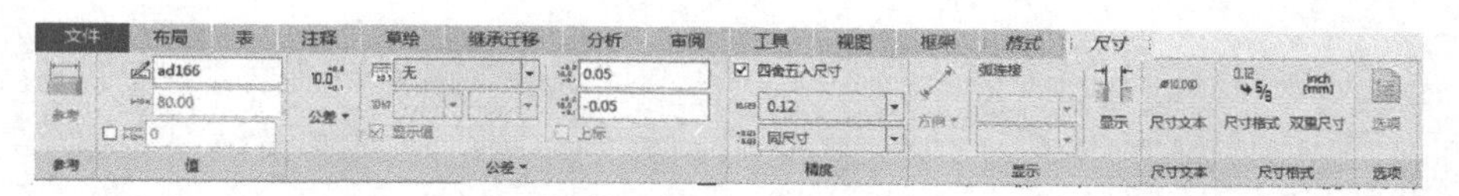

图 7-90 “尺寸”选项卡

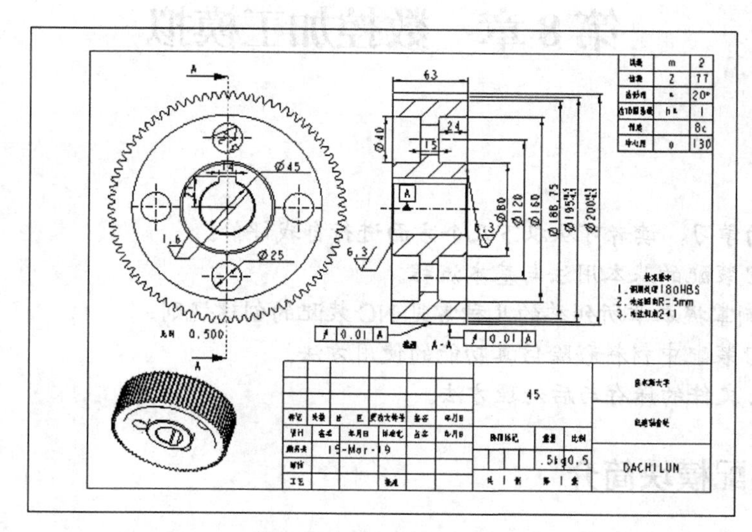

图 7-91 完成图纸设计

3．导出 CAD 图形

选择“文件”→“另存为”→“导出”选项，进入“导出设置”选项卡。选定“DWG”格式，单击“配置”功能区中的“设置”按钮，系统弹出“DWG 的导出环境”对话框，选择 DWG 版本（如“2007”），其他选项采用默认值，单击“确定”按钮，完成 DWG 导出设置。单击“完成”功能区中的“导出”按钮，系统弹出“保存副本”对话框，单击“确定”按钮，完成 AutoCAD 图形的导出。

7.4 练习

将配套资源中 Exercise\Chapter7\ex-7-6 中的全部文件复制到工作目录中，请读者参照以下练习文件的结果自行练习，如图 7-92 所示。

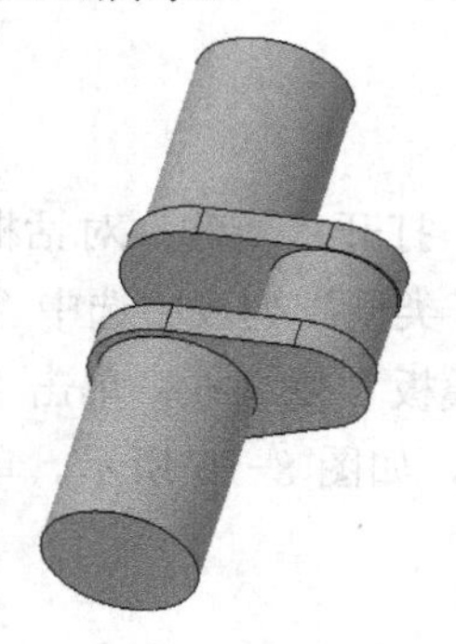

图 7-92 crank_shaft.prt

第 8 章　数控加工模拟

学习目标

通过本章的学习，读者可从以下几个方面进行自我评价。

- 理解 NC 装配的基本用法与基本流程。
- 通过实例掌握本章所列举的几种常见 NC 装配的创建规则。
- 掌握 NC 装配中材料移除仿真功能的使用方法。
- 掌握 CL 文件的保存与后处理方法。

8.1　NC 装配模块简介

8.1.1　NC 装配模块功能说明

利用金属切削刀具切除工件上多余（或预留的）金属，从而使工件的形状、尺寸精度及表面质量都符合预定要求，称之为金属切削加工。常见的金属切削加工方法有车削加工、铣削加工、钻削加工和数控加工等。

数控加工（Numerical Control Machining）是在数控机床上进行零件加工的一种常见的工艺方法，可解决零件品种多变、批量小、形状复杂和精度高等问题，是实现高效化与自动化加工的有效途径。传统机床进行数控加工前，需人工编制数控加工程序。Creo 5.0 NC 装配模块可以根据零件的三维模型，通过设置工件、加工中心和操作等自动生成相应的刀具路径，再通过后处理器将刀具路径转换成数控机床可识别的数控程序，从而降低操作人员的工作负担，提高设计与生产效率。

8.1.2　NC 装配模块基础

1．进入 NC 装配模块

选择“文件”→“新建”命令，打开“新建”对话框，如图 8-1a 所示，在“类型”列表中选中“制造”单选按钮，在“子类型”列表中选中“NC 装配”，在“文件名”文本框中输入文件名，取消选中“使用默认模板”复选框，单击“确定”按钮；在弹出的“新文件选项”对话框中选择“mmns_mfg_nc”，如图 8-1b 所示。单击“确定”按钮，进入 NC 装配模块，如图 8-2 所示。

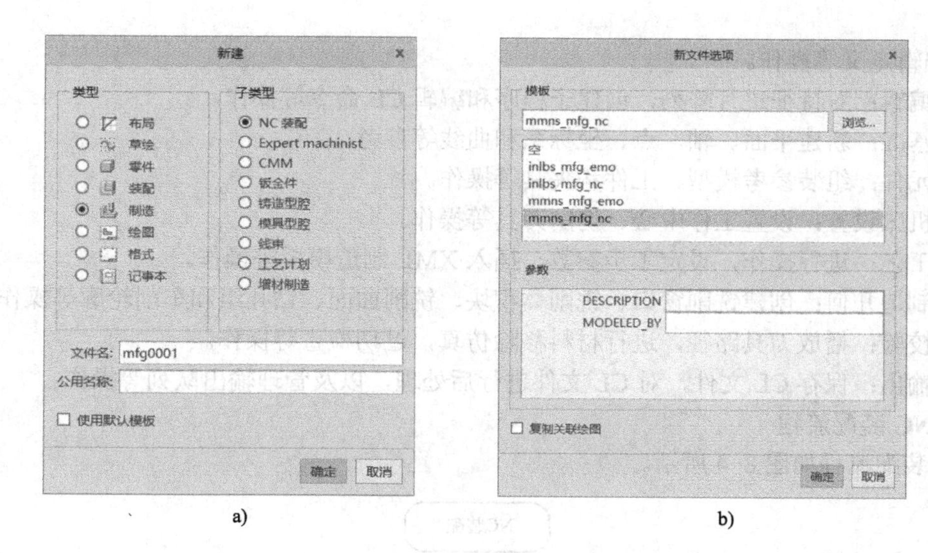

a) b)

图 8-1 创建新文件

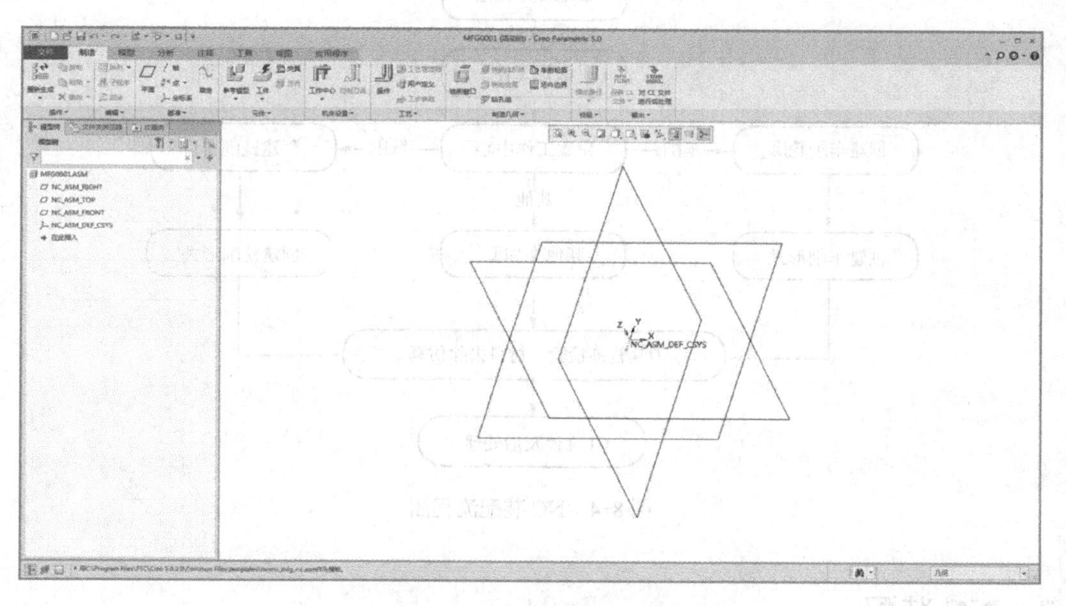

图 8-2 NC 装配模块初始界面

2. 功能选项卡简介

NC 装配模块选项卡包括 9 个功能区，如图 8-3 所示，具体功能如下。

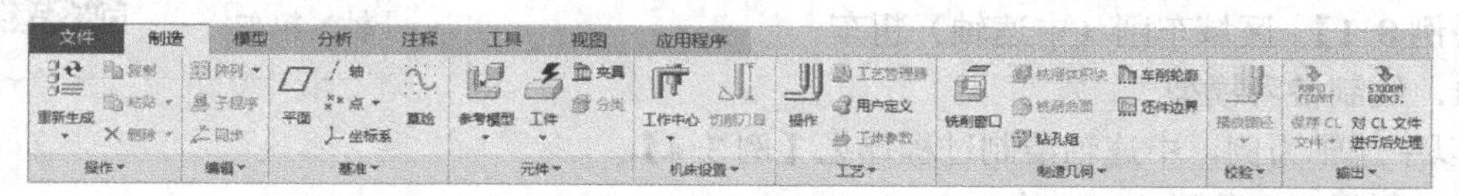

图 8-3 NC 装配模块选项卡

1）操作：对被修改的特征进行重新生成，对模型树中的特征进行复制、粘贴、删除、隐含和编辑定义等操作。

2）编辑：对特征进行阵列，创建子程序和编辑 CL 命令等操作。

3）基准：新建平面、轴、点、坐标系和曲线等参考。

4）元件：组装参考模型、工件和夹具等操作。

5）机床设置：设置工作中心、切削刀具等操作。

6）工艺：进行操作，设定工步参数，插入 XML 制造模板等操作。

7）制造几何：创建铣削窗口、铣削体积块、铣削曲面、钻孔组和车削轮廓等操作。

8）校验：播放刀具路径，进行材料移除仿真，过切检查等操作。

9）输出：保存 CL 文件，对 CL 文件进行后处理，以及管理输出队列等操作。

3．NC 装配流程

NC 装配流程如图 8-4 所示。

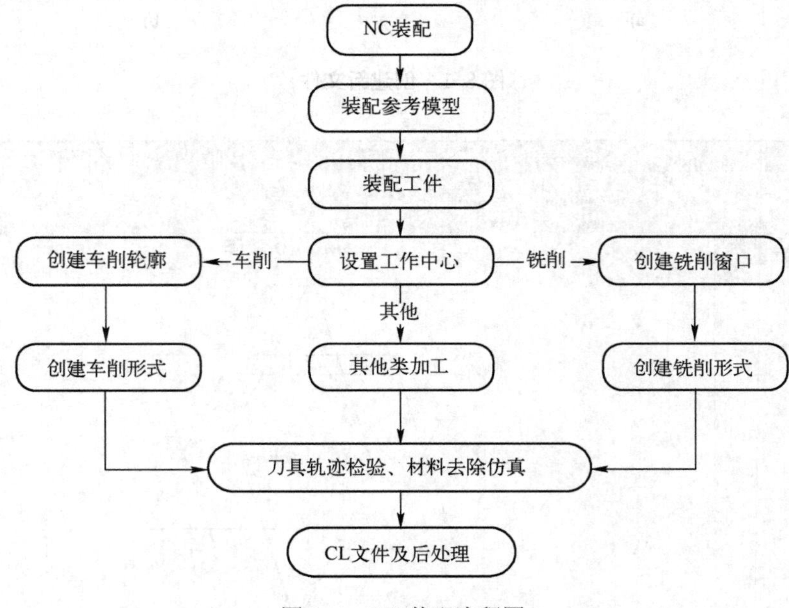

图 8-4　NC 装配流程图

8.2　NC 装配

8.2.1　车削加工

操作视频：例 8-1 区域车削（中速轴）粗车

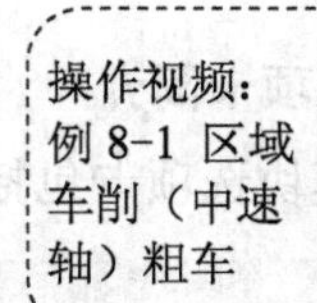

【例 8-1】 区域车削（中速轴）粗车

1．绘制参考模型

以中速轴为例，中速轴绘制过程详见【例 3-4】。

2．创建 NC 装配

1）设置工作目录。设置 D:\Mywork\Creo\Chapter8\ex-8-1 为工作目录。将配套资源 Exercise\Chapter8\ex-8-1 中的全部文件复制到该工作目录。

2）创建新文件。单击“新建”按钮，系统弹出“新建”对话框，在“类型”列表中选中“制造”单选按钮，系统默认选中“子类型”列表中的“NC 装配”，在“文件名”文本框中输入“ex-8-1”，取消选中“使用默认模板”复选框，并单击“确定”按钮。系统弹出“新文件选项”对话框，在“模板”列表中选定“mmns_mfg_nc”，并单击“确定”按钮，进入 NC 装配的创建环境。

3）装配参考模型。单击“制造”选项卡“元件”功能区中的“参考模型”按钮，系统弹出“打开”对话框，选择参考模型“zhongsuzhou.prt”文件，单击“打开”按钮，导入参考模型。同时打开“元件放置”选项卡，单击“放置”按钮，打开“放置”选项卡，在“约束类型”下拉列表中选择“默认”约束条件，如图 8-5a 所示，单击“应用并保存”按钮，完成参考模型的装配，如图 8-5b 所示。

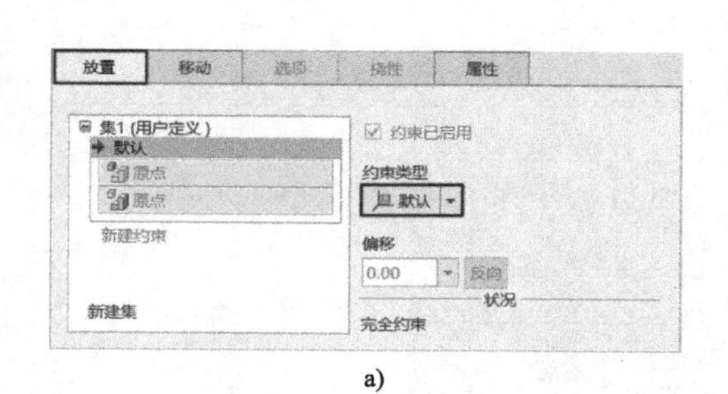

a)

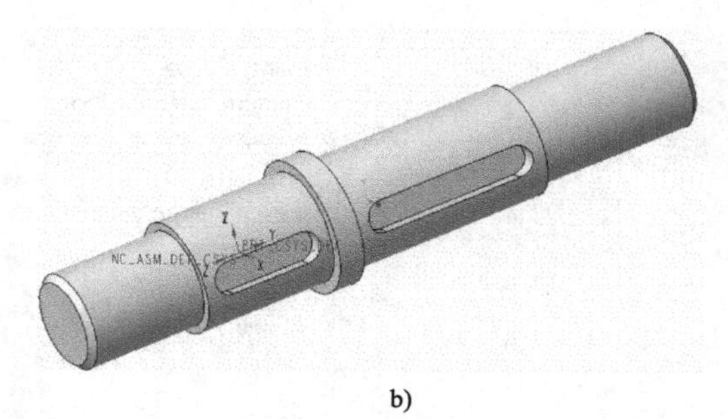
b)

图 8-5　装配参考模型

4）创建工件。单击“制造”选项卡“元件”功能区中的“工件”按钮，创建工件。在弹出的“创建自动工件”选项卡中，单击“创建圆形工件”按钮，再单击“选项”按钮，打开“选项”选项卡，如图 8-6a 所示，在“直径”文本框内输入“3”以增加工件直径，在“长度（+）”文本框内输入“2”以增加工件前端长度，在“长度（-）”文本框内输入“2”以增加工件后端长度。单击“应用并保存”按钮，完成工件的创建，如图 8-6b 所示。

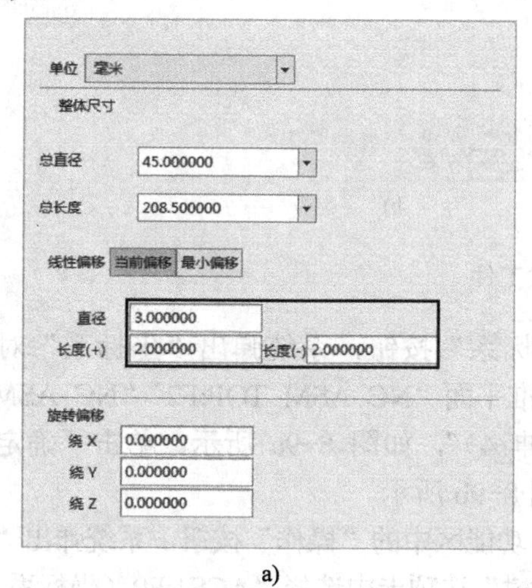

a)

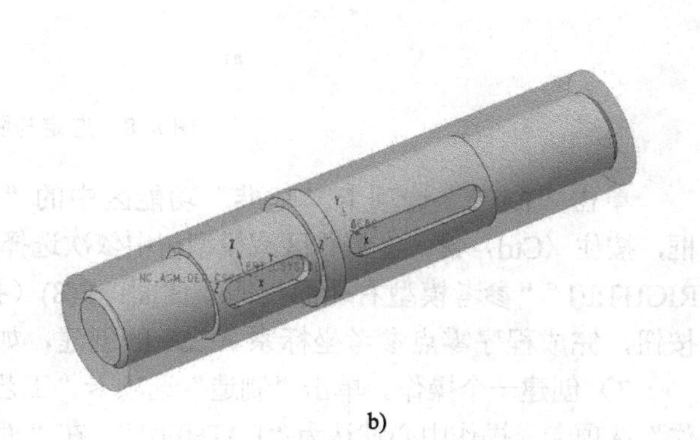
b)

图 8-6　创建工件

5）设定工作中心。从“制造”选项卡“机床设置”功能区中的“工作中心”下拉列表中选择“车床”，系统弹出“车床工作中心”对话框，如图 8-7 所示，在此不做任何修改，单击“确定”按钮，完成车床工作中心的创建。

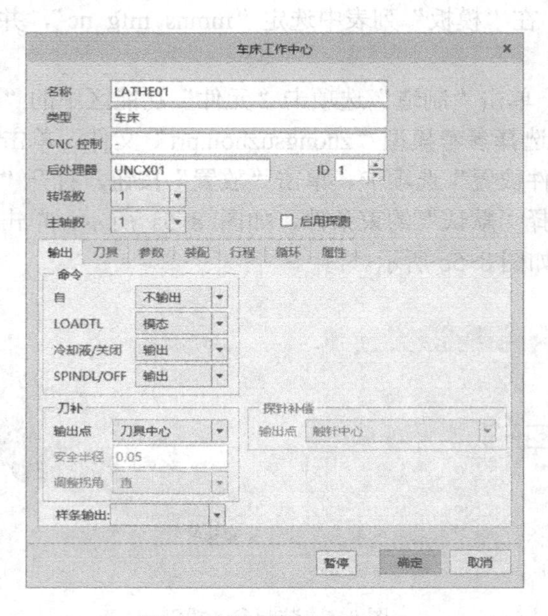

图 8-7　创建车床工作中心

6）创建程序零点参考坐标系。在“模型树”选项卡中选中工件“ZHONGSUZHOU_WRK_01.PRT”，如图 8-8a 所示，在弹出的工具栏（见图 8-8b）中，单击“隐藏”按钮，以隐藏所选定的工件。

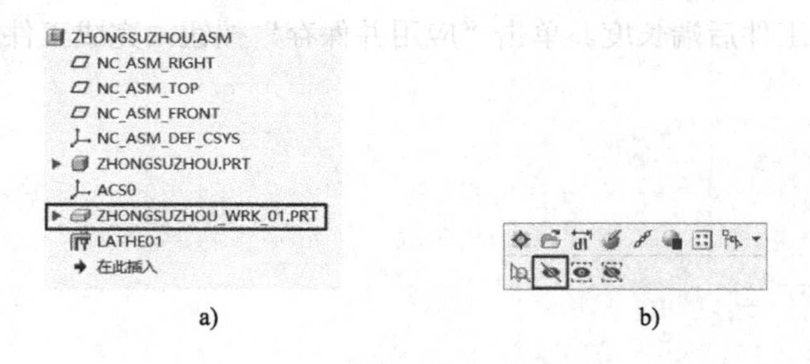

图 8-8　选定与隐藏工件

单击“制造”选项卡“基准”功能区中的“坐标系”按钮，系统弹出“坐标系”对话框，按住〈Ctrl〉键，在操作区或模型树中依次选择基准平面“NC_ASM_TOP:F2”“NC_ASM_RIGHT:F1”“参考模型右端面”即“曲面：F(8)（拉伸_4）”，如图 8-9a 所示，单击“确定”按钮，完成程序零点参考坐标系 ACS1 的创建，如图 8-9b 所示。

7）创建一个操作。单击“制造”选项卡“工艺”功能区中的“操作”按钮，系统弹出“操作”选项卡，操作中心默认为“LATHE01”，在“模型树”选项卡中选择“ACS1:F9（坐标系）”作为程序零点参考坐标系，单击“应用并保存”按钮，如图 8-10 所示，完成操作的创建。

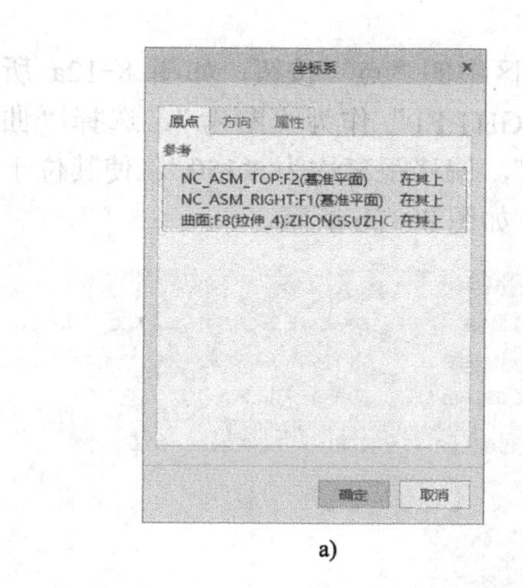

a)

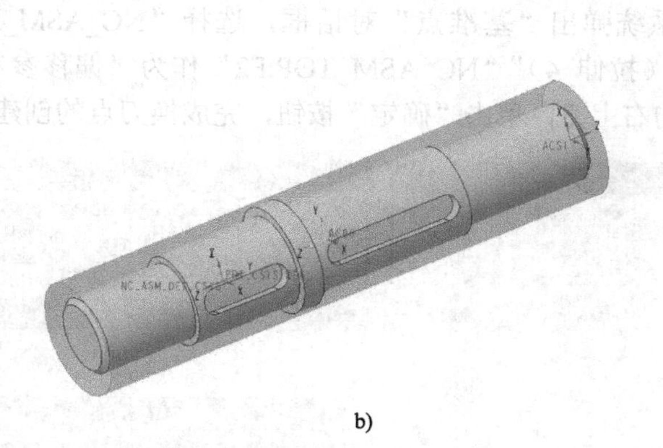

b)

图 8-9 创建程序零点参考坐标系

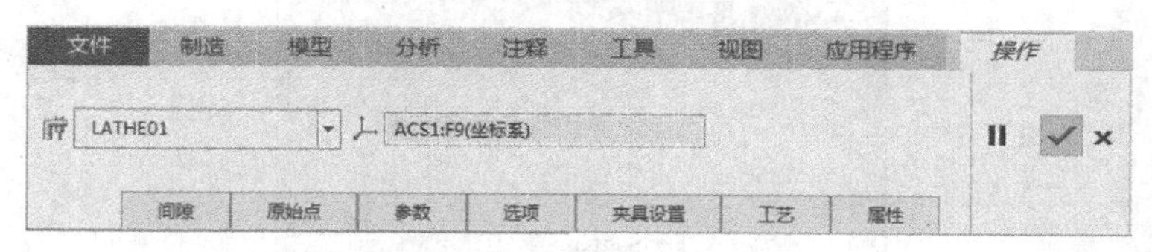

图 8-10 创建操作

8）创建车削轮廓。单击“车削”选项卡“制造几何”功能区中的“车削轮廓”按钮，系统弹出“车削轮廓”选项卡，如图 8-11a 所示，单击“使用曲面定义车削轮廓”按钮，再单击“放置”按钮，打开“放置”选项卡，选择“ACS1:F9（坐标系）”作为“放置坐标系”，选择拉伸 2 与倒角 1 作为“曲面”，如图 8-11b 所示，单击“应用并保存”按钮，完成车削轮廓的创建。

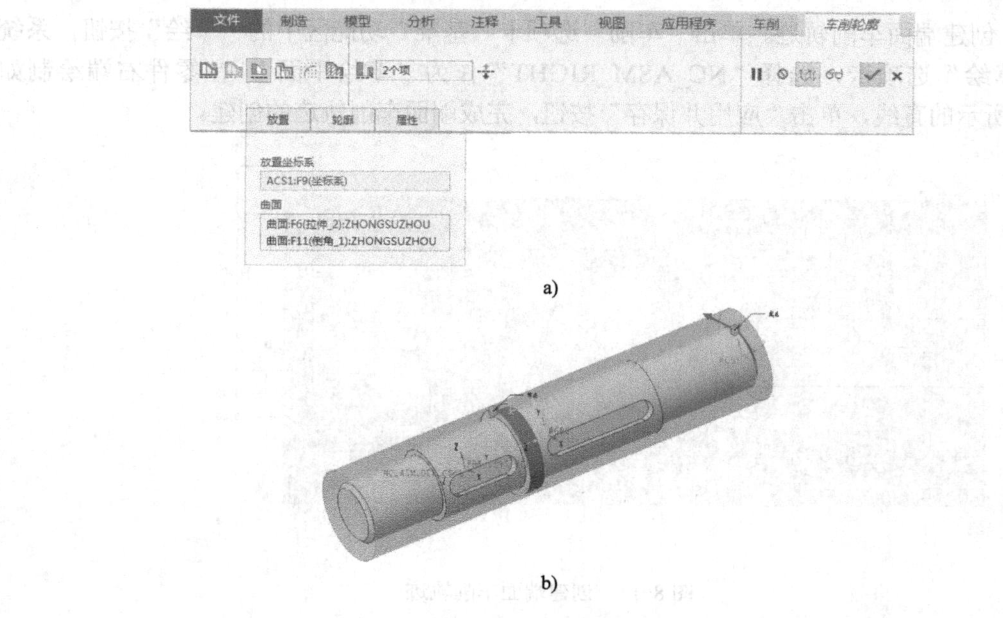

a)

b)

图 8-11 创建车削轮廓

9）创建换刀点。单击“车削”选项卡“基准”功能区中的“点”按钮，如图 8-12a 所示，系统弹出“基准点”对话框，选择“NC_ASM_RIGHT:F1”作为“参考”，选择“曲面:F8（拉伸_4）”“NC_ASM_TOP:F2”作为“偏移参考”，偏移距离均为“150”，使其位于工件的右上方，单击“确定”按钮，完成换刀点的创建，如图 8-12b 所示。

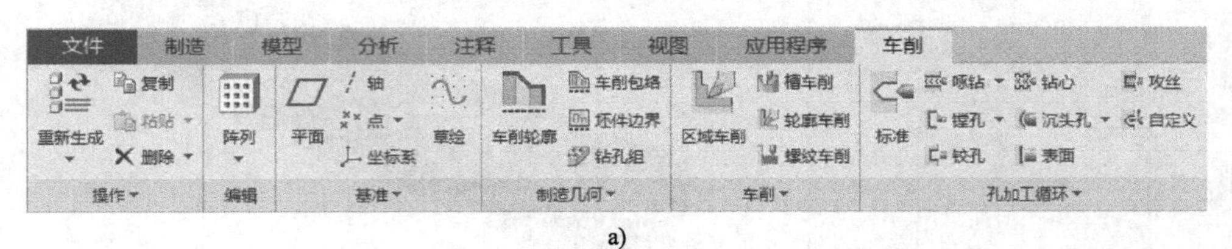

a)

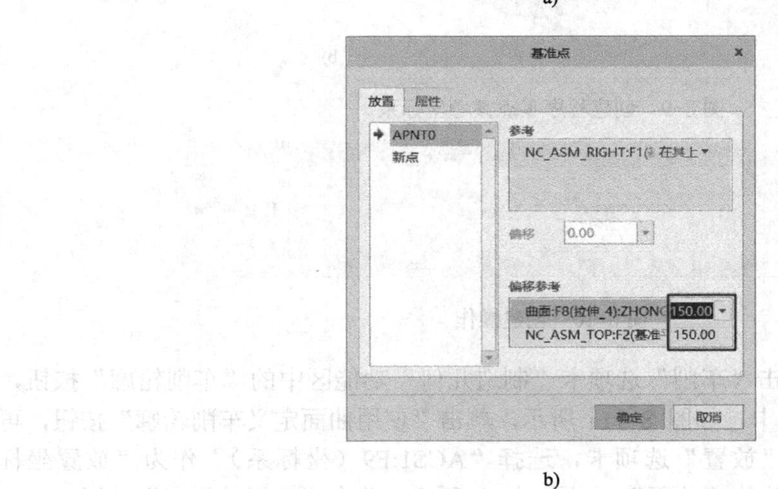

b)

图 8-12　创建换刀点

10）创建端面车削轨迹。单击“车削”选项卡“基准”功能区中的“草绘”按钮，系统弹出“草绘”选项卡，选择“NC_ASM_RIGHT”作为“草绘平面”，在零件右端绘制如图 8-13 所示的直线，单击“应用并保存”按钮，完成端面车削轨迹的创建。

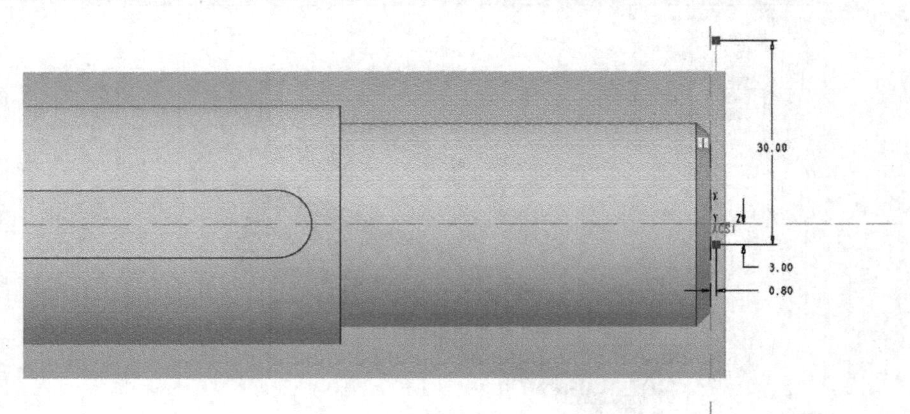

图 8-13　创建端面车削轨迹

11）创建区域车削。单击“车削”选项卡“车削”功能区中的“区域车削”按钮，系统弹出“区域车削”选项卡，如图 8-14a 所示，从刀具管理器中选择“编辑刀具”，系统弹出“刀具设定”对话框，如图 8-14b 所示，修改车削刀具尖半径为“0.8”，单击“应用”按钮应用更改，再单击“确定”按钮，完成刀具的设定。

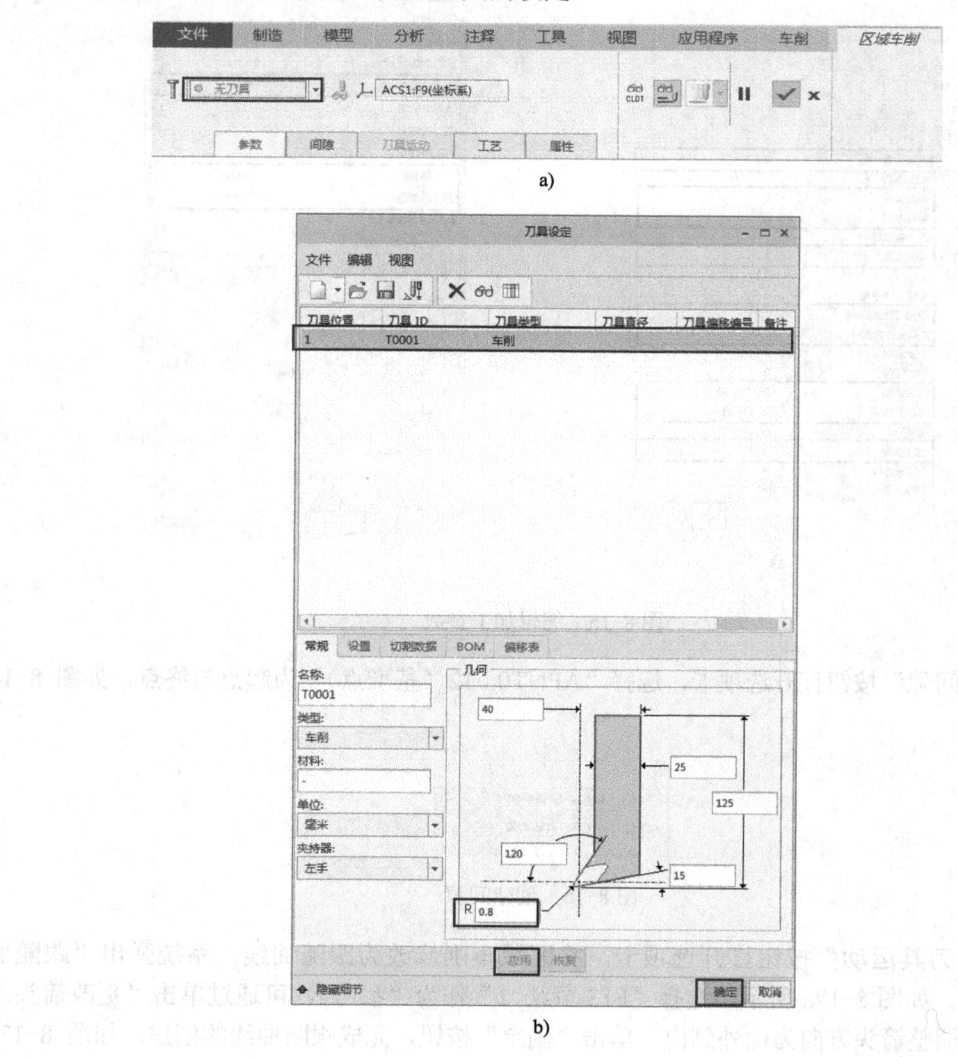

a)

b)

图 8-14　创建和编辑刀具

单击“参数”按钮打开选项卡，设置“切削进给”为“0.2”、“自由进给”为“5”、“退刀进给”为“5”、“步长深度”为“1.25”、“粗加工允许余量”为“0.25”、“Z 向允许余量”为“0.25”、“扫描类型”为“类型 1 连接”、“粗加工选项”为“仅限粗加工”、“主轴速度”为“500”，如图 8-15a 所示。

单击“参数”选项卡底部的“编辑加工参数”按钮，系统弹出“编辑序列参数‘区域车削 1’”对话框，单击“全部”按钮，修改退刀速度单位、切入量单位、进给单位均为“MMPR”，单击“确定”按钮，完成加工参数的修改，如图 8-15b 所示。

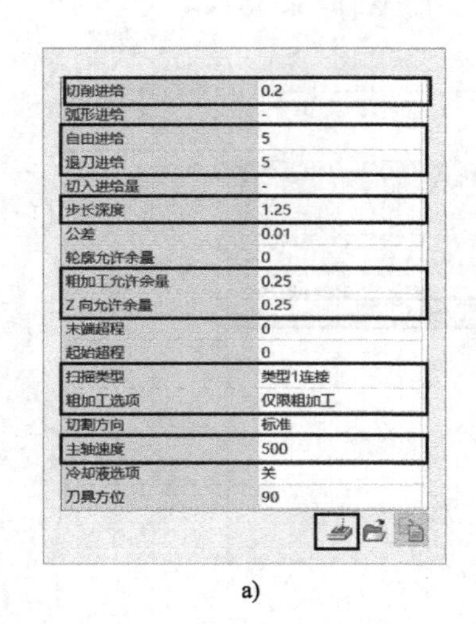

a)

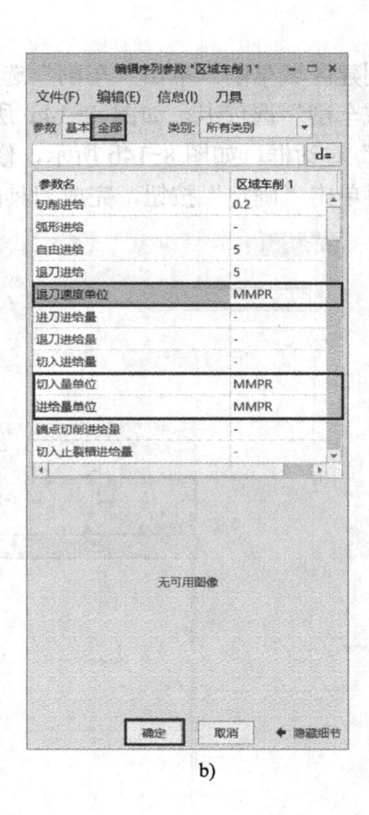

b)

图 8-15　编辑加工参数

单击“间隙”按钮打开选项卡，选择“APNT0:F12（基准点）”为起点与终点，如图 8-16 所示。

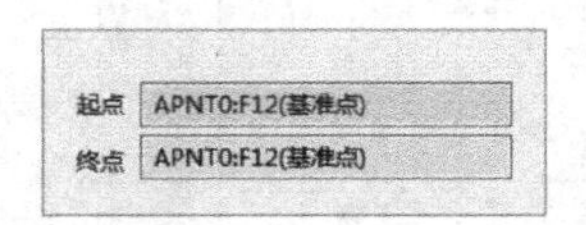

图 8-16　创建间隙

单击“刀具运动”按钮打开选项卡，将区域车削修改为跟随曲线，系统弹出“跟随曲线”对话框，如图 8-17a 所示，选择“F13 草绘_1”作为“参考”，可通过单击“更改箭头的方向”按钮调整箭头方向为由外到内，单击“确定”按钮，完成跟随曲线的创建，如图 8-17b 所示。

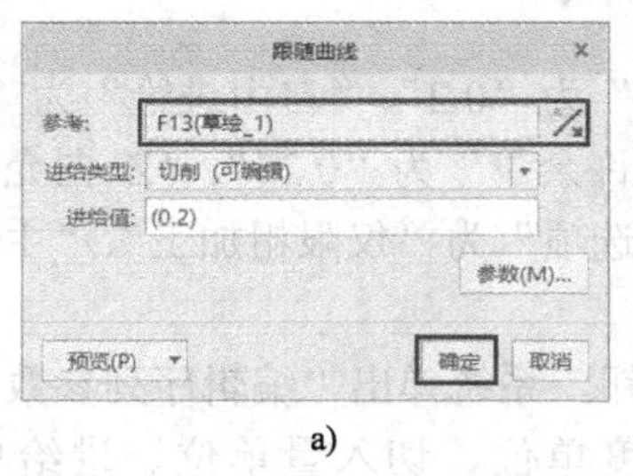

a)

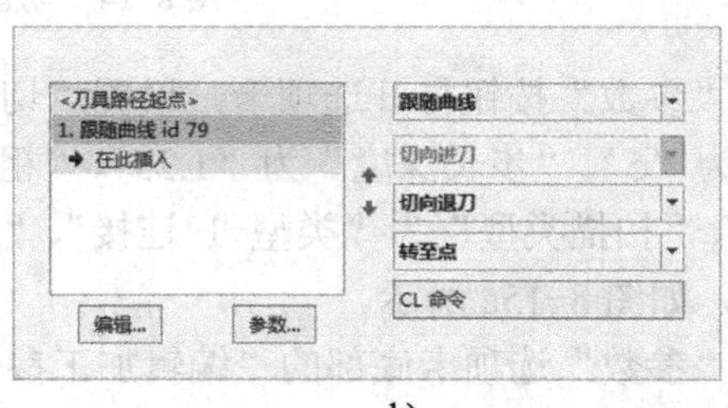

b)

图 8-17　创建跟随曲线

在“刀具运动”选项卡“刀具路径起点”列表中单击“在此插入”，将“跟随曲线”修改“为区域车削”，系统弹出“区域车削”对话框，如图 8-18a 所示，选择“F11（车削轮廓_1）”作为“车削轮廓”，选择“开始延伸”与“结束延伸”为“X 正向”，在“起点”文本框中输入“-3”，在“终点”文本框中输入“-5”，单击“确定”按钮，完成区域车削的创建，如图 8-18b 所示。单击“区域车削”选项卡中的“应用并保存”按钮，完成区域车削创建。

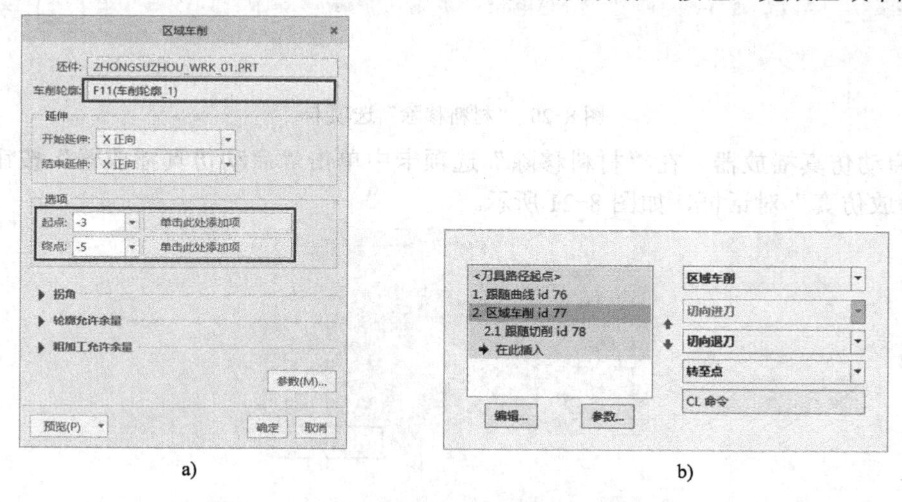

图 8-18　创建区域车削

3．加工仿真

1）刀具路径校验。选中“模型树”选项卡中的“区域车削 1”特征，单击“制造”选项卡“校验”功能区中的“播放路径”按钮，系统弹出“播放路径”对话框，如图 8-19 所示，单击“播放”按钮，检查刀具路径。检查无误后，单击“关闭”按钮。

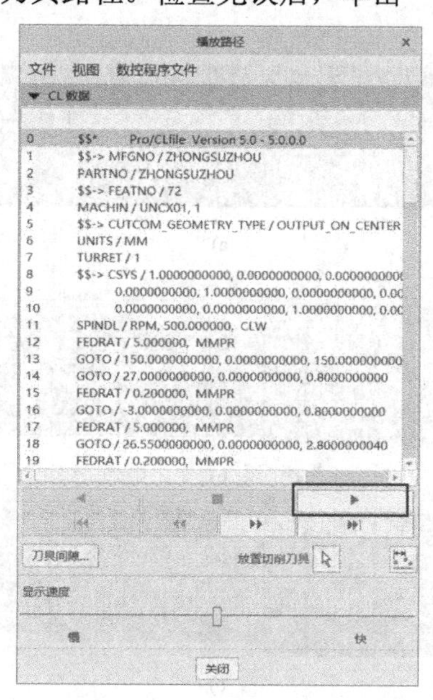

图 8-19 “播放路径”对话框

2）打开“材料移除”选项卡。选中“模型树”选项卡中的“区域车削 1”特征，单击“制造”选项卡“校验”功能区中的“材料移除仿真”按钮，系统弹出“材料移除”选项卡，如图 8-20 所示。

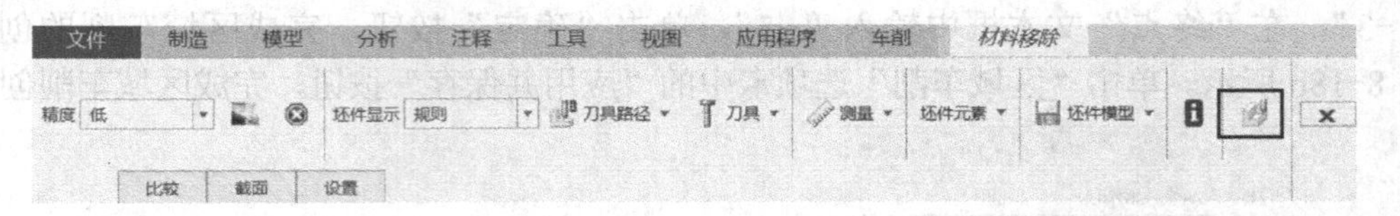

图 8-20 “材料移除”选项卡

3）启动仿真播放器。在“材料移除”选项卡中单击“启动仿真播放器”按钮，系统弹出“播放仿真”对话框，如图 8-21 所示。

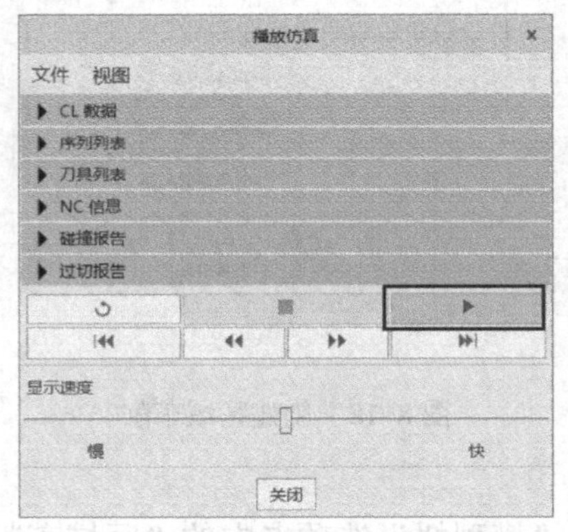

图 8-21 “播放仿真”对话框

4）播放材料移除仿真。单击“播放仿真”对话框中“播放仿真”按钮，启动材料移除仿真，如图 8-22 所示。

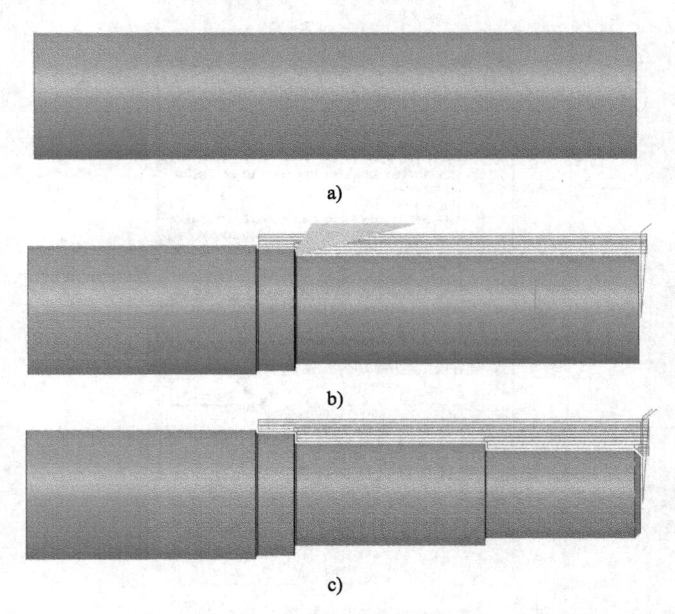

图 8-22 材料移除仿真过程

5）关闭播放仿真界面。单击“播放仿真”对话框的“关闭”按钮，停止材料移除仿真过程。

6）关闭材料移除仿真。单击“材料移除”选项卡中的“取消”按钮，退出“材料移除”选项卡。

4．文件保存

1）保存装配文件。选择“文件”→“保存”命令，系统弹出“保存对象”对话框，自动定位到工作目录，单击“确定”按钮保存当前文件至工作目录。

2）保存 CL 文件。单击“制造”选项卡“输出”功能区中的“保存 CL 文件”按钮，系统弹出“菜单管理器”，单击“模型树”选项卡中的“区域车削 1”特征，单击“菜单管理器”中的“完成输出”选项，完成 CL 文件的保存。

操作视频：例 8-2 轮廓车削（中速轴）精车

【例 8-2】 轮廓车削（中速轴）精车

1．创建 NC 装配

1）设置工作目录。设置 D:\Mywork\Creo\Chapter8\ex-8-2 为工作目录，将配套资源 Exercise\Chapter8\ex-8-2 中的全部文件复制到该工作目录。

2）创建新文件。单击“新建”按钮，系统弹出“新建”对话框，在“类型”列表中选中“制造”单选按钮，系统默认选定“子类型”列表中的“NC 装配”，在“文件名”文本框中输入“ex-8-2”，取消选中“使用默认模板”复选框，并单击“确定”按钮。系统弹出“新文件选项”对话框，在“模板”列表中选定“mmns_mfg_nc”，并单击“确定”按钮，进入 NC 装配的创建环境。

3）装配参考模型。单击“制造”选项卡“元件”功能区中的“参考模型”按钮，系统弹出“打开”对话框，选择参考模型“zhongsuzhou.prt”文件，单击“打开”按钮，导入参考模型。同时打开“放置元件”选项卡，单击“放置”按钮打开“放置”选项卡，在“约束类型”下拉列表中选择“默认”约束条件，如图 8-23a 所示，单击“应用并保存”按钮，完成参考模型的装配，如图 8-23b 所示。

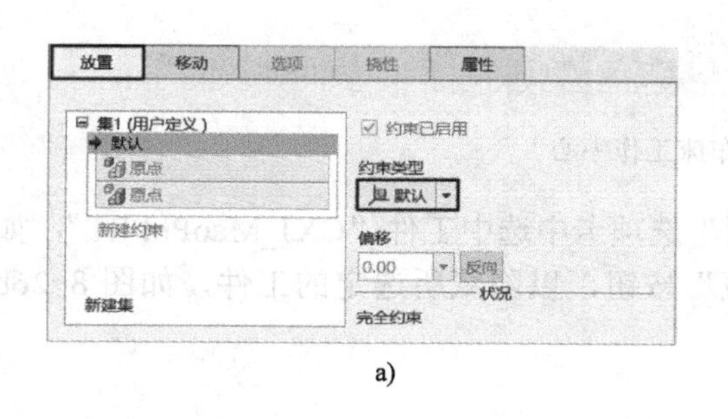

a)

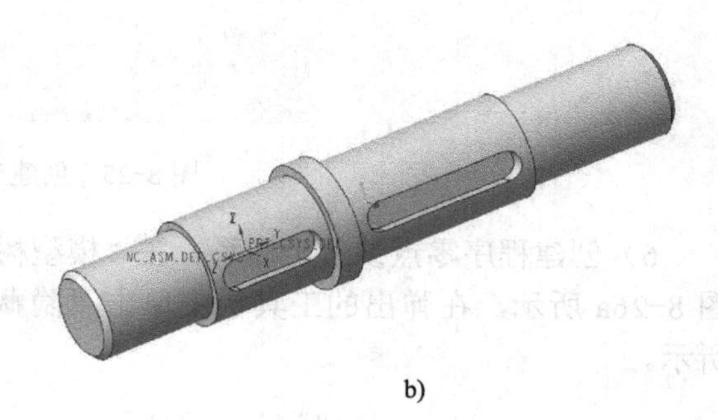

b)

图 8-23　装配参考模型

4）装配工件。单击“制造”选项卡“元件”功能区中“工件”下拉列表中的“组装工件”选项，在弹出的“打开”对话框中选择“CXJ_maopi.prt”文件，单击“打开”按钮导入工件。同时打开“放置元件”选项卡，单击“放置”按钮打开“放置”选项卡，在“约束类型”下拉列表中选择“默认”约束条件，如图 8-24a 所示，单击“应用并保存”按钮，完成工件的装配，如图 8-24b 所示。

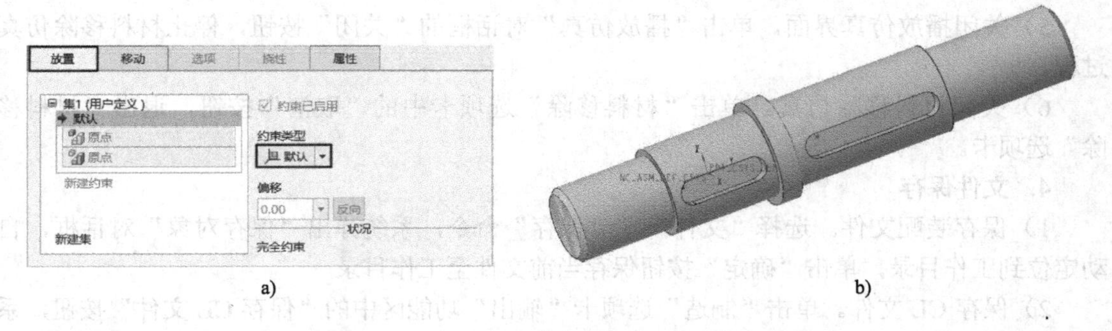

图 8-24　装配工件

5）创建车床工作中心。从“制造”选项卡“机床设置”功能区中的“工作中心”下拉列表中选择“车床”，系统弹出“车床工作中心”对话框，如图 8-25 所示，在此不做任何修改，单击“确定”按钮，完成车床工作中心的创建。

图 8-25　创建车床工作中心

6）创建程序零点参考坐标系。在“模型树”选项卡中选中工件“CXJ_MaoPi.PRT”，如图 8-26a 所示，在弹出的工具栏中单击“隐藏”按钮，以隐藏所选定的工件，如图 8-26b 所示。

图 8-26　选定与隐藏工件

单击“制造”选项卡“基准”功能区中的“坐标系”按钮，系统弹出“坐标系”对话框。按住〈Ctrl〉键，在操作区或“模型树”选项卡中依次选择基准平面“NC_ASM_TOP:F2（基准平面）”“NC_ASM_RIGHT:F1（基准平面）”“曲面：F8（拉伸_4）”，如图 8-27a 所示，单击“确定”按钮，完成程序零点参考坐标系“ACS0”的创建，如图 8-27b 所示。

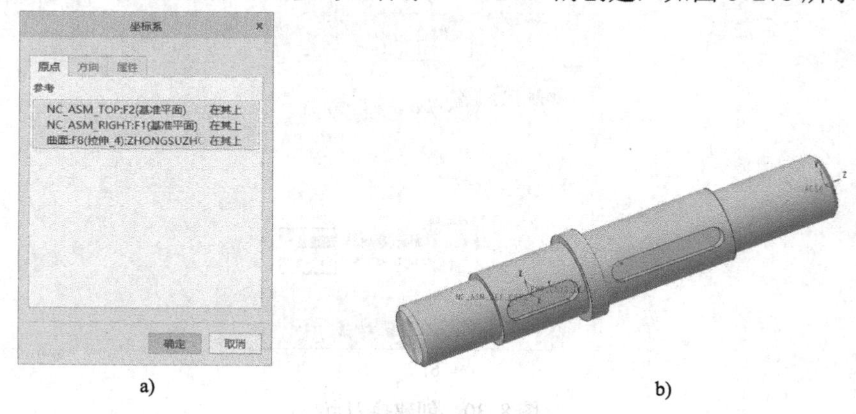

a)　　　　　　　　　　　　　　b)

图 8-27　创建程序零点参考坐标系

7）创建一个操作。单击“制造”选项卡“工艺”功能区中的“操作”按钮，系统弹出“操作”选项卡，操作中心默认为“LATHE01”，在“模型树”选项卡中选择“ACS0”作为程序零点参考坐标系，单击“应用并保存”按钮，完成操作的创建，如图 8-28 所示。

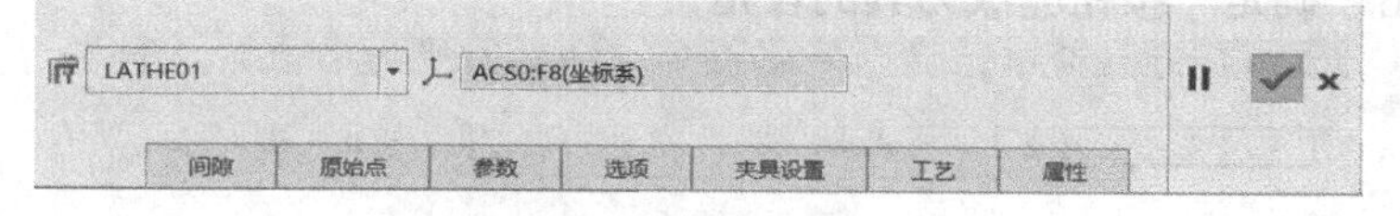

图 8-28　创建操作

8）创建车削轮廓。单击“车削”选项卡“制造几何”功能区中的“车削轮廓”按钮，系统弹出“车削轮廓”选项卡，如图 8-29a 所示，按下“使用曲面定义车削轮廓”按钮，单击“放置”展开“放置”选项卡，选择“ACS0”作为“放置坐标系”，选择拉伸 2 与倒角 1 作为“曲面”，如图 8-29b 所示，单击“应用并保存”按钮，完成车削轮廓的创建。

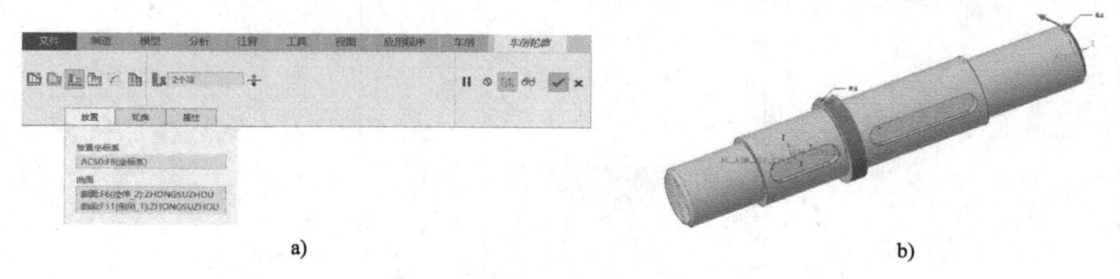

a)　　　　　　　　　　　　　　b)

图 8-29　创建车削轮廓

9）创建换刀点。单击“车削”选项卡“基准”功能区中的“点”按钮，如图 8-30a 所示，系统弹出“基准点”对话框，在操作区或“模型树”选项卡中选择“NC_ASM_RIGHT:F1”作为“参考”，选择“曲面：F8（拉伸_4）”“NC_ASM_TOP：F2（基准平面）”作为“偏移参考”，偏移距离均为“150”，如图 8-30b 所示，使其位于工件的右上方，单击“确定”按钮，完成换刀点的创建。

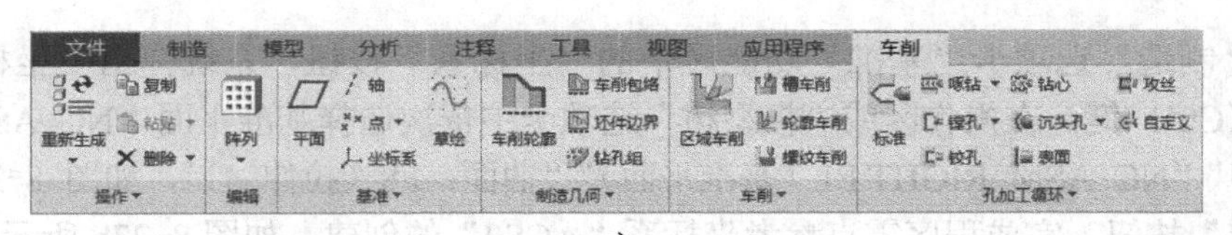

a)

b)

图 8-30　创建换刀点

10）创建轮廓车削。单击“车削”选项卡“车削”功能区中的“轮廓车削”按钮，系统弹出“轮廓车削”选项卡，如图 8-31a 所示，从刀具管理器中选择“编辑刀具”，系统弹出“刀具设定”对话框，如图 8-31b 所示，修改车削刀具尖半径为“0.4”，单击“应用”按钮应用更改，再单击“确定”按钮完成刀具的设定。

a)

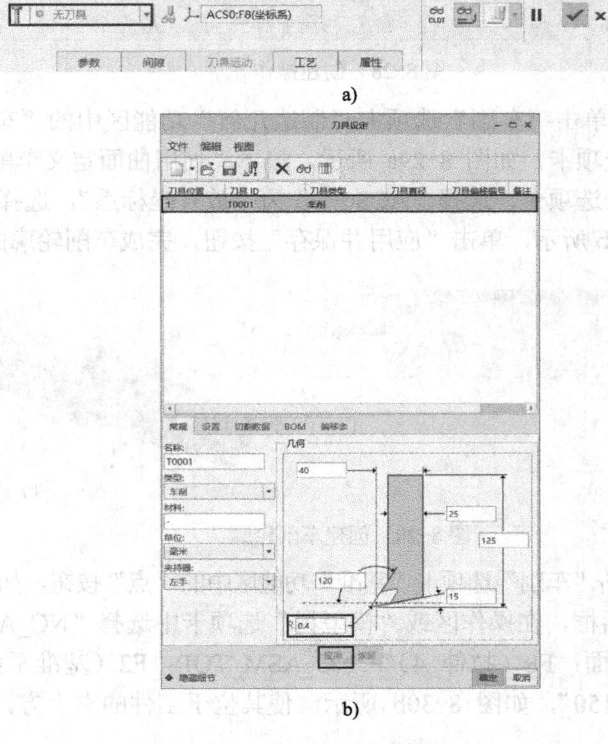

b)

图 8-31　创建和编辑刀具

单击“轮廓车削”选项卡中的“参数”按钮展开“参数”选项卡，设置“切削进给”为“0.1”、“自由进给”为“5“、“退刀进给”为“5”、“主轴速度”为“800”，如图 8-32a 所示。单击“参数”选项卡底部的“编辑加工参数”按钮，系统弹出“编辑序列参数‘轮廓车削 1’”对话框，单击“全部”按钮，修改退刀速度单位、切入量单位、进给单位均为“MMPR”，单击“确定”按钮，完成加工参数的修改，如图 8-32b 所示。

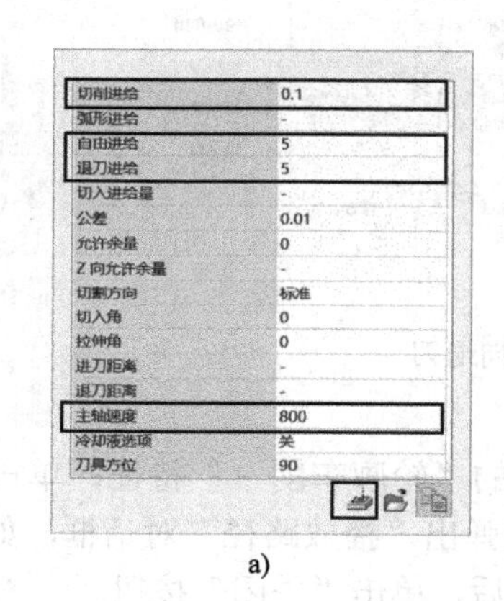

a)

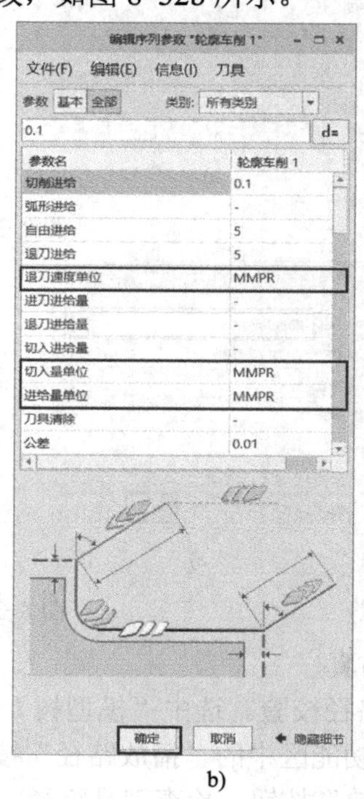

b)

图 8-32 编辑加工参数

单击“间隙”按钮展开“间隙”选项卡，选择“APNT0:F12（基准点）”为起点与终点，如图 8-33 所示。

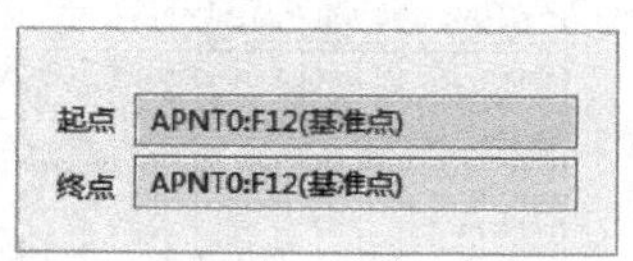

图 8-33 创建间隙

单击“刀具运动”按钮展开“刀具运动”选项卡，单击“轮廓车削”按钮，系统弹出“轮廓车削”对话框，选择“F10（车削轮廓_1）”作为“车削轮廓”，在“起点”中输入“-3”，在“终点”中输入“-5”，如图 8-34a 所示单击“确定”按钮，关闭“轮廓车削”对话框完成轮廓车削插入，返回“刀具运动”选项卡，如图 8-34b 所示。

单击“切向退刀”按钮，在下拉列表中选择“法向退刀”，系统弹出“法向退刀”对话框，单击“箭头”调整退刀方向为远离工件，在“进给值”文本框中输入“1”，在“退刀距离”文本框中输入“5”，如图 8-35a 所示单击“确定”按钮，关闭“法向退刀”对话框，完成法向退刀的插入，返回“刀具运动”选项卡，如图 8-35b 所示。单击“应用并保存”按钮，完成轮廓车削的创建。

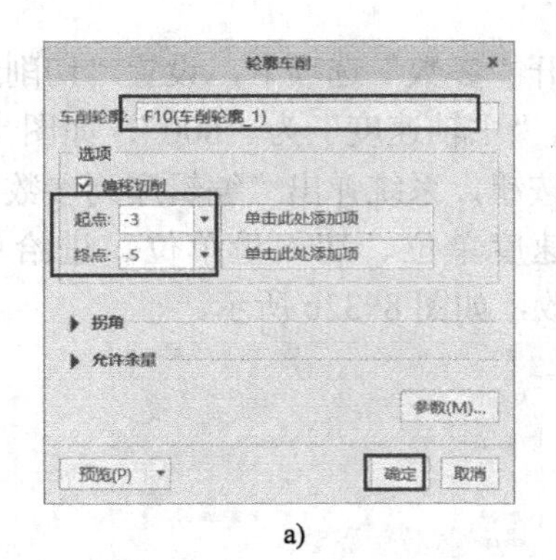

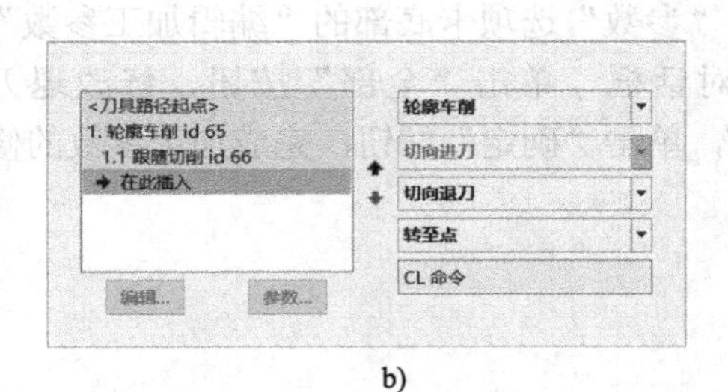

a)　　　　　　　　　　　　b)

图 8-34　创建轮廓车削

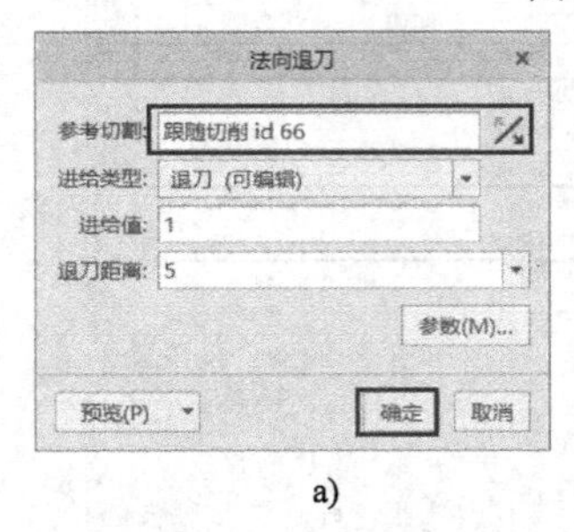

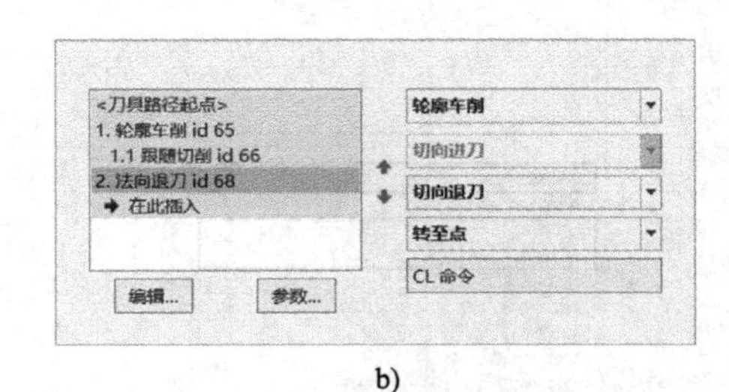

a)　　　　　　　　　　　　b)

图 8-35　创建法向退刀

2. 加工仿真

1）刀具路径校验。选中“模型树”选项卡中的“轮廓车削 1”特征，单击“制造”选项卡“校验”功能区中的“播放路径”按钮，系统弹出“播放路径”对话框，如图 8-36 所示，单击“播放”按钮，检查刀具路径。检查无误后，单击“关闭”按钮。

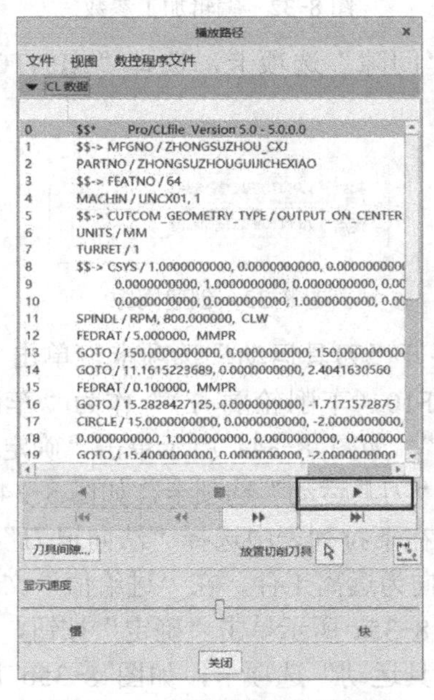

图 8-36 “播放路径”对话框

2）打开“材料移除”选项卡。选中“模型树”选项卡中的“轮廓车削 1”，单击“制造”选项卡“校验”功能区中的“材料移除仿真”按钮，系统弹出“材料移除”选项卡，如图 8-37 所示。

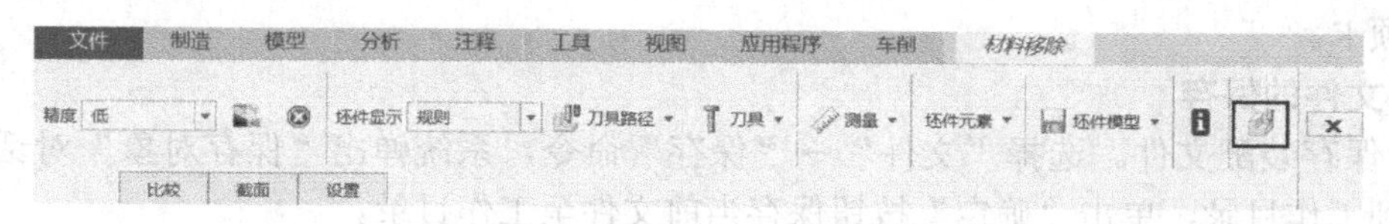

图 8-37 “材料移除”选项卡

3）启动仿真播放器。单击“材料移除”选项卡中的“启动仿真播放器”按钮，系统弹出“播放仿真”对话框，如图 8-38 所示。

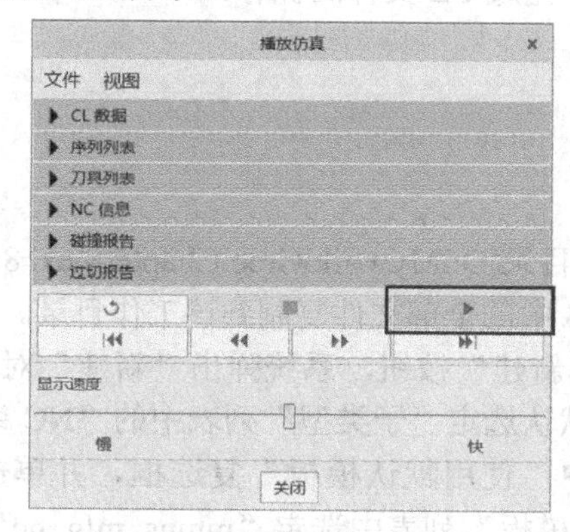

图 8-38 “播放仿真”对话框

4）播放材料移除仿真。单击“播放仿真”对话框中的“播放仿真”按钮，启动材料移除仿真，如图 8-39 所示。

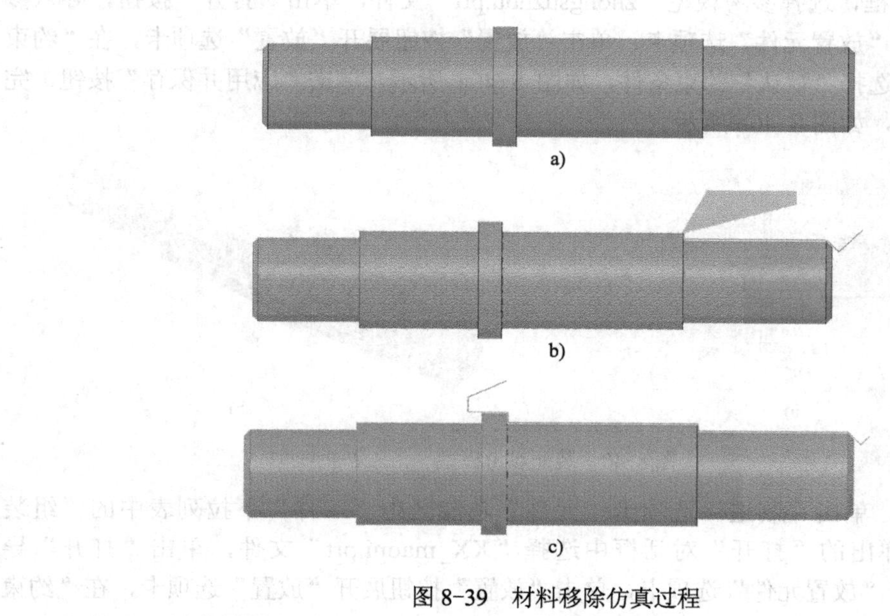

图 8-39 材料移除仿真过程

5）关闭播放仿真界面。单击“播放仿真”对话框的“关闭”按钮，停止材料移除仿真过程。

6）关闭材料移除仿真。单击“材料移除”选项卡中的“取消”按钮，退出“材料移除”选项卡。

3．文件的保存

1）保存装配文件。选择“文件”→“保存”命令，系统弹出“保存对象”对话框，自动定位到工作目录，单击“确定”按钮保存当前文件至工作目录。

2）保存 CL 文件。单击“制造”选项卡“输出”功能区中的“保存 CL 文件”按钮，系统弹出“菜单管理器”，单击“模型树”选项卡中的“轮廓车削 1”特征，单击“菜单管理器”中的“完成输出”选项，完成 CL 文件的保存。

8.2.2 铣削加工

操作视频：例 8-3 键槽铣削加工

【例 8-3】 键槽铣削加工

1．创建 NC 装配

1）设置工作目录。设置目录 D:\Mywork\Creo\Chapter8\ex-8-3 设置为工作目录，将配套资源 Exercise\Chapter8\ex-8-3 中的全部文件复制到该工作目录。

2）创建新文件。单击“新建”按钮，系统弹出“新建”对话框，在“类型”列表中选中“制造”单选按钮，系统默认选定“子类型”列表中的“NC 装配”，在“文件名”文本框中输入“ex-8-3”，取消选中“使用默认模板”复选框，并单击“确定”按钮。系统弹出“新文件选项”对话框，在“模板”列表中选定“mmns_mfg_nc”，并单击“确定”按钮，进入 NC 装配的创建环境。

3）装配参考模型。单击“制造”选项卡“元件”功能区中的“参考模型”按钮，系统弹出“打开”对话框，选择参考模型“zhongsuzhou.prt”文件，单击“打开”按钮，导入参考模型。同时打开“放置元件”选项卡，单击“放置”按钮展开“放置”选项卡，在“约束类型”下拉列表中选择“默认”约束条件，如图 8-40a 所示，单击“应用并保存”按钮，完成参考模型的装配，如图 8-40b 所示。

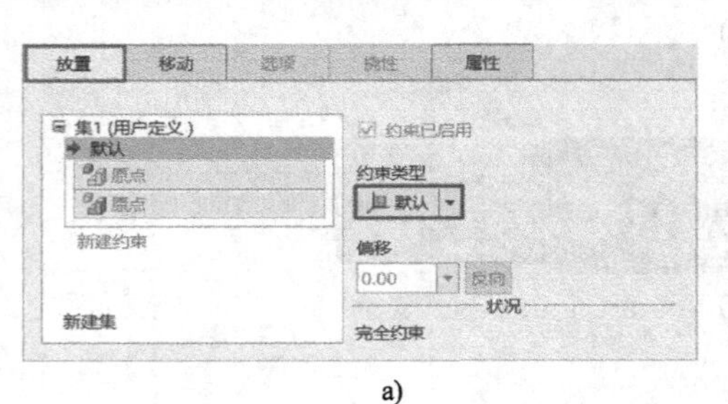

a)

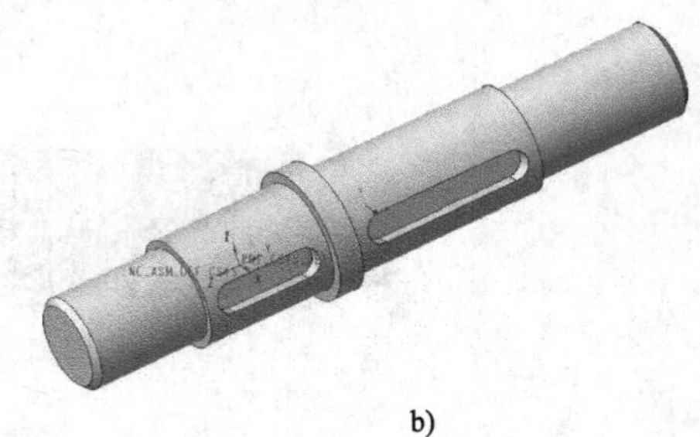

b)

图 8-40 装配参考模型

4）装配工件。单击“制造”选项卡“元件”功能区中“工件”下拉列表中的“组装工件”选项，在弹出的“打开”对话框中选择“XX_maopi.prt”文件，单击“打开”导入工件。同时打开“放置元件”选项卡，单击“放置”按钮展开“放置”选项卡，在“约束类型”下拉列表中选择“默认”约束条件，如图 8-41a 所示，单击“应用并保存”按钮，完成工件的装配，如图 8-41b 所示。

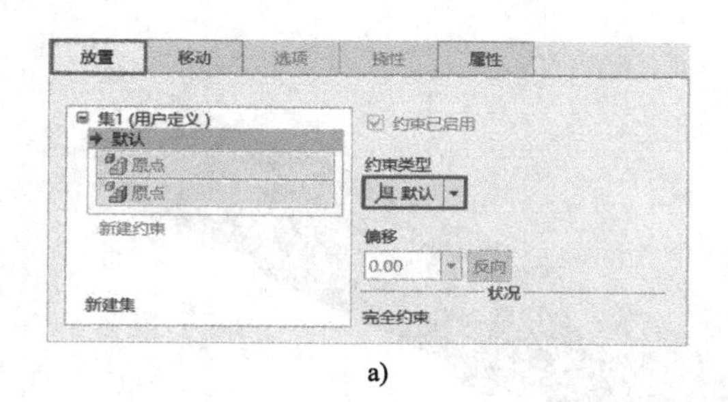

a)

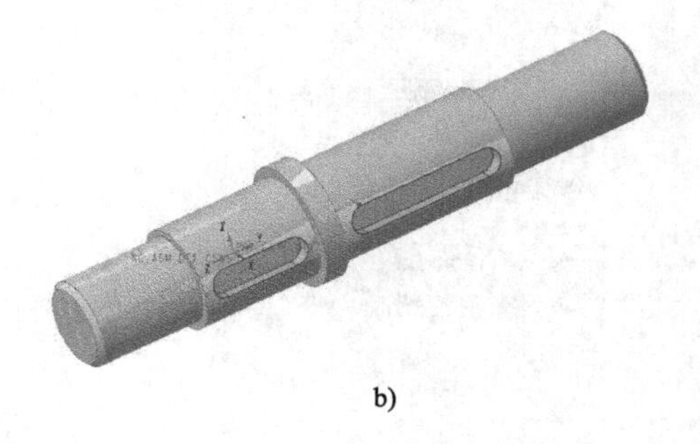
b)

图 8-41　装配工件

5）创建铣削工作中心。从“制造”选项卡“机床设置”功能区中“工作中心”下拉列表中选择“铣削”选项，系统弹出“铣削工作中心”对话框，如图 8-42 所示，在此不做任何修改，单击“确定”按钮，完成铣削工作中心的创建。

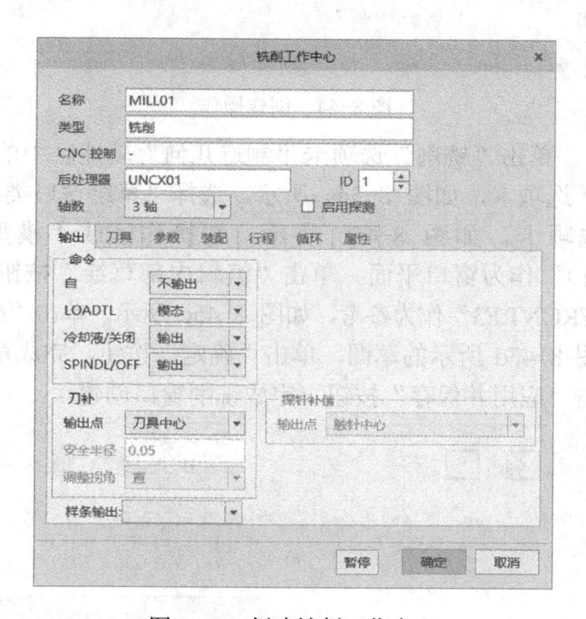

图 8-42　创建铣削工作中心

6）创建程序零点参考坐标系。单击“制造”选项卡“基准”功能区中的“坐标系”按钮，系统弹出“坐标系”对话框，如图 8-43a 所示，在操作区或“模型树”选项卡中选择“DTM1:F9（基准平面）:ZHONGSUZHOU”为“参考”，按住〈Ctrl〉键，选择“NC_ASM_FRONT”“NC_ASM_TOP”（见图 8-43a）为“偏移参考”，单击“确定”按钮，完成程序零点参考坐标系“ACS0”的创建，如图 8-43b 所示。

7）创建一个操作。单击“制造”选项卡“工艺”功能区中的“操作”按钮，系统弹出“操作”选项卡，操作中心默认为“MILL01”，在“模型树”选项卡中选择“ACS0”作为程序零点参考坐标系，单击“应用并保存”按钮，如图 8-44 所示，完成操作的创建。

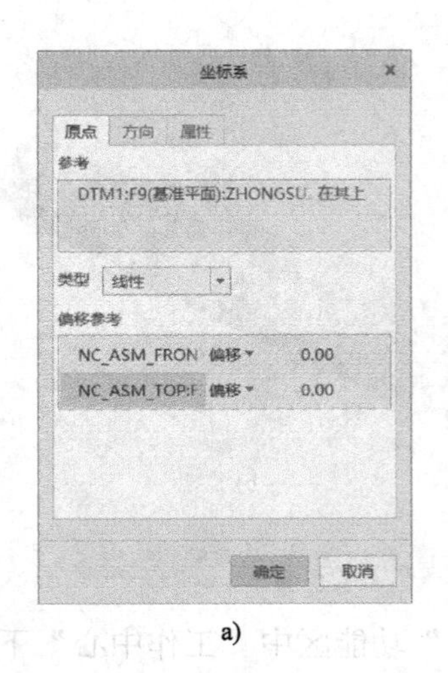

a)

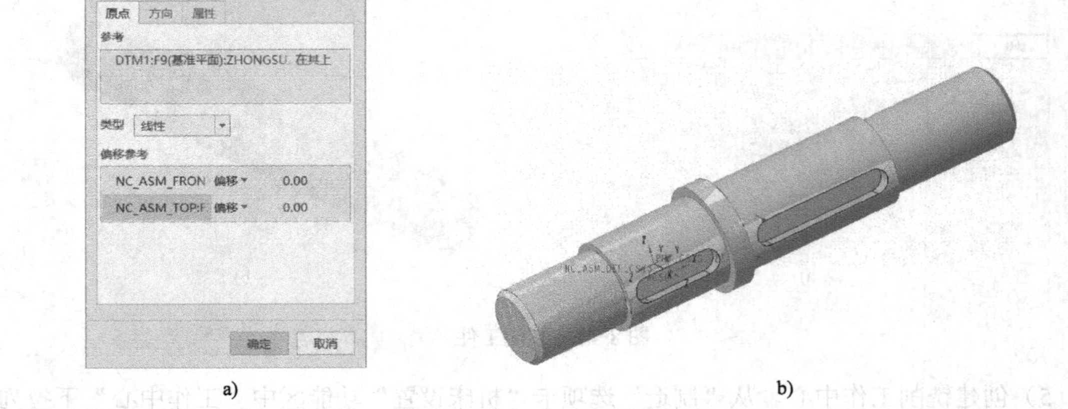

b)

图 8-43　创建程序零点参考坐标系

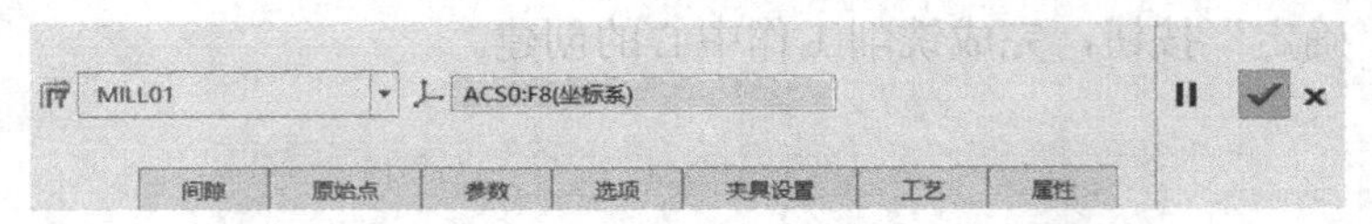

图 8-44　创建操作

8）创建铣削窗口。单击“铣削”选项卡“制造几何”功能区中的“铣削窗口”按钮，系统弹出“铣削窗口”选项卡，如图 8-54a 所示，选择“草绘窗口类型”，单击“放置”按钮，展开“放置”选项卡，如图 8-45b 所示，在操作区或“模型树”选项卡中选择“DTM1:F9（基准平面）”作为窗口平面，单击“编辑内部草绘”按钮，打开“草绘”对话框，添加“NC_ASM_FRONT:F3”作为参考，如图 8-45c 所示，单击“确定”按钮，打开“草绘”选项卡，绘制如图 8-45d 所示的草图，单击“确定”按钮，完成草图的绘制，返回“铣削窗口”选项卡，单击“应用并保存”按钮，完成铣削窗口创建。

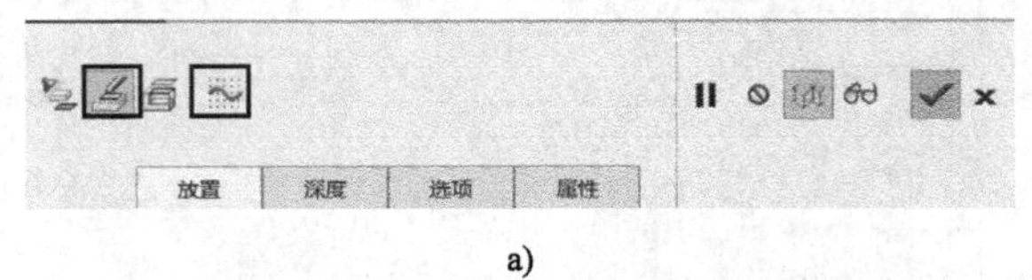

a)

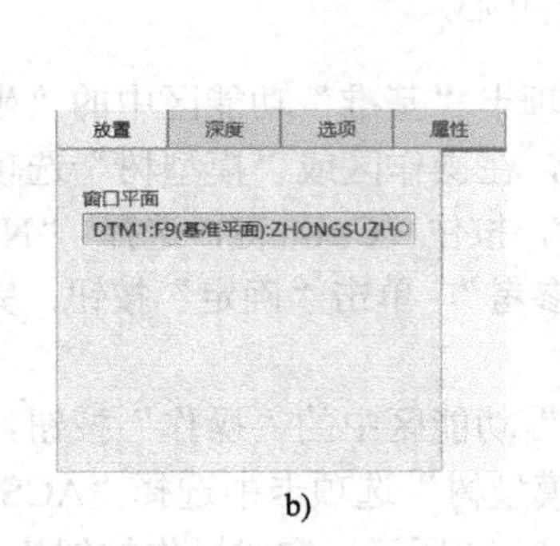

b)

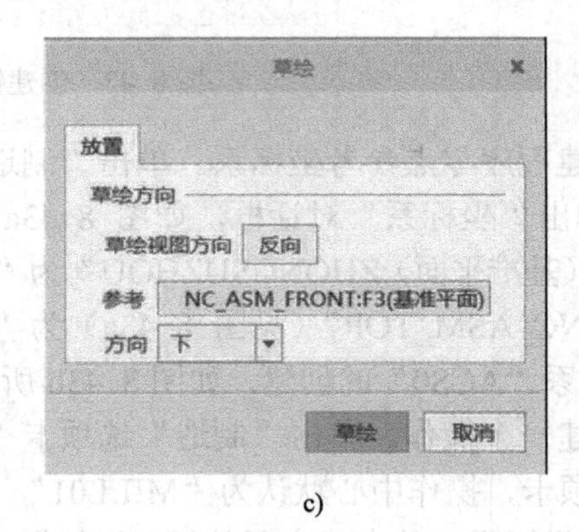

c)

图 8-45　创建铣削窗口

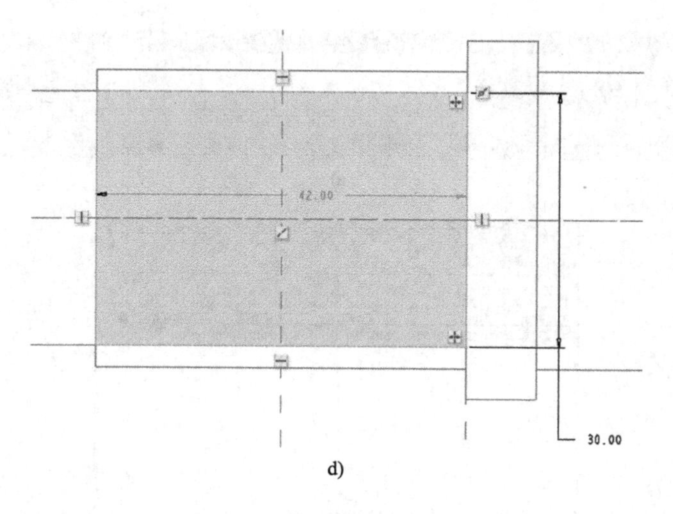

d)

图 8-45　创建铣削窗口（续）

9）创建退刀基准平面。单击“铣削”选项卡“基准”功能区中的“平面”按钮，系统弹出“基准平面”对话框，如图 8-46 所示，在操作区或“模型树”选项卡中选择“DTM1:F9（基准平面）”为“参考”，修改平移为“15”，单击“确定”按钮，完成退刀基准平面创建。

10）创建进刀轴。单击“铣削”选项卡“基准”功能区中的“轴”按钮，系统弹出“基准轴”对话框，如图 8-47 所示，在操作区或“模型树”选项卡中选择“NC_ASM_RIGHT:F1（基准平面）”为“参考”，选择“NC_ASM_FRONT:F3”“NC_ASM_TOP:F2”为“偏移参考”修改数值分别为“0”“2”，单击“确定”按钮，完成进刀轴的创建。

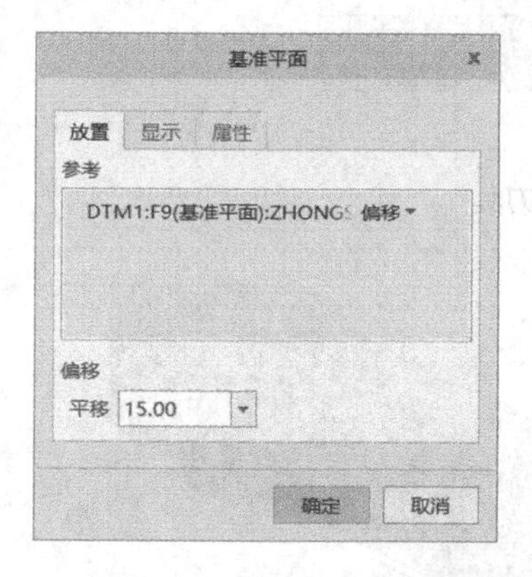

图 8-46　创建退刀基准平面

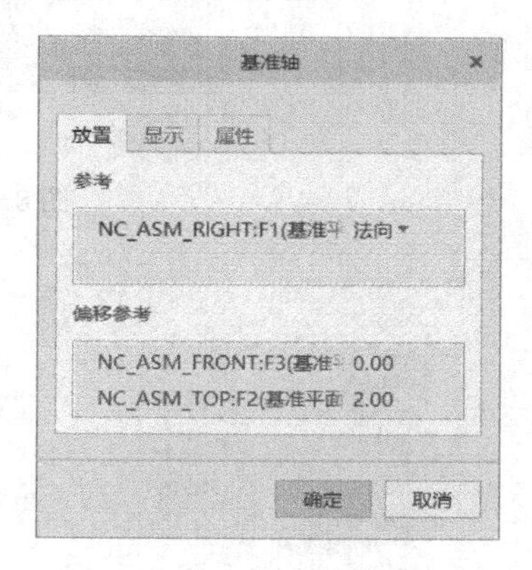

图 8-47　创建进刀轴

11）创建轮廓铣削。单击“铣削”选项卡“铣削”功能区中的“轮廓铣削”按钮，系统弹出“轮廓铣削”选项卡，如图 8-48a 所示，从刀具管理器中选择“编辑刀具”，系统弹出“刀具设定”对话框，如图 8-48b 所示，修改刀具直径为“8”，刀具长度为“100”，单击“确定”按钮，完成刀具设定。单击“轮廓铣削”选项卡中的“参考”按钮展开选项卡，如图 8-49a 所示，按住〈Ctrl〉键依次选择如图 8-49b 所示的曲面作为“加工参考”。

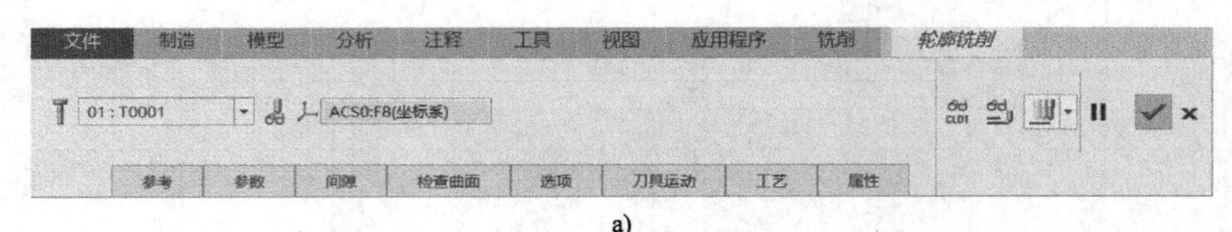

a)

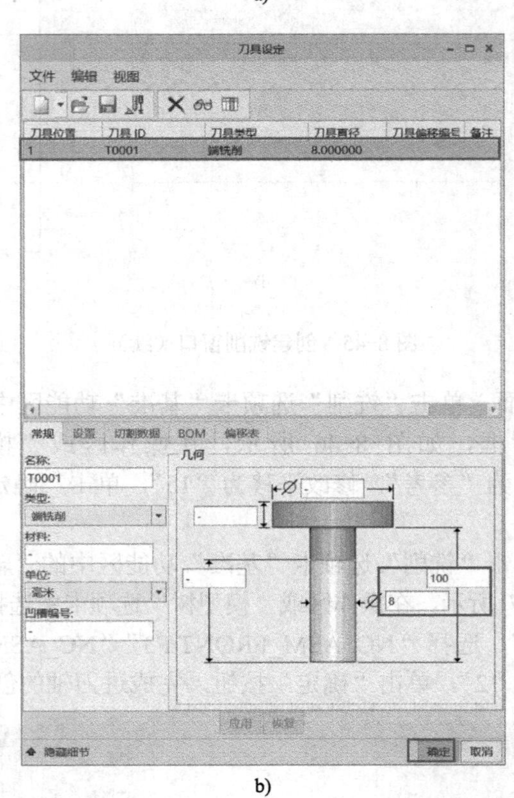

b)

图 8-48　创建和编辑刀具

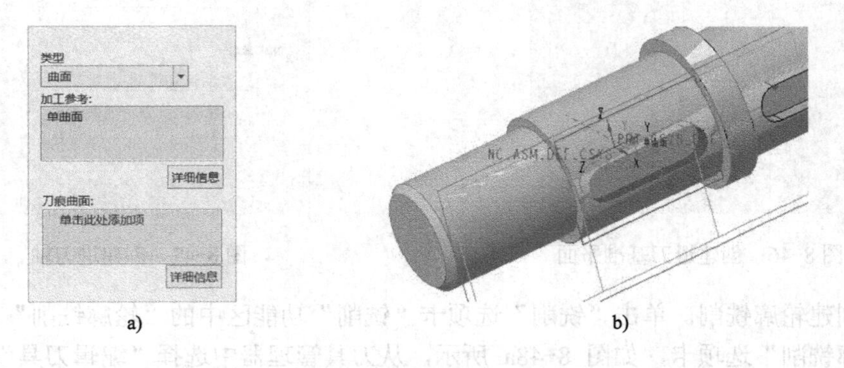

a)　　　　　　　　　　　　　　　　b)

图 8-49　加工参考选择

单击“参数”按钮展开“参数”选项卡，设置“切削进给”为“0.1”，“自由进给”为“5”，“退刀进给”为“5”，“步长深度”为“1.5”，“主轴速度”为“530”，如图 8-50a 所示。

单击“参数”选项卡底部的“编辑加工参数”按钮，系统弹出“编辑序列参数‘轮廓铣削 1'”对话框，单击“全部”按钮，修改退刀速度单位、切入量单位、进给单位均为“MMPR”，单击“确定”按钮，完成加工参数的修改，如图 8-50b 所示。

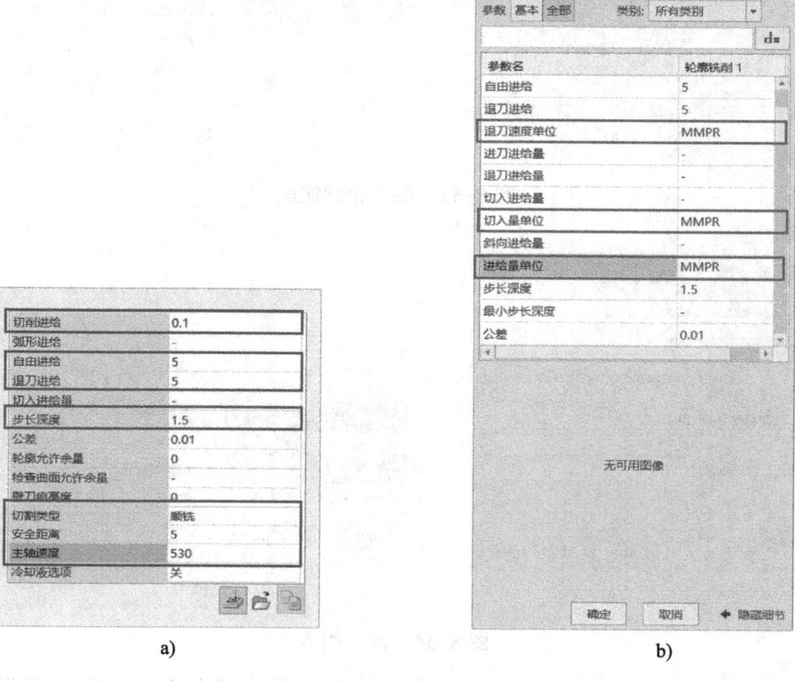

图 8-50　编辑加工参数

单击“间隙”按钮展开选项卡，选择“ADTM1:F11（基准平面）”平面为退刀参考，如图 8-51 所示。

单击“选项”按钮展开选项卡，选择“AA_1:F12（基准轴）”为进刀轴，如图 8-52 所示。

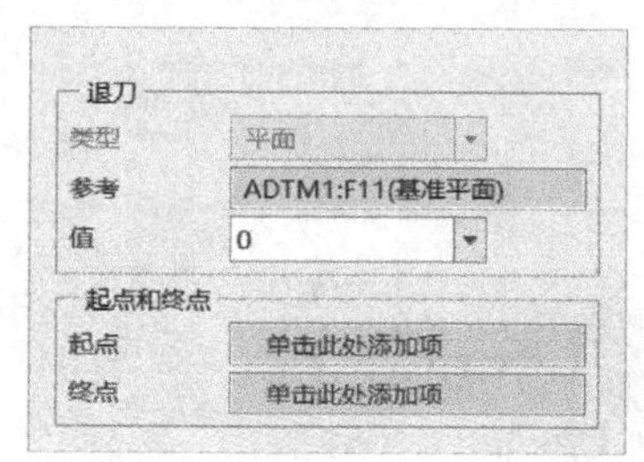

图 8-51　选择退刀参考

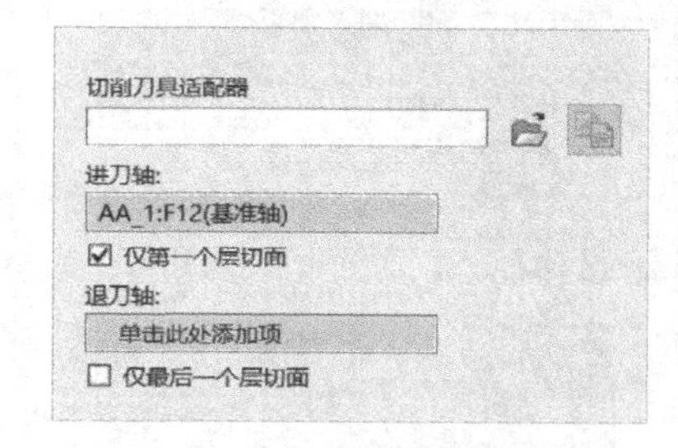

图 8-52　选择进刀轴

单击“刀具运动”按钮展开选项卡，单击“轮廓铣削”插入轮廓铣削刀具路径，系统弹出“轮廓铣削”对话框，如图 8-53a 所示，不做任何修改单击“确定”完成插入，单击“箭头”将“在此插入”移动至“1.1 自动切入 id 113”下方，如图 8-53b 所示。

单击右侧“引入”按钮，系统弹出“引入”对话框，如图 8-54a 所示，修改其中的“进给类型”为“切削，“进刀角”为“30”，“引导半径”为“5”，单击“确定”按钮，完成引入修改，如图 8-54b 所示。

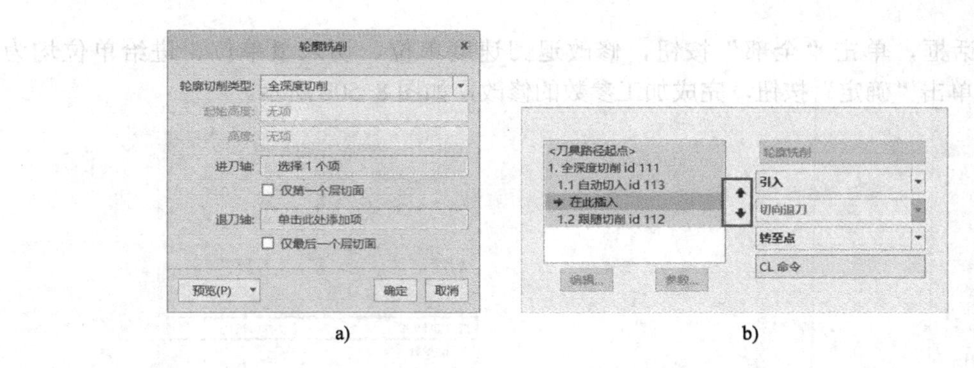

图 8-53　创建轮廓铣削

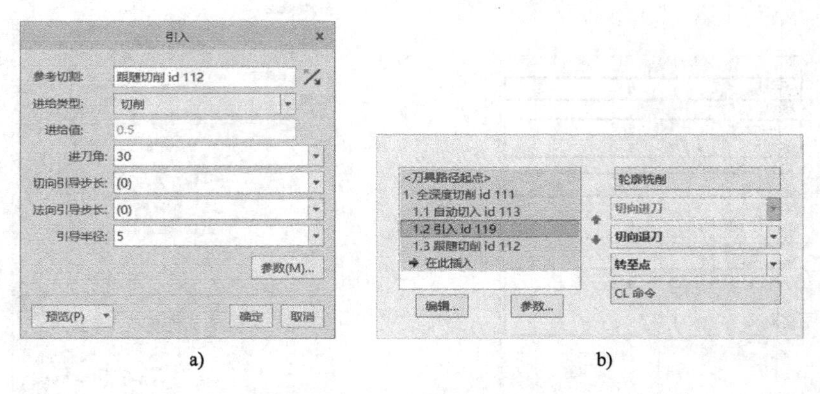

图 8-54　修改引入

移动“在此插入”至最下方，单击“引出”按钮，系统弹出“引出”对话框，如图 8-55a 所示，修改其中的“进给类型”为“退刀（可编辑）”，“退刀角”为“30”，“引导半径”为“5”，单击“确定”按钮，完成引出修改，如图 8-55b 所示。单击“轮廓铣削”选项卡中的“应用并保存”按钮，完成轮廓铣削创建。

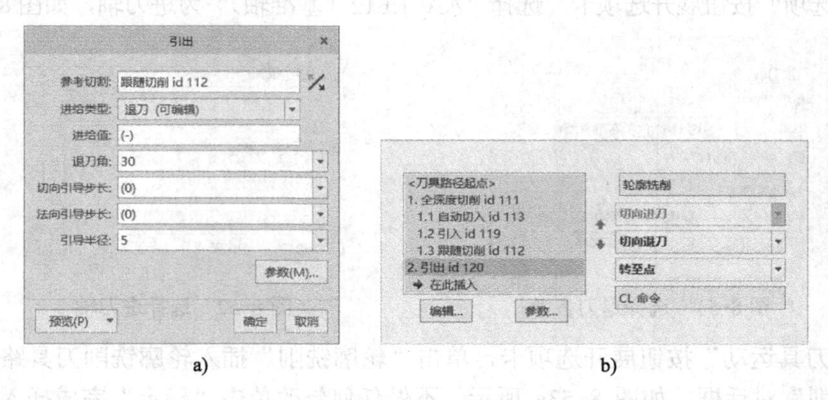

图 8-55　修改引出

2．加工仿真

1）刀具路径校验。选中“模型树”选项卡中的“轮廓铣削 1”，单击“制造”选项卡“校验”功能区中的“播放路径”按钮，系统弹出“播放路径”对话框，如图 8-56 所示，单击“播放”按钮，检查刀具路径。检查无误后，单击“关闭”按钮。

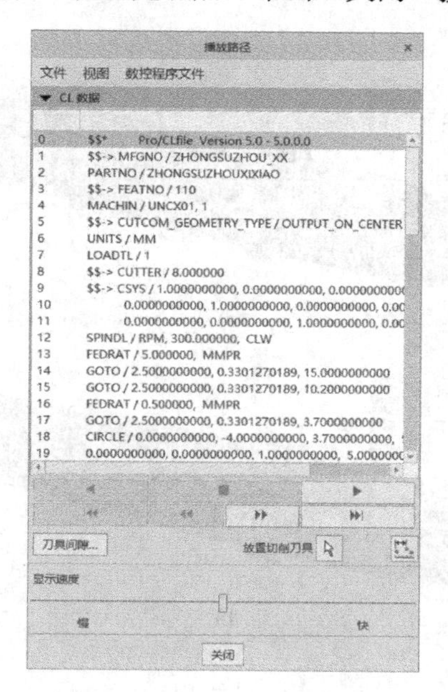

图 8-56 “播放路径”对话框

2）打开“材料移除”选项卡。选中“模型树”选项卡中的“轮廓铣削 1”特征，单击“制造”选项卡“校验”功能区中的“材料移除仿真”按钮，系统弹出“材料移除”选项卡，如图 8-57 所示。

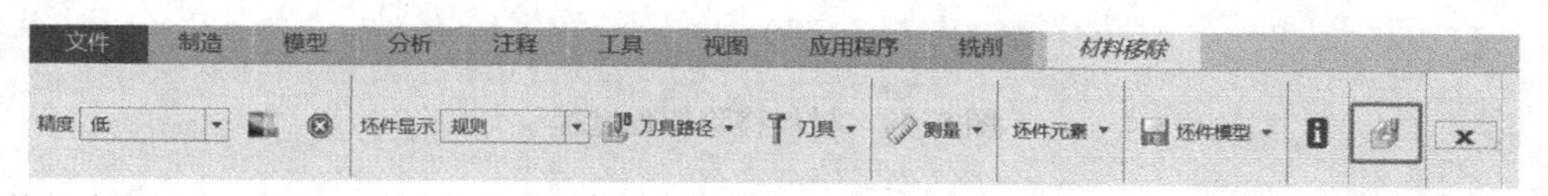

图 8-57 “材料移除”选项卡

3）启动仿真播放器。单击“材料移除”选项卡中的“启动仿真播放器”按钮，系统弹出“播放仿真”对话框，如图 8-58 所示。

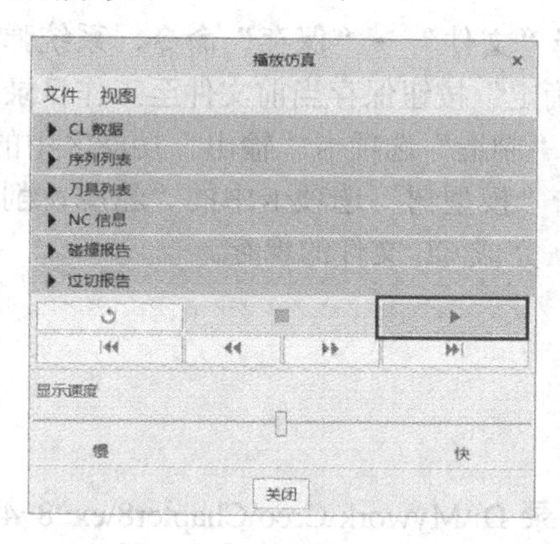

图 8-58 “播放仿真”对话框

4）播放材料移除仿真。单击“播放仿真”对话框中的“播放仿真”按钮，启动材料移除仿真，如图 8-59 所示。

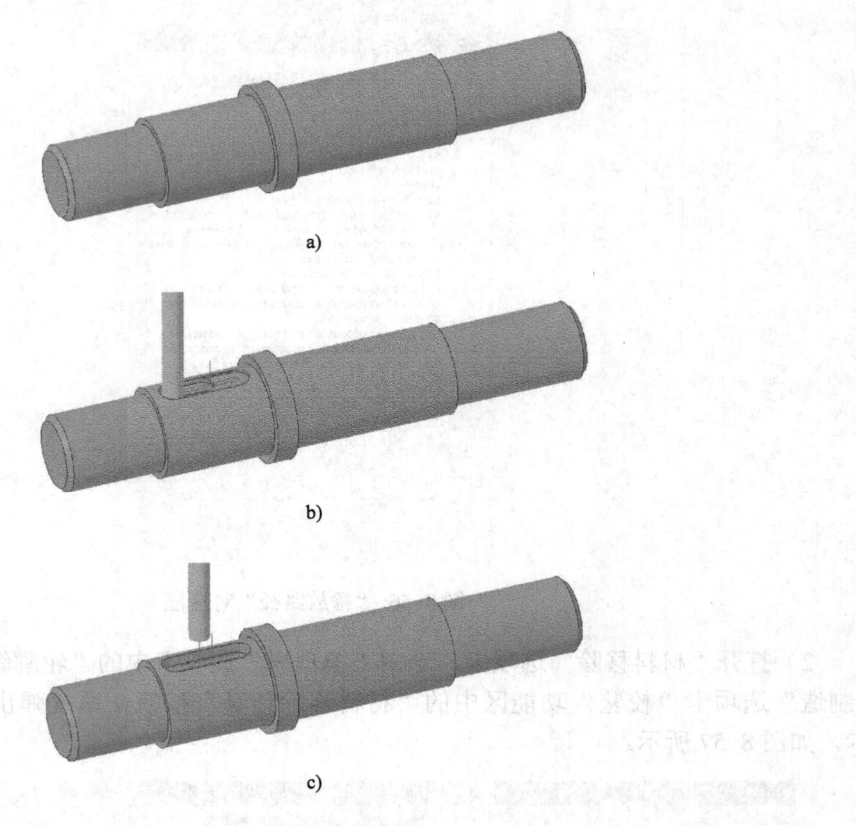

图 8-59　材料移除仿真过程

5）关闭播放仿真界面。单击“播放仿真”对话框中的“关闭”按钮，停止材料移除仿真过程。

6）关闭材料移除仿真。单击“取消”按钮，退出“材料移除”选项卡。

3. 文件的保存

1）保存装配文件。选择“文件”→“保存”命令，系统弹出“保存对象”对话框，自动定位到工作目录，单击“确定”按钮保存当前文件至工作目录。

2）保存 CL 文件。单击“制造”选项卡“输出”功能区中的“保存 CL 文件”按钮，系统弹出“菜单管理器”，单击“模型树”选项卡中的“轮廓铣削 1”特征，单击“菜单管理器”中的“完成输出”选项，完成 CL 文件的保存。

8.2.3　孔加工

操作视频：
例 8-4 孔加工

【例 8-4】 孔加工

1. 创建 NC 装配

1）设置工作目录。将目录 D:\Mywork\Creo\Chapter8\ex-8-4 设置为工作目录，将配套资源 Exercise\Chapter8\ex-8-4 中的全部文件复制到该工作目录。

2）创建新文件。单击“新建”按钮，系统弹出“新建”对话框，在“类型”列表中选中“制造”单选按钮，系统默认选中“子类型”列表中的“NC 装配”，在“文件名”文本框中输入“ex-8-4”，取消选中“使用默认模板”复选框，并单击“确定”按钮。系统弹出“新文件选项”对话框，在“模板”列表中选中“mmns_mfg_nc”，并单击“确定”按钮，进入 NC 装配的创建环境。

3）装配参考模型。单击“制造”选项卡“元件”功能区中的“参考模型”按钮，系统弹出“打开”对话框，选择参考模型“xiaxiangti.prt”文件，单击“打开”按钮，导入参考模型。同时打开“放置元件”选项卡，单击“放置”按钮展开“放置”选项卡，在“约束类型”下拉列表中选择“默认”约束条件，如图 8-60a 所示，单击“应用并保存”按钮，完成参考模型的装配，如图 8-60b 所示。

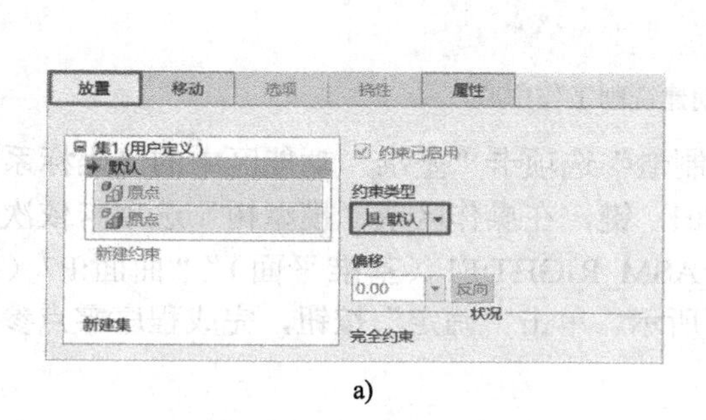

a)

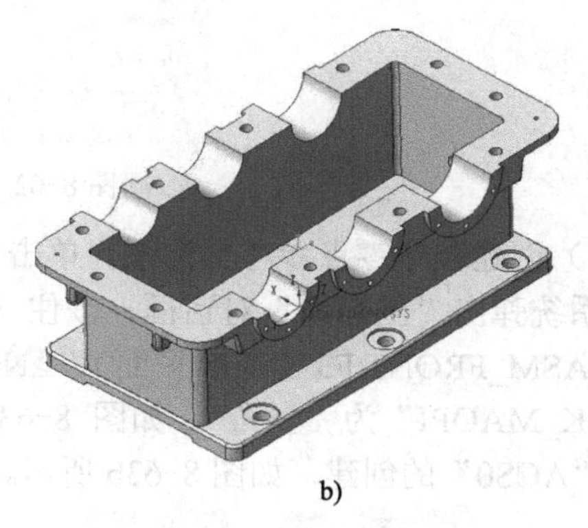
b)

图 8-60　装配参考模型

4）装配工件。单击“制造”选项卡“元件”功能区中“工件”下拉列表中的“组装工件”选项，在弹出的“打开”对话框中选择“ZK_maopi.prt”文件，单击“打开”导入工件。同时打开“放置元件”选项卡，单击“放置”按钮“放置”选项卡，在“约束类型”下拉列表中选择“默认”约束条件，如图 8-61a 所示，单击“应用并保存”按钮，完成工件的装配，如图 8-61b 所示。

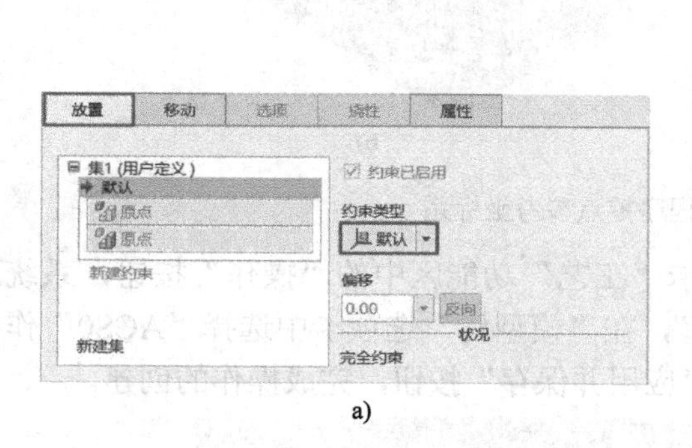

a)

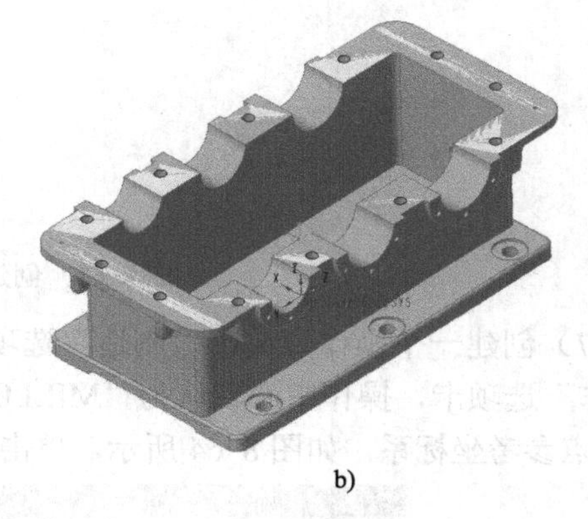
b)

图 8-61　装配工件

5）创建铣削工作中心。从“制造”选项卡“机床设置”功能区中的“工作中心”下拉列表中选择“铣削”，系统弹出“铣削工作中心”对话框，如图 8-62 所示，在此不做任何修改，单击“确定”按钮，完成铣削工作中心的创建。

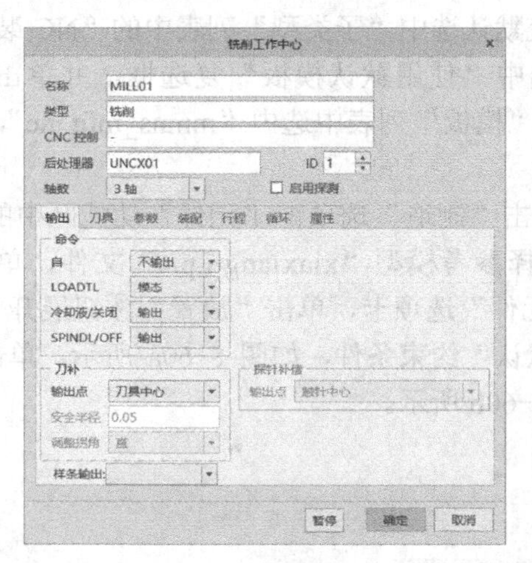

图 8-62 创建铣削工作中心

6）创建程序零点参考坐标系。单击“制造”选项卡“基准”功能区中的“坐标系”按钮，系统弹出“坐标系”对话框，按住〈Ctrl〉键，在操作区或“模型树”选项卡依次选择“NC_ASM_FRONT:F3（基准平面）”“NC_ASM_RIGHT:F1（基准平面）”“曲面:F7（拉伸_3）:ZK_MAOPI”为“参考”，如图 8-63a 所示，单击“确定”按钮，完成程序零点参考坐标系“ACS0”的创建，如图 8-63b 所示。

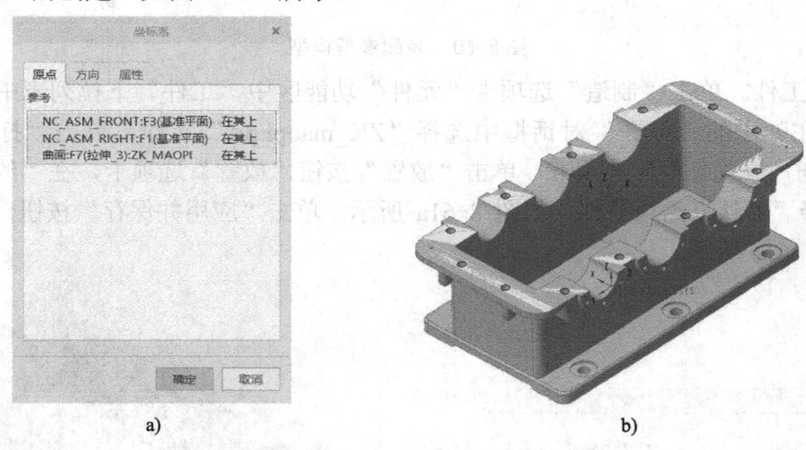

图 8-63 创建程序零点参考坐标系

7）创建一个操作。单击“制造”选项卡“工艺”功能区中的“操作”按钮，系统弹出“操作”选项卡，操作中心默认为“MILL01”，在“模型树”选项卡中选择“ACS0”作为程序零点参考坐标系，如图 8-64 所示，单击“应用并保存”按钮，完成操作的创建。

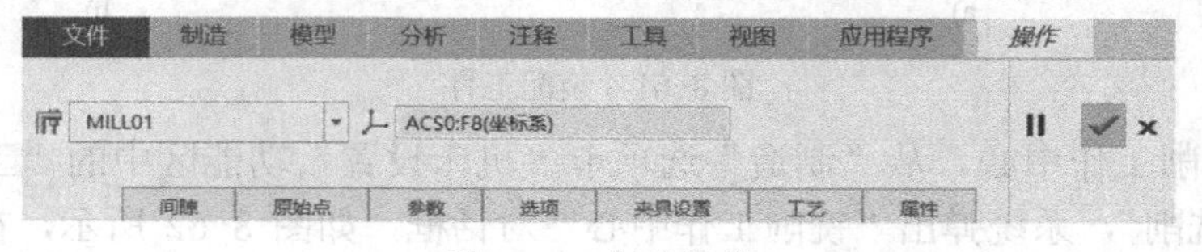

图 8-64 创建操作

8）创建标准钻孔。单击“铣削”选项卡“孔加工循环”功能区中的“标准”按钮，系统弹出“钻孔”选项卡，如图 8-65a 所示，从刀具管理器中选择“编辑刀具”，系统弹出“刀具设定”对话框，如图 8-65b 所示，修改刀具直径为“12”，单击“确定”按钮，完成刀具设定。

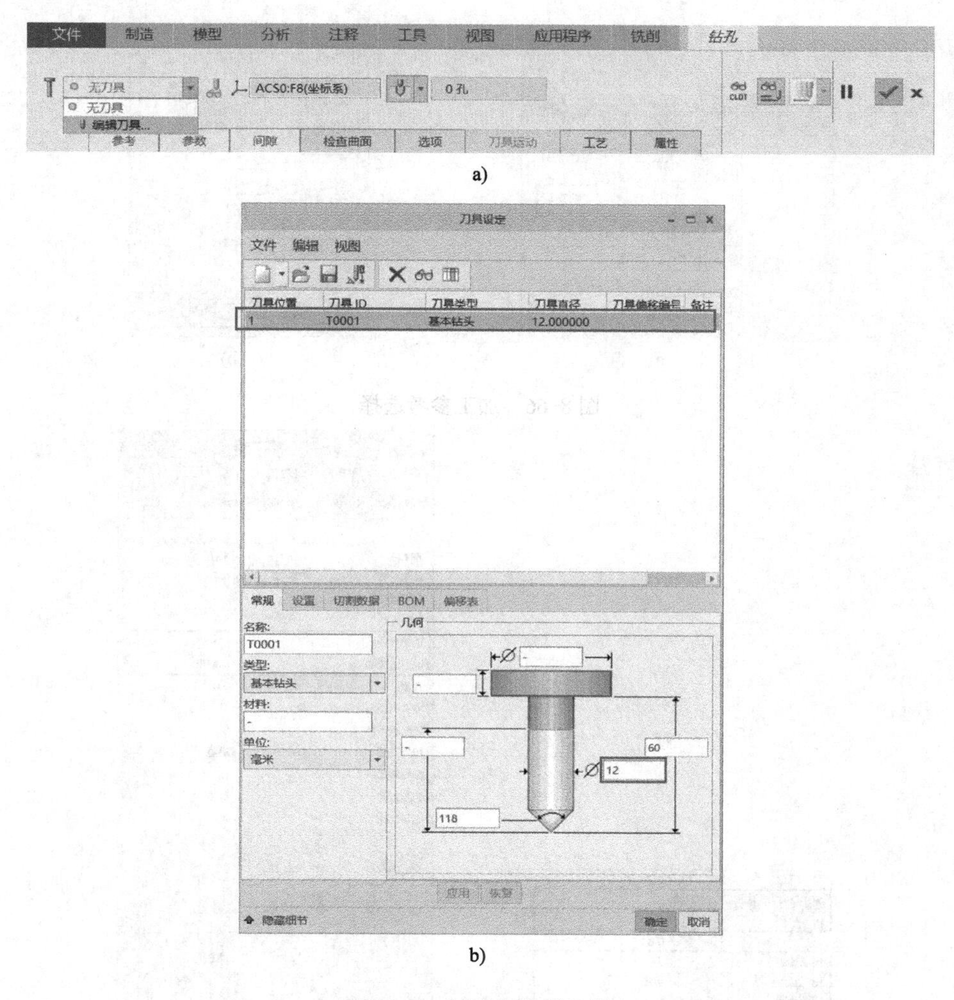

图 8-65　创建和编辑刀具

单击“参考”按钮展开选项卡，如图 8-66a 所示，单击“细节”按钮系统弹出“孔”对话框，如图 8-66b 所示，选择“可用”列表中的“12”选项，将该选项对应的孔移至“选定”列表中，单击“确定”按钮完成孔的选择。

单击“参数”按钮展开选项卡，修改“切削进给”为“0.1”、“自由进给”为“5”、“破断线距离”为“5”、“扫描类型”为“最短”、“安全距离”为“5”、“拉伸距离”为“10”、“主轴速度”为“200”，如图 8-67a 所示。

单击“参数”选项卡底部的“编辑加工参数”按钮，系统弹出“编辑序列参数‘钻孔 1’”对话框，单击“全部”按钮，修改切割单位、退刀速度单位为“MMPR”，单击“确定”按钮，完成加工参数的修改，如图 8-67b 所示。

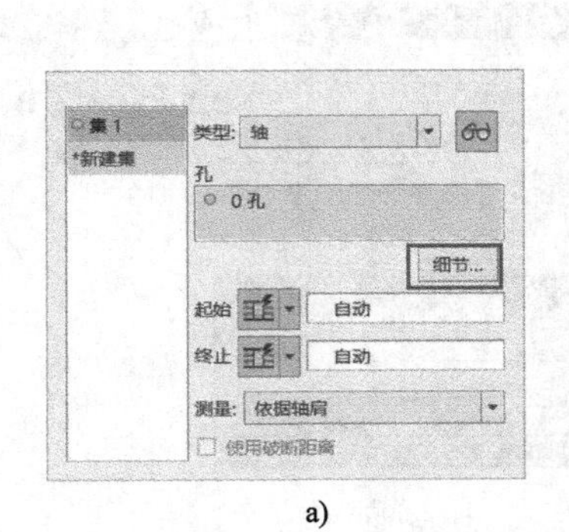

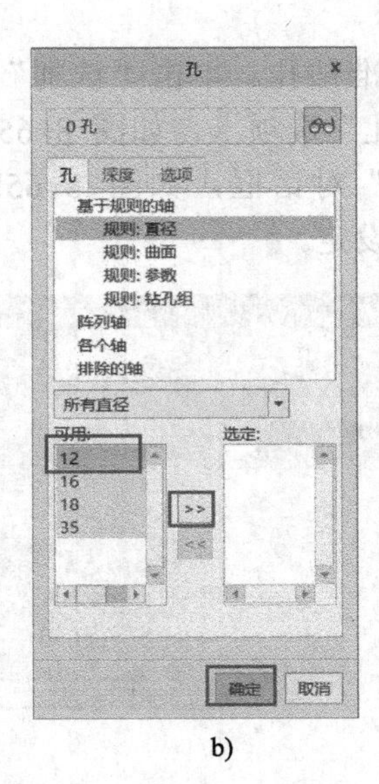

a)　　　　　　　　　　　　b)

图 8-66　加工参考选择

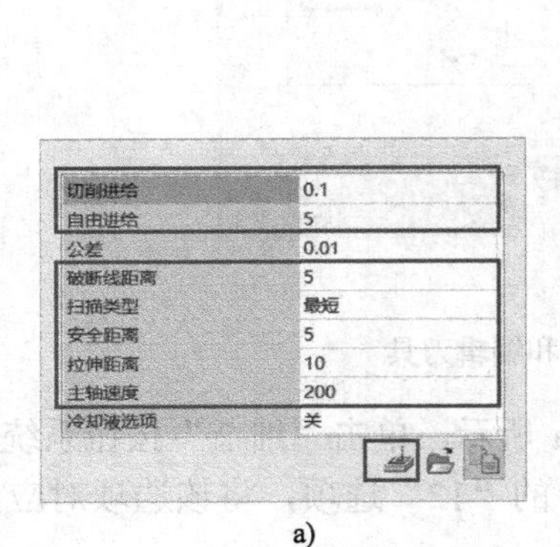

切削进给	0.1
自由进给	5
公差	0.01
破断线距离	5
扫描类型	最短
安全距离	5
拉伸距离	10
主轴速度	200
冷却液选项	关

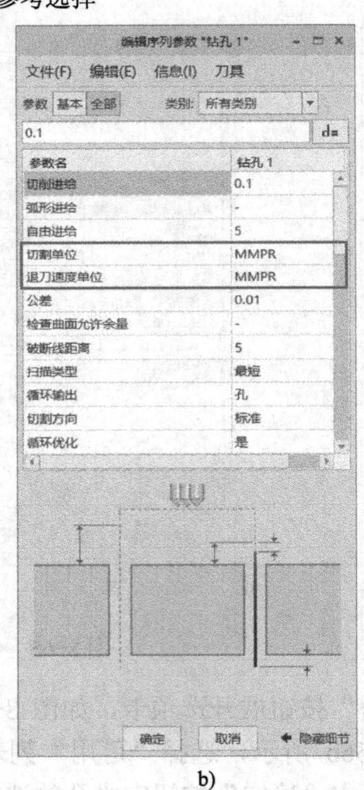

参数名	钻孔 1
切削进给	0.1
弧形进给	-
自由进给	5
切割单位	MMPR
退刀速度单位	MMPR
公差	0.01
检查曲面允许余量	-
破断线距离	5
扫描类型	最短
循环输出	孔
切割方向	标准
循环优化	是

a)　　　　　　　　　　　　b)

图 8-67　编辑加工参数

单击“间隙”按钮展开选项卡，选择“曲面：F7（拉伸_3）：ZK_MAOPI”为“退刀参考”平面，修改值为“20”，如图 8-68 所示。单击“钻孔”选项卡的“应用并保存”按钮，完成钻孔创建。

2．加工仿真

1）刀具路径校验。选中“模型树”选项卡中的“钻孔 1”特征，单击“制造”选项卡

“校验”功能区中的“播放路径”按钮，系统弹出“播放路径”对话框，如图 8-69 所示，单击“播放”按钮，检查刀具路径。检查无误后，单击“关闭”按钮。

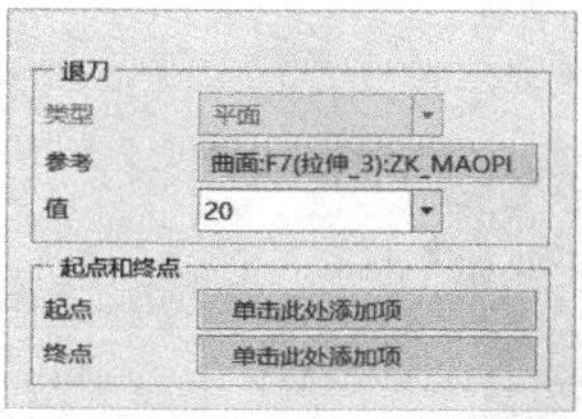

图 8-68 选择退刀参考

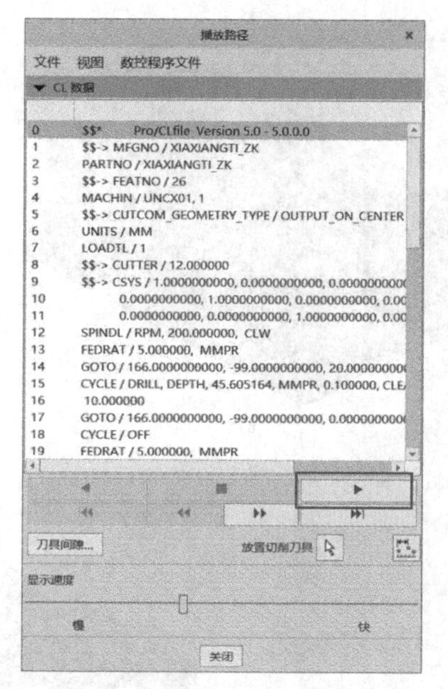

图 8-69 “播放路径”对话框

2）打开“材料移除”选项卡。选中“模型树”选项卡中的“钻孔 1”特征，单击“制造”选项卡“校验”功能区中的“材料移除仿真”按钮，系统弹出“材料移除”选项卡，如图 8-70 所示。

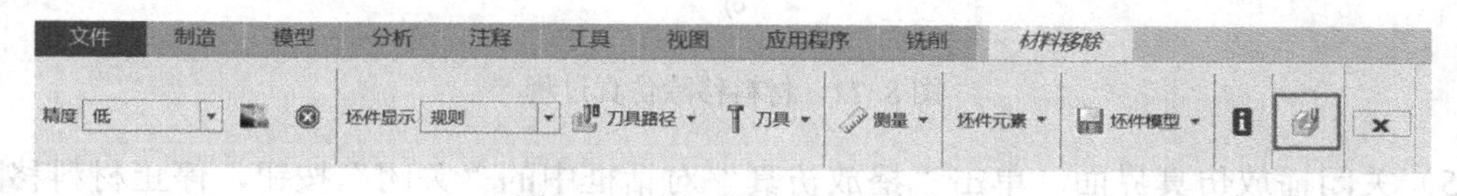

图 8-70 “材料移除”选项卡

3）启动仿真播放器。单击“材料移除”选项卡中的“启动仿真播放器”按钮，系统弹出“播放仿真”对话框，如图 8-71 所示。

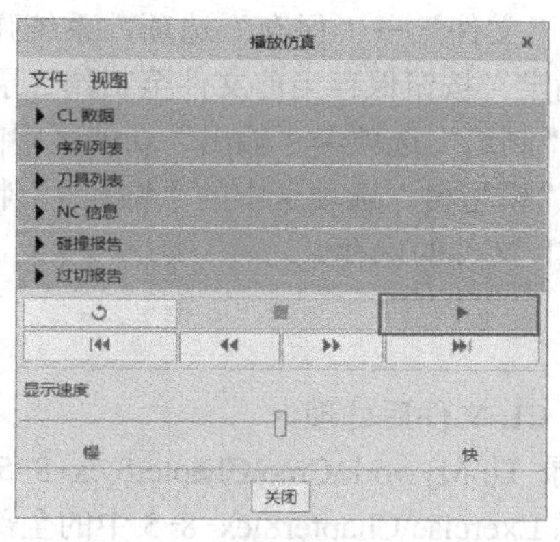

图 8-71 “播放仿真”对话框

4）播放材料移除仿真。单击“播放仿真”对话框中的“播放仿真”按钮，启动材料移除仿真，如图 8-72 所示。

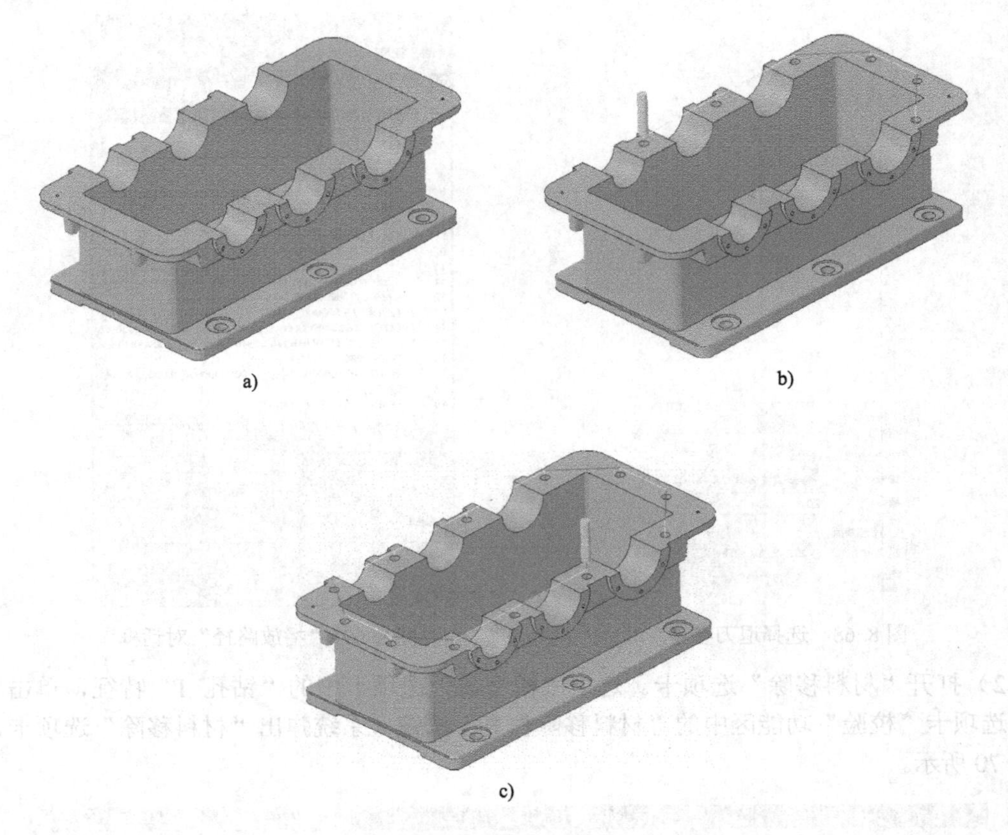

图 8-72 材料移除仿真过程

5）关闭播放仿真界面。单击“播放仿真”对话框中的“关闭”按钮，停止材料移除仿真过程。

6）关闭材料移除仿真。单击“取消”按钮，退出“材料移除”选项卡。

3. 文件的保存

1）保存装配文件。选择“文件”→“保存”选项，系统弹出“保存对象”对话框，自动定位到工作目录，单击“确定”按钮保存当前文件至工作目录。

2）保存 CL 文件。单击“制造”选项卡“输出”功能区中的“保存 CL 文件”按钮，系统弹出“菜单管理器”，单击“模型树”选项卡中的“钻孔 1”特征，单击“菜单管理器”中的“完成输出”选项，完成 CL 文件的保存。

操作视频：例 8-5 键槽铣削加工 CL 文件后处理

8.2.4 CL 文件后处理

【例 8-5】 键槽铣削加工 CL 文件后处理

1）设定工作目录。将目录 D:\Mywork\Creo\Chapter8\ex-8-5 设置为工作目录，将配套资源 Exercise\Chapter8\ex-8-5 中的全部文件复制到该工作目录。

2）打开 NC 装配文件。单击“文件”选项卡“数据”功能区中的“打开”按钮，系统弹出“打开”对话框，选择工作目录下的“zhongsuzhou_xx.asm”文件，单击“打开”按钮，完成 NC 装配文件的打开。

3）打开 CL 文件。单击“制造”选项卡“输出”功能区中的“对 CL 文件进行后处理”按钮，系统弹出“打开”对话框，选择工作目录下的“mworks.ncl”文件，单击“打开”按钮，完成 CL 文件的打开。系统弹出菜单管理器，如图 8-73a 所示。

4）选择后置处理器。单击“菜单管理器”中的“完成”按钮，系统弹出“后置处理器”列表，单击选择“UNCX01.P23”后置处理器，如图 8-73b 所示，完成后置处理器的选择。系统弹出程序名输入窗口，如图 8-74a 所示。

5）输入程序名。使用键盘输入程序名为“1234”，按〈Enter〉键确认。系统弹出“信息窗口”，如图 8-74b 所示。

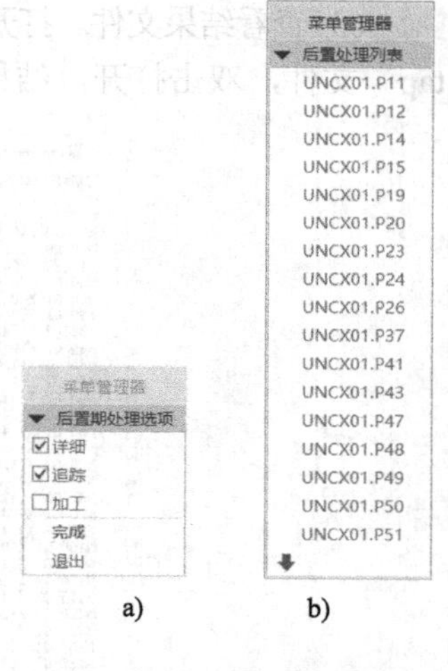

图 8-73　选择后置处理器

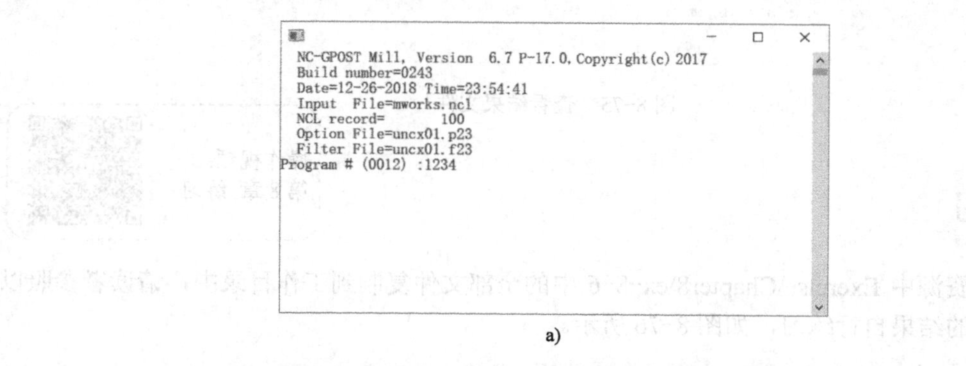

a)

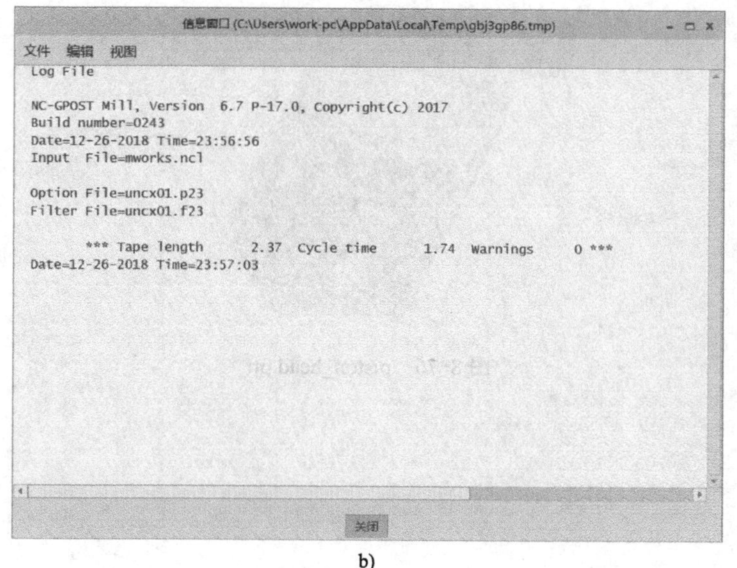

b)

图 8-74　CL 文件后处理

6）查看结果文件。打开资源管理器目录 D:\Mywork\Creo\Chapter8\ex-8-5 目录下的“mworks.tap”文件，双击打开，结果如图 8-75 所示。

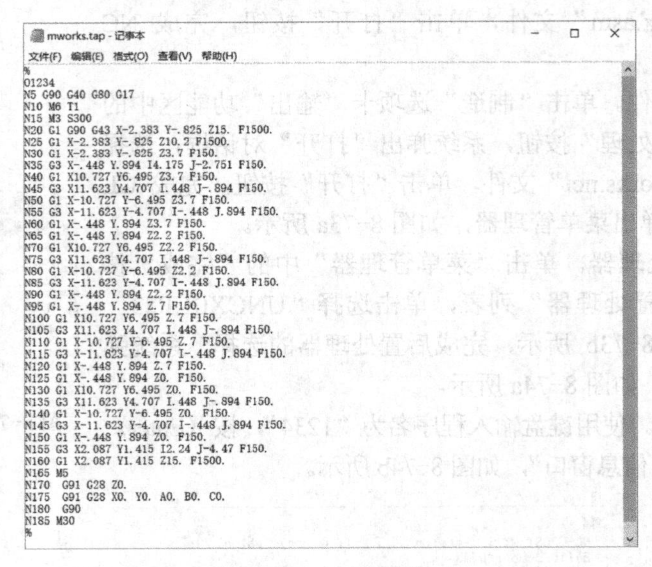

mworks.tap - 记事本

文件(F) 编辑(E) 格式(O) 查看(V) 帮助(H)

```
%
O1234
N5 G90 G40 G80 G17
N10 M6 T1
N15 M3 S300
N20 G1 G90 G43 X-2.383 Y-.825 Z15.  F1500.
N25 G1 X-2.383 Y-.825 Z10.2 F1500.
N30 G1 X-2.383 Y-.825 Z3.7 F150.
N35 G3 X-.448 Y.894 I4.175 J-2.751 F150.
N40 G1 X10.727 Y6.495 Z3.7 F150.
N45 G3 X11.623 Y4.707 I.448 J-.894 F150.
N50 G1 X-10.727 Y-6.495 Z3.7 F150.
N55 G3 X-11.623 Y-4.707 I-.448 J.894 F150.
N60 G1 X-.448 Y.894 Z3.7 F150.
N65 G1 X-.448 Y.894 Z2.2 F150.
N70 G1 X10.727 Y6.495 Z2.2 F150.
N75 G3 X11.623 Y4.707 I.448 J-.894 F150.
N80 G1 X-10.727 Y-6.495 Z2.2 F150.
N85 G3 X-11.623 Y-4.707 I-.448 J.894 F150.
N90 G1 X-.448 Y.894 Z2.2 F150.
N95 G1 X-.448 Y.894 Z.7 F150.
N100 G1 X10.727 Y6.495 Z.7 F150.
N105 G3 X11.623 Y4.707 I.448 J-.894 F150.
N110 G1 X-10.727 Y-6.495 Z.7 F150.
N115 G3 X-11.623 Y-4.707 I-.448 J.894 F150.
N120 G1 X-.448 Y.894 Z.7 F150.
N125 G1 X-.448 Y.894 Z0.  F150.
N130 G1 X10.727 Y6.495 Z0.  F150.
N135 G3 X11.623 Y4.707 I.448 J-.894 F150.
N140 G1 X-10.727 Y-6.495 Z0.  F150.
N145 G3 X-11.623 Y-4.707 I-.448 J.894 F150.
N150 G1 X-.448 Y.894 Z0.  F150.
N155 G3 X2.087 Y1.415 I2.24 J-4.47 F150.
N160 G1 X2.087 Y1.415 Z15.  F1500.
N165 M5
N170  G91 G28 Z0.
N175  G91 G28 X0.  Y0.  A0.  B0.  C0.
N180  G90
N185 M30
%
```

图 8-75　查看结果文件

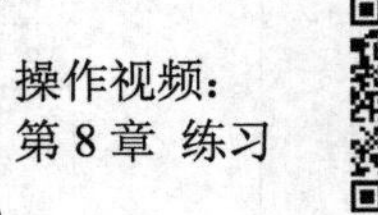

8.3　练习

将配套资源中 Exercise\Chapter8\ex-8-6 中的全部文件复制到工作目录中，请读者参照以下练习文件的结果自行练习，如图 8-76 所示。

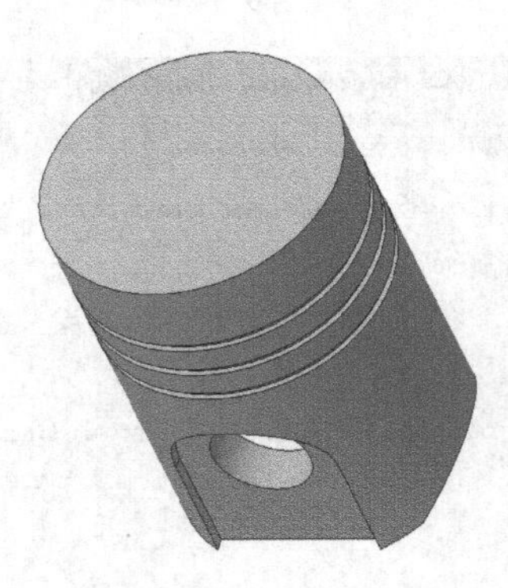

图 8-76　piston_head.prt

附　录

附录A　减速器设计

1. 减速器概述

减速器是原动机和工作机之间的传动装置，用来降低转速和增大扭矩以满足各种工作要求。减速器的类型多种多样，不同类型减速器的特点也不尽相同，在选择减速器时，应根据各类减速器的特点进行选择。常用减速器的形式、特点及应用见表1。

表1　常用减速器的形式、特点及应用

名称		运动简图	推荐传动比范围	特点及应用
单级圆柱齿轮减速器		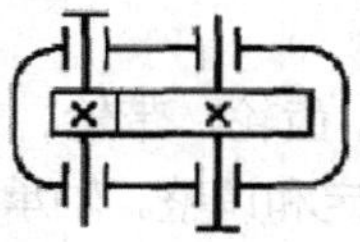	$i \leqslant 8 \sim 10$	转齿可做成直齿、斜齿和人字齿。直齿轮用于速度较低（$v \leqslant 8$m/s）、载荷较轻的传动，斜齿轮用于速度较高的传动，人字齿轮用于载荷较重的传动中。箱体通常用铸铁做成，单件或小批量生产有时采用焊接结构。轴承一般采用滚动轴承，重载或特别高速时采用滑动轴承。其他形式的减速器与此类同
两级圆柱齿轮减速器	展开式	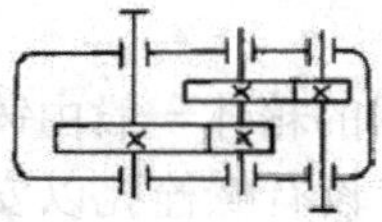	$i=i_1i_2$ $i=8 \sim 60$	结构简单，但齿轮相对于轴承的位置不对称，因此要求轴有较大的刚度。高速级齿轮布置在远离转矩输入端，这样，轴在转矩作用下产生的扭转变形和轴在弯矩作用下产生的弯曲变形可部分互相抵消，以减缓沿齿宽载荷分布不均匀的现象。用于载荷比较平稳的场合。高速级一般做成斜齿，低速级可做成直齿
	分流式	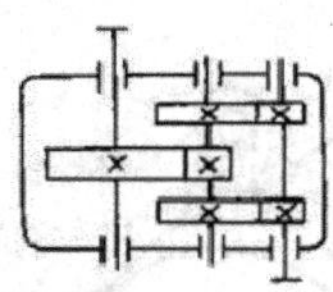	$i=i_1i_2$ $i=8 \sim 60$	结构复杂，但由于齿轮相对于轴承对称布置，与展开式相比载荷沿齿宽分布均匀，轴承受载较均匀。中间轴危险截面上的转矩只相当于轴所传递转矩的一半。适用于变载荷的场合。高速级一般用斜齿，低速级可用直齿或人字齿
	同轴式	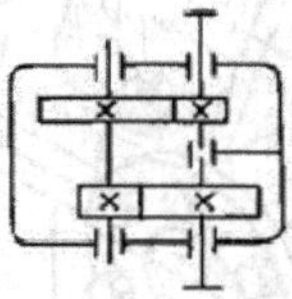	$i=i_1i_2$ $i=8 \sim 60$	减速器横向尺寸较小，两对齿轮浸入油中深度大致相同，但轴向尺寸大和重量较大，且中间轴较长、刚度差，使沿齿宽载荷分布不均匀。高速轴的承载能力难以充分利用
	同轴分流式	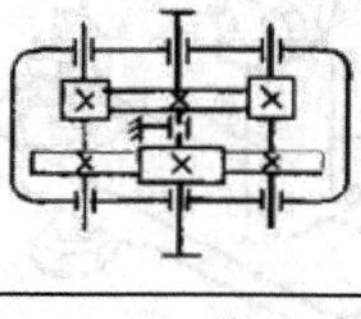	$i=i_1i_2$ $i=8 \sim 60$	每对啮合齿轮仅传递全部载荷的一半，输入轴和输出轴只承受扭矩，中间轴只受全部载荷的一半，故与传递同样功率的其他减速器相比，轴颈尺寸可以缩小
单级圆锥齿轮减速器		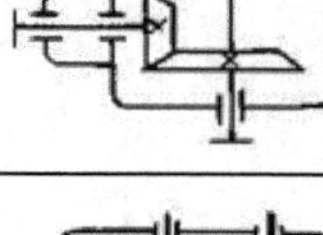	$i=8 \sim 10$	齿轮可做成直齿、斜齿或曲线齿。用于两轴垂直相交的传动中，也可用于两轴垂直相错的传动中。由于制造安装复杂、成本高，所以仅在传动布置需要时才采用
圆锥-圆柱齿轮减速器		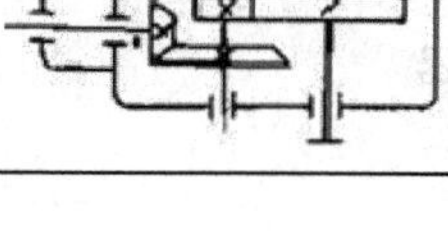	$i=8 \sim 40$	用于输入轴和输出轴两轴线垂直相交的传动，可做成卧式或立式。由于锥齿轮制造较复杂，仅在传动布置需要时才采用

（续）

名称		运动简图	推荐传动比范围	特点及应用
蜗杆减速器	蜗杆下置式		i=8～80	蜗杆在蜗轮下方啮合处的冷却和润滑都较好，蜗杆轴承润滑也方便，但当蜗杆圆周速度高时，搅油损失大，一般用于蜗杆圆周速度 v＜10m/s 的场合
	蜗杆上置式		i=8～80	蜗杆在蜗轮上，拆装方便，蜗杆的圆周速度允许高些，但蜗杆轴承润滑不太方便，需要采取特殊的结构措施

2．减速器的构造

2.1 传动零件及其支撑

传动零件包括轴、齿轮、带轮、蜗杆和蜗轮等，其中，齿轮、带轮、蜗杆和蜗轮安装在轴上，而轴则通过滚动轴承由箱体上的轴承孔、轴承盖加以固定和调整。轴承盖是固定和调整轴承的零件，其具体尺寸依轴承和轴承孔的结构尺寸而定，设计时可以参考相关的推荐尺寸。

2.2 箱体结构

箱体结构（以二级减速器为例）如图 1 所示。减速器的箱体一般由铸铁材料铸造而成，分为上箱体和下箱体。箱体上设有定位销孔以安装定位，设有螺栓孔以安装连接上下箱体的螺栓，设有地脚螺钉孔以将箱体安装在地基上。

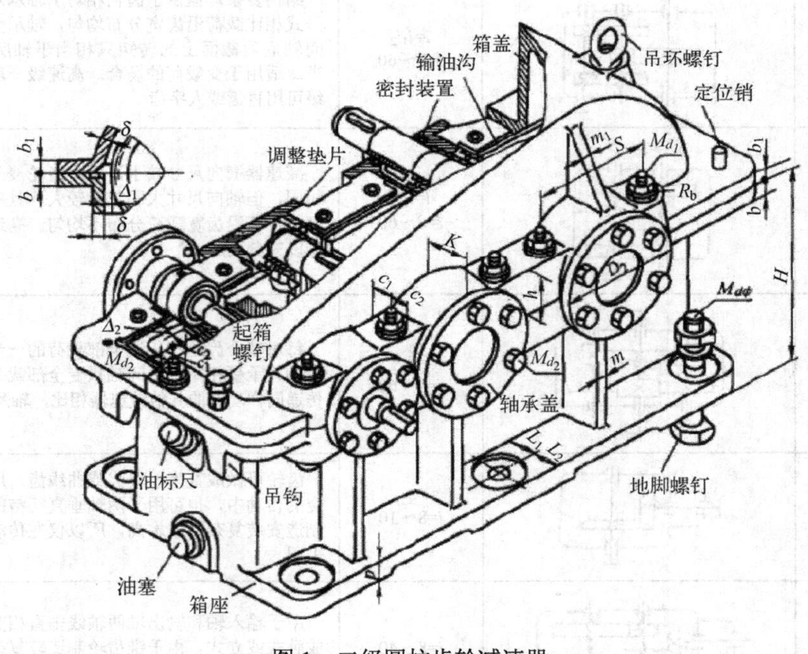

图 1　二级圆柱齿轮减速器

2.3 减速器附件

减速器附件及其功用见表 2。

表 2 减速器附件及其功用

名 称	功 用
窥视孔和视孔盖	为了便于检查箱内传动零件的啮合情况以及将润滑油注入箱体内，在减速器箱体的箱盖顶部设有窥视孔。为防止润滑油飞溅出来和污物进入箱体内，在窥视孔上应加设视孔盖
通气器	减速器工作时箱体内温度升高，气体膨胀，箱内气压增大。为了避免由此引起密封部位的密封性下降，造成润滑油向外渗漏，大多在视孔盖上设置通气器，使箱体内的热膨胀气体能自由逸出，保持箱内压力正常，从而保证箱体的密封性
油面指示器	用于检查箱内油面高度，以保证传动件的润滑。一般设置在箱体上便于观察、油面较稳定的部位
定位销	为了保证每次拆装箱盖时，仍保持轴承座孔的安装精度，需在箱盖与箱座的联接凸缘上配装两个定位销，定位销的相对位置越远越好
起盖螺钉	为了保证减速器的密封性，常在箱体剖分接合面上涂有水玻璃或密封胶。为便于拆卸箱盖，在箱盖凸缘上设置 1~2 个起盖螺钉。拆卸箱盖时，拧动起盖螺钉，便可顶起箱盖
起吊装置	为了搬运和装卸箱盖，在箱盖上装有吊环螺钉，或铸出吊耳或吊钩。为了搬运箱座或整个减速器，在箱座两端连接凸缘处铸出吊钩
放油孔及螺塞	为了排出油污，在减速器箱座最低部设有放油孔，并用放油螺塞和密封垫圈将其堵住

3. 减速器的设计流程

减速器的一般设计流程如图 2 所示。

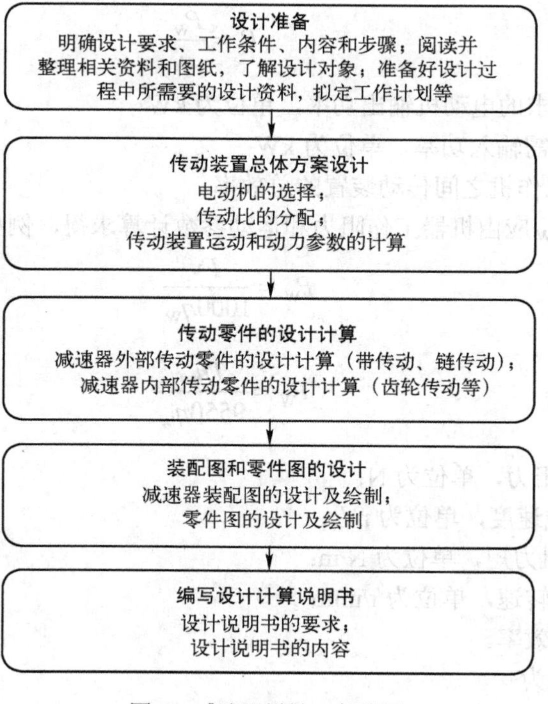

图 2 减速器设计一般流程

4. 传动装置总体方案设计

传动装置总体设计的内容为：确定传动方案，选定电动机型号、计算总传动比和合理分配各级传动比，计算传动装置的运动和动力参数，为设计各级传动件和装配图设计提供条件。

传动方案一般用机构运动简图表示，用来反映运动和动力传递路线和各部件的组成和连接关系。传动方案应设置合理，能够满足机器的功能要求，例如，工作可靠、结构简单、尺寸紧凑、传动效率高、工艺性和经济性合理等。要想同时满足这些要求是比较困难的，因此应设计多种方案进行比较，从中选择最优的设计方案。

在初步选定设计方案后，在后续的设计过程中还应进行不断的修改完善。

4.1 电动机的选择

电动机选择的内容包括电动机的类型、结构型式、容量和转速，要确定电动机的具体型号。

电动机类型和结构形式要根据电源（交流或直流）、工作条件（温度、环境、空间尺寸等）和载荷特点（性质、大小、起动性能和过载情况）来选择。在没有特殊要求的情况下均应选用交流电动机，其中以三相鼠笼式异步电动机用得最多。

电动机结构有开启式、防护式、封闭式和防爆式等，可根据防护要求选择。同一类型的电动机又具有几种安装形式，应根据安装条件确定。

标准电动机的容量由额定功率表示。所选电动机的额定功率应等于或稍大于工作要求的功率。所需电动机功率为

$$P_{\mathrm{d}}=\frac{P_{\mathrm{W}}}{\eta} \tag{1}$$

式中 P_{d}——工作机要求的电动机输出功率，单位为 kW；

P_{W}——工作机所需输入功率，单位为 kW；

η——电动机至工作机之间传动装置的总效率。

工作机所需功率 P_{W} 应由机器工作阻力和运动参数计算求得，例如：

$$P_{\mathrm{W}}=\frac{Fv}{1000\eta_{\mathrm{W}}} \tag{2}$$

或

$$P_{\mathrm{W}}=\frac{Tn_{\mathrm{W}}}{9550\eta_{\mathrm{W}}} \tag{3}$$

式中 F——工作机的阻力，单位为 N；

v——工作机的线速度，单位为 m/s；

T——工作机的阻力矩，单位为 N·m；

n_{W}——工作机的转速，单位为 r/min；

η_{W}——工作机的效率。

总效率 η 的计算式为

$$\eta=\eta_1\eta_2\eta_3\cdots\eta_n \tag{4}$$

式中　η_1，η_2，η_3，…，η_n——分别为传动装置中每一传动副（齿轮、蜗杆、带或链）、每对轴承、每个联轴器的效率，具体参数可参见机械设计手册。

按照工作机转速要求和传动机构的合理传动比范围，可以推算电动机转速的可选范围，如

$$n=\left(i_1 i_2 i_3 \cdots i_n\right) n_{\mathrm{W}} \tag{5}$$

式中　n——电动机可选转速范围，单位为r/min。

i_1、i_2、i_3、…i_n——各级传动机构的合理传动比范围（参见机械设计手册）。

通常多选用同步转速为1500r/min或1000r/min的电动机，如无特殊要求，不选用低于750r/min的电动机。

设计传动装置时一般按电动机工作功率P_{d}计算，转速则取满载转速。

4.2　传动比的分配

传动装置的总传动比要求为

$$i=\frac{n_{\mathrm{m}}}{n_{\mathrm{W}}} \tag{6}$$

式中　n_{m}——电动机满载转速，单位为r/min。

多级传动中，总的传动比应为

$$i=i_1 i_2 i_3 \cdots i_n \tag{7}$$

式中　i_1、i_2、i_3、…i_n——各级传动机构传动比。

根据计算的总传动比，合理分配各级传动比时，应注意以下几点。

1）各级传动比应尽量在推荐的范围内选取，参见机械设计手册。

2）应使传动装置结构尺寸较小，重量较轻。

3）应使各传动件尺寸协调，结构匀称合理，避免干涉碰撞。在二级减速器中，两级的大齿轮直径尽量相近，以便浸油润滑。

4.3　传动装置运动和动力参数的计算

设计计算传动件时，需要知道各轴的转速、转矩或功率，因此应将工作机上的转速、转矩或功率推算到各轴上。

1．各轴转速

$$n_1=\frac{n_{\mathrm{m}}}{i_0} \tag{8}$$

$$n_2=\frac{n_1}{i_1}=\frac{n_{\mathrm{m}}}{i_0 i_1} \tag{9}$$

$$n_3=\frac{n_2}{i_2}=\frac{n_{\mathrm{m}}}{i_0 i_1 i_2} \tag{10}$$

式中　n_{m}——电动机满载转速，单位为r/min；

n_1、n_2、n_3——分别为1、2、3轴转速，单位为r/min，1轴为高速轴，3轴为低速轴；

i_0、i_1、i_2——分别为由电动机轴至高速轴1、1轴至2轴和2轴至3轴间的传动比。

2．各轴功率

$$P_1 = P_d\eta_{01} \tag{11}$$

$$P_2 = P_1\eta_{12} = P_d\eta_{01}\eta_{12} \tag{12}$$

$$P_3 = P_2\eta_{23} = P_d\eta_{01}\eta_{12}\eta_{23} \tag{13}$$

式中　P_d——电动机输出功率，单位为 kW；

P_1、P_2、P_3——分别为 1、2、3 轴输入功率，单位为 kW；

η_{01}、η_{12}、η_{23}——分别为由电动机轴与 1 轴、1 轴与 2 轴和 2 轴与 3 轴间的传动效率。

3．各轴转矩

$$T_1 = T_d i_0 \eta_{01} \tag{14}$$

$$T_2 = T_1 i_1 \eta_{12} = T_d i_0 i_1 \eta_{01}\eta_{12} \tag{15}$$

$$T_3 = T_2 i_2 \eta_{23} = T_d i_0 i_1 i_2 \eta_{01}\eta_{12}\eta_{23} \tag{16}$$

式中　T_d——电动机的输出转矩，单位为 N·m；

$$T_d = 9550\frac{P_d}{n_m} \tag{17}$$

式中　T_1、T_2、T_3——分别为 1、2、3 轴输入转矩，单位为 N·m。

各参数值可整理成表格，以备后续设计时查用。

5. 传动零件的设计计算

传动零件的设计计算过程及计算公式参考机械设计相关资料，本附录中不再赘述。这里只介绍一些设计过程中应注意的几个问题。

在设计过程中，一般先从减速器箱外传动零件的设计计算开始，确定减速器内的传动比及各轴转速、转矩，使所设计的减速器原始数值较为准确。

5.1　减速器外部传动零件的设计计算

减速器外部传动零件包括带传动设计和链传动设计。带传动常用 V 带传动，设计的主要内容包括确定 V 带的型号和根数，带轮的材料、直径、轮缘宽度和中心距等，并且应注意带轮大小与其他零件的配装或协调关系，带轮尺寸应符合国家有关标准，同时还应计算出 V 带对轴的压力，以备在进行轴的受力分析及校核时使用。

链传动的主要设计内容包括确定链的节距、排数和规格，链轮的材料、直径和轮缘宽度、链轮中心距，链传动的润滑方式和润滑剂的牌号。设计过程中应注意在链传动速度较高时，应尽量选取较小的链节距，当单列链无法满足传动需求时，应改用双列链或多列链。

5.2　减速器内部传动零件的设计计算

减速器内部传动零件的设计主要包括圆柱齿轮传动设计，圆锥齿轮传动设计和蜗杆传动设计。

对于圆柱齿轮传动设计，主要内容包括齿轮的材料、模数、齿数、分度圆、变位系数、齿顶圆、齿根圆、齿宽和中心距，此外对于斜齿轮还应设计分度圆螺旋角、旋向等。在选择齿轮材料时，应注意毛坯的制造方法，当齿轮直径 $d<500$mm 时，多采用锻造毛坯；当 $d>500$mm 时，多采用铸造毛坯。选择材料时应兼顾轴的要求，同一减速器中各级小齿轮的材料应尽量统一，减少材料种类和工艺要求。在齿轮设计过程中，应综合考虑齿轮的齿数（z_1、z_2）、模数 m 及分度圆螺旋角β，不能孤立地逐一设计。要正确处理设计计算数据，根据不同情况进行标准化、圆整或者求出精确的数值，例如模数必须为标准值，中心距、齿宽应圆整，啮合几何尺寸（节圆、齿根圆、齿顶圆和螺旋角等）需计算出精确数值，通常精确到小数点后两位。中心距与大小节圆半径之和应相符。齿轮的孔径和轮毂尺寸与轴的尺寸相关，轮辐、圆角和工艺斜度等结构尺寸可在零件图的设计过程中确定。

圆锥齿轮的设计包括确定大端模数，根据大端模数计算齿轮尺寸；根据强度计算出小圆锥齿轮的大端直径后，选定齿数，求出大端模数并圆整为标准值，即可求出锥距、分度圆直径，这些数值应精确计算，不能圆整；齿宽按齿宽系数求得并进行圆整。大、小齿轮的宽度应相等。

蜗杆传动的设计主要包括蜗杆副材料的选择，所选材料要求具有良好的跑合性和耐磨性；螺旋线方向应尽量采用右旋，便于加工制造；蜗轮蜗杆的结构尺寸中，除啮合尺寸外，均应进行适当的圆整；应根据蜗杆的圆周转速来决定蜗杆的位置是在蜗轮上方还是下方，若蜗杆分度圆的圆周速度 $v<4\sim5$ m/s，可将蜗轮放置在蜗杆下方；若进行蜗杆轴的强度及刚度验算或蜗杆传动的发热计算时，应先画出装配草图，确定蜗杆支点距离和箱体轮廓尺寸后才能进行。

6. 减速器装配图与零件图的设计

6.1 减速器装配图的设计及绘制

机器的装配图，是用来表达各零部件之间的相互位置、尺寸关系及各零件结构形状的图样，同时也是绘制零件工作图，进行机器的组装、调试、维修的技术依据。因此，装配图的设计与绘制是整个机械设计过程中极为重要的环节。

因为大部分零件的结构和尺寸都是在设计与绘制装配图的过程中确定的，所以在该阶段要综合考虑机器的工作要求及材料的强度、刚度、加工、拆装、调整、润滑、密封、维护和经济性等各方面的因素，并采用足够多的视图进行表达。

由于装配图的设计及绘制包括结构设计及校核计算，因此该设计过程较为复杂，应依据“由主到次，由粗到细”“边绘图，边计算，边修改”的方法逐步完成。

设计及绘制装配图可按以下步骤进行，如图 3 所示。

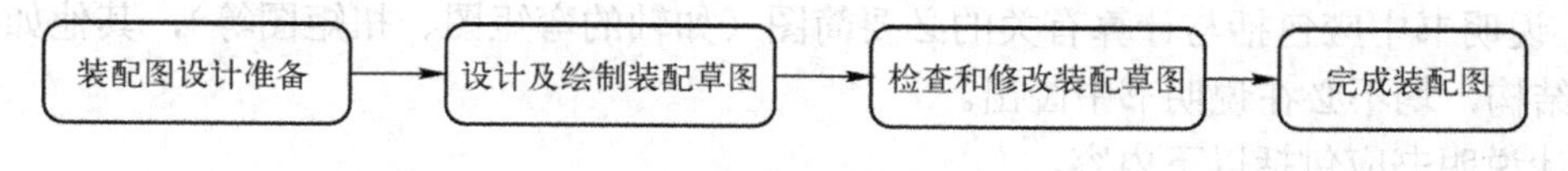

图 3　装配图设计及绘制过程

1）准备原始参数。根据相关设计计算，需取得如下数据：电动机的型号、外伸轴直径、中心高；各传动零件的主要参数和尺寸。

2）选择结构方案。通过阅读相关资料及观看有关减速器的录像，拆装或观察实际减速器，弄懂减速器中各零件的功用、类型和结构，通过综合的分析比较，拟定一个切实可行的最佳方案。

3）绘图准备。选择合适的图幅，通常装配图选用 A0 或 A1 号图纸绘制，图纸幅面及图框格式应符合国家最新的机械制图标准，参见机械设计手册；选择合适的视图对减速器装配体进行表达，通常减速器选用三个视图（正视图、俯视图和侧视图）进行表达，同时可选用必要的剖视图和局部视图来表达；选择图样比例和布置图面位置，图样比例及标题栏、明细栏格式应符合国家最新机械制图标准，参见机械设计手册。

6.2 零件图的设计及绘制

零件图是生产中的重要技术文件，是制造和检验零件的重要依据。由于机器的每个零件的结构尺寸和加工要求无法在装配图中明确表示，若要把装配图中的每个零件制造出来，必须绘制出每一个零件的零件图。零件图的结构和装配尺寸应与装配图上一致。在零件图的设计过程中，若发现装配图上的零件有错误或不完善之处，可以修改该零件的有关结构尺寸，同时必须对装配图做出相应的修改。对于零件图的设计及绘制，有如下要求。

（1）正确选择和合理布置视图

用尽可能少的视图、剖视、剖面及其他机械制图中规定的画法，清晰而正确地表达出零件的结构形状和几何尺寸。

（2）合理标注尺寸

尺寸必须齐全、清楚，并且标注合理、无遗漏、不重复；对配合尺寸和要求较高的尺寸，应标注尺寸的极限偏差，并根据不同的使用要求，标注表面形状公差和位置公差；所有加工表面都应注明表面粗糙度。

（3）编写技术要求

零件在制造、检验或作用上应达到的要求，当不使用规定的符号标注时，可集中书写在图纸的右下角。它的内容广泛，需视具体零件的要求而定。

（4）零件图标题栏的绘制

标题栏的格式和尺寸应符合最新的国家机械制图标准，可参见机械设计手册。

7. 编写设计说明书

设计说明书用来阐明设计者思想、设计计算方法与计算数据，是审查设计合理性的重要技术依据。因此，对设计说明书的要求如下。

1）设计说明书应系统地阐述设计过程中所考虑的问题及全部计算项目，包括设计的合理性、经济性、装拆和润滑密封等方面的问题。

2）计算正确完整，文字简洁通顺，说明书中所引用的重要计算公式、数据，应注明来源，对所得的结果应有简要的结论。

3）说明书中应包括与计算有关的必要简图（如轴的弯矩图、扭矩图等），其他如齿轮、链轮等结构，均不必在说明书中画出。

设计说明书应包括以下内容。

1）目录。

2）设计任务书。

3）电动机的选择计算。

4）传动装置运动与动力参数的选择和计算。

5）传动零件的设计计算。

6）轴的设计计算。

7）滚动轴承的设计与寿命计算。

8）联轴器的选择。

9）润滑与密封。

10）设计小结。

11）参考文献。